中西美学范式与转型

彭立勋◎著

中国社会科学出版社

图书在版编目（CIP）数据

中西美学范式与转型/彭立勋著 . —北京：中国社会科学出版社，2016.4

ISBN 978 - 7 - 5161 - 8077 - 8

Ⅰ.①中…　Ⅱ.①彭…　Ⅲ.①美学—文集　Ⅳ.①B83 - 53

中国版本图书馆 CIP 数据核字（2016）第 084274 号

出 版 人	赵剑英
责任编辑	卢小生
特约编辑	林　木
责任校对	周晓东
责任印制	王　超

出　　版	中国社会科学出版社
社　　址	北京鼓楼西大街甲 158 号
邮　　编	100720
网　　址	http：//www. csspw. cn
发 行 部	010 - 84083685
门 市 部	010 - 84029450
经　　销	新华书店及其他书店

印　　刷	北京君升印刷有限公司
装　　订	廊坊市广阳区广增装订厂
版　　次	2016 年 4 月第 1 版
印　　次	2016 年 4 月第 1 次印刷

开　　本	710×1000　1/16
印　　张	27. 25
字　　数	460 千字
定　　价	98. 00 元

目　录

第一篇　论审美学和中国美学

论《1844 年经济学哲学手稿》三大美学命题 …………………… 3
现代审美学建设的若干思考 ……………………………………… 19
审美学的学科定位与现代建构 …………………………………… 32
中华美学精神与传统美学的创造性转化 ………………………… 46
文化视域下中西审美学思想之比较 ……………………………… 56
严羽《沧浪诗话》审美心理学思想辨析 ………………………… 68
论叶燮的审美学思想体系及其独创性 …………………………… 79
20 世纪中国审美心理学建设的回顾与展望 …………………… 93
从中西结合看 20 世纪前期中国审美学研究 …………………… 111
走向新世纪的中国审美心理学 ………………………………… 123

第二篇　论美学史和西方美学

西方美学史学科建设的若干问题 ……………………………… 133
西方美学史研究重在批判创新 ………………………………… 145
范式与转型：西方美学史发展的阶段特征和动态分析 ………… 150
西方近代美学思潮的主导精神和基本倾向 …………………… 161
论英国经验主义美学特点和原创性理论贡献 ………………… 172
大陆理性主义美学的演变和特点 ……………………………… 188

西方近代启蒙美学家的"美善统一分殊"论 …………… 201

笛卡尔美学思想新论……………………………………… 213

论舍夫茨别利的美学思想………………………………… 226

斯宾诺莎美学思想新探…………………………………… 239

论休谟的美学思想………………………………………… 256

论康德美学的调和特点及其内在矛盾…………………… 278

从笛卡尔到胡塞尔：现象学美学方法论转型…………… 290

海德格尔存在主义哲学和美学的认识与评价问题……… 305

后现代主义与美学的范式转换…………………………… 318

第三篇　论审美文化和文艺美学

后现代性与中国当代审美文化…………………………… 333

论后现代主义文化思潮的若干倾向性特征……………… 345

美学的批评与批评的美学………………………………… 356

文艺理论与文艺批评的互动和互进……………………… 363

论余光中的诗歌美学思想………………………………… 368

生态美学：人与环境关系的审美视角…………………… 376

建筑艺术的文化内涵与审美特点………………………… 380

从中西比较看中国园林艺术的审美特点及生态美学价值………… 387

附　录

彭立勋谈构建中国特色现代审美学……………………… 403

审美学的理论创新与学科建构

　　——美学家彭立勋先生访谈录……………………… 415

后　记……………………………………………………… 428

第一篇 论审美学和中国美学

论《1844年经济学哲学手稿》三大美学命题

马克思《1844年经济学哲学手稿》（以下简称《手稿》）主要论述哲学、政治经济学和共产主义理论问题。其中的美学论述虽然不多，但集中表现着马克思早期美学思想，而且对于美学研究具有重要方法论意义，所以一直成为美学研究和探讨的热点。不过，《手稿》中涉及美学的论述，并不是对美学问题的专门论述，而是作为所论经济学、哲学和共产主义理论问题的引申和补充而提出的，因而也不可能充分展开。而许多研究者往往从自己所持的哲学和美学观点进行解读，从而产生了许多歧义。因此，要准确地理解马克思在《手稿》中表达的美学思想，就必须回到文本本身，把有关美学论述放在它们所出现的理论语境中，紧密联系相关理论命题，进行仔细研读和深入分析。《手稿》是以人的本质和劳动实践作为理论出发点，论到两个尺度和美的规律，再论到人的对象化和审美感觉。这里，我想通过对文本的阐释，对这三个互相联系的理论命题谈谈自己的看法，以便正本清源，从中找到正确理解马克思美学思想的钥匙。

一　人的本质和劳动实践

在《手稿》中，马克思分析了私有财产下的异化劳动。异化劳动导致人同自己的劳动产品相异化、人同自己的劳动活动相异化、人同自己的类本质相异化、人同人相异化。在论述人的类本质异化时，《手稿》集中论述了人的本质问题。马克思在这里使用了"类"、"类生活"、"类本质"等费尔巴哈哲学中表述人和整个人类的术语，说明他仍然受费尔巴哈哲学的影响。但是，马克思对于人的本质的理解和费尔巴哈却有着本质区别。

费尔巴哈在批判唯心主义和宗教斗争中，建立了"人本学"的唯物主义。他"将人以及作为人的基础的自然当作哲学唯一的、普遍的、最高的对象"，把神学转变为人本学，将神的本质归结为人的本质，这是具有进步意义的。但是，他对于人的本质的理解却是不正确的。费尔巴哈认为，人是自然界的一部分，人的生存依赖于自然界，所以人的本质就是人自身赖以生存所需要的那些东西。他说："我所吃所喝的东西是我的'第二个自我'，是我的另一半，我的本质，而反过来说，我也是它的本质。因此，可喝的水，即能够成为血的组成部分的水是带有人的性质的水，是人的本质。"① 他又认为，两性关系和人的情欲也是人的本质，因为情欲才是人的感性存在的标记。在有的地方，费尔巴哈还提出，人的理性、意志、情感就是人的本质。如《基督教的本质》一书中说："人自己意识到的人的本质究竟是什么呢？……就是理性、意志、心。""理性、爱、意志力，这就是完善性，这就是最高的力，这就是作为人的人底绝对本质。"② 以上各种对于人的本质看法归结到一点，就是单纯从人是自然界的产物的观点来考察人，把人仅当作生物学、生理学上的自然人，把人的本质理解为人的抽象的自然属性。

马克思撰写《手稿》之前，就批判了费尔巴哈"过多地强调自然而过少的强调政治"的倾向。在《手稿》中，马克思明确指出，"个体是社会存在物"③，从哲学上论证了人的本质不能脱离人的社会性，否定了费尔巴哈把人的本质归结为人的抽象的自然属性的观点。他说："吃、喝、生殖等等，固然也是真正的人的机能。但是，如果加以抽象，使这些机能脱离人的其他活动领域并成为最后的和唯一的终极目的，那它们就是动物的机能。"④ 这说明不能把人的自然属性和人的社会属性割裂开来，脱离人的社会属性把人的自然属性抽象出来，就抹杀了人和动物的区别，也就不可能真正了解人的本质。那么，究竟应当如何才能真正把握人的本质呢？马克思在《手稿》中明确指出：要从人的劳动实践来认识人的本质。他说："一个种的整体特性、种的类特性就在于生命活动的性质，而自由的有意识的活动恰恰就是人的类特性。""有意识的生命活动把人同动物

---

① 《费尔巴哈哲学著作选集》上卷，荣震华、李金山译，商务印书馆1984年版，第530页。
② 费尔巴哈：《基督教的本质》，荣震华译，商务印书馆1995年版，第30—31页。
③ 《马克思恩格斯文集》第一卷，人民出版社2009年版，第188页。
④ 同上书，第160页。

的生命活动直接区别开来。正是由于这一点，人才是类存在物。"① 这里所说的"自由的有意识的活动"或"有意识的生命活动"，就是人区别于动物的、人所特有的生产劳动。从生产劳动来说明人的本质，就是从人的最基本的社会实践活动来说明人的本质，这是历史唯物主义观点的重要表现。

有人认为，《手稿》中关于人的本质的观点和马克思在《关于费尔巴哈的提纲》中人的本质"是一切社会关系的总和"看法不一致。这恰恰是忽视了两种不同表述的内在的联系。马克思说："整个所谓世界历史不外是人通过人的劳动而诞生的过程。"② 人是由劳动创造的，人类社会也是由于人的劳动才形成的。恩格斯说："人类社会区别于猿群的特征在我们看来又是什么呢？是劳动。"③ 劳动使人从动物中最终分离出来，使人类社会同猿群区别开来，使人成为"一切动物中最爱群居的动物"。④ 马克思指出，"集体（即社会）只是劳动的集体"。也就是说，人在劳动中才形成社会。实践一开始就是社会的实践，具有社会性。人的社会性，人的各种社会关系的形成，根源于人的劳动实践。人在物质生产和劳动实践中必然结成一定生产关系，并在此基础上结成一定政治的、思想的关系。正是这些社会关系的总和在现实性上决定着人的本质。所以，从劳动实践来规定人的本质和从一切社会关系的总和来规定人的本质，两者是具有内在的、必然的联系的，不应将它们割裂开来或对立起来。

马克思将劳动实践作为人和动物相区别的特性，作为人的本质，这就确立了人的物质生产和劳动实践在人类社会中的基础地位。马克思说："全部社会生活在本质上是实践的。"⑤ 也就是说，全部社会生活的基础是实践的活动，物质生产和劳动实践是最基本的实践活动，是决定社会生活其他一切活动的东西，是人类社会存在和发展的前提。正是在这个意义上，马克思的实践概念既区别于黑格尔将实践等同于"抽象的精神的劳动"⑥，也区别于费尔巴哈对于实践"只是从它的卑污的犹太人的表现形式去理解"⑦，既超越了黑格尔，也超越了费尔巴哈，从而具有了崭新的

①　《马克思恩格斯文集》第一卷，人民出版社 2009 年版，第 162 页。

②　同上书，第 196 页。

③　《马克思恩格斯选集》第四卷，人民出版社 1995 年版，第 378 页。

④　同上书，第 376 页。

⑤　《马克思恩格斯文集》第一卷，人民出版社 2009 年版，第 501 页。

⑥　同上书，第 205 页。

⑦　同上书，第 499 页。

革命意义，成为马克思主义哲学的核心观点。

在《手稿》中，马克思从对人的本质的科学理解出发，详细分析了人的劳动实践和动物生产活动的区别，揭示出人的劳动实践的特质，并从中引出美的规律。所以，深入解读马克思关于人的劳动实践特质的论述，对准确理解美的规律非常重要。那么，马克思是如何揭示劳动实践的特质呢？

第一，人的劳动实践是有意识、有目的的自觉的活动。马克思说："动物和自己的生命活动是直接同一的。动物不把自己同自己的生命活动区别开来。它就是自己的生命活动。人则使自己的生命活动本身变成自己意志的和意识的对象。他具有有意识的生命活动。""有意识的生命活动把人同动物的生命活动直接区别开来。"① 也就是说，动物的生命活动是本能的、无意识的活动，不能把自己同自己的生命活动相区别。人则把自己的生命活动变成自己实践的对象和认识的对象。人的劳动活动是有意识、有目的的生命活动，人在生产劳动中知道自己在生产什么以及为什么生产，知道生产要实现的目的。对此，马克思在《资本论》中有进一步说明。他说："蜘蛛的活动与织工的活动相似，蜜蜂建筑蜂房的本领使人间的许多建筑师感到惭愧。但是，最蹩脚的建筑师从一开始就比最灵巧的蜜蜂高明的地方，是他在用蜂蜡建筑蜂房以前，已经在自己的头脑中把它建成了。劳动过程结束时得到的结果，在这个过程开始时就已经在劳动者的表象中存在着，即已经观念地存在着。"② 这说明人的劳动和动物活动的区别就在于人的劳动是有意识、有目的的，人通过劳动实践要"在自然物中实现自己的目的"。③

第二，人的劳动实践是利用自然规律为人的目的服务的自由活动。马克思用"自由的有意识的活动"来规定人的类特性，同时也就是对于人的劳动实践的特性的界定。为什么说人的劳动是自由的活动呢？马克思从两个方面做了说明。其一，人的劳动是有意识的生命活动，人将自己的生命活动变成自己意志的和意识的对象。也就是说，"他自己的生活对他来说是对象。仅仅由于这一点，他的活动才是自由的活动。"④ 其二，人能

---

① 《马克思恩格斯文集》第一卷，人民出版社 2009 年版，第 162 页。
② 《马克思恩格斯全集》第 44 卷，人民出版社 2001 年版，第 208 页。
③ 同上。
④ 《马克思恩格斯文集》第一卷，人民出版社 2009 年版，第 162 页。

再生产整个自然界，从而"自由地面对自己的产品"。马克思说："动物只生产它自己或它的幼仔所直接需要的东西；动物的生产是片面的，而人的生产是全面的；动物只是在直接的肉体需要的支配下生产，而人甚至不受肉体需要影响也进行生产，并且只有不受这种需要的影响才进行真正的生产；动物只生产自身，而人再生产整个自然界；动物的产品直接属于它的肉体，而人则自由地面对自己的产品。"① 这里从四个方面说明动物的生产和人的劳动生产的区别，指出人的劳动生产具有全面、不受直接肉体需要影响、再生产整个自然界、自由面对自己产品的特点。也就是说，人的劳动不是像动物那样受直接的肉体需要的支配，片面地利用自然界的某些部分，仅仅生产直接属于他的肉体的产品，而是超越直接的肉体需要，把整个自然界"变成人的无机的身体"，利用自然界的一切规律，再生产整个自然界，从而自由地面对自己的产品。恩格斯说："动物仅仅利用外部自然界，简单地通过自身的存在在自然界中引起变化；而人则通过他所作出的改变来使自然界为自己的目的服务"。② 他还明确指出："自由不在于幻想中摆脱自然规律而独立，而在于认识这些规律，从而能够有计划地使自然规律为一定的目的服务。"③ 这些论述可以进一步说明劳动实践的自由特性。

第三，人的劳动实践是改造自然界、创造对象世界的客观物质活动。马克思说："通过实践创造对象世界，改造无机自然界，人证明自己是有意识的类存在物。"④ 又说："正是在改造对象世界的过程中，人才真正地证明自己是类存在物。这种生产是人的能动的类生活。通过这种生产，自然界才表现为他的作品和他的现实。因此，劳动的对象是人的类生活的对象化。"⑤ 这就明确指出劳动实践是人能动地改造世界的客观物质活动。实践是作为主体的人对于作为客体的对象世界的改造，是主观见之于客观的活动，具有能动性和客观实在性。通过劳动实践，改造自然界，创造对象世界，自然界表现为人的现实，劳动对象成为人的本质力量的对象化。因此，劳动实践实现了人与自然、主观与客观、自由与必然的统一。

---

① 《马克思恩格斯文集》第一卷，人民出版社 2009 年版，第 162—163 页。
② 《马克思恩格斯选集》第三卷，人民出版社 2012 年版，第 997—998 页。
③ 同上书，第 491 页。
④ 《马克思恩格斯文集》第一卷，人民出版社 2009 年版，第 162 页。
⑤ 同上书，第 163 页。

上述论述表明，马克思的实践观是以物质生产和劳动实践作为人的全部社会实践基础的，是把实践看作人能动改造世界的客观物质活动。这是马克思的实践观和以往各种实践概念的根本区别。人的实践当然不限于物质生产实践，还包括社会政治实践、科学文化实践等。但是，一切实践都是客观的社会性的物质活动，都是建立在物质生产实践基础之上的。如果否定了实践的客观物质活动的性质，否定了生产实践是最基本的实践活动，无限扩充实践的范围，把纯粹的观念和精神活动也作为实践，并将其与生产实践活动混为一谈，那就会抹杀马克思的实践观的本质特点，由此也难以对马克思的美学思想做出科学的解释。

二 两个尺度与美的规律

马克思在《手稿》中，结合对于人的劳动实践特点的理论阐述，在对人的劳动实践和动物的生产活动做了一系列对比之后，接着便提出了人的生产的两个"尺度"和"美的规律"的命题。这个对于美学研究特别重要的理论命题，其内在的逻辑联系是：人的劳动实践—劳动实践的两个尺度—美的规律。马克思说："动物只是按照它所属的那个种的尺度和需要来构造，而人却懂得按照任何一个种的尺度来进行生产，并且懂得处处都把固有的尺度运用于对象；因此，人也按照美的规律来构造。"① 对于这段重要论述，必须以马克思关于人的劳动实践的理论为基础，紧密结合上述对人的劳动实践的特点的分析，才能得到准确理解。

所谓"尺度"，德文作 MaB，直接意思是度量单位，引申为衡量事物的标准比较确切。马克思在《詹姆斯·穆勒〈政治经济学原理〉一书摘要》中谈到人在没有交换和有交换两种情况下使用不同尺度时说："在第一种情况下，需要是生产的尺度，而在第二种情况下，产品的生产，或者更确切地说，产品的占有，是衡量能够在多大程度上使需要得到满足的尺度。"② 这里，就是把尺度作为衡量事物的标准的意思来使用的，应该不存在歧义。

---

① 《马克思恩格斯文集》第一卷，人民出版社 2009 年版，第 163 页。
② 《马克思恩格斯全集》第 42 卷，人民出版社 1985 年版，第 34 页。

　　按照马克思的说法，人在生产实践中要遵循两个尺度：一个是"种的尺度"，另一个是"固有的尺度"。先说"种的尺度"。马克思是将动物的生产和人的生产实践进行对比中讲到种的尺度的："动物只是按照它所属的那个种的尺度和需要来构造，而人却懂得按照任何一个种的尺度来进行生产"。这里两次提到"种的尺度"，含义是一样的，都是指事物本身具有的标准，也就是事物本身具有的规律。不同的是，动物的生产只是按照"它所属的那个种的尺度"，而人的生产实践却懂得按照"任何一个种的尺度"。这其实就是马克思前面所说的：动物只是在直接的肉体需要的支配下生产，动物只生产自身；而人则不受这种需要影响才进行真正的生产，人再生产整个自然界。动物的生产是本能的、无意识的活动，只是为了生产它自己或它的幼仔所直接需要的东西，所以，它的种的直接的肉体需要就是生产的唯一尺度和标准。人的生产实践是有意识的、自由的活动，可以不受直接肉体需要影响，按照任何一个种的尺度和标准，认识、掌握和利用一切事物的客观规律，再生产整个自然界。所以，人的生产是全面的、自由的，能够认识和利用一切事物的客观规律的。这就是人懂得按照任何一个种的尺度进行生产的含义。"任何一个种的尺度"是人在生产活动中遵循的真理的尺度和标准。

　　再说"固有的尺度"。德语 inhärent 一词有内在的、含有的，本身固有的等含义，所以，原文中的 das inhärente MaB 既可以译成"内在的尺度"，也可以译成"固有的尺度"。但译成"固有的尺度"，意思更为显豁。由于"并且懂得处处都把固有的尺度运用于对象"这句话是作为前一句"人却懂得按照任何一个种的尺度来进行生产"的递进句，所以，固有尺度不能等同于物种的尺度。而且，"处处都把固有的尺度运用于对象"这句话的主语是人，运用固有尺度于对象的主体也是人，所谓"固有"即"本身固有"，因而，固有的尺度自然应是人的固有的尺度。放到人的劳动实践中来理解，就是指人作为实践的主体所具有的运用到客体对象上的尺度。

　　那么，人的固有尺度的具体内涵指什么呢？我认为，它就是指人在认识和掌握事物客观规律的基础上，按照主体的需要所确定的实践的目的。人的实践活动不是像动物那样被动的适应性的活动，而是一种有意识的有目的的活动。目的性是实践的自觉能动性的主要体现。这种自觉性、目的性在物质生产这一最基本的实践活动中表现得最为显著。在劳动实践中，人作为有意识的存在物，把自身需要以目的形式贯注于对象物之中，利用自然界的客观规律对自然界进行改造，以实现自己的目的。马克思在《资本论》中说："劳动资料是劳动者置于自己和劳动对象之间、用来把自己的活动传导到劳动对象上去的物或物的综合体。劳动者利用物的机械的、物理的和化学的属性，以便把这些物当作发挥力量的手段，依照自己的目的作用于其他的物。"① 马克思这里讲的劳动资料指的是原始人经过加工的石块、木头、骨头和贝壳即石制工具和武器等。劳动者利用这些物的自然属性，把自己的活动传导到劳动对象上去，以便"在自然物中实现自己的目的"。② "依照自己的目的作用于其他的物"，"在自然物中实现自己的目的"，也就是"把固有的尺度运用于对象"的意思。人在实践中确立目的过程，是人的意识对客体的预先改造。物质生产过程结束时得到的结果，在这个过程开始时就作为目的在生产者头脑中以观念的形式存在着。马克思讲到人的劳动和动物的活动的区别时指出，建筑师建筑蜂房和蜜蜂建筑蜂房的最大不同，就在于建筑师在建筑蜂房以前，已经在自己的头脑中把它建成了。"劳动过程结束时得到的结果，在这个过程开始时就已经在劳动者的表象中存在着，即已经观念地存在着。"③ 这种运用于被改造客体的实践主体的观念的存在，就是人在实践中要实现的目的，也就是人处处都将其运用于对象的固有的尺度。

把固有尺度理解为人在实践中要实现的目的，绝不是把固有的尺度仅仅限于人的主观的东西。人的实践的目的既不是天上掉下来的，也不是头脑中固有的。它是人在实践过程中，通过对客观事物及其规律的认识和对人自身需要的认识而形成的。目的总是以一定的客观现实为依据，并指向一定的客体。它是以客体对于人的主体需要的满足的实现为目标的。所以，通过对主客关系的认识而形成的目的，虽是观念形态的存在，却体现着主观与客观、理想与现实的统一，反映客体对于主体需要的关系。从这个意义上说，固有的尺度也就是实践的价值尺度和标准。

对两个尺度含义的理解，是理解马克思提出的"美的规律"的内涵的基础。《手稿》是在讲了人的实践是按照种的尺度和固有的尺度来改造对象，从而达到两个尺度的统一之后，紧接着说"因此，人也按照美的规律来构造"的。可见，美的规律是以两个尺度的统一为基础和前提的。

---

① 《马克思恩格斯全集》第 44 卷，人民出版社 2001 年版，第 209 页。
② 同上书，第 208 页。
③ 同上。

所谓规律，德文原文作 Gesetzen，具有法则、规律、规则、准则等含义。美的规律，也就是美的构成法则。马克思提出了美的规律，但没有加以具体说明。我们要理解美的规律的内涵，还是要结合《手稿》中对人的劳动实践的特点的论述，从实践的两个尺度的辩证统一中来进行解读。

第一，美的规律是合目的性与合规律性、自由与必然的统一。人的实践活动既要按照种的尺度，遵循客观事物的属性、规律，又要运用人的固有尺度于对象，实现自己需要和目的。这两者的统一，就是合规律性与合目的性的统一。人的劳动实践和动物生产的本质区别，就在于人能认识和利用一切自然规律，通过改造自然界以实现人的目的。因此，合规律性和合目的性的统一是人的实践活动的基本特点。按照马克思论述中的逻辑，它也必然是美的规律的基本内涵。肯定美的规律是合规律性与合目的性的统一，和承认美的规律具有客观性是不矛盾的。美的规律的客观性基于人的实践的客观性。我们不能脱离人的实践的基本特点，孤立地看待两个尺度和美的规律的内涵。美的规律的客观性，固然体现在它包含着事物的客观规律，却并不意味着它和人的目的无关。正如实践包含着人的目的、需要，但是实践却同样具有客观性。通过实践这种客观的物质活动，人的目的、需要已和客观事物的规律性相结合，对象化于被改造的客体对象中，从而改变了原先的观念形态的存在。合规律性与合目的性的统一，也就是必然与自由的统一。必然指自然和社会所固有的客观规律。自由指在必然基础上人所进行的自觉、自为、自主的能动的活动，即人认识和利用客观规律，改造客观世界，以为人的目的服务。在必然基础上产生的人的自由，作为实践的自觉性、能动性的表现，形成美的规律的突出特点。

第二，美的规律是主体与客体、对象化与自我确证的统一。实践是主体对于客体的改造，是通过创造对象世界达到主体与客体的统一。实践中两个尺度的统一，也就是主体尺度与客体尺度的统一。人的实践活动表现为主体的客体化与客体主体化的双向运动。通过主体客体化，主体实际否定了目的自身的单纯的主观性，对象化于被改变了形式的客体中，实现了人的本质力量的对象化。通过客体的主体化，主体实际否定了客体对于实践目的的外在性，使客体改变了原先的存在形式，转化为合目的的客体，成为人的本质力量的体现和确证。实践的双向运动，形成了主体与客体、对象化与自我确证相统一的实践结果和对象世界。马克思说："这种生产是人的能动的类生活。通过这种生产，自然界才表现为他的作品和他的现实。劳动的对象是人的类生活的对象化；人不仅像在意识中那样在精神上使自己二重化，而且能动地、现实地使自己二重化，从而在他所创造的世界中直观自身。"① 这段话是对于主体与客体、对象化与自我确证在实践中达到统一的最好说明，而它恰恰是紧接着提出美的规律之后说的，对于理解美的规律内涵具有直接意义。

第三，美的规律是观念与形象、内容与形式的统一。物质生产和劳动过程结束时得到的结果，在这个过程开始时就作为目的在生产者头脑中以观念的形式存在着。作为观念的存在的实践目的，反映着人对自身需要和客观事物规律的认识，是人的意识对客体的预先改造。实践作为人的主观见之于客观的活动，就是要将观念形态的目的对象化于被改变了形式的客体事物中，这也就是化观念为事物形象，融观念和事物形象于一体。马克思讲"人也按照美的规律来构造"，就包括创造对象、构造事物形象的意思。黑格尔的美的定义，就是讲理念内容与感性形象两方面的协调和统一。不过，他把理念说成自在自为的绝对理念，把理念和形象统一看作理念自生发的结果，这和马克思讲的通过实践创造对象世界，形成观念与形象的统一，当然是有本质区别的。但作为美的规律和法则，两者又是相通的。有人认为，美的规律是形式美的规律，或主要是形式美的规律。这是脱离了实践活动和创造对象世界来看美的规律，割裂了美的规律中观念内容和感性形式的内在统一性。美的规律中内含的合目的性与合规律性、自由与必然的统一绝不仅仅是形式或形式美的问题。各种形式美往往以合规律性的自然形式成为人的审美对象，但这些合规律的自然形式之所以对人成为美的，仍然是通过劳动实践的漫长过程，同人的生活不同方面或不同因素产生了直接或间接关系，隐含着同合目性的内容的联系。它们只是美的规律的一种特殊的表现形态。所以不能将美的规律仅仅归结为形式或形式美。

三　人的对象化与审美感觉

《手稿》在分析异化劳动、论述人的劳动的特点、阐明共产主义理论和批判黑格尔哲学时，都广泛涉及"对象化"问题。关于"人的对象化"

---

① 《马克思恩格斯文集》第一卷，人民出版社 2009 年版，第 163 页。

或"人的本质对象化"的论点，是手稿中的一个核心论点。马克思在运用这一论点分析和说明上述问题时，也顺带涉及美学问题。究竟怎样理解人的对象化以及它和美学问题的关系，也是理解马克思美学思想的一个重要问题。

"对象化"、"异化"、"外化"都是黑格尔哲学中的关键概念。黑格尔用这些概念说明它的辩证法中"正"、"反"、"合"的转化过程。黑格尔认为绝对精神作为世界本原，处于辩证的发展之中。它的辩证运动是按照正（肯定）、反（否定）、合（否定之否定）三段式的途径发展的。黑格尔的客观唯心主义哲学体系，就是展现绝对精神自我外化和对象化的过程，即从精神、思想外化为物质、存在，然后又抛弃物质、存在，回复到精神、思想，达到自我认识。在黑格尔哲学中，对象化和外化、异化是同一个含义，都是表明矛盾发展的一个阶段，即事物由于统一体的分裂而走向自己的反面。

马克思在《手稿》中批判了黑格尔哲学对于对象化和异化的客观唯心主义解释，指出："整整一部《哲学全书》不过是哲学精神的展开的本质，是哲学精神的自我对象化；而哲学精神不过是在它的自我异化内部通过思维方式即通过抽象方式来理解自身的、异化的世界精神。"① 也就是说，黑格尔讲的是绝对精神、世界精神通过思维方式的对象化、异化。同时，黑格尔讲的人的本质的异化和对象化，也不是人的本质的现实的对象化，而是自我意识的异化、对象化。"人的本质，人，在黑格尔看来 = 自我意识。因此，人本质的全部异化不过是自我意识的异化。自我意识的异化没有被看作人的本质的现实异化表现，即在知识和思维中反映出来的这种异化的表现。"② 所以，黑格尔的人的本质对象化观点是头脚倒置的。费尔巴哈从唯物主义立场批判了黑格尔对于对象化、异化所作的唯心主义的解释，不是从自我意识出发，而是从感性的人出发解释人的本质对象化。他说："人的本质在对象中显示出来：对象是他的公开的本质，是他的真正的、客观的'我'。不仅对于精神上的对象是这样，而且，即使对于感性的对象，情形也是如此。"③ 在《基督教的本质》中，费尔巴哈运用人的本质对象化和异化观点批判宗教，指出"上帝的本质不过是对象

①　《马克思恩格斯文集》第一卷，人民出版社 2009 年版，第 202 页。

②　同上书，第 207 页。

③　费尔巴哈：《基督教的本质》，荣震华译，商务印书馆 1984 年版，第 33 页。

化了的人的本质"①，宗教是人的本质的异化。然而，费尔巴哈的唯物主义是直观的、不彻底的。"费尔巴哈不满意抽象的思维而喜欢直观，但是他把感性不是看作实践的、人的感性的活动。"② 所以，他对人的本质对象化的理解也只能是感性直观的。

马克思在《手稿》中对人的本质对象化概念的使用，显然有费尔巴哈思想的影响。但是，他一方面批判了费尔巴哈对于人的本质的抽象理解；另一方面也批判了费尔巴哈对于对象化的直观理解。马克思论证了人的本质在于社会劳动实践，同时也是从人的实践主要是劳动实践出发，来说明人的本质对象化的论点。这就既克服了黑格尔的唯心主义理解，也克服了费尔巴哈的直观唯物主义理解，使人的本质对象化的论点建立在实践唯物主义的基础之上了。

《手稿》中对于人的本质对象化论点的阐述包含极为丰富的理论内容，主要可从以下几个方面解读：

第一，人的本质对象化是通过人的社会实践主要是劳动实践实现的，是通过实践改造对象世界的结果。马克思说："正是在改造对象世界的过程中，人才真正地证明是类存在物。这种生产是人的能动的类生活。通过这种生产，自然界才表现为他的作品和他的现实。因此，劳动的对象是人的类生活的对象化。"③ 人的实践是自觉的能动活动，是主体对于客体的改造。通过实践创造对象世界，人使自己的目的、需要以及意志、情感、智慧、才能等精神能力转化为对象物，人在他所创造的对象上能动地、现实地复现自己，直接证实和实现了人的本质力量。马克思还指出："工业的历史和工业的已经生成的对象性的存在，是一本打开了的关于人的本质力量的书，是感性地摆在我们面前的人的心理学。"④ 这是进一步说明，物质生产和劳动实践是人的本质对象化的根源，是人的本质对象化的集中体现。

第二，人的本质对象化是主体客体化与客体主体化、人的对象化与自然人化的双向运动，是自然界向人的生成。人的劳动实践既是主体的客体

---

① 北京大学哲学系外国哲学史教研室编译：《十八世纪末—十九世纪初德国哲学》，商务印书馆 1975 年版，第 577 页。

② 《马克思恩格斯文集》第一卷，人民出版社 2009 年版，第 501 页。

③ 同上书，第 163 页。

④ 同上书，第 192 页。

化过程，也是客体的主体化过程。主体的客体化使人的本质力量转化为对象物，实现人的对象化；客体的主体化使客体从客观对象的存在形式转化为人的主体的因素，实现自然的人化。这两者统一于实践的运动过程，使主体与客体、人与自然在实践的结果中达到了统一。马克思在手稿中深刻分析了人和自然界不可分割的联系，指出人在实践中"把整个自然界——首先作为人的直接的生活资料，其次作为人的生命活动的对象（材料）和工具——变成人的无机的身体"。① 通过劳动实践，自然界表现为"人的作品和人的现实"。这就是马克思所说的"人化的自然界"。确切地说，人化的自然界是指已经被人的实践活动改造过、打上人的意志烙印、体现人的目的和需要的那部分自然界。所谓"自然的人化"，就是自然界在人的实践活动中不断获得属人的性质，成为人的本质力量的展现和确证。它和人的本质对象化是对同一过程、同一内涵的不同表达。有人将"人化的自然"与"自在的自然"混为一谈，认为自在的自然（尚未被人类活动作用的自然界）也是人的实践活动产物，全部自然界都已经被人化了。这是不符合马克思的原意的，也是不符合实际的。

第三，人的本质对象化是受到社会条件影响和制约的，是随社会发展变化而发展变化的。马克思区分了"对象化"和"异化"两个概念，将后者理解为事物和现象之间敌对的、异己的关系。他在分析私有财产社会条件下的劳动异化时，指出异化劳动使劳动的对象化表现为对象的丧失和被对象奴役，表现为异化、外化。这就"意味着他的劳动作为一种与他相异的东西不依赖于他而在他之外存在，并成为同他对立的独立力量；意味着他给予对象的生命是作为敌对的和相异的东西同他相对立"。② 这就使人的生命活动同人相异化，因而也就使"人的本质同人相异化"，即"人的类本质，无论是自然界，还是人的精神的类能力，都变成对人来说是异己的本质，变成维持他的个人生存的手段"。③ 总之，私有财产下人的本质对象化成为人本质的自我异化。"共产主义是对私有财产即人的自我异化的积极的扬弃，因而是通过人并且为了人而对人的本质的真正占有"。④ 在新的社会条件下，人的本质在对象化中实现了自我确证。"随着

---

① 《马克思恩格斯文集》第一卷，人民出版社2009年版，第161页。
② 同上书，第157页。
③ 同上书，第163页。
④ 同上书，第185页。

对象性的现实在社会中对人来说到处成为人的本质力量的现实，成为人的现实，因而成为人自己的本质力量的现实，一切对象对他来说也就成为他自身的对象化，成为确证和实现他的个性的对象，成为他的对象。也就是说，对象成为他自身。"① 于是，人和自然界、对象化和自我确证、自由和必然、个体和类之间的矛盾得到真正解决。

马克思正是在这理论前提下，论到社会的人的感觉的形成和发展与人的本质力量的对象化和人化的自然界的关系问题，特别是人的审美感觉与人的本质力量对象化的关系问题。这些论述具有极为丰富的美学内容。

首先，关于主体的审美感觉与审美对象的关系问题。马克思说："只有音乐才激起人的音乐感；对于没有音乐感的耳朵来说，最美的音乐也毫无意义，不是对象，因为我的对象只能是我的一种本质力量的确证，就是说，它只能像我的本质力量作为一种主体能力自为地存在着那样才对我而存在，因为任何一个对象对我的意义（它只是对那个与它相适应的感觉来说才有意义）恰好都以我的感觉所及的程度为限。"② 也就是说，审美对象与主体的审美感觉是互相联系的，如果没有相应审美感觉，对象就不能对主体构成审美对象，因为"我的对象只能是我的一种本质力量的确证"。马克思还说："对象如何对他来说成为他的对象，这取决于对象的性质以及与之相适应的本质力量的性质；因为正是这种关系的规定性形成一种特殊的、现实的肯定方式。"③ 由此可见，人对现实的审美肯定方式，即人与现实的审美关系，是由审美对象的性质和与之相适应的审美主体本质力量的性质之间关系的规定性所决定的。

其次，关于审美感觉的形成与人的本质对象化和人化的自然界关系问题。马克思说："只是由于人的本质客观地展开的丰富性，主体的、人的感性的丰富性，如有音乐感的耳朵、能感受形式美的眼睛，总之，那些能成为人的享受的感觉，即确证自己是人的本质力量的感觉，才一部分发展起来，一部分产生出来。因为，不仅五官感觉，而且连所谓精神感觉、实践感觉（意志、爱等），一句话，人的感觉、感觉的人性，都是由于它的对象的存在，由于人化的自然界，才产生出来的。"④ 马克思把审美感觉

---

① 《马克思恩格斯文集》第一卷，人民出版社 2009 年版，第 190—191 页。
② 同上书，第 191 页。
③ 同上。
④ 同上。

称为"人的享受的感觉","确证自己是人的本质力量的感觉",突出了审美感觉的本质和特点。审美感觉作为人的感性丰富性的表现，是由于人的本质客观地展开的丰富性，由于它的对象的存在，由于人化的自然界，才产生出来和发展起来的。而人的本质对象化和人化的自然界则是实践的过程和结果，这就深刻地揭示出审美感觉形成的根源在于人的劳动实践。人的美感能力，既不是自然本能，也不是天赋能力，而是人类长期社会实践的结果。"五官感觉的形成是迄今为止全部世界历史的产物。"[1] 感觉是在人的长期实践中产生发展的。由于生产劳动的实践活动，伴随人脑的发展，人的各种感觉器官才发展起来，逐渐地脱离动物的自然本性或本能状态，改造成具有社会性的、人性的感官，并产生出人的美感能力。

最后，关于审美感觉的社会历史制约性问题。马克思指出，私有制下人的自我异化使人们变得如此愚蠢而片面，以致一个对象，只有当它为我们拥有的时候，当它对我们来说作为资本而存在，或者它被我们直接占有，被我们吃、喝、穿、住等的时候，简言之，在它被我们使用的时候，才是我们的。因此，一切肉体的和精神的感觉都被这一切感觉的单纯异化即拥有的感觉所代替。人的审美感觉因而也被异化为拥有感，以致人们面对对象之美却无法产生美感。"忧心忡忡的、贫穷的人对最美的景色都没有什么感觉；经营矿物的商人只看到矿物的商业价值，而看不到矿物的美和独特性；他没有矿物学的感觉。"[2] 对私有财产的积极的扬弃，是为了人并且通过人对人的本质的真正感性的占有，是人的一切感觉和特性的彻底解放。在新的社会条件下，"人以一种全面的方式，就是说，作为一个完整的人，占有自己的全面的本质"。[3] "已经生成的社会创造着具有人的本质的这种全部丰富性的人，创造着具有丰富的、全面而深刻的感觉的人作为这个社会的恒久的现实。"[4] 这里，马克思再次强调了人的本质对象化对于包括审美感觉在内的"人的感觉"形成的重要意义。指出："为了创造同人的本质和自然界的本质的全部丰富性相适应的人的感觉，无论从理论方面还是从实践方面来说，人的本质的对象化都是必要的。"[5] 也就

---

① 《马克思恩格斯文集》第一卷，人民出版社 2009 年版，第 191 页。

② 同上书，第 192 页。

③ 同上书，第 189 页。

④ 同上书，第 192 页。

⑤ 同上。

是说，通过人的本质的对象化，新的社会创造着同人的本质的全部丰富性相适应的全面而深刻的人的感觉，从而"人以全部感觉在对象世界中肯定自己"。① 这是马克思对于未来社会人的感觉，包括审美感觉充分发展的美好展望，它与马克思主义创始人关于人的自由全面发展的社会理想是紧密结合在一起的。

综上所述，马克思在《手稿》中所作的美学论述，将对美学基本问题研究和人类社会实践（最基本的是生产实践）紧密结合起来，与人类社会发展进程紧密联系起来，从人的劳动实践特点中去发现美的规律及其深刻的本质内涵，从社会实践和社会发展中去寻找审美感觉的起源及其发展变化的基本规律。这就完全突破了西方传统美学的纯粹思辨的形而上学研究模式，也摒弃了对美学问题单纯感性直观的把握方式，从而在方法论上实现了美学史上的革命变革，为美学研究开创了新的方向和道路。

[原载《武汉理工大学学报》（社会科学版）2015 年第 2 期]

---

① 《马克思恩格斯文集》第一卷，人民出版社 2009 年版，第 191 页。

现代审美学建设的若干思考

一 推进审美学学科建设和体系创新

审美学以审美主体的审美活动和审美经验为研究对象，在美学中具有相对独立性。把审美学作为一门独立的综合性学科来建设，对推进美学创新发展，更好地适应时代对美学的要求，具有重要意义。

首先，这是美学本身转型发展的要求。美学史表明，美学思想的产生是同对人类审美活动和审美经验的观察和探讨分不开的。但是，在很长的历史时期里，西方美学的研究重点却不是人的审美经验，而是美的本体、美的本质问题。到了近代，由于哲学重点向认识论的转移和心理学的发展，美学的主要研究对象逐渐从审美客体向审美主体、审美经验转移。这一趋势在20世纪得到强势延续。心理学美学的发展使审美经验独立成为美学的一种研究对象。从哲学、心理学、艺术学各种不同角度研究审美经验的学说和派别层出不穷。以致西方美学家不约而同地指出，当代美学研究的重点已不再是美的本质的探讨，而是审美经验以及与此相联系的各种艺术问题的研究。这种变革被公认为是当代美学区别于传统美学的一个主要标志。美学的这种变革必然推动学科的转型发展。在研究对象重点转移的同时，美学的学科体系和研究方法也产生了重要变化。许多当代有影响的美学家往往以审美经验作为构造全部美学体系的出发点，或作为研究所有美学问题的基础，这极大地推动了审美学的建设和发展。我国20世纪50年代以后的美学大讨论，基本集中在美的本质问题上，造成审美经验研究的长期缺失。改革开放以来，追赶世界美学转型发展的趋势，对审美主体、审美经验的研究有了长足发展，推进审美学学科建设和创新发展已成推进我国当代美学研究的必然之举。

其次，这是美学回应艺术实践和现实生活的要求。美学研究本来出于解释和指导艺术实践的需要，艺术向来是美学的主要研究对象。美学要研究美，而艺术美是美的最集中最高度的表现，所以美和艺术的研究本来是统一的。黑格尔说美学的正当名称是"艺术哲学"，它"所讨论的并非一般的美，而只是艺术的美"。① 他对美下的定义就是艺术美的定义。他说："我们真正研究对象是艺术美，只有艺术美才符合美的理念的实在。"② 可是，我们的许多美学论著探讨美的本质，却只是停留在抽象的哲学概念的推演和思辨上，几乎和艺术实际无关。美学研究与艺术研究成为不搭界的两大块。朱光潜先生说过，把美学和文艺创作实践割裂开来，悬空的孤立的研究抽象的理论，就会成为"空头美学家"。要解决这个问题，就必须重视审美经验研究，建设审美学。因为审美经验研究是连接美和艺术研究的一座桥梁。从美的本质到艺术创造、艺术欣赏和批评，需要依靠审美经验来贯通。以艺术为中心研究审美经验和结合审美经验探讨艺术问题，将两者统一起来，已成为当代西方美学发展重要趋势。当代许多富有创造性的、产生重大影响的美学成果，都是将审美经验研究与艺术研究统一和结合起来取得的。如杜威的《艺术即经验》、英加登的《对文学的艺术作品的认识》、苏珊·朗格的《情感与形式》等。这既是美学研究范式的转变，也是艺术研究范式的转变，极大地拉近了美学研究和艺术研究以及艺术创造和欣赏实践之间的距离。20 世纪末以来，随着审美文化研究、日常生活美学、环境美学、生态美学等陆续走向美学的前沿，开始了美学面向现实和生活的全方位转型。与这些领域相关的不同于艺术的审美经验成为美学家关注的新热点。这也对审美学研究提出了新的要求，并且成为推动审美学发展的新动力。

推进审美学学科建设，需要拓展和深化关于审美活动和审美经验的研究领域和问题，完善和创新审美学学科体系。审美活动和审美经验是审美学的研究对象，也是构建审美学学科体系的出发点。但是，什么是审美经验？应当从哪些方面进行深入研究？包括那些需要研究和解决的课题，等等，都还是需要进一步探讨的问题。目前，人们普遍认为审美经验主要是指人在欣赏和创造美和艺术时发生的心理活动，因此将审美心理活动研究

---

① 黑格尔：《美学》第一卷，朱光潜译，商务印书馆 1979 年版，第 3 页。
② 同上书，第 183 页。

作为审美学的研究重点。这是有一定道理的。审美心理是审美经验产生的出发点，是一切审美意识形成的基础，因而审美心理研究也应成为审美学的主体构成部分。但如果因此将审美学和审美心理学完全等同起来，那就忽视了审美经验的丰富内涵，把审美经验狭窄化了。

审美意识活动表现为心理活动，但又不限于心理活动。审美意识作为审美主体对于审美对象的反映和反应，具有复杂的结构和不同的水平、不同的层次，包括不同的形式，既包括审美心理，也包括审美心理之外的其他各种审美意识形式。审美心理包括审美感觉、知觉、联想、想象、理解、情感、意志等心理活动和过程，是审美意识的不够自觉的、不够定型的形式。除此之外，包括审美观念、审美趣味、审美理想、审美标准等在内的审美意识形式，是审美意识中的自觉的、定型化的形式。审美心理和其他审美意识形式是互相关联、互相作用的。审美观念、审美理想、审美标准等意识形式是在审美心理活动的基础上形成的，但它是对于审美心理的提炼和升华，是通过自觉活动形成的定型化的思想观念。审美心理活动总是在一定的审美观念、审美理想、审美标准影响下发生的，是受这些审美意识形式制约的。此外，在审美心理活动基础上，在审美观念和审美标准制约下，审美主体对于审美对象的审美价值所产生的审美判断和审美评价，也是审美意识的一种重要形式。综上所述，都是审美活动和审美经验相关的内容，也都是审美学需要研究的对象，当然是审美学的学科体系建设必须包含的各个组成部分。

从当前情况看，审美心理部分研究比较受重视，成果也比较丰富。相对而言，对于审美意识的历史起源、社会本质和发展规律的研究，对于审美理想、审美趣味、审美标准、审美价值、审美判断、审美评价等问题的研究，则显得较为不足。虽然在西方审美学研究中，关于这些问题也有一些较为深刻的论述，但总的看来，成果并不理想。由于受到哲学观点的局限和存在问题的影响，许多西方美学家对于上述各种问题的看法仍较缺乏全面性、科学性，与审美实际相距较远。以艺术为主体的审美经验，既是一种心理现象，也是一种社会现象。对审美经验的考察和研究，不能仅仅停留在心理学层面，还必须从审美经验与人类社会实践的关系深入揭示其社会历史本质和规律性。在这方面，普列汉诺夫在《没有地址的信》中运用唯物史观，从社会学角度看，对原始民族审美感觉、审美趣味和观念与社会生活条件关系所作的精辟分析和论述，至今仍然是学习的典范。可惜在当代美学研究中，很少再能见到这方面具有丰富考察资料、富有真知灼见和说服力的成果。因此，如何在正确的哲学观点和方法指导下，将美学和价值论、心理学、社会学、文化人类学、艺术史和艺术批评等学科结合起来，对审美经验进行全方位研究，做出深入分析和科学的阐明，是完善和创新审美学学科体系的一项重要任务。

二　更新审美经验研究的思维方式

审美经验的性质和特点是什么？审美经验的心理结构和发生机制是怎样的？这是审美学要解决的核心问题，是美学家长期要揭示的审美之谜。要在这些重要问题上得到突破，必须从更新思维方式入手。传统思维方式的一个根本特点，就是按照“孤立的因果链的模式”① 思考对象，把一切事物都看作由分立的、离散的部分或因素所构成，试图用孤立的组成部分去解释复杂系统的整体。这种思维方式在以往的审美经验研究中一直有很大影响。西方许多审美经验理论和学说的一大弊病，就在于脱离整体去孤立地分析其各个构成要素，乃至简单地把某种构成要素的性质当作审美经验整体的性质，把其构成要素的某种特性当作整体的功能特性。这就容易造成一叶障目，不见泰山，难免对审美经验做出片面解释。如克罗齐认为，美感经验就是纯感性的直觉，和理性无关；康德认为审美判断只涉及情感领域，和认识无关；弗洛伊德认为，审美和艺术源于无意识的欲望，不受意识支配，等等。现代系统科学方法论突破了传统的思维方式，它把事物看作是由各部分、各要素在动态中相互作用、相互联系而形成的系统，要求从整体性出发，把对象始终作为一个有机整体，从系统与要素、整体与部分、结构与功能的辩证关系上去把握对象。由于审美经验是一种包含着许多异质要素的多方面的复合过程，是多种异质要素共同整合的结果，它的特性和规律只有在各种异质要素的整合中才能体现出来，因此，应用系统方法论这种新的思维方式或哲学方法论，对于纠正历来对于审美经验的一些片面理解，全面地、整体地认识审美经验的性质、特性和规

① 冯·贝塔朗菲：《一般系统论：基础、发展和应用》，林康义等译，清华大学出版社1987年版，第10页。

律，就显得特别适合和重要。

　　按照系统论观点，系统整体水平上的性质和功能，不是由其构成要素孤立状态时的性质和功能或它们的叠加所形成的，而是由系统内各个要素相互联系和作用的内部方式即结构所决定的。审美经验和认知、道德及其他日常经验的区别主要不在于其构成要素的多寡，它的整体特性也不能由它的构成要素的孤立的特性或其相加的总和来解释，而是要由它的全部心理构成要素相互联系、相互作用所形成的特殊结构方式来说明。如果不去认真研究在审美经验中感知和理解、知觉和情感、情感和理性、想象和思维、意识和无意识等各种异质要素是以何种特殊方式相互联系和作用的，不去认真分析美感中的特殊的认识结构、情感结构以及二者之间的相互关系，就无法从整体上去认识和把握审美经验的特性和功能。对于人们常常遇到的特殊的审美心理现象以及常常用于描述审美经验的特殊概念和范畴，如直觉性、愉悦性、形式感、移情作用、同情作用、非确定性、不可言说性、意象、趣味、灵感等，也就不能从整体上给予科学的阐明。

　　系统论不仅强调系统整体性，也强调系统层次性，把系统看作多层次的有机整体。在审美经验中，审美心理各个要素之间形成一种稳定的联系，这种稳定的联系就构成了所谓的审美心理结构。因为各个要素之间的稳定的联系具有多样性，具有复杂性，这就决定了审美心理结构是多层次、多等级的。审美心理构成中，各个不同的要素与要素之间的联系按照不同的水平而形成了不同的层次结构，因而我们在考察审美心理的特殊结构方式时要注意分析它的各个不同层次。首先，审美中认识因素包括感知、表象、联想、想象、理解、思维等，各种感性认识因素和理性认识因素以特殊方式相互联系、相互作用，形成感性与理性相统一的审美认识结构（形象观念、意象、形象思维等）；其次，审美中情感因素包括情绪、情感、激情、心境以及与情感相联系的意愿等，各种不同情感因素和不同认识因素以特殊方式相互联系、相互作用，形成情感与认识相交融的多层次的审美情感结构（情景互生、移情作用、同情共鸣、人物内心体验等）；最后，审美认识结构和审美情感结构以特殊方式交互作用、相互协调，导致感性与理性、认识与情感、合规律性与合目的性相协调、相统一的自由和谐的心理活动，最终形成以情感愉悦和心灵感动为特点的审美总体体验。审美经验表现出的特殊心理现象如直觉性、形式感、愉悦性等，都是由于审美心理的特殊结构方式以及美的观念的中介作用所形成的整体效应。因此，发现并科学解释审美心理的特殊结构方式，是揭示审美经验特殊规律的关键所在。

在审美经验形成中，美的观念的中介作用非常重要。康德在《判断力批判》中阐明的"美的理想"、"审美理念"就是一种美的观念。他说："我把审美理念理解为想象力的那样一种表象，它引起很多的思考，却没有任何一个确定的观念、也就是概念能够适合它，因而没有任何言说能够完全达到它并使它完全得到理解。"① 美的观念是审美心理特殊结构方式的产物和体现，是感性与理性、认识与情感，特殊与普遍、主观与客观、合规律性与合目的性的统一，集中表现着审美经验的系统整体性。美的观念的中介作用，可以从皮亚杰的发生认识论关于同化和顺应理论得到科学说明。皮亚杰认为，认识起因于主客体之间的相互作用，主体对客体的认识是主体图式同化客体信息的产物，而主体对客体的顺应又使主体图式获得更新。美的观念的中介作用和主体图式的中介作用在原理上是一致的。此外，现代控制论关于大脑活动受非约束性信息与约束性信息双重决定作用理论也对美的观念中介作用机制提供了有力支撑。弄清美的观念在美感发生中的中介作用及其形成的心理机制，是揭示审美心理奥秘的重要突破口。

三　科学总结中国现代审美学建设经验

中国现代审美学发展已有上百年历史，对它的发展过程、学术成就、研究经验及存在问题进行系统的科学的分析和总结，是推进中国特色现代审美学建设的重要前提。纵观百年中国现代审美学发展，20世纪三四十年代和八九十年代出现过两次研究热潮。两次热潮发生的时代条件有很大差别，也具有不同特点，但都产生了一些重要的学术成果，对推进中国现代审美学发展产生了重大影响。其中，最值得反思和总结的经验，主要有两个方面。

首先，从研究内容看，尽管百年来中国审美学研究所涉及的问题颇为广泛，审美心理学的基本问题几乎全都纳入研究者的视野之内，但是，从

① 康德:《判断力批判》，邓晓芒译，人民出版社2002年版，第158页。

整个学科建设来看，较为集中探讨和深入研究的主要是两大问题：其一是审美经验的特质和心理机制问题；其二是艺术创造的心理活动及其特征问题。百年中国审美学在学科建设上的成就可以说主要反映在这两大问题的研究上。从发展上看，对这两大问题的研究深度不断在深化，在一些重要理论问题上也不断有创新性学说提出。如20世纪80年代以来，关于审美心理结构和美感形成的中介因素问题，先后有各种新说问世，大大深化了对这一问题的认识。尤其是"自觉的表象运动"说、"审美表象"说、"审美意象"说、"形象观念"说、"情感逻辑"说等的提出，使审美经验发生的特殊心理机制问题获得了许多新的认识。此外，如审美和艺术中情感的作用和特点问题，审美和艺术中的形象思维问题，艺术创造中的直觉、灵感、非自觉性以及无意识活动问题，艺术家的个性心理及创造力问题等，也都在理论上有了重要进展，其论述的深刻性和新颖性大大超过以往美学研究。不过，从总体上看，在上述重要问题上，学术观点创新力度仍不够大，缺少重大的突破性的进展。特别是在应用现代科学方法论和现代科学新成果于基本理论问题研究上，与世界先进水平存有较大差距。在运用社会历史观点研究审美经验方面，也缺乏具有重要学术创新价值的成果。因此，需要继续从上述两个方面，加大研究的创新力度。另外，如何将审美理论研究与艺术研究紧密结合起来，也需要继续深入探索。20世纪末以来，关于文艺的审美意识形态性质的讨论，是审美学和艺术理论研究相结合的重大成果，但这方面研究还需要继续深化和发展，使其更具创新性。

其次，从研究途径看，百年中国审美学是在不断探索西方美学和中国美学及艺术传统相结合中发展的。如何接受西方美学的影响并使之与中国传统美学相交融，是中国现代审美学建设需要解决的一个主要问题。由于中、西美学在理论形态、范畴和话语及表达方式上都存在明显的差异，因此，在两者的结合中，如何使双方互相沟通，在观点、概念、范畴上产生彼此关联，同时又保持各自的特色和优点，在融合、互补中进行新的理论创造，成为实践中一个难题。在解决这个难题中，20世纪前期在审美学研究中进行的中西结合的探索，有过多种多样的尝试，提供了许多好的经验。从王国维、朱光潜到宗白华，既能准确地把握中西美学的融通之点，又能充分展示中西美学各自的特色，做到异中有同，同中有异，在比较、融合、互补中实现观点和理论的创新。

　　值得注意的是，在实现这一目标中，王国维、朱光潜、宗白华都发挥了个人独创性，采用了各自不同方式。如王国维主要是运用西方美学的新理论、新观念和新方法，研究中国古典文艺作品和审美经验，对中国传统审美学思想范畴进行新的阐发。他的"境界"说堪称运用西方美学观念和方法阐释中国传统审美学范畴的经典成果。朱光潜则以西方美学理论特别是各种现代心理学美学的理论为骨干，补之于中国传统美学思想和概念，试图建构一个中西结合的心理学美学体系。《文艺心理学》从体系看，基本是以西方审美学理论和范畴为框架的，但具体论述中，却处处结合着中国传统审美学观念和文艺创作的经验，两者互相印证，达到"移西方文化之花接中国文化传统之木"。至于宗白华，则以中国艺术的审美经验以及中国传统美学思想为本位，着重于中西艺术审美经验和美学思想的比较研究，在比较中探寻中国艺术创造和审美心理的特色，发掘中国艺术和传统美学思想的精微奥妙。他对于中西艺术不同审美特点和表现形式的分析，对于中国艺术意境的"特构"和深层创构的发掘，至今无人企及。尽管他们各自探索中西美学结合的方式不同，但着眼点却都是要通过吸收、借鉴西方美学和继承、改造传统美学，形成独特的见解，创造新鲜的理论。这一成功经验对于我们推进中国特色现代审美学建设具有重要意义。

　　虽然百年来中国审美学建设沿着中西结合之路获得了丰硕成果，但仍然存在一些问题。由于盲目崇拜，自觉或不自觉把形成于西方文化土壤、哲学基础及文艺传统之中的西方美学理论、概念、范畴，无限扩大为一种普泛性的范式和标准，试图用它去套中国文艺创作实践和传统美学思想，结果就出现了"以西格中"、生搬硬套的现象。这就使中国现代审美学建设在民族化、本土化方面存在严重不足。这个问题如不解决，势必影响中国特色现代审美学的建设。鉴于此，我们必须调整中西美学结合研究的思维方式和模式，改变以西方美学为本位和普遍原则，简单接受移植的研究方式和模式，倡导中西美学之间的文化对话，把中西美学的结合看作是对话式、多声道的，而不是单向的或单声道的，使中西美学结合真正成为一种跨文化的互动，在真正平等而有效的对话的基础上，达到中西美学的互识、互鉴、互补。

四 推动中国传统审美学思想创造性转化

建设中国特色现代审美学必须解决的另一个重要问题，是如何将中国优秀的传统审美学思想与中国当代文艺实践和美学理论建设相结合，从时代高度，用新的观点和方法对传统美学思想、命题、概念、范畴给予科学阐释，并赋予新义，使其紧密结合当代实际，具有时代内涵，实现其创造性转化。

20世纪以来，尽管对中国古代审美学思想的研究已有重要进展，中国传统审美学思想的一些重要概念和范畴正在逐步得到较深入的阐释，中西审美学思想的不同特点也在比较中逐步得到较明晰的揭示，但是对中国古代审美学思想进行全面清理和系统研究仍嫌不足，对中国特有的审美学的范畴、概念和命题进行深刻挖掘和创造性阐发仍需加强。把中国传统审美心理学思想中某些特殊范畴与西方心理学美学中的某些概念、范畴简单化地加以类比，甚至削足适履，将前者纳入后者框架和观念之中的情况，也影响着对于中国传统审美学思想的真谛和精髓的把握。

针对上述问题，首先，要进一步深入研究和揭示中国传统审美学思想特点。中国传统审美学思想不仅有其独特的观念、命题和概念范畴，而且有其独特的理论形态和思维方式，而这些又是同中国传统文化和艺术审美经验的特点相联系的。在中国传统哲学辩证思维方式影响下，中国传统审美学思想强调审美中主客体的辩证统一和二者的相互作用，强调审美中情感因素和理性因素的互相渗透和有机融合，强调审美的愉悦性与陶冶性相结合和相统一，视审美观照和审美经验为一种超越性人生境界。它所形成的一系列基本学说和范畴，如感兴说、神思说、情志说、意境说、情景说、言意说、虚实说、兴趣说、妙悟说、韵味说，虚静说等，与西方美学的基本理论和范畴，构成具有不同内涵、优势和特点的两大美学体系，不仅具有鲜明的民族特色，也为世界美学作出了独特贡献。从中国哲学特有的思维方式和传统文化的独特语境出发，全面、系统地分析其形成和演变，准确、科学地揭示和把握其内涵和特点，使其形成具有中国民族特色的传统审美学思想理论体系，是在新的现实条件下对其加以继承和发展的基础和前提。中西比较研究对于揭示中国审美学思想特点不失为一种好方法，而且可以在比较中看出中西美学思想各自的优势和互补性。新时期以来这种比较研究有了较大进展，但要注意避免比较中的生拉硬扯、以偏概全及主观臆断等现象，使比较研究真正建立在对中西美学思想的科学分析和真知灼见的基础上。

其次，要从当代现实生活以及审美和艺术实践需要出发，从新时代高度，对传统审美学思想进行新的审视和创造性阐释，使其与当代审美观念与艺术实践相结合，成为构建中国特色现代审美学的有机组成部分。近年来，美学界和文艺理论界讨论的中国古典美学和文论的现代转型或现代转换问题，对促进中国特色现代审美学和文艺学建设是十分有益的。我们所理解的"现代转型"和"现代转换"，就是要从新的时代和历史高度，用当代的眼光对传统美学和文艺理论中的命题、学说、概念、范畴和话语体系进行新的阐述和创造性发挥，以展示其在今天所具有的价值和意义，从而使其与当代美学和文艺观念相交织、相融合，共同形成中国特色现代美学和文艺学新的理论形态和话语体系。中国传统诗文理论中一直贯穿着"心物感应"说、"情景交融"说，既肯定审美活动和文艺创作的客观来源，又强调主客、心物、情景之间的互相联系、互相作用、互相交融；也一直倡导"情志一体"说、"情理交至"说，既肯定审美活动和文艺创作的情感特点，又强调情感和理性的互相渗透、互相制约、互相交织，这些充满唯物辩证的审美学思想，是中国传统美学思想的精华，经过创造性转化，与中国特色现代审美学和文艺理论的观点以及话语体系是完全相融合的，对中国特色现代审美学和文艺理论建设具有极其重要的理论价值。

推动中国传统审美学和文艺理论的创造性转化，需要研究者既有对中国古典美学和文论的透彻理解，又有对符合时代要求的当代审美意识和文艺观念的准确把握；既要回到原点，从中国文化特定语境中，深入理解传统美学与文艺理论观念和范畴的历史本来含义；又要立足当代，对传统美学与文艺理论观念和范畴的时代价值和当代意义进行重新发现和创造性转化，使两者真正达到融会贯通、水乳交融。这是一项具有探索性和开拓性的工作，应当提倡和鼓励探索多种多样的研究途径、研究方法，创造多种多样的理论形态和理论体系。我们应在过去研究成绩的基础上，更自觉地推动这项工作，使研究更加深刻化、系统化，更具有完整性和创新性，从而推动中国特色现代审美学建设。

五　确立中国特色现代审美学的科学方法论

20 世纪以来中国审美学研究的发展历程表明，要建立科学的现代审美学体系，必须使审美学研究奠定在科学的方法论的基础之上。方法论有不同层次，最高层次的就是哲学方法论。审美学研究要沿着正确的方向前进，必须有科学的哲学方法论作指导。审美学中的一些根本问题，本来就同哲学的基本问题密切联系，何况美学本身就属于哲学的领域。审美学研究只有在科学的哲学方法论指导下，才能取得真正科学的成果。它从经验或实验以及其他相关学科中获取的大量资料，更需要进行哲学的综合。如果没有哲学的帮助，要形成、解释、阐述审美学的概念、范畴、理论、假说并形成体系，将是不可能的。建设中国特色现代审美学体系所需要的哲学方法论，既不是否定审美主体在审美经验中具有能动作用的机械唯物主义，也不是否定审美经验具有客观来源和社会制约性的主观唯心主义，而只能是辩证唯物主义和历史唯物主义。这也是近百年来中国美学发展向我们昭示的真理。马克思主义的实践论和辩证唯物主义的能动的反映论，应当是科学的审美学的方法论基础。哲学方法论的区别，不仅可以使我们能站在一个理论制高点上去审视、鉴别西方各种现代审美学流派和思潮，真正从中吸取科学的、合理的成果，避免生吞活剥、亦步亦趋，而且将使我们建构的科学的、现代的审美学体系真正具有不同于西方审美学的理论特色。

哲学的方法论只能包括而不能代替具体学科的方法论。审美学与和它密切相关的心理学一样，还是一门正在走向成熟的学科，它的具体研究方法还处在发展和更新之中。当代心理学受到习性学、计算机科学等方面的影响，着重在真实、自然条件下的研究，一般倾向于认为，心理学研究如果可能，应尽量应用自然观察法或在实验室内进行自然观察。这种研究方法上的改变，必将对审美心理学的建设和发展产生重要影响。目前，西方审美心理学研究由于多是心理学家进行的，能较广泛地运用各种心理学研究方法，特别注重实验法和测验法等定量研究方法，并十分注重收集量化的资料，故研究结论具有较强的客观性、精确性。而我国的审美心理学研究由于多是美学家、文艺学家进行的，在研究方法上采用作品分析法和档案法——收集有关文献资料（如作家、艺术家的创作体会、日记、自传等）较为普遍，而且采用自我观察法更重于采用客观观察法，收集的资料多为非量化的描述性资料，因而研究结论往往带有一定程度的主观性、推论性。这方面，我们的基本态度是放开眼界，更多地学习和借鉴西方先进的、科学的、实证的、实验的研究方法，以弥补我们的不足。当前审美心理学的发展趋势是越来越重视多种研究方法的综合运用，既重视精细的定量研究方法，又重视宏观的定性研究方法；既强调客观的观察法和实验法所获得的资料，也不排斥自我观察和内省法所获得的资料；既注意实验室的研究结论，更注意自然观察的研究成果。总之，定量分析与定性分析，客观观察与自我内省，控制实验与自然观察，应当取长补短，互相结合，综合利用，只有这样才能有助于全面揭示审美心理活动的规律和机制。

审美心理学虽然与一般理论心理学息息相关，但与一般心理学又有显著区别。审美心理学要形成独立的学科并取得科学的成果，不能简单地套用一般心理学的方法，而必须形成适合本身研究对象和内容的独特的方法。审美心理学研究的不是一般的人类心理经验，而是特殊的审美心理经验。我们在看到两者所具有的一般性和共同规律的同时，必须更加重视探究后者的特殊性和特殊规律。这就需要有特殊的研究方法。一般的心理实验法所获得的资料和结论之所以在审美心理研究中往往缺乏说服力和适用性，原因在于它不完全适合审美心理经验本身的特点。一般心理学研究方法的发展趋势将是越来越自然科学化，越来越强调定量分析的重要性。而审美心理研究则由于其研究对象本身具有更为复杂的社会人文内涵，具有社会性精神现象的微妙难测的特点，因此，要达到完全自然科学化和定量分析，肯定是难以实现的。这就使审美学的特殊方法问题成为审美学发展中不能不引起高度重视的一个问题。在推进中国特色现代审美学建设中，应当把探索和形成符合学科研究对象和内容的特殊研究方法作为一项基本任务来对待。

美学发展趋势表明，哲学的美学和科学的美学、思辨的美学和经验的美学、理论美学和应用美学将会互相补充，共同推动当代美学的变革和重建。在这个多元化、全方位研究格局中，对审美活动、审美经验的研究方法将越来越趋向综合性和多学科性。这既是现代科学发展趋势所使然，也是审美经验研究向广度和深度发展的必然要求。实际上，新时期以来当代中国美学的发展已开始反映和展示了这一趋势。审美经验、审美心理乃至全部审美主体活动的复杂性和深刻性，审美心理区别于一般心理的特殊性质和规律，都表明审美活动、审美经验研究既不能不靠心理学，又不能单靠心理学。只有运用哲学、心理学、思维科学、语言学、符号学、社会学、文化人类学、艺术理论、艺术史、艺术批评等多学科的理论和方法，对审美活动和审美经验进行全方位、多角度的考察和研究，并使之互相联系，才能使审美经验的研究得到拓展和深化，才能使审美学学科建设和创新发展取得新的突破。

（原载《学术界》2014 年第 9 期）

审美学的学科定位与现代建构

一　审美学的学科定位与当代发展

　　审美学是美学的一门分支学科，它以人的审美活动和审美经验作为特定的研究对象。审美活动是人的社会实践活动之一，主要包括两种形式：一是对一切具有审美价值的对象和艺术的欣赏；二是对艺术和一切审美对象的创造。人的实践活动是作为主体的人和作为客体的对象互相作用的结果。审美活动同样也是在审美主体和审美客体互相作用中发生的，但又具有不同于一般的实践活动的特点。所以，审美学必须研究审美主、客体以及它们相互之间的关系，阐明审美活动的来源、性质和特点。审美经验是审美主体在审美欣赏和美的创造活动中产生的感受和体验以及在感受、体验的基础上形成的判断和评价。它包括审美心理活动、审美评价活动以及在此基础上形成的审美趣味、审美理想、审美标准等各种审美意识。审美心理、审美评价和其他各种审美意识的性质、特点和规律，是审美学研究的主要内容。

　　就研究对象说，审美学和美学是部分与整体的关系。按照传统理解，美学应当包括美、美感和艺术研究，也就是包括审美学的研究内容。但就研究范式和方法看，审美学却超越了美学的学科界限。比如，审美心理研究需要美学和心理学、艺术心理学等学科的交叉；审美评价研究需要美学和价值学、艺术批评学等学科的交叉；审美趣味、审美标准和审美理想的研究需要美学和文化学、社会学等学科的交叉，等等。所以，审美学在美学中具有相对独立性。认为有了美学，审美学就不能作为独立的学科存在，是没有根据的。

　　审美学和审美心理学有密切关系，但两者又有区别。审美学研究人在审美欣赏和美的创造中的特殊感受和体验，就是研究审美心理活动。审美心理学专门以审美心理活动为研究对象，探讨审美心理的发生机制、审美心理的构成和过程，审美心理结构的形成和特点，审美的个性心理特点和差异性等。这是审美学中处于核心地位的重要部分。但审美心理学不是审美学研究的全部内容，也不能代替审美学。审美学还要研究审美评价和各种审美意识。它们虽然不能脱离审美感受和体验的心理活动，却是自觉地对后者的理性思考和深化，其形成要受到更多因素的影响，不能仅仅由心理学研究加以阐明。

审美学和艺术学也有密切关系。艺术欣赏和艺术创造活动是审美欣赏和美的创造活动的最集中的表现。审美经验最集中、最典型的形态就是发生在艺术欣赏和艺术创造之中。审美学研究审美活动和审美经验，首先要研究艺术的欣赏和创造活动和从中得到的审美经验。这就和艺术学的研究互相交叉。但审美学并不研究艺术学的全部问题，而只是研究艺术与审美经验相关的问题。另外，审美学又不限于艺术学，它不仅研究艺术中的审美经验，而且要研究一切审美活动中的审美经验。审美活动除艺术外，还包括审美文化、审美教育、产品的形象设计、日常生活审美、自然美的欣赏和环境美化等，这些审美活动中的审美经验也是审美学应当研究的。

20世纪以来，审美学在西方获得了长足发展，这是同当代西方美学发生的重大变革相联系的。美学史表明，美学思想的产生是与对人类审美活动和审美经验观察和探讨分不开的。但是，在很长的历史时期里，西方美学的研究重点却不是人的审美经验，而是美的本体。美的根源和美的本质问题，是西方古代美学的中心问题。到了近代，由于哲学重点向认识论的转移和心理学思想的发展，美学的主要研究对象开始从审美客体转向审美主体，对审美经验和审美意识的研究逐步成为美学研究的中心问题。英国经验派美学和康德美学在推动美学重点向审美经验转移中起到关键作用。这一趋势在20世纪得到强势延续。心理学美学的发展使审美经验单独成为美学的一种研究对象。从哲学、心理学、艺术学各种不同角度研究审美经验的学说和派别层出不穷。审美经验的研究取代美的本质的哲学探讨，名副其实地成为当代美学的主要对象，这种变革被公认为是当代美学区别于传统美学的一个主要标志。《走向科学的美学》一书作者托马斯·门罗早就指出了当代美学的这个巨大变化。他说："过去的美学曾一度被看作是一种'美的哲学'，一种主要旨在说明美和丑的本质的学科。"然而，"在当代的讨论中，这种词汇很少出现。取代它们的是一大批范围更加广泛的概念，即用来解释不同的艺术现象和艺术行为的概念。"① 美学作为一种经验科学，已经主要倾向于对审美经验作现象的描述和研究。美学的这种变革必然推动审美学的学科发展。托马斯·门罗提出，科学美学应以描述和解释审美经验作为根本任务，包括审美形态学、审美心理学和审美价值学三个部分。审美形态学是通过对艺术形式的分析，研究审美经验客体的结构性质；审美心理学是通过对人在艺术创造和欣赏过程中的行为和经验的分析，研究审美活动中主观经验方面的特征；审美价值学是通过对艺术作品之价值的评价的分析，研究审美价值的由来和标准。这可以说是对审美学内容和形态的一种较为全面的表述。

和美学重点转向审美经验同时出现的一个重要变化是艺术研究范式的转变。西方传统的艺术研究，首先关心的是如何寻找艺术的共同本质和特征。许多美学家从某种先验的范畴和概念出发，力图通过抽象的思辨，推论出艺术的本质，建立起艺术的定义。当代西方美学界和艺术界对这种艺术研究范式基本上都持批判态度。他们认为，像这样"用思考和推理的方式去谈论艺术，就不可避免地给人造成一种印象：艺术是一种使人无法捉摸的东西"。② 要说明艺术的本质特征和创作、欣赏中的各种问题，必须从审美经验出发。现象学美学家 R. 英加登说："我认为把两种研究路线——（a）对艺术作品的一般研究和（b）审美经验研究（不管是在作者的创造经验的意义上还是在读者或观察者的接受经验的意义上）——相互对立起来是错误的。"③ V. C. 奥尔德里奇在《艺术哲学》一书中指出：一种合理的审美经验理论，乃是"讨论艺术哲学诸基本问题的良好出发点"。他认为，关于艺术的研究包含描述、解释和评价三种逻辑方式：三种方式既有区别又有联系，而每一种都必须结合对审美经验的考察来进行。他说："描述位于最底层，以描述为基础的解释位于第二层，评价属于最上层。因此，在考察完作为基础的审美经验及其描述之后，我们

---

① 托马斯·门罗：《走向科学的美学》，石天曙、滕守尧译，中国文艺联合出版公司 1984年版，第 147 页。

② 鲁道夫·阿恩海姆：《艺术与视知觉》，滕守尧、朱疆源译，中国社会科学出版社 1984年版，第 1 页。

③ 英加登：《现象学美学：界定美学范围的一种尝试》，王鲁湘等编译：《西方学者眼中的西方现代美学》，北京大学出版社 1987 年版，第 76 页。

就上升到检验解释性艺术谈论的逻辑，最后达到对审美经验在艺术作品中的完整表现予以评价性考察的高度。"① 这种艺术研究范式的转变要求审美学发展与之配合。因此，乔治·迪基在《美学引论》中提出，当代美学应由审美哲学、艺术哲学和批评哲学三大部分构成，这三大部分都以审美经验的研究为基础。其中，审美哲学则是对审美态度、审美对象、审美经验以及三者关系所做的研究和描述，这就是审美学的一种形态。

从20世纪末开始，在后现代主义和西方文化新变化推动下，审美文化、大众文化研究和日常生活美学、身体美学、环境美学、生态美学等开始走向美学的前沿，标志着美学全方位面向现实和生活的转型。和这些领域相关的不同于艺术的审美经验成为美学家关注的新热点。这也推动了审美学转向新的发展方向。费瑟斯通在《消费社会与后现代文化》中明确提出，在后现代的图像和符号浪潮推动下产生的艺术生活化和生活艺术化的双向交会，已经形成了一种不同于艺术美学的新型审美经验。以往审美经验研究主要限于艺术领域，对审美经验性质和规律的阐明，主要来自对艺术创作、欣赏、评价的经验的观察和总结。用这种审美经验理论来说明美的艺术之外的日常生活审美经验并不完全适用。接受美学的创始人耀斯在《审美经验与文学解释学》中就明确提出了日常生活中审美经验的地位、特征和界定问题。他根据杜威在《艺术即经验》中对审美经验的分析，认为审美经验根植于日常生活诸现象的审美品质之中，生活过程在恢复统一和谐的那一刻便获得了审美品质。所以，审美经验不仅和艺术相联系，也和实际经验具有密切关系。"审美经验可以与日常世界或者任何现实进行交流，并能够消除虚构和现实之间的两极对立。"② 确立日常生活世界中的审美经验的特殊地位，标志着审美经验研究向生活世界的扩展。无独有偶，身体美学的倡导者舒斯特曼在《实用主义美学》中同样是从重新审视"杜威旨在'恢复审美经验同生活的正常过程之间的连续性'的审美自然主义"中，找到了艺术与生活、美的艺术与实用艺术、高级艺术与通俗艺术、审美的与实践的等二分观念在根本上的连续性。他认为，"审美经验不应受制于艺术作为历史限定的实践的狭窄范围"，"作为

---

① V. C. 奥尔德里奇：《艺术哲学》，程孟辉译，中国社会科学出版社1986年版，第125页。

② 汉斯·罗伯特·耀斯：《审美经验与文学解释学》，顾建光等译，上海译文出版社1997年版，第184页。

审美经验的有目的的生产，艺术变得更值得向未来的在大量不同生活经验的素材中的实验开放，对这些生活经验进行审美塑造和美化"。① 这就为大众文化和通俗艺术的审美学研究开拓了道路。

当代世界美学发展处在全球化互动文化语境中，西方当代美学的种种变革深刻影响着中国当代美学的发展。在中国语境下，这些变革几乎是共时性的交互着完成的。随着美学研究重点和艺术研究范式的转变，以及美学面向现实生活的转型，审美经验的研究在我国已经得到并将会更加得到重视，审美学的学科建设也将会得到进一步发展。

二　西方现代审美学的主要形态

尽管西方美学从古代开始就有关于审美经验的论述，但审美学作为一门独立学科却是西方近代才产生的。1750 年鲍姆加登出版的一部研究感性认识的专著，采用了"Aesthetica"作为书名，以标示一种新的学科。美学史普遍认为，这就是美学作为独立学科的正式诞生。但"Aesthetica"一词的希腊文本义是"感性学"，将它译为"审美学"比"美学"更加贴切。鲍姆加登在书中给美学下的定义是："美学（自由艺术的理论、低级认识论、美的思维的艺术和与理性类似的思维的艺术）是感性认识的科学。"② 这里"感性认识"、"低级认识"、"美的思维"、"与理性类似的思维"等表述，与其说与美的本质有关，不如说与审美经验有关。这就证明这个被命名的新学科其实就是审美学。在鲍姆加登提出这一新学科名称前后，休谟也将"美学"作为一门与认识论相区别的学科单列出来。他认为认识论的对象是理智，而美学的对象"是趣味和情感"。他还写了专门研究"趣味"的《论趣味的标准》等论文，这是名副其实的审美学著作。不过，审美学作为一种完整形态，还是在康德《判断力批判》中才正式形成的。

《判断力批判》前部分"审美判断力的分析"属于美学。第一部分是"美的分析论"。所谓美的分析，在康德看来，并不是要分析客观现象何

---

① 理查德·舒斯特曼：《实用主义美学》，彭锋译，商务印书馆 2002 年版，第 86 页。
② 鲍姆加登：《美学》，简明、王旭晓译，文化艺术出版社 1987 年版，第 13 页。

以为美，而是要分析为了判别某一对象为美时需要什么样的主观能力。所以，康德集中分析了鉴赏判断的特点。他说："鉴赏是评判美的能力。但是要把一个对象称之为美的需要什么，这必须由对鉴赏判断的分析来解释。"①"鉴赏判断"（又译"趣味判断"）就是审美判断。康德根据认识论中四项范畴考察了鉴赏判断特质，通过从质、量、关系、模态四个方面对鉴赏判断的分析，第一次全面完整阐明了审美意识不同于逻辑认识和道德意识的特点和规律。接着，在"崇高的分析论"中，康德又将崇高的审美判断与美的鉴赏判断相比较，阐明了各自的特质和心理特点。再加上对"审美理念"和"审美理想"的分析与阐明，可以说，康德对审美意识活动和审美经验从哲学上作了全面、深刻的分析和论述，构建了审美学的完整形态，同时也提出了审美学中需要研究的基本矛盾和问题，为西方现代审美学的发展奠定了基础。

19世纪末20世纪初开始以来的西方现代美学学派林立，思潮纷繁，形式多样，方法翻新。在这种学术背景中发展的审美学逐渐形成了多种形式或形态，其中，审美哲学、审美心理学、审美艺术学构成现代审美学的三种主要形态，它们在学术来源和出发点、研究角度、研究内容、研究方法上均表现出不同的性质和特点。

（一）审美哲学

审美哲学继承和发展了康德在审美研究上的思辨传统，主要是从特定的哲学体系和观点出发来考察和研究审美意识和审美经验，重点探讨审美意识的来源、审美主体与审美对象的关系、审美意识的本质和特点、审美意识的历史形成和作用等审美学的哲学问题。其中，有代表性和较大影响的主要有唯意志主义审美学、表现主义审美学、实用主义审美学、现象学审美学、分析哲学审美学等。

唯意志主义哲学创立者叔本华认为，意志是世界的基础和本质，摆脱意志束缚，人才能得到解脱。他从唯意志论出发探讨和阐明审美活动和审美经验，把审美看作人从意志的痛苦中解脱出来的一种形式，提出了"审美直观"说。审美直观是非理性的、直观的认识方式，可以超越个别事物直达理念；在审美直观中，主体无所欲求，超越功利，审美主体和审美对象之间没有利害关系；通过审美直观，审美主体"自失于对象之

---

① 康德：《判断力批判》，邓晓芒译，人民出版社2002年版，第37页。

中"，达到主客体合一的境界。直觉表现主义的倡导者克罗齐认为整个世界都是精神活动的体现，而直觉是最基本的活动，是一切精神活动的基础。直觉是一种脱离理性的低级的感觉活动，也是心灵赋予物质以形式的活动。物质、感受、情绪经过心灵综合作用获得形式，也就是表现。审美或艺术活动就是这种"直觉即表现"的活动。成功的表现就是美，其效果就是审美快感。叔本华的"审美直观"说和克罗齐的"审美直觉"说都具有强烈的主观性和非理性特点，在后来西方审美学发展中也都产生了很大影响。

实用主义哲学主要代表人物杜威提出了"经验的自然主义"，并将其运用于审美经验研究，强调审美经验和日常生活经验之间的连续性。他认为，任何经验假如它是完整的"一个经验"，并且在自身冲动的驱动下得到实现的话，都将具有审美性质，这便是审美经验产生的基础和来源。审美经验和日常经验并无本质的区别，只有程度的差别。审美经验是自然中一般的、重复的、有序的方面和它的特殊的、偶然的、不定的方面所构成的和谐融合，因而它将一个完整的经验变得更为清晰、更为强烈、更为集中。现象学哲学的创始人胡塞尔将纯粹意识作为研究对象，创立了意向性理论。他认为，意向性代表着意识的最普遍结构，朝向对象是意识的根本特性。一切意识都是关于对象的意识，一切对象都是意识的对象。意识活动和意识对象作为纯粹意识的有机因素，二者是不可分割的。现象学美学家杜弗莱纳和英加登将意向性理论和现象学方法运用于审美经验研究，对审美经验与审美对象的关系、审美对象的形成和界定、审美经验的发生过程和特点以及审美价值与审美经验的关系等问题做出了独到的分析。他们认为，审美对象和审美知觉在审美经验中不可分割，二者相互依存。审美对象是在审美经验中形成的，艺术作品只是界定审美对象的基础，它只能在观赏者的审美经验中经过审美感知才能成为审美对象。审美经验和认识活动的对象是不同的，审美经验的对象不是一般知觉的实在对象，而是在审美经验中形成的审美对象。审美经验的发生包括审美的预备情绪、认识对象具有审美价值的特质、对构成的审美对象进行观照和产生愉快等基本阶段，其本质特点是构成审美对象，并通过情感观照体验对象的"质和谐"具有的审美价值。以上两种审美哲学不仅有特殊的哲学理论作支撑，而且有艺术的具体经验为佐证，能够给人以较大启发，因而在审美学研究中一直受到重视。

（二）审美心理学

审美心理学又称心理学美学，是借鉴心理学研究成果，从特定心理学体系和观点出发，对审美经验和心理活动进行考察和研究。主要探讨审美心理的来源和生成、审美心理构成因素，审美心理过程、审美心理结构和特点、审美心理的个性特点及其形成、审美趣味和能力的培养等问题。西方现代审美心理学的主要代表有审美移情说、心理距离说、精神分析心理学美学、格式塔心理学美学等。

移情说和心理距离说是20世纪初占支配地位的两种心理学美学。移情说的奠基人是德国美学家费肖尔父子，其代表人物遍布德国、英国和法国，最杰出代表人物是里普斯。里普斯的美学研究是从心理学出发的，他的代表作《美学》副标题就是"美和艺术的心理学"。他认为，美感产生于移情作用。移情作用是主体将自己的内心感受、情感、人格向客体"移植"或"外射"的活动，审美的移情不同于实用的移情，是一种不带任何实际利害的纯粹的审美观照。在审美移情活动中，审美主体即自我进入观照对象，对象的感性形式成为自我的载体。对象就是自我，自我就是对象，自我和对象的对立消失了。审美欣赏并非对于一个对象的欣赏，而是对于一个客观的自我的欣赏。审美欣赏的特征就在于在它里面感我到愉快的自我和使我感到愉快的对象合二为一，两者都是直接经验到的自我。心理距离说的创立者是英国心理学家布劳。他用心理学的观点来解释康德的审美不涉及实际利害关系的性质和特点，认为心理距离是美感的一种显著特征和审美价值的一个特殊标准。心理距离是通过使客体摆脱人的实际需要和目的而取得的，它使审美主体抛弃了与对象的实际需要的联系，而专注于孤立对象的形象的观赏。心理距离构成一切艺术的共同因素，也成为一种审美原则。距离既不能太远，也不能太近，能否把距离的矛盾安排妥当是审美欣赏和艺术创造能否成功的决定条件。移情说和心理距离说都揭示了审美心理现象的某种特点，但未做出完全科学的解释。

精神分析心理学美学和格式塔心理学美学都是在各自心理学派思想基础上建构审美心理学说的。精神分析心理学美学是建立在弗洛伊德创立的精神分析心理学基础之上的。精神分析心理学的核心理论是无意识理论。弗洛伊德认为，人的心理是由意识、潜意识和无意识三部分组成的，无意识是指被压抑的、不为社会规范所容的本能欲望，其中主要是性的本能欲望。人的整个精神过程是受无意识支配的，无意识的本能欲望在现实中受到压抑得不到满足，便在审美和艺术中通过想象得到满足。艺术想象通过升华作用，将性欲移向社会所容许的途径去发泄，既使性欲得到替代性满足，又与社会规范不相违背。欣赏者的审美快感便是从性欲的替代性满足中获得的。这种学说将性欲本能当作审美和艺术的动力和来源，具有强烈的主观性和非理性色彩。格式塔心理学美学是格式塔心理学在审美心理研究中的具体运用。格式塔心理学认为，现象的经验是整体式的格式塔，即"完形"，它不能解释为感觉元素的联合。心理学要研究的是整体，是有具体整体原则的结构。鲁道夫·阿恩海姆将格式塔心理学理论系统用于解释视觉艺术创造和欣赏的审美经验，形成了格式塔心理学美学。他认为，审美和艺术创造中的知觉整体性最为突出，知觉的整体性并不是对元素进行简单复制的结果，而是对元素的一种创造性地再现。知觉过程就是形成知觉概念的过程。知觉概念是知觉所形成的与刺激的性质相对应的结构图式，具有概括性。在艺术和审美经验中，通过知觉的完形和概括能力，可以使形式的结构与形式所呈现的意义的结构之间具有"同形性"。对于表现性的知觉是感受对象的审美特质的重要条件。知觉对象的表现性并非来自移情作用，"造成表现性的基础是一种力的结构"，即外在对象的形式与内在精神具有同一的力的结构，也就是"同形同构"。这些新颖观点由于有心理实验作支撑，又有审美和艺术创造实例为佐证，对于解释审美经验的某些现象具有较重要的参考价值。

（三）审美艺术学

审美艺术学和人们常说的艺术美学大致属于同一种形态。它既不是从某种哲学体系和观念出发对审美经验进行思辨的研究，也不是从某种心理学学说和观点出发对审美经验进行纯粹的心理学的分析，而是立足于艺术的实践，直接从艺术创作、欣赏、批评以及艺术史的经验事实出发，对艺术的审美经验和审美心理活动的特点和规律进行提炼和归纳。它对哲学和心理学成果的应用，都是着眼于解释艺术实践和经验现象。在现代西方美学中，这方面的成果很多，这里选择两部影响颇大的著作——《抽象与移情》和《艺术与幻觉》作为代表加以介绍。

《抽象与移情》的副标题是"对艺术风格的心理学研究"，由德国艺术理论和艺术史家 W. 沃林格著。作者主要从考察艺术风格形态入手，通过对古代艺术的分析，对其审美经验形成的深层决定因素进行心理学的研究。他认为，艺术风格的形态是由作为心理需求的"艺术意志"决定的，而艺术意志来自人对世界的心理态度即"世界感"。从艺术风格形态看，艺术意志具体表现为抽象和移情两种不同冲动。"移情冲动是以人与外在世界的那种圆满的具有泛神论色彩的密切关联为条件的，而抽象冲动则是人由外在世界引起的巨大的内心不安的产物。"① 移情冲动源于人对空间的依赖感、和谐感，而抽象冲动则源于人对空间的极大的心理恐惧和安定需要。移情冲动将自我沉潜到外物中，从外物中玩味自身，而抽象冲动则使单个物体独立于观照它的主体而存在，主体从中所享受到的并不是类似自身生命的东西，而是必然律和合规律性。从艺术表现看，抽象冲动的特征是抑制对空间的表现，以平面表现为主；抑制具体的物象，以结晶质的几何线形式为主。上述抽象范畴的提出和对抽象冲动的心理依据、特点和作用的分析，都是颇为独到的，实际上成为后来西方现代派艺术的纲领。

《艺术与幻觉》的副标题是"绘画再现的心理研究"，作者是英国艺术史家冈布里奇。此书主要研究视觉艺术的审美经验，作者广泛运用了哲学、心理学和艺术史研究成果，集中探讨再现艺术与知觉心理的关系，提出了视觉艺术心理的知觉模式框架。他认为，再现艺术不仅仅是或主要不是视象的表现，"视"是由"知"制约和支配的。"知"就是由经验和学习而积淀的"预成图式"（schema），它在知觉的过滤中发挥着心理定向作用。一切再现都是以丰富的预成图式为基础的。知觉具有极大的探索性、建设性，它参照视觉刺激对在图式基础上形成的预觉不断进行修正和调整，再现艺术形象的创作过程也就是"图式—修正"过程。观赏者对艺术形象的释读是一种知觉投射活动，它以观念中的图式为基础并期待在形象中加以证实。观赏者在观赏中的参与作用使艺术品实现了向审美对象的转换。这些观点有大量艺术实例和实验作支撑，具有一定说服力。

三　审美学的现代建构与学术创新

现代西方美学中审美学的发展，展现出审美学是一个包括多种形态由多种学科交叉构成的综合性学科。其中，既有从不同哲学体系和观点出发

---

①　W. 沃林格：《抽象与移情》，王才勇译，辽宁人民出版社1987年版，第16页。

探讨审美意识活动规律和特点的审美哲学，又有从各种心理学体系和观点出发，阐明审美心理构成、过程和特点的审美心理学；既有结合价值哲学和艺术评价研究审美价值、审美理想和审美标准的审美价值学，也有主要从艺术实践出发，探索艺术创作、艺术作品和艺术欣赏的审美特点和规律的审美艺术学。正是多种形态的存在和多种学科的交叉，为审美学的现代构建开辟了广阔的创新空间。

审美学的现代建构需要扩大和推进多学科交叉和融合，进一步向综合性交叉学科发展。从西方现代审美学的不同形态发展来看，虽然分别从哲学、心理学、艺术学等单学科方面对审美经验进行的研究取得了一定的成果，但在对审美经验的解释上也都存在较大不足和局限性。这种不足和局限性来自两方面的原因：一方面，从哲学、心理学、艺术学等单学科方面进行的审美经验研究，主要是建立在某种特定的哲学体系、心理学学说或艺术学观点的基础之上的。这些体系、学说、观点多是强调研究对象的某个部分、某个侧面、某种特征，而忽视了对象各个部分、各个侧面、各种特征之间的紧密联系和互相作用，甚至将它们互相对立起来，这就免不了带有片面性、主观性，如果单独用它们来研究和解释审美经验必然会存在不足和局限。另一方面，从审美学的研究对象审美经验本身来看，其性质所具有的复杂性、特殊性、多样性和深刻性，也不是仅仅依靠某一种学科就能够全面、深入地加以揭示和探明的。仅仅依靠某个单一学科去研究和说明也就难免产生片面性和局限性。

由于审美经验具有心理活动性质和特点，有的美学家便强调它仅仅"是一个心理学的问题"，单靠心理学研究就"能清楚、系统地阐明它"。[①] 有的美学家将美学的对象和范围概括为美的哲学、审美心理学、艺术社会学三个部分，这也是将审美经验的研究仅仅归结成一种心理学的研究。[②] 其实，审美经验研究固然需要依靠心理学，但又不能局限于心理学。审美经验的多方面的复杂性质，它与主、客观方面的多种关系，需要比心理学更为广泛的研究。比如，审美经验作为人的一种特殊意识活动，它是如何反映和评价客观世界的，如何认识它的本质和特点，把握它与人的其他诸种意识活动的联系和区别等，这更需要哲学的思考和回答。又比

---

① M. C. 比尔兹利：《美学：批评哲学中的问题》，哈考特·布拉斯出版社 1958 年版，第 7 页。

② 《李泽厚哲学美学文选》，湖南人民出版社 1985 年版，第 190 页。

如，审美经验作为社会意识之一，它同整个人类社会生活的联系，它的起源和发展，它的社会历史制约性以及在人类文化中的地位和作用等，这需要借助社会历史的研究方法，需要从社会学、文化人类学、历史学、艺术史等学科的角度共同进行研究。还有，关于审美经验的类型和审美范畴的研究，关于创造和欣赏中审美经验的差异性和一致性的研究，关于审美经验的多样性和变化性的研究等，又与艺术形态学、艺术创造和欣赏的一般理论乃至艺术批评相联系。至于要深入揭示和解释审美经验产生和审美愉快形成的大脑过程，那就更需要信息理论、大脑科学的帮助。总之，美学要全面分析和解释审美经验，除了依靠心理学外，还需要借助于哲学和多种人文科学、自然科学的成果来做综合思考。那种认为仅仅依靠心理学的结论和资料，就能清楚而系统地阐明审美经验的性质和规律的想法，是不切实际的，对于深入、全面地开展审美经验的研究也是不利的。

审美学的现代建构需要拓展和深化关于审美活动和审美经验的研究领域和问题，完善和创新学科体系。审美活动和审美经验是审美学研究对象，也是构建审美学学科体系的出发点。但是，什么是审美活动和审美经验？它们的具体内涵和内容是什么？应当从哪些方面进行研究？包括哪些需要研究和解决的课题等，都还是需要进一步探讨的问题。目前，人们普遍认为审美经验主要是指人在欣赏和创造美和艺术时发生的心理活动，因此将审美心理活动研究作为审美学的研究重点。这是有一定道理的。审美心理是审美经验产生的出发点，是一切审美意识形成的基础。研究审美经验自然应以审美心理为主要对象，因而审美心理研究也应成为审美学主体构成部分。但这部分研究也需要进一步拓展研究领域和问题。这部分研究自然主要依靠心理学。但需要注意的是，心理学的现有研究水平并不能解决审美心理研究的全部问题，仅仅运用一般心理学的理论也不足以解释审美心理的特殊性和复杂性。《艺术与幻觉》一书的作者冈布里奇在谈到对于艺术的审美知觉研究时说：“心理学在那些知觉过程的惊人复杂性面前变得灵活了，没有人声称他完全了解了这种复杂性。”[1]《艺术与视知觉》一书的作者 R. 阿恩海姆也说：“心理学家讲情感（feeling）也讲情绪（e-motion），但这两个术语的区别公认为是不清楚的。……这里，心理学再

---

[1]　冈布里奇：《艺术与幻觉》，周彦译，湖南人民出版社 1987 年版，第 28 页。

次几乎不能说对艺术理论家提供许多阐明。"① 这都说明，对于审美心理的研究要注重审美心理特点和复杂性，不能局限于心理学的既有内容和一般结论，而是要紧密结合审美心理实际提出新问题并进行开创性探索。

审美的意识活动表现为心理活动，但又不限于心理活动。审美意识作为审美主体对于审美对象的反映和反应，具有复杂的结构和不同的水平、不同的层次，包括不同的形式。它既包括审美心理，也包括审美心理之外的其他各种审美意识形式。审美心理包括审美感觉、知觉、联想、想象、理解、情感、意志等心理活动和过程，是审美意识的不够自觉的、不够定型的形式；除此之外，包括审美观念、审美趣味、审美理想、审美标准等在内的审美意识形式，是审美意识中的自觉的、定型化的形式。审美心理和其他审美意识形式是互相关联、互相作用的。审美观念、审美理想、审美标准等意识形式是在审美心理活动的基础上形成的，但它是对于审美心理的提炼和升华，是通过自觉活动形成的定型化的思想观念。审美心理活动总是在一定的审美观念、审美理想、审美标准影响下发生的，是受这些审美意识形式制约的。此外，在审美心理活动的基础上，在审美观念和审美标准制约下，审美主体对于审美对象的审美价值所产生的审美判断和审美评价，也是审美意识的一种重要形式。综上所述，都是审美活动和审美经验的相关内容，也都是审美学需要研究的对象，当然是审美学的学科体系建设必须包含的各个组成部分。

从当前情况看，审美心理部分研究比较受重视，成果也比较丰富。相对而言，对于审美意识的起源、本质和特点的研究，对于审美理想、审美趣味、审美标准、审美价值、审美判断、审美评价等问题的研究，则显得较为不足。虽然在西方审美学研究中，关于这些问题也有一些较为深刻的论述，如休谟论审美趣味标准的共同性和差异性，康德论审美判断的性质和特点以及审美理想的内涵，现象学美学论审美对象和审美经验的关系以及艺术作品审美价值的生成，等等，但总的看来，成果并不理想。由于受到哲学观点的局限和问题的影响，许多西方美学家对于上述各种问题的看法仍较缺乏科学性，与审美实际相去甚远。因此，如何在正确的哲学观点和方法指导下，将美学和价值论、心理学、思维科学、社会学、艺术史和艺术批评等学科结合起来，对上述方面的问题做出深入的研究和科学的阐

① R. 阿恩海姆：《走向艺术心理学》，加利福尼亚大学出版社 1967 年版，第 308—309 页。

明，是完善和创新审美学学科体系的一项重要任务，也是审美学现代建构的一项重要工程。

审美学的现代建构还需要推进经验研究与思辨研究互相结合，不断丰富和创新研究方法。从美学史发展看，对审美经验的研究主要有两种途径和方法：一种是思辨的、哲学的途径和方法；另一种是经验的、科学的途径和方法。费希纳曾经用"自上而下的美学"和"自下而上的美学"来区别哲学的思辨的美学和心理学的实验的美学，说明它们在研究途径和方法上是不同的。如果用它来说明对于审美经验研究的两种途径和方法的区别，大致也是合适的。这两种研究方法各具特点，对于揭示审美经验的性质和特性具有不同的作用。一般来说，对于审美经验进行的经验的、科学的研究，是以经验的材料为基础的，它需要对反复产生的现象进行观察和实验，需要把思想见解作为能被测试和验证的假设，需要客观的数据和定量的分析，需要把理论放在有效的事实的基础上。这一切，使它对审美经验的性质和特点的把握往往具有具体的、微观的、部分的、精确的特点。另外，对于审美经验进行的思辨的、哲学的研究，则是从形而上学的假说和某种哲学的构架出发，它需要并非经验的逻辑分析，需要纯粹的理性思考，需要最高的科学抽象，需要构造出概念、范畴和理论体系。这一切，使它对审美经验的把握往往具有概括的、宏观的、整体的、系统的特点。审美学研究实践和进展说明，采用单独一种方法研究和揭示审美经验，都较难全面、深入地认识和揭示审美经验的性质、特点和各个方面的问题，只有将经验的、科学的方法和思辨的、哲学的方法两者有机结合起来，才有助于深化审美经验的研究。无论是经验的、科学的方法，还是思辨的、哲学的方法，它们本身都处在不断发展和更新之中。比如，现代心理学中经验的、科学的研究方法，就是多样的、综合的。它既重视精细的定量研究方法，又重视宏观的定性研究方法，既强调客观观察法和实验法所获的资料，也不排斥自我观察和内省法所获的资料，而是兼取各法之长。又比如，现代科学哲学、系统论、模糊学等都对思辨的、哲学的方法产生了很大影响，使思辨的、哲学的研究方法不断更新，并且更加多样化。这一切都说明，要将审美学的研究提高到新的水平，进一步推进审美学的现代建构，研究方法的丰富和更新是不可缺少的。

（原载《艺术百家》2014 年第 1 期）

中华美学精神与传统美学的创造性转化

一

习近平同志在文艺工作座谈会上的讲话中提出："要结合新的时代条件传承和弘扬中华优秀传统文化，传承和弘扬中华美学精神。"这对于推动社会主义文化和文艺大发展大繁荣，对于建设中国特色马克思主义美学和文艺理论，具有重要指导意义。中华美学精神渗透于中华民族长期的审美和艺术实践中，并以理论形态集中体现于中国传统美学之中，是中国优秀传统美学的本质和特点的集中表现。传承和弘扬中华美学精神，需要结合新的时代条件传承和弘扬中国优秀传统美学，充分发掘中国优秀的传统美学的时代意义和当代价值，使其与中国当代文艺实践和美学理论建设相结合，实现其创造性转化。

中国优秀传统美学所体现的中华美学精神，是中华优秀传统文化思想的重要组成部分，它同中华文化思想一样源远流长，博大精深，深刻反映着中华民族的审美和艺术实践经验，集中表现着中华民族的审美观和审美追求，蕴藏着中华民族基本的文化和审美基因。筑基于"天人合一"哲学思想与"乐从和"艺术传统的中国古代美学，形成了以"和"为美的审美观念，视人与自然、人与人和人自身的和谐统一为最高审美理想，成为中华美学精神的核心和突出特点。在中华传统哲学朴素唯物主义和辩证思维方式深刻影响下，中国传统美学所提出和论述的一系列美学观念、学说、概念、范畴，是中华美学精神的理论体现，它集中表现为重视主客、心物、情景感应交融的审美关系建构，致力思境、情理、形神融合一体的审美意境创造，强调文质、文道、情采互相结合的审美判断标准，追求真善美统一、审美与教化结合的审美价值取向，凡此种种，都深刻反映了审美和艺术的客观规律，至今仍然放射着真理的光辉，给人们以重要的思想启发，对于建设中国特色现代美学和文艺理论具有极为重要和宝贵的理论价值。

首先，中华美学精神表现在中国传统美学重视主客、心物、情景感应交融的审美关系建构。

中国传统美学和文论肯定美的客观性，强调艺术美源于现实美、生活美，同时也重视审美主体的能动作用，强调审美经验和艺术创造中审美客体和审美主体的互相作用和融合。主张艺术创作和审美心理起源于人心感于外物的"心物感应"说是中国传统美学思想中既古老而又一以贯之的观点。从《乐记》"感于物而后动"到《文心雕龙》"感物咏志"、《诗品序》"气之动物，物之感人，故摇荡性情，行诸舞咏"，再到王夫之"外有其物，内可有其情，内有其情，外必有其物"等，认为艺术创作源于现实生活，艺术美源于现实美的思想在中国美学思想史上一脉相承。另外，主张审美心理和艺术创作中主客体相互作用的"心物交融"说也绵延不绝。《文心雕龙》用"物以貌求，心以理应"、"思理为妙，神与物游"、"情以物兴，物以情观"等概括性提法，深刻论述了创作构思和审美心理中心物、神物、情物两者之间彼此渗透、相互融合关系，既肯定了艺术创作和审美心理的客观来源，又指出了审美主体的能动作用。《历代名画记》载盛唐画家张璪明确提出审美意象的创造是"外师造化，中得心源"。王夫之同样认为审美感兴和艺术构思生成于主客、心物、内外之间的相互作用和交融，指出："情景虽有在心在物之分，而景生情，情生景，哀乐之触，荣悴之迎，互藏其宅。"① 这种"心物相取"、"情景交融"说，深入揭示出审美心理和艺术构思中主客、心物内在统一规律，将对审美主客体关系的认识推进到一个新的高度。它们是以辩证思维方式研究审美关系建构和艺术审美创造规律的成果，与西方美学中将审美主客体分离和对立起来，片面强调审美主体作用的观点是完全不同的。

其次，中华美学精神表现在中国传统美学致力于思与境、情与理、形与神融合一体的审美意境创造。

意境是中国传统美学和文论特有的一个核心美学范畴。它把思与境、意与象、情与景、神与形、情与理、虚与实等互为张力的两个方面辩证统一起来，使其融为一体，是中国传统美学深谙审美心理的特点和艺术创造

---

① 王夫之：《姜斋诗话笺注》，人民文学出版社1981年版，第33页。

的特殊规律的集中体现，全面深刻地揭示了审美意象和艺术形象构成的美学法则和规律。"思与境偕"说，"以形传神"说，"寓理于情"说，"虚实相生"说，等等，既是对中国艺术特点和丰富经验的深刻概括，也是对艺术和审美的形象思维规律的透彻理解和表达。与西方美学往往片面强调审美和艺术中情感的作用、把情感和理性对立起来的观点完全不同，中国传统美学思想一直强调审美和艺术中情感与理性活动的统一和交融。中国传统文论中影响最大的"诗言志"和"诗缘情"两说，就是把诗歌表达思想和抒发情感结合和统一起来的。《诗大序》说："诗者，志之所之也，在心为志，发言为诗。情动于中而形于言。"[1] 强调诗以情感为特点，而情、志是内在统一的。《文心雕龙》更为自觉地认识到文艺创作中情与志不可分割的联系，并在理论上使二者成为一个有机统一的整体，明确提出了"情志"这一具有特殊内涵的美学范畴，使情志说成为中国传统美学中阐明审美和艺术中感情与认识、情与理统一规律的重要理论。叶燮的《原诗》传承和弘扬了这一理论，进一步论述了文艺创作中情与理互相依存和交融的关系，提出"情理交至"说，强调"情必依乎理，情得然后理真"。这些都充分表现了对审美意境深层心理结构和艺术审美规律的深刻理解。

再次，中华美学精神表现在中国传统美学强调文质、文道、情采互相结合的审美判断标准。

中国传统美学和文论十分注重文学艺术作品中内容和形式、思想性和艺术性、社会性和审美性的结合与统一，并以此作为文学艺术作品创造的基本美学法则和审美价值判断基本标准。文与质、文与道、情与采、情与声等的关系问题，在中国传统诗论、文论等著作中都是作为核心问题之一来加以探讨的。质、道、情，即文艺作品的思想内容；文、采、声，即文艺作品的表现形式。孔子的《论语》便已注意到文与质的关系问题，指出："质胜文则野，文胜质则史。文质彬彬，然后君子。"[2] 要求两者的统一。后来的文论虽然也有重文轻质或重质轻文者，但居于主导地位的主张却是质主文辅、文质结合。《淮南子》不仅要求文与质应该统一，而且指出"必有其质，乃为之文"，认为在两者统一中质是统率文的。《文心雕

---

[1]　北京大学哲学系美学教研室编：《中国美学史资料选编》上册，中华书局1980年版，第130页。

[2]　同上书，第15页。

龙》设专篇讨论文学作品中文与质、情与采的关系，既指出"文附质"，又指出"质待文"，强调二者结合，并且进一步指出："情者，文之经，辞者，理之纬；经正而后纬成，理定而后辞畅，此立文之本源也。"① 不仅阐明了文学作品情理内容主导文辞形式的原理，而且将其确立为创作的根本原则。在西方美学史上，将形式和内容相分割的"美在形式"理论从古代一直贯穿到现代，具有重要地位和很大影响，并形成各种形式主义美学思潮。而在中国传统美学思想中，这种美在形式的理论却是没有地位的，占据主导地位的观点是主张美在内容和形式的统一，即所谓"文质彬彬，尽善尽美矣"。并由此形成评鉴文艺作品的基本美学标准。

最后，中华美学精神表现在中国传统美学追求真善美统一、审美与教化结合的审美价值取向。

中国传统美学和文论极为重视文艺对于真善美价值的追求，强调文艺作品传递真善美，感动人心，陶冶灵魂，引人向上，醇化风俗的重要作用。孔子将"尽美""又尽善"即美与善的统一作为文艺的理想标准，十分强调诗歌的社会作用，"诗可以兴，可以观，可以群，可以怨"论述，既全面阐明了诗歌作用的社会性质，也指出了诗歌作用的审美特点。强调美与善不可分割的联系，是中国传统美学发展的一个最根本特点和规律。儒家美学的要点就是强调美、善的统一，强调艺术的社会作用，并发展成为中国美学史上关于艺术和审美教化作用的有力传统。道家美学虽然对艺术审美持否定态度，但也肯定美丑、善恶相互依存的辩证关系，认为"大美"、"至美"与道相贯通，"原天地之美而达万物之理"，视真善美为一体。可以说，主张发挥文艺的审美教化作用，是贯穿在中华美学经典中的一条红线。《乐记》提出"广乐已成其教"，《诗大序》提出诗歌"厚人伦，美教化，移风俗"，《文心雕龙》提出"诗者，持也，持人性情"，《颜氏家训》提出文章"陶冶性灵"，黄遵宪提出"诗以言志为体，以感人为用"，直到梁启超提出"情感教育最大的利器，就是艺术"，凡此种种，都是倡导审美和艺术具有引人向真向善向美的感化教育功能，应当发挥积极的社会作用。这与西方美学中提倡的"审美不涉社会功利"、"为艺术而艺术"等思想主张完全相反，充分表现出中华传统美学思想积极向上的人生进取精神。

---

① 刘勰：《文心雕龙注释》，周振甫注，人民文学出版社 1981 年版，第 346—347 页。

以上所论，虽是挂一漏万，但也足以显示中国传统美学所展现的中华美学精神的丰富性和深刻性，足以说明中国传统美学不仅在世界美学发展中具有独特的历史意义，而且具有重要的当代价值。只要我们采用科学的态度和方法，取其精华，去其糟粕，并结合新的时代条件，对其进行创造性转化，使其与新时代的审美和艺术实践相结合，就可以和当代美学和文艺理论的观点和话语体系相融会，成为建设中国特色现代美学和文艺理论，促进当代艺术和审美实践发展的重要理论和思想资源。这也是我们今天传承和弘扬中华美学精神的意义所在。

二

20 世纪以来中国美学建设和发展中，面对变化的时代和文化条件，如何继承和发展中国传统美学，是需要探讨和解决的一个重要问题。20 世纪初，在西学东渐影响下，中国美学发展走上中西结合的道路。运用西方美学学说和概念来研究和阐释中国传统美学思想和范畴，或将中国传统美学思想和范畴与西方美学思想和范畴互相比较和参照，成为一种新的研究趋势和方法。这对传承和发展中国传统美学，推进其向现代转化，起到了一定的作用。这方面取得重要成果并产生重大影响的美学家，当推王国维、朱光潜和宗白华三人。值得注意的是，在实现这一目标中，王国维、朱光潜、宗白华都发挥了个人的独创性，采用了各自不同的方式。如王国维主要是运用西方美学的新理论、新观念和新方法，研究中国古典文艺作品和审美经验，对中国传统美学和文论范畴进行新的阐发。他的"境界"说堪称运用西方美学观念和方法阐释中国传统美学范畴的经典成果。朱光潜以西方现代美学理论为参照，将西方美学理论、概念与中国传统美学思想、概念互相比较、印证和融合，"移西方文化之花接中国文化传统之木"，以图建构中西结合的文艺心理学和诗学体系。至于宗白华，则以中国艺术的审美经验以及中国传统美学思想为本位，着重于中西艺术审美经验和美学思想比较研究，在比较中探寻中国艺术创造和审美心理的特色，发掘中国艺术和传统美学思想的精微奥妙。他对于中西艺术不同审美特点和表现形式的分析，对于中国艺术意境的"特构"和深层创构的发掘，至今无人企及。尽管他们各自探索中西美学结合的方式不同，但着眼点却都是要通过吸收、借鉴西方美学，以推动中国传统美学思想的继承和创新。这一经验对于我们继续推进中国传统美学实现创造性转化是具有一定启示意义的。

20世纪下半期以来，特别是改革开放以后，在美学和文艺理论研究中，运用马克思主义的观点和方法研究中国传统美学和文论取得了重要进展。一批全面、系统研究中国传统美学和文论的著作陆续问世，其中，李泽厚和刘纲纪主编《中国美学史》、敏泽著《中国美学思想史》，王运熙和顾易生主编《中国文学批评史》等，都以论述全面、分析深入、观点新颖，产生了较大影响。老一辈著名学者季羡林、钱钟书等运用跨文化、跨学科比较方法研究中国传统文化、美学和文论，开拓了学术研究的新境界。钱钟书的学术巨著《管锥篇》突破国家、民族、语言、学科、时间等界限，以"打通"的研究方式，熔古今中外各种文化、艺术和多种学科于一炉，从浩如烟海的中国传统文化原典中广征博引，探赜洞微，发前人之所未见，对中国传统美学和文论做出了创造性阐释。20世纪90年代末以来，倡导中国古代文论现代转换的理论探讨和学术实践形成思潮，极大地推动了中国传统美学和文论的研究，一大批富有新意的新成果相继问世，或系统研究中国古典美学范畴，或试图建构中国古代文艺理论体系，或深入探讨中西美学和文论融合，或努力发掘中国传统美学和文论的现代意义。更多的研究著作和论文则从多角度、多方面对中国传统美学和文论进行专题性研究，并对许多有争议的问题展开争鸣，推动研究走向深入。令人欣喜的是，中国传统美学和文论的一些重要概念和范畴正在逐步得到较深入的阐释，中西美学和文论的不同特点也在比较中逐步得到较明晰的揭示。

虽然百年来对中国传统美学研究已有重要进展，但总体来看，对中国传统美学思想进行全面清理和系统研究仍嫌不足，对中华文化特有的美学观念、范畴、概念和命题进行深刻挖掘和创造性阐发仍需加强，如何从整体上把握中国传统美学思想的特点，构建中国传统美学思想的理论体系，如何对中国古代美学和文论进行现代转化，使其融入中国当代美学和文艺理论的观念和话语体系，仍然是一个需要深入研究和探讨的问题。长期存在的"以西格中"、生搬硬套的现象对中国传统美学研究产生的消极影响不可低估。把中国传统美学思想中某些特殊范畴与西方美学中的某些概念、范畴简单化地加以类比，甚至削足适履，将前者纳入后者框架和观念之中的情况，也仍然影响着对于中国传统美学思想的真谛和精髓的把握。

回顾 20 世纪以来在继承和发扬中国传统美学思想上走过的道路，反思其成绩、教训和问题可以看到，要科学继承和发扬中国传统美学思想，必须正确处理两个关系：一个是中西关系；另一个是古今关系。就中西关系来说，既要善于吸取和借鉴西方美学和文论中科学的观点和方法，将之与中国传统美学和文论的阐释和研究结合起来，使中国传统美学和文论的观念、范畴、术语与西方美学和文论的观念、范畴、术语等互相比较、互相阐发、互相融通，从而获得科学性阐述和创新性阐释；又要防止对于西方文化的盲目崇拜，自觉不自觉地把形成于西方特殊文化语境中的西方美学和文论无限扩大为一种普泛性的原则和标准，用它去套中国传统美学和文论，抹杀两者在观念、范畴、话语等方面的差异，否认中国传统美学思想的自有体系和民族特点，将中国传统美学和文论西化。就古今关系来说，既要尊重中国传统美学和文论的文献和经典，科学准确地理解和解释其历史内涵和固有特点，使文献和经典得到完善保存；又不能不加选择，不分良莠，或者守旧不变，食古不化，而是要结合新时代的条件对其加以传承和弘扬，用新的观点和方法对传统美学思想、命题、概念、范畴给予科学阐释，并赋予新义，使其紧密结合当代实际，具有时代内涵，从而达到推陈出新，古为今用。

三

建设中国特色现代美学和文艺理论，需要走中西结合之路，达到中西合璧，这是历史的选择。借鉴西方美学和文艺理论的理论和方法，吸取其中科学的、合理的东西，以此对中国传统美学思想和文论进行科学的阐发，并作为我们构建新的美学和文艺理论的参照，是十分必要的。否则，我们的美学和文艺理论研究就会因缺乏新鲜思想营养而停滞不前，就无法同世界各国的美学和文艺理论研究进行对话和交流。但是，借鉴和吸收西方的美学和文艺理论观点、学说和方法，又不能盲目照搬、全盘西化，不能脱离中国文艺实际和中国美学传统，否则，我们的美学和文艺理论研究将会失去创造性和民族特点，使建设中国特色现代美学和文艺理论成为泡影。从历史和现状看，美学和文艺理论研究中对西方现代、当代美学和文艺理论盲目崇拜的西化倾向一直未能克服，而在美学和文艺理论民族化、本土化的建设方面则显得严重不足。要改变这种局面，就必须在传承和弘扬中国传统美学思想上下更大的功夫，关键就是要深入推动中国传统美学的创造性转化。

所谓中国传统美学的创造性转化，既包括对中国传统美学思想的学习和继承，更包括对其进行创新和发展；既要重视对于美学原典的认真解读和美学思想历史内涵的准确把握，又要结合新的时代条件，以新时代的眼光意识和新的学术视野，对传统美学思想进行科学辨析和创造性阐释，充分揭示其当代价值和时代意义。这是一项具有探索性和开拓性的系统学术工程，应当汇聚多方面的理论智慧和研究人才，提倡多种多样的研究途径和研究方法，创造多种多样的理论形态和理论体系，给研究者以广阔的自由的创造空间。结合研究现状，总结成功的探索和实践的经验，我认为应当从以下几个方面继续深入推进。

第一，要结合独特历史语境进一步深入研究和揭示中国传统美学思想的演变和特点并形成体系。中国传统美学思想不仅有其独特观念、命题和概念、范畴，而且有其独特理论形态和思维方式，而这些又是同中华传统文化和艺术审美经验的特点相联系的。季羡林先生说："东西文艺理论之差异，其原因不仅由于语言文字的不同，而根本是由于基本思维方式的不同。只有在这个最根本的基础上来探讨中西文论之差别，才能真正搔到痒处，不致作皮相之论。"① 从中国哲学特有的思维方式和传统文化的独特历史语境出发，全面、系统地分析中国传统美学思想和文艺理论的形成和演变，准确、科学地揭示和把握其历史内涵和民族特点，使其形成为具有中华民族特色的传统美学思想和文艺理论体系，是在新的现实条件下对其加以继承和发展的基础和前提。

和西方哲学形而上学思维方式不同，在中国传统哲学辩证思维方式影响下，中国传统美学思想强调审美中主客体的辩证统一和二者的相互作用，强调审美中情感因素和理性因素的互相渗透和有机融合，强调艺术的审美性和社会功利性统一，重视艺术的陶情移性的社会作用，视审美观照和审美经验为一种超越性人生境界。它所形成的一系列基本学说和范畴，与西方美学的基本理论和范畴，构成具有不同内涵、优势和特点的两大美

① 季羡林：《门外中外文论絮语》，《文学评论》1996 年第 6 期。

学体系，不仅具有鲜明的民族特色，也为世界美学作出了独特贡献。研究和把握中国传统美学的特点，既要回到美学原典，对文本进行微观探究，以理解其原始本意，又要通过宏观思维和逻辑分析，从传统美学的基本观念和核心范畴入手，对传统美学的本质特征和深层结构进行整体把握，由此才能构建具有中国特色的传统美学体系。

第二，要应用综合、比较等多种方法深入揭示中国传统美学思想的理论内涵并进行创造性阐释。比较研究、交叉研究、综合研究都是跨文化、跨学科的研究，将之运用于中国传统美学和文论研究，可以将不同文化和不同学科结合起来，从多方面、多角度、多层次的联系中，对传统美学和文论的观念、学说、范畴、术语等获得新的理解，进行新的阐释。由于中国传统美学和文论的范畴、概念、术语具有多义性、隐含性、互容性、散发性等特点，通过比较、交叉研究，更能发掘新意。这方面的研究，在我国现、当代美学和文艺理论研究中已经取得重要成果。其中，王国维、朱光潜、宗白华、季羡林、钱钟书等著名学者各具特色的研究和探索，堪称典范。钱钟书先生把自己的研究方法称为"打通"，"以中国文学与外国文学打通，以中国诗文词曲与小说打通"，通过"打通"，"拈出新意""发前人之覆"。[①] 他的《谈艺录》、《管锥篇》就是通过不同文化和不同学科的打通，在互相比较、互相参照、互相阐发中对中国传统美学和文论的一系列论述做出创造性解释，提出了新的见解。

中西比较美学和文论研究是一个重要而且大有可为的研究领域。如何将中国传统美学和文论中的范畴、概念和术语与西方的范畴、概念和术语加以比较，准确揭示其同与异之所在，并使其互相阐发、互相融通，是中西比较美学和文论研究的一个重要任务。这种比较研究有助于揭示中华传统美学和文论的特点，而且可以在比较中呈现出中西美学和文论各自的优势和相互之间的互补性。新时期以来这种比较研究有了较大进展并取得重要研究成果，但也要注意避免比较中的生拉硬扯、以偏概全及主观臆断等现象，使比较研究真正建立在对中西美学和文论的科学分析基础上。

第三，要结合新时代条件对中国传统美学思想进行创新性阐发和现代性转化。传统美学的继承和弘扬，都是在一定的时代条件下发生的，传统与现代、古与今总是处在一定张力之中。要使传统与现代产生联系，达到

---

① 《钱钟书研究》第三辑，文化艺术出版社 1992 年版，第 299 页。

古为今用的目的，就要对传统美学进行现代性转化。所谓"现代性转化"，并不是要改变传统美学和文论的固有形态，而是要从新的时代和历史高度，用当代的眼光和观念对传统美学和文艺理论中的命题、学说、概念、范畴和话语体系进行创新性阐释和创造性发挥，充分发掘其蕴含的当代价值和现代意义，使其"活化"并与当代审美观念与艺术实践相结合，与当代美学和文艺理论相交融，共同形成美学和文艺理论新的理论和话语体系，成为构建中国特色现代美学和文艺理论的有机组成部分。

有人认为，传统美学思想和文论的现代性转化是不可能的，因为它是产生于完全不同于现代的历史条件下的意识形态。这忽视了文化发展的历史继承性。中国传统美学思想的精华以及其所体现的中华美学精神，充满唯物辩证思想和健康审美追求，在哲学思想基础、审美价值取向以及对审美和艺术规律的认识上，和我们倡导的当代美学及文艺理论是相通的，它的理论和话语体系中反映的审美和艺术的本质特征和普遍规律，不会随时代的改变而失却其真理的光辉，对当代美学和文艺理论建设仍然具有重要的启示作用和借鉴意义。所以，经过现代性阐释和创造性转化，是完全可以融入当代新的美学和文艺理论及话语体系建构之中的。当然，实现这种现代性转化需要研究者既有对中国古典美学和文论的透彻理解，又有对符合时代要求的当代审美意识和文艺观念的准确把握；既要回到原点，从中华文化的特定语境中，去深入理解传统美学与文艺理论观念和范畴的历史本来含义，又要立足当代，对传统美学与文艺理论观念和范畴的时代价值和当代意义进行重新发现和创造性转化，使两者真正达到融会贯通、水乳交融。

今天结合新的时代条件传承和弘扬中华美学精神，就是要立足当代，特别重视传统美学和文论中关于文艺源于现实生活、艺术美来自生活美以及文艺家在审美创造中能动作用的论述，关于艺术创作的形象思维和审美规律、艺术作品的内容和形式、思想性和艺术性相统一的论述，关于艺术追求真善美价值、发挥审美教育作用和积极社会功能的论述，等等，通过现代性转化，使其体现的中华美学精神发扬光大，将其包含的普遍艺术规律和艺术真理发掘出来，以充实和丰富我们的美学和文艺理论，推动作家、艺术家沿着正确的创作方向，遵循艺术的创作规律，创作出更多体现时代精神、符合人民需要的文艺精品。

（原载《艺术百家》2015 年第 3 期）

文化视域下中西审美学思想之比较

中国传统审美学思想不仅有其独特的观念、命题和概念、范畴，而且有其独特的思维方式，而这些又是同中国传统文化和艺术的独特语境相联系的。从中国哲学特有的思维方式和传统文化的独特语境出发，准确、科学地揭示和把握其内涵和特点，是推进中国传统审美学思想的体系建构和创造性转化的前提。这就需要在文化视域下对中西审美学思想各自内涵和特点进行深入认识和比较研究。

一

中西审美学思想是建基于中西两种具有不同背景和特色文化基础之上的。中西文化思想存在很大差别，而最根本的差别在于思维方式的不同。中西文化在思维方式上的差别，从根本的哲学层面看，可以说是辩证思维方式与形而上学思维方式的差别。西方哲学在古希腊较多地讲到辩证法。到了近代，就出现了形而上学思维方式，占据了主导地位。中国哲学从古代一直到近代，占主导地位的是辩证思维。所以可以说，西方哲学以形而上学思维方式为主，中国哲学以辩证思维方式为主。西方的形而上学思维方式，注重分析，着眼于事物的各个部分及孤立存在；中国的辩证思维方式，注重综合，着眼于事物整体及普遍联系。在对事物对立统一看法上，西方哲学比较强调对立面的对立和斗争；中国哲学比较强调对立面的统一与和谐。国学大师季羡林说："东方的思维方式，东方文化的特点是综合；西方的思维方式，西方文化的特点是分析……用哲学家的语言说即是西方是一分为二，东方是合二为一。"① 美国当代著名文化心理学家尼斯

---

① 季羡林：《21世纪：东方文化时代》，谢龙编：《中西哲学与文化比较新论》，人民出版社1995年版，第19—20页。

比特也认为，西方文化在思维方式上以逻辑和分析思维为特征；而以中国为代表的东方文化，在思维方式上以辩证和整体思维为主要特征。中西文化在哲学思维方式上的区别，直接影响着中西审美学思想对审美主客体关系的认识。

西方哲学特别重视主客关系问题。古希腊哲学家所探讨的哲学问题，主要是本体论问题，尚未充分注意主体与客体的对立。中世纪哲学中主体与客体的对立主要表现为天（神）与人的对立。完全意义上的主体与客体的关系问题，是在西方近代哲学中才充分尖锐地提出来的。近代哲学所突出的问题不是本体论的问题，而是认识论的问题。而主体和客体及其关系正是认识论研究的中心问题。近代哲学家将认识中的主体和客体彼此区分开来，是人类认识发展中的一大进步。但是由于形而上学思维方式的影响，他们把主客、心物区分开来后，却看不到它们之间的相互依存和转化关系，往往将它们分裂和绝对对立起来，从而在不同程度陷入二元论。随着主客体关系问题的研究，主体性原则成为近代哲学的一条根本原则。从笛卡尔的"我思故我在"到康德的"先验自我"，都强调人在主体与客体关系中的主导地位和作用，强调主客统一于主体。这种哲学思想构成了近代西方审美学关于审美主客体关系认识的基础。

统观西方近代至现代各种有代表性的审美学说，基本倾向是强调审美活动中主客、心物的分裂和对立，强调审美主体对审美经验产生的决定作用。英国经验派美学的"内在感官"说主张人天生具有审辨美丑、接受美的观念的审美特殊感官和能力，它是决定事物美并唤起审美感受的根源。"趣味"说认为，是人的审美鉴赏力即"趣味"产生了美和丑的情感，并引起审美愉快，而审辨美丑的趣味标准是基于"人类内心结构"。他们都比较忽略审美中的客体的作用。康德认为，"审美的规定根据只能是主观的"，鉴赏判断不是联系于客体和认识，而是联系于主体和情感。他说："为了分辨某物是美的还是不美的，我们不是把表象通过知性联系着客体来认识，而是通过想象力（也许是与知性结合着的）而与主体及其愉快或不愉快的情感相联系。"[①] 康德美学贯穿着主体性原则，有助于人们充分认识审美中主体作用，但他将审美中主客体分裂和对立起来，排斥客体作用，就片面化了。里普斯的"移情"说主张审美产生于移情作

---

① 康德：《判断力批判》，邓晓芒译，人民出版社2002年版，第37页。

用。移情作用是一种外射作用，就是把我的知觉或情感外射到物的身上，使它们变为在物的。里普斯说："审美的快感可以说简直没有对象。审美的欣赏并非对于一个对象的欣赏，而是对于一个自我的欣赏。"① 这是更加直接地将审美中作为自我的主体与作为客体的对象完全对立起来，认为审美经验的产生根本与客体对象无关，而是来自主体自我。到了当代的"审美态度"说，便把主体的审美态度即"无利害关系"或"无转移"的注意当作审美中唯一决定因素，认为是审美态度形成审美对象并唤起审美经验。这就将审美活动完全主观化了。

中国传统哲学虽然没有主体、客体这两个名词，却仍然讲到主客体关系。《中庸》讲"合内外之道"，内就是主体，外就是客体。不过，中国传统哲学讲得更多的是天人关系即人与自然的关系。占主导地位的是体现出辩证思维的"天人合一"的思想，认为人是自然界的一部分，人的生活理想应该符合自然界的普遍规律，强调人和自然的统一与和谐关系。这种思想也影响着对主客、心物关系的看法。在中国哲学史上，主张主客分离、对立的思想不占主导地位，主要是强调两者的统一性。与此相联系，在中国传统审美学思想中，强调审美心理活动是由外物引起的，强调审美经验中主客体互相联系、互相作用、互相交融，共同形成审美感受和成果，构成了对审美主客体关系的基本认识。

强调审美心理起源于人心（主体）外感于物（客体）是中国传统审美学思想中既古老而又一以贯之的观点。《乐记》讲音乐创作，说："凡音之起，由人心生也。人心之动，物使之然也。感于物而动，故形于声。……乐者，音之所由生也，其本在人心感于物也。……感于物而后动，是故先王慎所以感之者。"② "人心感于物"、"感于物而后动"，这就是所谓"心物感应"说，它表达了一种朴素的唯物主义观点。这种美学观点，对我国后世的审美学思想产生了长期的影响。《文赋》说："伫中区以玄览，颐情志于典坟。遵四时以叹逝，瞻万物而思纷；悲落叶于劲秋，喜柔条于芳春。"③ 认为审美思绪情感皆由宇宙万物而引发。《文心雕

---

① 里普斯：《论移情作用》，《古典文艺理论译丛》第8册，人民文学出版社1964年版，第44页。

② 《乐记》，《中国美学史资料选编》上册，中华书局1980年版，第58—59页。

③ 陆机：《文赋》，《中国美学史资料选编》上册，中华书局1980年版，第155页。

龙》说："人禀七情，应物斯感，感物吟志，莫非自然。"① 认为审美情志皆由外物感动而发生。《诗品序》说："气之动物，物之感人，故摇荡性情，形诸舞咏。"② 认为物感心动情生是审美经验和文艺创造的起点。这都是对"心物感应"说的继承和发展，和西方片面强调审美主体对审美心理发生具有决定作用的观点具有明显区别。

更为难得的是，在"心物感应"说基础上，中国审美学思想进一步形成了"心物相取"说，强调审美经验中主客、心物之间的互相联系、不可分割和互相作用、融为一体。刘勰说："诗人感物，联类不穷；流连万象之际，沈吟视听之区。写气图貌，既随物以宛转；属采附声，亦与心而徘徊。"③ 按照王元化先生的解释，"'随物宛转'是以物为主，以心服从物；……'与心徘徊'却是以心为主，用心去驾驭物。"④ 总之，在文艺创作心理活动中，心物、主客是共同作用、互相影响的。刘勰又说："思理为妙，神与物游"⑤，"物以貌求，心以理应"⑥，"情以物兴，故义必明雅；物以情观，故词必巧丽。"⑦ 强调在创作构思整个过程中，神物、心物、情物之间都是彼此渗透、融为一体的。"情以物兴，物以情观"的提法，是对审美心理中主客体相互作用的辩证关系的凝练而生动的概括。

王夫之同样认为审美感兴生成于主客、心物、内外之间的互相作用。他说："形于吾身外者，化也；生于吾身内者，心也。相值而相取，一俯一仰之间，几与为通，而悖然兴矣。"⑧ 在《姜斋诗话》中，他透彻地论述了诗歌创作中情与景相生相融的关系，指出："情景虽有在心在物之分，而景生情，情生景，哀乐之触，荣悴之迎，互藏其宅。"⑨ "情景名为二，而实不可离。神于诗者，妙合无垠。巧者则有情中景，景中情。"⑩ 这种"情景交融"说，深入揭示出审美心理中主客、心物内在统一规律，将对审美主客体关系的认识推进到一个新的高度。它是以辩证思维方式研

① 刘勰：《文心雕龙注释》，周振甫注，人民文学出版社1981年版，第48页。
② 钟嵘：《诗品序》，《中国美学史资料选编》上册，中华书局1980年版，第212页。
③ 刘勰：《文心雕龙注释》，周振甫注，人民文学出版社1981年版，第493页。
④ 王元化：《文心雕龙创作论》，上海古籍出版社1979年版，第74页。
⑤ 刘勰：《文心雕龙注释》，周振甫注，人民文学出版社1981年版，第295页。
⑥ 同上书，第296页。
⑦ 同上书，第81页。
⑧ 王夫之：《诗广传》卷二。
⑨ 王夫之：《姜斋诗话笺注》，戴鸿森笺注，人民文学出版社1981年版，第33页。
⑩ 同上书，第72页。

究审美经验的成果，与西方审美学将审美主客体分离、对立起来的观点是完全不同的。

二

审美心理是如何构成的？它的心理过程和特点是怎样的？这是审美学研究的中心问题。西方美学比较重视对这一问题的探讨。由于哲学和心理学观点以及研究角度的不同，对此问题的看法也很不同。但是有一点是大致相同的，就是各种不同看法和学说大都是用形而上学的分析思维方式来研究这个问题，往往只重视部分而忽略整体；只重视分析而忽略综合。西方古代美学尚无心理科学依据，仅根据哲学思想推断审美心理构成和过程。到了近代，随着自然科学的发展，许多哲学家试图纠正被唯心主义和神学歪曲的心理学思想，并给予科学解释。近代美学家也试图用这些心理学新观点来科学说明审美心理现象，从而推动了对审美心理过程和特点的深入研究。但是，当这些美学家用各种不同心理学说来解释审美经验时，往往受到形而上学思维方式的影响，忽视对审美经验和心理过程的全面的、整体的认识和把握，只注意到审美心理中某个突出因素和特别方面。有的脱离整体去孤立地研究审美经验的某个构成部分和因素，并且将这些构成部分和因素的特性当作审美经验整体的特性，以致以偏概全。有的片面地、孤立地强调审美心理中某种构成因素的功能和作用，将审美心理中本来互相联系、互相作用的因素互相分割和对立起来，肯定一个方面，排斥另一个方面。如洛克强调"观念联想"对审美心理的作用；莱布尼茨认为审美趣味就是"混乱的知觉"或"微知觉"；艾迪生将审美经验归结成"想象的快感"；休谟认为审美趣味只涉及情绪和情感。这种将审美心理构成因素孤立起来和对立起来的倾向在现代西方审美经验研究中愈演愈烈。如克罗齐认为审美心理属于最简单最原始的"知"的"直觉"活动，与理性无关；弗洛伊德认为审美经验是本能、欲望的升华和满足，只涉及无意识活动，等等。可以说，西方现代心理学美学对于审美心理的结构、过程和特点的解释，大都带有某种片面性，缺乏全面的、整体的、辩证的观点。

在中国古代哲学家、思想家著述中，蕴藏着丰富的心理学思想。正如有的学者指出的，西方哲学重在求事理之道，中国哲学重在求人生之理。

中国哲学特别重视对人的心、性的研究，这就必然涉及心理问题。在先秦诸子的著作中，就有对心理过程的各个方面的论述。但他们大都把心理过程作为一个整体，强调各种心理构成因素之间的联系和统一，而不是将它们分裂和对立起来。荀子是先秦诸子中讨论心理学问题最多的哲学家。他非常强调心理构成因素之间的联系。如"征知"说强调感、知觉需要"心"（思维）的参与，没有纯粹的感、知觉。又强调情感和思考之间的关系，说："情然而心为之择，谓之虑。"① 意思是情绪发生了，由心对之做出判断，就叫作思考。由于把人的心理看作一个相互联系、相互交融的整体，所以中国古代心理学思想中没有知、情、意的截然分割。朱熹说："意者，心之所发；情者，心之所动；志者，心之所之。"② 可见意、情、志统一于心，是互相联系的整体。与这些思想相一致，中国传统审美学思想也十分注重审美心理过程的整体性和统一性。刘勰在《文心雕龙·神思》中，以艺术想象活动为中心，全面论述了文艺创作构思心理活动，就是从整体上对审美心理构成和过程的认识和把握。他说："思理为妙，神与物游"③，"神用象通，情变所孕。物以貌求，心以理应。"④ 也就是说，在艺术构思的审美心理活动中，心与物、意与象、感知与想象、情感与理解各种要素形成有机联系的统一整体，既不是互相分割的，也不是相互对立的，充分体现了辩证思维。

　　西方美学家对于审美心理构成的片面理解，集中表现在对审美心理过程中情感与认识或情与理两者关系认识问题上。虽然在亚里士多德、黑格尔等美学家的著作中，也有对艺术和审美中情与理辩证关系的深刻论述，但西方审美学中许多有代表性的人物和学说，大都存在片面强调情感在审美中的作用，而忽视认识和理性作用的倾向。有的甚至主张审美经验只涉及情感，与认识和理性无关。休谟是英国经验派美学中专门论述情感、趣味与认识、理性关系的美学家。他提出"人性"是由理智和情感两部分构成的。这两个方面分别由不同的学科进行研究。对理智和认识的研究属于认识论；对情感和趣味的研究属于伦理学和美学。他说："伦理学和美学与其说是理智的对象，不如说是趣味和情感的对象。道德和自然的美，

---

① 《荀子·正名》。
② 《朱子语类》卷五。
③ 刘勰：《文心雕龙注释》，周振甫注，人民文学出版社1981年版，第295页。
④ 同上书，第296页。

只会为人所感觉，不会为人所理解。"① 这就把理性、认识与趣味、情感对立起来，将其排除在美学及审美经验之外了。康德继承和发展了这种看法。他第一次将心理活动分为知、情、意三部分，分别为人的"认识能力、愉快和不愉快的情感和欲求能力"②，它们被称为知性、理性和判断力，分别成为认识论、伦理学和美学的研究对象。他认为"鉴赏判断"或审美判断不涉及对于对象的认识，只与主体愉快或不愉快的情感相联系。他试图由此寻找审美活动与认识活动和道德功利活动之间的区别，却把审美活动与认识活动绝对对立起来，把情感与理性绝对对立起来，否定了认识、理性在审美经验中的作用。后来，康德在论述"美的理想"和"审美理念"的范畴时，又引入了理性，认为审美理念就是理性理念的感性表现。可见，感性与理性、情感与认识的矛盾始终是贯穿在康德美学中的无法解决的内在矛盾。现代西方各种审美心理学说，大都比休谟和康德走得更远，在片面强调情感、直觉、无意识、欲望等对审美的决定作用中，陷入了非理性主义。

中国古代美学理论向来重视对于文艺创作和审美经验中感情与思想、情与理相互关系的研究，形成了占据主导地位的情志一体、情理交融、以理导情、寓理于情的审美学思想，十分强调审美中感情与认识、情感与理性的相互统一和融合。在我国古代美学和文艺理论中，"理"、"义""志"、"思"等概念大体指文艺创作和审美心理中的思想认识和理性因素；"情"、"情性"、"情趣"、"情韵"等概念大体指文艺创作和审美心理中的感情和感性因素。较早的对文艺创作和审美经验的认识中影响较大的是"诗言志"和"诗缘情"两说。前者主要根据"诗"的创作经验提出的，后者主要根据"骚"的创作经验提出的。但"诗"、"骚"本身就是在某种程度上把"志"和"情"结合在一起的。《毛诗序》说："诗者，志之所之也，在心为志，发言为诗。情动于中而形于言。"③ 这不仅讲了诗歌言志的性质，而且也谈到它的抒情的特点，把"志"和"情"统一起来了。从审美角度说，诗歌言志同时也就是表情，两者不能分离。

---

① 北京大学哲学系外国哲学史教研室编译：《十六—十八世纪西欧各国哲学》，商务印书馆1975年版，第670页。

② 康德：《判断力批判》，邓晓芒译，人民出版社2002年版，第11页。

③ 《毛诗序》，《中国美学史资料选编》上册，中华书局1980年版，第130页。

孔颖达说："在己为情，情动为志，情志一也。"① 更加强调情、志二者是具有内在统一性的。

　　刘勰的《文心雕龙》在总结文艺创作和审美经验基础上，广泛吸收前人理论成果，更为自觉地意识到文艺创作中"志"和"情"不可分割的关系，并在理论上使二者成为一个有机统一整体，明确提出"情志"这一具有特殊内涵的美学范畴，使"情志"说成为中国传统美学阐明艺术和审美中感情与认识、情与理相统一规律的重要理论。《文心雕龙》十分重视情感在文艺创作中的作用，全书提到"情"和与之相关的概念的地方不胜枚举。但值得注意的是，刘勰并不是孤立地、片面地强调"情"，而总是强调"情"和"理"、"情"和"志"的互相联系、互相渗透。"情"和"理"、"志"不是同时并举，就是互文同义的。如"情动而言形，理发而文见"②，"志足而言文，情信而辞巧"③，都是将"情"与"理"、"志"并举。又如"情者文之经，辞者理之纬"④，"率志以方竭情"⑤，便是"情"、"理"和"情"、"志"互文。更值得注意的是，《文心雕龙》还把"情理"、"情志"作为一个词来用，如"情理设位，文采行乎其中"⑥，"必以情志为神明"⑦等。这说明刘勰已经认识到艺术创作和审美经验中的感情和认识、理性是互相交织在一起的有机整体，审美心理既不是单纯的情感作用，也不是单纯的理性认识，而是二者化合为一的某种特殊东西。这是中国古代美学对艺术创作和审美心理特性的认识的一个飞跃。

　　在为数众多的中国传统诗文理论中，虽然也有的偏重义理，忽视感情；有的偏重感情，忽视理性，但总的来说，则是在克服各种片面性中，继承和发展了"情志"说。如清初杰出思想家黄宗羲论诗文，就是把"性情"和"理"结合在一起的。他反复强调"性情"对于诗的重要性，却不排斥"理"，并称"文以理为主"；他虽然重视"理"的作用，却又指出"理"必须通过"情"来表现，"情不至，则亦理之郛廓耳"。⑧ 所

---

①　孔颖达：《毛诗正义》。

②　刘勰：《文心雕龙注释》，周振甫注，人民文学出版社1981年版，第308页。

③　同上书，第11页。

④　同上书，第346页。

⑤　同上书，第455页。

⑥　同上书，第355页。

⑦　同上书，第462页。

⑧　黄宗羲：《论文管见》，《中国美学史资料选编》上册，中华书局1980年版，第212页。

以，只有寓理于情，情理交融，才可以发挥"移人之情"的特殊审美作用。又如清代杰出文学家叶燮在《原诗》中提出诗人要以卓越的才、识、胆、力去反映理、事、情的主张，并特别论述了"情"和"理"互相依存和交融的关系，认为文艺创作是"情理交至"，"情必依乎理，情得然后理真"。① 尤其值得称道的是，叶燮还对艺术创作和审美经验中的"理、事、情"的特点作了细致深入的考察，提出："惟不可名言之理，不可施见之事，不可径达之情，则幽渺以为理，想象以为事，惝恍以为情，方为理至事至情至之语。"② 这就深刻揭示了文艺创作和审美心理活动的特点。可以说，"情志一体"、"情理交至"之说，和"心物相取"、"情景交融"之说，两者一起形成中国审美学思想体系的两大支柱，成为中国美学特有的范畴——意境的两个主要内涵，不仅充分体现出中国审美学思想的特点，也为世界美学作出了独特的贡献。

三

审美观照又称审美静观，是对审美对象进行观赏和观视时的一种特殊心理活动方式和心理状态。中西审美学思想中，都有对审美观照中主体心理状态和特点的探究。在西方美学中，柏拉图最早提出"观照"的概念，认为审美需排除尘世的杂念，凝视、观照美本身。德国古典美学创始人康德明确提出"静观"的概念，认为审美判断是不带任何利害关系的愉快，它完全超脱实际生活的欲念和利害，只是对对象的形式起观照活动而产生愉快。自此以后，对审美观照中心理状态和特点的探究，基本是围绕"无利害性"这一核心问题展开的。其中，较有代表性的学说有叔本华的审美静观说、布劳的心理距离说和当代的审美态度理论。

叔本华的审美静观说以他的唯意志论哲学为基础。他认为，意志作为万物之源，是一种欲求，它所欲求的就是生命，因此可称为生命意志。生命意志的本质就是痛苦。人要摆脱痛苦，就要舍弃欲求、摆脱意志的束缚，否定生命意志。而审美静观就是从意志和欲望的束缚中获得暂时的解

① 叶燮：《原诗》，霍松林校注，人民文学出版社 1979 年版，第 32 页。
② 同上。

脱的一种方式。审美静观"放弃了对事物的习惯看法","甩掉了为意志服务的枷锁",它使"注意力不再集中于欲求的动机,而是离开事物对意志的关系而把握事物","所以也即是不关利害,没有主观性,纯粹客观地观察事物"。① 总之,在叔本华看来,审美静观是对于意志和欲求的超脱,是对于个性的忘怀,是不考虑利害而对事物的纯粹直观。所以,抛弃欲求、不关利害、忘怀自我,就是审美静观的心理状态和特点。

康德和叔本华的"审美无利害关系"理论对布劳和当代审美态度理论倡导者产生了直接影响。不过,康德和叔本华是从思辨哲学出发论述审美无利害关系,而布劳和当代审美态度理论倡导者则力图把这一理论建立在心理学的科学基础之上。布劳用"心理的距离"来说明审美观照的特殊心理状态和主观态度。他认为,审美观照和日常经验是不同的。在日常经验中,人们对事物采取的是一种实际的态度,所以不能摆脱个人的实际需要和目的,不能超脱个人实际利害,因而也就不能"客观地"看待对象。而通过主体与对象保持一定的"心理距离",主体成为摆脱个人实际需要和目的的主体;对象成为与人的实际利害无关的孤立绝缘的对象,主体和对象的关系就会发生变化,审美经验就会立即产生。当代审美态度理论把"无利害关系"和"无转移"的注意作为一种审美的观看方式,认为这种主体观看方式和态度的变化是使客体成为审美对象和让主体唤起审美经验的关键。

中国古代审美学思想中不仅很早就有关于审美观照的心理状态和特点的论述,而且形成了独特的概念和范畴。先秦哲学家老子和庄子结合对道家哲学思想的阐述,提出了审美心理虚静说。老子哲学的最高范畴是"道",属于探讨宇宙、自然生成的本体论。按照《老子》一书中的解释,"道"是一种浑然一体的东西,听不见、看不见,不靠外力而存在。它是天下万物的根源,是世界发生、变化的总规律。老子认为,认识的最终目的在于认识"道"。但认识"道"必须用特殊认识方法,这就是老子所说的"涤除玄鉴"。"涤除",就是洗濯、扫除;"玄"即"道","鉴"指明镜,比喻内心。"涤除玄鉴",意思就是排除各种欲念,保持内心虚静,才能像镜子那样对玄妙之"道"进行观照。所以,他又提出"致虚极,守静笃",即排除主观成见,摒除利害观念,保持内心空虚和宁静。庄子

---

① 叔本华:《作为意志和表象的世界》,石白冲译,商务印书馆1982年版,第274页。

进一步发展了老子这一观点，明确提出审美心理虚静说。他说："唯道集虚。虚，心斋也。"① 意思是，只有"道"才能集结在空虚之中，这个空虚就是心斋。所谓"心斋"，就是指排除一切杂念干扰的空虚的心境。庄子认为，只有疏通内心（"疏瀹而心"），洗净心灵（"澡雪而精神"），清除各种欲念，摒弃一切理智，使心理状态绝对处于虚静，才能观"道"，感知和把握天地之"大美"、"至美"。

老子和庄子的虚静说对中国古典美学关于文艺创作理论和审美心理学思想的发展影响很大。南朝画家宗炳受其影响，在《画山水序》中提出"澄怀味象"和"澄怀观道"的审美心理思想。所谓"澄怀"，也就是保持虚静空明的心境。这与老子说的"涤除玄鉴"、庄子说的"心斋"是一致的。宗炳认为，"澄怀"是审美观照必不可少的主观条件，只有"澄怀"才能"味象"、"观道"，形成审美观照。"味象"之说，结合着审美实践，比老庄之说更能体现审美体验内涵。刘勰在《文心雕龙》中说："陶钧文思，贵在虚静，疏瀹五藏，澡雪精神。"② 这是直接运用了庄子的说法，强调内心虚静是创作构思的必要心理条件。但从他论述创作构思心理过程来看，并不认同庄子将理智思考摒除在审美关照之外的看法，反而认为内心虚静和理性思考都是审美心理所需要的。

中西审美学思想中关于审美观照心态及特点的论述，虽然概念、范畴、学说各不相同，但观点上却有惊人相似之处，即都认为审美观照需要有一种与日常经验有别的心理状态，这种心理状态的主要特点就是要摆脱与对象之间的实用功利关系，排除一切欲念和利害考虑，让心理活动处在超功利的自由之中。但是，中西两种审美观照的学说毕竟是建立在不同文化和哲学思想的基础之上的，因而对审美观照心理的理解也存在着差别。第一，对审美观照心理的性质的看法有区别。西方的审美静观说、距离说和审美态度说把审美观照的特殊心理状态主要看作是观赏者的"注意转向"或"无转移"的注意，也就是一种与日常经验不同的特殊的注意方式。叔本华说：审美静观就是"注意力不再集中于欲求的动机，而是离开事物对意志的关系而把握事物"③；布劳说：心理距离是通过"注意转

---

① 《庄子今注今译》上册，陈鼓应注释，中华书局 1983 年版，第 117 页。
② 刘勰：《文心雕龙注释》，周振甫注，人民文学出版社 1981 年版，第 295 页。
③ 叔本华：《作为意志和表象的世界》，石白冲译，商务印书馆 1982 年版，第 274 页。

向""使客体及其吸引力与人的本身分离开来而获得的"①；J. 斯托尼茨说：审美态度就是"对于任何意识到的对象的无利害关系的和同情的注意和观照"。② 可见，他们都是指对于对象的注意的指向性、选择性、集中性的改变，也就是注意方式的改变。中国的"虚静说"和"澄怀说"，则把审美观照的特殊心理状态看作一种净化式人格建构和超越性人生境界。"虚静"、"心斋"、"澄怀"，都不是短暂的注意指向的转移，而是一个人长久具有的稳定的心理特点，涉及整个人格境界。所谓"疏瀹五藏，澡雪精神"，是指对主体内心的调节和整个心灵的净化。这显然是一种内涵更加深刻、丰富的范畴和思想。第二，对审美观照中主客体关系的看法有区别。西方的审美静观说、心理距离说和审美态度说都认为，一旦审美主体出现超越利害考虑的心理状态，那么任何对象便都可经由主体的作用而成为审美对象，并产生审美经验。叔本华甚至认为，在审美静观中摆脱意志束缚的认识主体"乃是世界及一切客观的实际存在的条件，从而也是这一切一切的支柱"。③ 这显然过于夸大了在审美静观中主体的作用，以致将主体的心理状态当作审美观照发生的唯一来源。比较而言，中国古代美学中的"审美虚静说"和"澄怀味象说"虽然也强调超越功利的心理状态是形成审美观照的必要条件，但也指出审美观照是由对象的审美特质引起的，是审美主客体互相作用的结果。如宗炳在强调审美主体"澄怀"的同时，也强调审美客体"象"的作用。他说："山水以形媚道而仁者乐。"④ 就是说山水以它的形象体现着道，本身具有审美的特质。只有既"澄怀"，又"味象"，主客体共同发挥作用，才能引起观赏者的审美观照和愉悦。可以说，把主体审美心态和客体审美特质两方面结合起来说明审美观照心理的形成及其特性，是中国传统审美学思想的又一重要特色，它深刻体现着中国哲学和文化特有的辩证思维。这一文化思想传统是我们今天推动传统审美学思想实现创造性转化的重要基础。

（原载《广东社会科学》2014 年第 6 期）

---

① 布劳：《作为艺术因素与审美原则的"心理距离说"》，《美学译文》（2），中国社会科学出版社 1982 年版，第 96 页。

② J. 斯托尼茨：《美学与艺术批评哲学》，豪顿·米夫林出版社 1960 年版，第 35 页。

③ 叔本华：《作为意志和表象的世界》，石白冲译，商务印书馆 1982 年版，第 253 页。

④ 宗炳：《画山水序》，《中国美学史资料选编》上册，中华书局 1980 年版，第 177 页。

严羽《沧浪诗话》审美心理学思想辨析

严羽的《沧浪诗话》是宋代最负盛名、影响最大的一部诗歌理论著作，也是中国美学史上于刘勰《文心雕龙》之后产生的一部理论性、系统性最强的美学论著。这部诗论主要结合作品评析，探讨诗歌创作和发展的艺术规律，但始终将审美心理分析贯穿于诗歌创作和批评的论述中，从而形成了较为系统、完整的审美心理学思想。由于以诗歌为代表的抒情文学在中国古代文艺发展中居于主导地位，最充分体现出中国传统文艺的审美特点，因而，严羽从诗歌的抒情文学特点出发，对中国文艺创作审美心理所做的分析，也最能反映中国审美心理学思想特点。所以，要了解中国审美心理学思想的发展和特色，需要对《沧浪诗话》的审美心理学思想进行深入解读和辨析。

一

在《答出继叔临安吴景仙书》中，严羽自评《沧浪诗话》说："仆之《诗辨》，乃断千百年公案，诚惊世绝俗之谈，至当归一之论。……以禅喻诗，莫此亲切。是自家实证实悟者，是自家闭门凿破此片田地，即非傍人篱壁、拾人涕唾得来者。"[①] 这话虽有夸张之嫌，但却说明了《沧浪诗话》的两大特点：一是"以禅喻诗"，这虽然并非严羽首创，但他却以此作为论诗的主要方式，并对之作了深入发挥；二是"自家实证实悟"，虽然深研了前人诗论，却不"拾人涕唾"，而是在总结诗歌创作经验的基础上创立自己的理论学说。

严羽通过"以禅喻诗"和"实证实悟"建立的新学说，主要就是

---

① 严羽：《沧浪诗话校释》，郭绍虞校释，人民文学出版社1961年版，第234页。

"兴趣"说和"妙悟"说。《沧浪诗话》就是以这两大学说为核心，探索诗歌创作的特殊艺术规律，揭示文艺创作的审美心理特点，提出系统的审美心理学思想。这里先来分析他提出的"兴趣"说。《诗辨》说：

> 夫诗有别材，非关书也；诗有别趣，非关理也。然非多读书，多穷理，则不能极其至。所谓不涉理路，不落言筌者，上也。诗者，吟咏情性也。盛唐诸人唯在兴趣，羚羊挂角，无迹可求。故其妙处透彻玲珑，不可凑泊，如空中之音，相中之色，水中之月，镜中之象，言有尽而意无穷。近代诸公乃作奇特解会，遂以文字为诗，以才学为诗，以议论为诗。夫岂不工，终非古人之诗也。盖于一唱三叹之音，有所歉焉。且其作多务使事，不问兴致，用字必有来历，押韵必有出处，读之反覆终篇，不知着到何在。①

这段文字可以说是严羽关于兴趣说的集中表述。其中，"趣"、"兴趣"、"兴致"三个概念，含义应该是一致的。"兴趣"一词，虽然前人书中也用过，但作为诗歌创作的一个审美范畴提出，却始自严羽。对于严羽作为诗歌审美范畴提出的"兴趣"究竟应当如何理解，历来都有分歧。近年来出版的中国美学史和相关研究著作，对之也各有解释。较有代表性的看法有：（一）认为"'兴'指'诗兴'，即作家在和外物接触中所引起的情思和创作冲动"，"'趣'则指诗歌的韵味"②；（二）认为"'兴趣'指诗的兴象与情致结合所产生的情趣与韵味"③；（三）认为"'兴趣'指的是诗歌意象所包含的审美情趣"④；（四）认为"'兴'即是'情'；'趣'即是'味'，'兴趣'即是'情味'"⑤；（五）认为兴趣"是进行诗歌创作时的兴发感动作用，以及由此产生的特有的艺术趣味"⑥。以上解说虽然不完全一致，但都认为"兴趣"这一范畴的含义不是单一

---

① 严羽：《沧浪诗话校释》，郭绍虞校释，人民文学出版社 1962 年版，第 23—24 页。

② 《中国大百科全书·中国文学》，中国大百科全书出版社 1986 年版，第 1109 页。

③ 王运熙、顾易生主编：《中国文学批评通史》第 4 卷，上海古籍出版社 1996 年版，第 385 页。

④ 叶朗：《中国美学史大纲》，上海人民出版社 1985 年版，第 314 页。

⑤ 王文生：《中国美学史》上卷，上海文艺出版社 2008 年版，第 161 页

⑥ 袁行霈等：《中国诗学通论》，安徽教育出版社 1994 年版，第 601 页。

的，而是复合的；不是单层次的，而是多层次的。仔细研读严羽论"兴趣"这段文字，明确感到它包含的意义是多方面的。其中，讲"诗有别趣，非关理也"，将"趣"与"理"相对，主要应是指"情"；讲"多务使事，不问兴致"，主要也是指情感的感动；讲"诗者，吟咏情性也"，更是强调情感在诗中的重要作用。以上所论，都属触物动情的感兴活动，应主要属于"兴"的含义。至于讲"羚羊挂角，无迹可求"，"透彻玲珑，不可凑泊"，以及"言有尽而意无穷"，"一唱三叹"等，则是指诗歌的韵味、趣味，应主要属于"趣"的含义。"兴"和"趣"，情感的抒发和悠远的韵味，两者本是互相联系、不可分割的。但前者偏重审美心理的过程和主要特点，后者偏重审美心理的效果和特殊感受，两者涉及审美心理的不同层面，可以分别加以分析和研究。

先谈"兴趣"之"兴"。"兴"是以诗歌创作"吟咏情性"这一基本审美特点为基础的，是形成这一特点的审美心理活动和过程。孔子在《论语》中最先使用"兴"一词说明诗歌"感发志意"的特殊作用，也是对诗歌情感特点的最早的阐明。陆机《文赋》论文学创作，首提"应感"一词，开启了"感兴"之说。颜之推、沈约所说"兴会"，直接接触到诗歌创作中的情感活动，正如李善所说："兴会，情兴所会也。"① 刘勰《文心雕龙》说："情往似赠，兴来如答"②，将"兴"与情感活动视为一体。此后，许多论者都把"兴"解释为感触于外物而产生的情感活动。如贾岛说："兴者，情也。谓外感于物，内动于情，情不可遏，故曰兴。"③ 李仲蒙说："触物以起情谓之兴，物动情者也。"④ 严羽所说"兴趣"之"兴"，显然和上述对"兴"的理解一脉相承。它所指的就是诗歌创作中，诗人由外物刺激而引起的审美情感活动。

严羽不仅将"兴趣"视为诗歌创作的基本原则，而且把它作为品评诗歌美丑、优劣的基本标准。《沧浪诗话》"推原汉魏以来，而截然谓当以盛唐为法"，就是因为"盛唐诸人唯在兴趣"。在《诗评》中，他说：

---

① 李善：《文选注》，胡经之主编：《中国古典美学丛编》，中华书局 1988 年版，第 322 页。
② 刘勰：《文心雕龙注释》，周振甫注，人民文学出版社 1981 年版，第 494 页。
③ 贾岛：《二南密旨》，转引自王文生《中国美学史》上卷，上海文艺出版社 2008 年版，第 160 页。
④ 宋胡寅：《裴然集》卷十八，胡经之主编：《中国古典美学丛编》，中华书局 1988 年版，第 330 页。

"唐人好诗，多是征戍、迁谪、行旅、离别之作，往往能感动激发人意。"① 又说："高岑之诗悲壮，读之使人感慨。"② 足见他倡导的"兴趣"就是诗歌中令人感动的真情实感的抒发，就是诗歌创作中的审美情感活动及其特点。

严羽倡导"兴趣"说，提出"诗有别才，非关书也，诗有别趣，非关理也。"又提出"不涉理路，不落言筌，上也。"这些话成为后人最多争论之点。争论的焦点在于别才、别趣与读书、穷理的关系，更深层次则涉及诗歌创作的审美心理活动中情与理的关系。批评者认为严羽的别才、别趣之说是将诗歌吟咏情性与学书识理对立起来了。其实，这种见解是不符合严羽原意的。首先，必须看到严羽这些话是针对当时诗歌创作的时弊而发的，是为了纠正"江西体"、"晚唐体"、"理学体"为代表的诗歌流弊，即"以文字为诗，以才学为诗，以议论为诗"。正如钱钟书所言："沧浪所谓'非理'之'理'正指南宋道学之'性理'；曰'非书'，针砭'江西诗病'也，曰'非理'，针砭濂洛风雅也，皆时弊也。"③ 其次，严羽在提出诗"非关书"、"非关理"后，立即补充说："然非多读书，多穷理，则不能极其至。"可见，它并非笼统排斥学、理对诗歌创作的作用。他所说的"不涉理路"，就是指不以议论、说教为诗。诗要表达作者思想感情，当然不可能不涉及理。但诗中之理并非抽象之理、直说之理，而是蕴含于"意兴"之中，和情感与意象水乳交融在一起之理。严羽说："诗有词理意兴。南朝人尚词而病于理；本朝人尚理而病于意兴；唐人尚意兴而理在其中；汉魏之诗，词理意兴，无迹可求。"④ 这清楚地表明，严羽是反对游离于意兴之理，而倡导融化于意兴之理，追求诗歌的词理意兴相互融合，达到无迹可求的。许学夷《诗源辩体》认为严羽这里所讲"意兴"和前此所讲"兴趣"在含义上有所差异。我以为这是有道理的。"意兴"既包括情感，也包括和情感融为一体的思想，是感情与思想、情感与理性的统一。所以，诗歌创作才能"尚意兴而理在其中"。严羽的"意兴"概念和刘勰在《文心雕龙》中提出的"情志"概念，具有异曲同工之妙。两者都强调了文学创作的审美心理活动和过程是情与理、感情

① 严羽：《沧浪诗话校释》，郭绍虞校释，人民文学出版社1961年版，第182页。
② 同上书，第166页。
③ 钱钟书：《谈艺录》，中华书局1984年版，第545页。
④ 严羽：《沧浪诗话校释》，郭绍虞校释，人民文学出版社1961年版，第137页。

与思想的互相渗透和统一。这种观点成为中国传统审美心理学思想的主导观念，一直延续下来。明代王夫之在《姜斋诗话》和《古诗评选》中都提到严羽"诗非关理"论述，并解释说："非谓无理有诗，正不得以名言之理相求耳。"① 所谓"名言之理"就是"经生之理"、抽象概念之理。他进一步指出好诗应当"情相若，理尤居胜"，将情和理统一于意境之中。这就将严羽的观点向前发展了，使诗歌创作审美心理中情与理的辩证关系得到更好阐明。

二

再谈"兴趣"之"趣"。"趣"和"兴"本来是紧密联系、不可分割的，但在具体含义上有所差异、有所侧重。上面已说明，"兴"是指诗歌创作中情感感动的发生、过程和特点，主要涉及创作审美心理中的情感活动。"趣"也是以情感为基础形成的，不过，它主要不是表现为创作中情感活动的发生和过程，而是主要表现为情感与意象融为一体所产生的审美价值和审美体验，是作品与欣赏者结合形成的审美心理效应和感受。袁宏道说："世上所难者唯趣。趣如山上之色，水中之味，花中之光，女中之态，虽善说者不能下一语，唯会心者知之。"② 这说明"趣"和"味"一样，需要通过品尝才能被会心者体验到。

从《沧浪诗话》所阐述的"趣"具体内容看，它和钟嵘的"滋味"说、司空图的"韵味"说具有直接联系。"趣"即是"趣味"。用"味"的概念来说明诗歌和文学作品的审美价值和审美体验，在中国美学史上有久远的传统。《论语》记载："子在齐闻韶，三月不知肉味。"③ 就是用"味"比较欣赏韶乐的审美快感。陆机《文赋》也以"阙大羹之遗味"来形容诗的美感之不足。刘勰在《文心雕龙》中大量使用"味"的概念

---

① 王夫之：《古诗评选》卷四，转引自叶朗《中国美国史大纲》，上海人民出版社1985年版，第471页。

② 袁宏道：《袁中郎全集·文钞》，胡经之主编：《中国古典美学丛编》，中华书局1988年版，第757页。

③ 孔丘：《论语》，《中国美学史资料选编》（上），中华书局1980年版，第16页。

以说明作品的审美价值和审美感受，如"子云沈寂，故志隐而味深"①，"繁采寡情，味之必厌"②，等等。他还提出了"滋味"、"余味"的概念，丰富了"味"的内涵。到了钟嵘，就完整提出了"滋味"说。《诗品序》把"有滋味"作为好诗首要标准，认为"使味之者无极，闻之者动心，是诗之至也"。③ 同时，还提出"文已尽而意有余"作为"滋味"的具体内涵。司空图发展了钟嵘的"滋味"说，提出"辨于味而后可以言诗"，进一步将"味"作为诗歌的审美评价标准。他的"韵味"说主张"味在咸酸之外"，认为"全美"的诗应具有"韵外之致"、"味外之旨"。④ 再看《沧浪诗话》关于"兴趣"的具体论述："羚羊挂角，无迹可求"、"透彻玲珑，不可凑泊"、"言有尽而意无穷"等，不是和钟嵘、司空图的上述见解如出一辙吗？《四库全书总目提要·沧浪集》说："司空图《诗品》有'不著一字，尽得风流'语，其《与李秀才书》，又有'梅止于酸，盐止于咸，而味在酸咸之外'语，……羽之持论，又源于图。"⑤ 这就将严羽"兴趣"说的来源和内涵讲得十分清楚了。

严羽所谓"兴趣"之"趣"，在内涵上和钟嵘所说"滋味"、司空图所说"韵味"的一致，集中表现在对"言有尽而意无穷"这种诗歌创作和欣赏的审美心理现象论述上。而这种现象正是在创作和欣赏中审美心理活动特点和形象思维特殊规律的一种表现。就诗歌创作审美心理过程来说，诗人对现实事物的认识、理解和被事物触发的情感，总是和对事物形象的感知、联想和想象紧密地联系在一起的，两者不仅从始至终互相渗透，不可分割，而且彼此促进，共同发展，最终成为融为一体的审美意象。陆机讲"情瞳昽而弥鲜，物昭晰而互进"⑥；刘勰讲"思理为妙，神与物游"⑦，"神用象通，情变所孕。物以貌求，心以理应"⑧；司空图讲

① 刘勰：《文心雕龙注释》，周振甫注，人民文学出版社 1981 年版，第 309 页。
② 同上书，第 347 页。
③ 钟嵘：《诗品序》，《中国美学史资料选编》（上），中华书局 1980 年版，第 213 页。
④ 司空图：《诗品集解》，郭绍虞集解，人民文学出版社 1981 年版，第 47、48 页。
⑤ 《四库全书总目提要·沧浪集》，转引自袁行霈等《中国诗学通论》，安徽教育出版社 1994 年版，第 590 页。
⑥ 陆机：《文赋》，《中国美学史资料选编》（上），中华书局 1980 年版，第 156 页。
⑦ 刘勰：《文心雕龙注释》，周振甫注，人民文学出版社 1981 年版，第 295 页。
⑧ 同上书，第 296 页。

"思与境偕"①，王夫之讲"景以情合，情以景生"②，等等，都是指主观情思与客观物象在诗歌创作构思中互相作用和融合，形成审美意象的过程。这种审美心理活动，不是借助于概念逻辑的抽象思维活动，而是借助于表象想象的形象思维活动，不是将主观情思变成为推理议论，而是将思想情感转化为审美意象。在审美意象中，思想和情感完全溶解于形象的感受、联想和想象之中，"如水中盐、蜜中花，体匿性存，无痕有味，现相无相，立说无说"。③ 这就是形成《沧浪诗话》所说的"羚羊挂角，无迹可求"、"透彻玲珑，不可凑泊"的审美趣味之原因。这样的审美意象本来就是具有多义性的。如果作品的审美意象是含蓄蕴藉、虚实巧妙结合的，那么，它就可以唤起欣赏者更多的联想和想象，使形象的内容得到进一步丰富和发展，并由此体会到更为丰富、复杂的情思和意味。这就是产生诗歌作品"言有尽而意无穷"心理根源。所谓"象外之象"、"韵外之致"、"味外之旨"等艺术现象，也都是出于同样审美心理原因。

不过，严羽讲"兴趣"、"趣味"，和司空图讲"韵味"一样，主要着眼于部分平淡飘逸风格的抒情短诗，过于追求诗歌的空灵含蓄，加之受佛学影响，以禅喻诗，以致把诗味的审美特点说得虚无缥缈、迷离恍惚。如所谓"羚羊挂角，无迹可求，故其妙处透彻玲珑，不可凑泊，如空中之音，相中之色，水中之月，镜中之象"等。这些论述虽然涉及诗歌不即不离现象，却给人以不着边际之感。后来王士祯的"神韵"说进一步发展了这些论述的片面性，把诗歌创作引向脱离现实的轨道。钱钟书评严羽之语说："沧浪继言：'诗之有神韵者，如水中之月，镜中之象，透彻玲珑，不可凑泊。不涉理路，不落言诠'云云，几同无字天书。……诗自是文字之妙，非言无以寓言外之意；水月镜花，固可见而不可捉，然必有此水而后月可印潭，有此镜而后花能映影。……诗中神韵之异于禅机在此，去理路言诠，固无以寄神韵也。"④ 这个评论颇中肯綮。

其实，对于由于审美心理的特点所形成的"言有尽而意无穷"的审美现象，在西方美学论著中也是有较深刻的论述和分析的。如康德在《判断力批判》中对于"审美理念"的论述和分析就直接涉及这一审美现

---

① 司空图：《诗品集解》，郭绍虞集解，人民文学出版社1981年版，第50页。
② 王夫之：《姜斋诗话笺注》，戴鸿森笺注，人民文学出版社1961年版，第76页。
③ 钱钟书：《谈艺录》，中华书局1984年版，第231页。
④ 同上书，第100页。

象。康德说："我把审美理念理解为想象力的那样一种表象，它引起很多的思考，却没有任何一个确定的观念、也就是概念能够适合于它，因而没有任何言说能够完全达到它并使它完全得到理解。"① 又说，"审美理念是想象力的一个加入到给予概念之中的表象，这表象在想象力的自由运用中与各个部分表象的这样一种多样性结合在一起，以至于对它来说找不到任何一种标志着一个确定概念的表达，所以它让人对一个概念联想到许多不可言说的东西。"② 康德所说的"审美理念"和上面提到的审美意象在含义上是一致的。审美理念是与理性理念相对的。理性理念是抽象思维的产物，审美理念是形象思维的产物。审美理念是由想象力所形成的表象显现，是具有个别性、多样性的感性形象。同时，它又和理性理念的内容相关联，可以引起很多的思考，使人想起许多的思想，是思想和形象、理性和感性、普遍性和个别性的统一。审美理念虽然可以引起很多的思考和思想，但"却没有任何一个确定的观念、也就是概念能够适合于它"，因为这种思考和思想是融化在想象力所创造的形象之中的，是"与各个部分表象的这样一种多样性结合在一起"的。因而，"没有任何言说能够完全达到它并使它完全得到理解"。人们通过对于形象的直接感受和联想，可以从中体会"许多不可言说的东西"——这就是所谓的"言外之意"、"韵外之致"，也就是所谓"言有尽而意无穷"的审美现象形成的心理原因。

<h1 style="text-align:center">三</h1>

　　严羽的"兴趣"说与"妙悟"说联系在一起。兴趣中总有妙悟，妙悟出现在兴趣之中，两者不可分割。不过，在具体含义上，两者又各有侧重。如上所述，兴趣主要指诗歌创作中的审美感兴，即诗人触物动情的审美心理活动和过程；妙悟则是诗人在审美感兴中独具的敏锐应感、获得感悟的审美心理能力。妙悟是把握诗歌创作中兴趣的关键，有妙悟的诗，才能产生更大的趣味、韵味。严羽说：

---

① 康德：《判断力批判》，邓晓芒译，人民出版社 2002 年版，第 158 页。
② 同上书，第 161 页。

> 大抵禅道唯在妙悟，诗道亦在妙悟。且孟襄阳学力下韩退之
> 远甚，而其诗独出退之之上者，一味妙悟而已。唯悟乃为当行，
> 乃为本色。①

对于严羽以禅的妙悟比喻诗的妙悟，历来多有不同看法。驳之者认为"诗之不可为禅，犹释之不可为诗"，二者之间风马牛不相及。赞之者认为"诗之最上乘者须在禅味中悟入"，两者完全一致。实际上，参禅与作诗，作为一种心理和精神活动，仅在现象上有所相似，而在实质上是不相同的。即以悟而言，作诗之悟和参禅之悟在实质上也是不同的。胡应麟说："禅则一悟之后，万法皆空，棒喝怒呵，无非至理；诗则一悟之后，万象冥会，呻吟咳唾，动触天真。禅必深造而后能悟；诗虽悟后，仍须深造。"② 可见诗的妙悟不可简单等同于禅的妙悟，我们只能在心理现象上去发现它们的类似之处。诗的妙悟和禅的妙悟在心理现象上的相通之点，在于它们都要借助直觉。不过，诗的妙悟是一种审美心理活动，其直觉是悟出审美意象，并形诸文字。这与禅宗以直觉"得无师之智"且"不立文字"是根本不同的。

直觉是审美心理中最常见、最富特色的一种现象。人们在感受和欣赏对象之美时，往往来不及进行自觉的理性思考和分析，仅仅在直接对于对象的感知活动中就发现了对象之美并产生了美感感动。英国美学家哈奇生说："审美快感并不起于有关对象的原则、比例、原因或效用的知识，而是立刻就在我们心中唤起美的观念。"③ 这里讲的就是审美直觉。诗歌和文艺创作中，直觉是普遍存在的一种心理现象。陆机说："若夫应感之会，通塞之纪，来不可遏，去不可止，藏若景灭，行犹响起。方天机之骏利，夫何纷而不理。思风发于胸臆，言泉流于唇齿。"④ 这是对文学创作中直觉活动的生动描述。钟嵘轮诗歌创作说："观古今胜语，多非补假，皆由直寻。"⑤ 司空图也说："直致所得，以格自奇。"⑥ 这里所讲"直

---

① 严羽：《沧浪诗话校释》，郭绍虞校释，人民文学出版社 1961 年版，第 10 页。
② 胡应麟：《诗薮》，转引自《沧浪诗话校释》，人民文学出版社 1961 年版，第 21—22 页。
③ 北京大学哲学系美学教研室编：《西方美学家论美和美感》，商务印书馆 1980 年版，第 99 页。
④ 陆机：《文赋》，《中国美学史资料选编》（上），中华书局 1980 年版，第 158 页。
⑤ 钟嵘：《诗评序》，《中国美学史资料选编》（上），中华书局 1980 年版，第 213 页。
⑥ 司空图：《诗品集解》，郭绍虞集解，人民文学出版社 1981 年版，第 47 页。

寻"、"直致"，都是指诗人从对现实景物的直接感兴中得到不同寻常的感悟，实际涉及直觉。严羽在论妙悟时专门提到孟浩然，认为他学力虽不及韩愈，但凭妙悟写作的诗却超出了韩愈，足见妙悟主要不在学力知识，而在直觉感悟。《沧浪诗话》又说："诗之极致有一，曰入神。诗而入神，至矣，尽矣，蔑以加矣！"① 后有评者将"入神"与"妙悟"并论，实则两者内在含义是一致的。陶明浚《诗说杂记》说："真能诗者，不假雕琢，俯拾即是，取之于心，注之于手，滔滔汩汩，落笔纵横，从此导达性灵，歌吟情志……此之谓入神。"② 这就将入神和妙悟及直觉看作一体了。

清代王夫之在《姜斋诗话》中用禅家术语"现量"说明诗歌创作中的妙悟。他说："因景因情，自然灵妙，何劳拟议哉？'长河落日圆'，初无定景；'隔水问樵夫'，初非想得：则禅家所谓现量也。"③ 这里讲的"因情因景，自然灵妙"，就是他所说的"于心目相取处得景得句"的"神笔"和妙悟。所谓"现量"，王夫之在《相宗络索》"三量"条中解释说："现量，现者有现在义，有现成义，有显现真实义。现在不缘过去作影；现成一触即觉，不假思量计较；显现真实，乃彼之体性本自如此，显现无疑，不参虚妄。"④ 可见，现量就是直接感知，不做抽象理性思考，"一触即觉"的直觉，就是妙悟产生的心理基础。

虽然直觉这种心理现象普遍存在于审美和文艺创作中，并得到广泛的认可，但对于它的性质却有着不同解释。在西方哲学家和美学家的著作中，直觉多被看作是一种非理性的感性活动。如直觉主义代表人物克罗齐认为，作为美感和艺术特性的直觉，是一种"最简单、最原始的'知'"，"见形象而不见意义的'知'"。⑤ 从认识过程说，直觉是知觉以下的感觉活动，与理性无关；从认识内容说，直觉只见到混沌形象，而不知对象内容和意义。总之，在克罗齐看来，美感和艺术的直觉，仅仅是单一的感觉活动，它和联想、想象以及理性活动是绝缘的。另一个直觉主义代表人物柏格森把直觉看成一种神秘的心理体验，认为直觉是非理性的本能，"接近无意识的边缘"。这种把直觉与理性、思维对立起来的观点在西方颇为

① 严羽：《沧浪诗话校释》，郭绍虞校释，人民文学出版社1961年版，第6页。
② 陶明浚：《诗说杂记》，转引自《沧浪诗话校释》，人民文学出版社1961年版，第9页。
③ 王夫之：《姜斋诗话笺注》，人民文学出版社1961年版，第52页。
④ 王夫之：《相宗络索》，转引自《姜斋诗话笺注》，人民文学出版社1961年版，第53页。
⑤ 《朱光潜美学文集》第一卷，上海文艺出版社1982年版，第10页。

流行。我国出版的中国美学史著作中，也有的将严羽的妙悟解释为"有别于理性活动的直觉活动"，"属感性或直觉活动的范畴，而不是理性的思维活动"。① 这样理解直觉和妙悟，缺乏科学的心理学根据。被称为"现代心理学新发现"的格式塔心理学认为，"人的诸心理能力在任何时候都是作为一个整体活动着，一切知觉中都包含着思维，一切推理中都包含着直觉。"② "知觉活动在感觉水平上，也能取得理性思维领域中称为'理解'的东西。"③ 我们说直觉是一种不经过自觉的理性分析和逻辑推理而直接和完整地认识和把握客体事物的能力，不等于说直觉和理性、思维没有关系。理性既可以以概念形式存在，也可以以形象的方式存在，思维既可以是抽象思维，也可是形象思维。直觉正是通过形象思维活动而和理性达到统一的。

严羽虽然认为妙悟不等于学力，但他却强调学习经典才是达到妙悟的途径。《诗辨》说："先须熟读《楚辞》，朝夕讽咏以为之本；及读《古诗十九首》，乐府四篇，李陵苏武汉魏五言皆须熟读，即以李杜二集枕藉观之，如今人之治经，然后博取盛唐名家，酝酿胸中，久之自然悟入。"④ 学习前人诗歌名家名篇，汲取艺术技巧和方法，对于涵养妙悟能力无疑是重要的。但妙悟根本上来自生活和实践，直接从现实中获得。如果没有丰富的生活阅历和对现实事物的深切体验，单凭书本和文学作品，是难以获得严羽所说的"透彻之悟"的。从这点上讲，上述王夫之论妙悟之语更有价值。王夫之所说"因情因景，自然灵妙"，"显现真实，不参虚妄"，恰恰是强调妙悟与情景应感及生活感受的直接关系，弥补了严羽论述的不足和局限。

（原载《云南社会科学》2015 年第 6 期）

---

① 王文生：《中国美学史》上卷，上海文艺出版社 2008 年版，第 171 页。
② 鲁道夫·阿恩海姆：《艺术与视知觉》，滕守尧、朱疆源译，中国社会科学出版社 1984 年版，第 5 页。
③ 同上书，第 56 页。
④ 严羽：《沧浪诗话校释》，郭绍虞校释，人民文学出版社 1961 年版，第 1 页。

论叶燮的审美学思想体系及其独创性

在中国美学思想发展史上，清代美学家和诗歌理论批评家叶燮的美学思想占有非常重要的地位。他的代表作《原诗》不仅是中国传统诗歌理论最重要著作之一，也是中国传统审美学思想最杰出的著作之一。与此前历代众多的诗论、文论著作相比，《原诗》具有两大鲜明特点。其一是具有较强的理论思辨性。以往许多诗话，对诗歌创作和审美经验的认识和言说，主要采取直觉的、体悟的思维方式，缺少深入的理论分析和逻辑论证。《原诗》则突破了这种思维方式的限制，对于提出的观点、概念、范畴作了较深入的分析和论证，将直感经验上升为具有思辨色彩的理论。其二是具有系统性。以往的众多诗话往往主题不集中，话题散漫，难以形成体系。《原诗》则以探究诗歌创作本原为中心，分别论述诗歌创作的审美本质和来源、诗歌创作审美主体的要求和条件、诗歌创作审美意识活动的过程和特点、诗歌创作审美意识的发展和演变，形成了较完整的诗歌创作和审美学思想体系。这一严密、完整的审美学思想体系，是对传统审美学思想的总结，在中国美学思想史上是独一无二的。

一 以理、事、情和才、胆、识、力为要素的审美客体主体构成论

在中国审美学思想史上，对审美主客体关系的探讨一直占有重要地位。一方面强调审美经验和艺术创造的客观来源；另一方面又重视审美和创造主体的主观能动作用，形成对于审美主客体关系的基本认识。主张艺术创作和审美心理起源于人心感于外物的"心物感应"说是中国传统审美学思想中既古老而又一以贯之的观点。与此同时，主张审美心理和艺术创作中主客体相互作用的"心物交融"说也绵延不绝。《文心雕龙》用

"物以貌求，心以理应"、"思理为妙，神与物游"、"情以物兴，物以情观"等概括性提法，深刻论述创作构思和审美心理中心物、神物、情物两者之间彼此渗透，相互融合的关系，既肯定了艺术创作和审美心理的客观来源，又指出了审美主体的能动作用。《历代名画记》载唐代画家张璪明确提出审美意象的创造是"外师造化，中得心源"。王夫之同样认为审美感兴和艺术构思生成于主客、心物、内外之间的相互作用和交融，指出："情景虽有在心在物之分，而景生情，情生景，哀乐之触，荣悴之迎，互藏其宅。"① 这种"心物相取""情景交融"说，深入揭示出审美心理和艺术构思中主客、心物内在统一的规律。

叶燮对审美主客体关系的看法既继承了传统，又发展了传统。他肯定美的客观性，认为现实美是艺术美的客观来源；同时又认为美的发现和创造需依靠审美主体的感受、体验和认识。他说："凡物之美者，盈天地间皆是也，然必待人之神明才慧而见。"② 又说："原夫作诗者之肇端而有事乎此也，必先有所触以兴其意……当其有所触而兴起也，其意、其辞、其句劈空而起，皆自无而有，随在取自于心。出而为情、为景、为事，人未尝言之，而自我始言之。"③ 这种看法既强调了"物之美"和艺术创作"触物而兴"，又肯定了审美和创作"取之于心"和"待人之神明"；既体现了朴素唯物主义，又具有辩证观点。

可贵的是，叶燮在继承传统审美学思想基础上，对审美主客体的具体内涵作了深入分析，对审美主客体的构成要素及其相互关系作了全面论述，对审美主客体在艺术创作和审美经验中的作用作了完整的揭示，从而言前人所未能言，形成了独特的、系统的关于审美主客体关系的理论。他说：

> 曰理、曰事、曰情，此三言者足以穷尽万有之变态。凡形形色色，音声状貌，举不能越乎此。此举在物者而为言，而无一物之或能去此者也。曰才、曰胆、曰识、曰力，此四言者所以穷尽此心之神明。凡形形色色，音声状貌，无不待于此而为之发宣昭著。此举在我者而言，而无一不如此心以出之者也。以在我之

---

① 王夫之：《姜斋诗话笺注》，戴鸿森笺注，人民文学出版社 1981 年版，第 33 页。
② 叶燮：《己畦文集》卷九《集唐诗序》。
③ 叶燮：《原诗》，霍松林校注，人民文学出版社 1979 年版，第 5 页。

四，衡在物之三，合而为作者之文章。大之经纬天地，细而一动
一植，咏叹讴吟，俱不能离是而为言者矣。①

这段话可以说是叶燮对审美主客体关系的理论概括，包含审美客体理
论、审美主体理论、审美主客体互动和作用理论三个方面。对于这三个方
面，叶燮都有详细论述。

关于审美客体理论。叶燮认为客观世界万事万物，作为审美客体和艺
术之源，都是由理、事、情三者构成的。"曰理、曰事、曰情三语，大而
乾坤以之定位，日月以之运行，以至一草一木一飞一走，三者缺一，则不
成物。"② 对于理、事、情的具体含义，叶燮也有明确说明："譬之一木一
草，其能发生者，理也。其既发生，则事也。既发生之后，夭矫滋植，情
状万千，咸有自得之趣，则情也。"③ 也就是说，"理"是事物产生的原因
和规律，"事"指事物的客观存在及过程，"情"是事物的千姿万态、丰
富多彩的外在形态和具体形象。叶燮又进一步指出，理、事、情三者是相
互联系的、统一为一体的。这种统一源自"自然流行之气"。他说："然
具是三者，又有总而持之，条而贯之者，曰气。"④ "气"是万事万物的本
体和来源，理、事、情都是"气"的运动形式。这种把物质性的气作为
宇宙本原和本体的气本体论，是中国古代唯物主义哲学思想的一种基本形
式，表明叶燮对审美客体的看法是建立在朴素唯物主义基础之上的。

叶燮的理、事、情是对审美客体构成的一种完整表述，理、事、情三
者的统一，即是事物一般与个别、普遍与特殊、规律与现象、内容与形式
的统一，这恰恰是艺术创作对象和审美对象所具有的基本特点。有论者认
为，叶燮所说的情，是事物的外在情状，不包括人物的内在情感，不能完
全说明艺术对象的特点。其实，叶燮所说由理、事、情构成的审美和艺术
反映的对象，既包括自然事物，也包括社会事物；既包括人的行为状貌，
也包括人的心理情感。如他在论绘画和诗歌的反映对象时说："吾尝谓凡
艺之类多端，而能尽天地万事万物之情状者，莫如画。彼其山水、云霞、
林木、鸟兽、城邦、宫室，以及人士男女、老少妍媸、器具服玩，甚至状

---

① 叶燮：《原诗》，霍松林校注，人民文学出版社1979年版，第23—24页。
② 同上书，第21页。
③ 同上。
④ 同上。

貌之忧离欢乐，凡遇于目，感于心，传之于手而为象，惟画则然，大可笼万有，小可析毫末，而为有形者所不能遁。吾又以谓尽天地万物之情状者，又莫如诗。彼其山水云霞、人士男女、忧离欢乐等类而外，更有雷鸣风动、鸟啼虫吟、歌哭言笑，凡触于目，入于耳，会于心，宣之于口而为言，惟诗则然，其笼万有，析毫末，而为有情者所不能遁。"[1] 这里从"形"和"情"两者说明画与诗表现对象的区别，接着又指出画与诗、形与情是统一的。"形依情则深"，"情附形则显"。可见一切客观现实事物，从外在之形到内在之情，都包括在理、事、情之中，也都是艺术创作和审美反映的对象。叶燮所谓的"情"，既指事物外在情状，也指人物内在情感。

关于审美主体理论。叶燮认为，审美和艺术创作的主体必须具有审美识别和创造能力，这种能力是由才、胆、识、力四个方面构成的。他说："大约才、胆、识、力，四者交相为济。苟一有所歉，则不可登作者之坛。"[2] 又说："大凡人无才，则心思不出；无胆，则笔墨畏缩；无识，则不能取舍；无力，则不能自成一家。"[3] 才、胆、识、力的提法，虽然前人也分别有所论及，但将四者作为一组范畴完整提出，又分别对各自内涵做出明确说明，并且对四者之间关系做出全面论述，则是叶燮在总结前人看法上的理论创造。

按照叶燮理解，所谓"才"，就是主体具有的审美感知和艺术表现才能。如他所说："夫于人之所不能知，而惟我有才能知之；于人之所不能言，而惟我有才能言之，纵其心思之氤氲磅礴，上下纵横，凡六合以内外，皆不得而囿之；以是措而为文辞，而至理存焉，万事准焉，深情托焉，是之为有才。"[4] 所谓"胆"，是指创作主体敢于表达真情实感和进行自由创造的胆识。叶燮说："昔贤有言：'成事在胆'、'文章千古事'，苟无胆，何以能千古乎？吾故曰：无胆则笔墨畏缩。胆既诎矣，才何由而得伸乎？惟胆能生才，但知才受于天，而亦知必待扩充于胆邪！"[5] 也就是说，胆是创作成功的重要条件，是才能得到充分发挥的重要保证。所谓

---

① 叶燮：《己畦文集》卷八《赤霞楼诗集序》。
② 叶燮：《原诗》，霍松林校注，人民文学出版社 1979 年版，第 29 页。
③ 同上书，第 16 页。
④ 同上书，第 26 页。
⑤ 同上。

"识"，是指审美和创作主体对于客观事物是非、善恶、美丑的识别能力。叶燮说："人唯中藏无识，则理、事、情错陈于前，而浑然茫然，是非可否，妍媸黑白，悉眩惑而不能辨，安望其敷而出之为才乎！"① 又说："唯有识，则是非明，则取舍定。不但不随世人脚跟，并亦不随古人脚跟。"② 可见识是正确反映客观现实、体现独立见解的基础和前提。识居才之先，"识为体而才为用"。至于"力"，叶燮认为它是与才、胆、识结合在一起的审美创作主体的独创能力和强大的艺术表现能力。他说：有力者"神旺而气足，径直往前……故有境必能造，有造必能成。吾故曰：立言者，无力则不能自成一家"。③ 力是才的负载者，"力大而才能坚"。

　　叶燮指出，审美创作主体的才、胆、识、力四个方面互相联系、互相作用。艺术家的才需要借助于识、胆、力。"夫内得之于识而出之而为才；惟胆以张其才；惟力以克荷之。"④ 其他亦然。不过，他强调四者之中，识起关键和主导作用。《原诗》说："四者无缓急，而要在先之以识；使无识，则三者俱无所托。无识而有胆，则为妄、为卤莽、为无知，其言背理、叛道，蔑如也。无识而有才，虽议论纵横，思致挥霍，而是非淆乱，黑白颠倒，才反为累矣。无识而有力，则坚僻、妄诞之辞，足以误人而惑世，为害甚烈。……唯有识，则能知所从、知所奋、知所决，而后才与胆、力，皆确然有以自信；举世非之，举世誉之，而不为其所摇。"⑤

　　关于审美创作主体应该具有的条件，除才、胆、识、力之外，叶燮还提出"胸襟"，认为这是审美创造的基础。他说："诗之基，其人之胸襟是也。有胸襟，然后能载其性情、智慧、聪明、才辨以出，随遇发生，随生即盛。"接着举杜甫诗作所抒发的深切思想情感为例，说明皆因诗人"有其胸襟以为基，如星宿之海，万源从出；如钻燧之火，无处不发"，并由杜甫《乐游园》和王羲之《兰亭集序》所寄托之胸襟得出结论："有是胸襟以为基，而后可以为诗文。不然，虽日诵万言，吟千首，浮响肤辞，不从中出，如剪绿之花，根蒂既无，生意自绝，何异乎凭虚而作室

----

① 叶燮：《原诗》，霍松林校注，人民文学出版社1979年版，第24页。
② 同上书，第25页。
③ 同上书，第27页。
④ 同上书，第28页。
⑤ 同上书，第29页。

也!"① 叶燮所谓胸襟,就是审美创作主体的思想境界、情操情感、价值取向,它和才、胆、识、力等审美识别和艺术创造能力,分别属于主体素养的不同方面,而两者又互相制约、互相补充。叶燮认为审美创作主体的胸襟决定作品的思想高度和深度,这是对中国传统美学思想的进一步发扬,虽然他所论的思想境界仍具有封建道统的局限,但其积极意义却是不可忽视的。

二　以克肖自然、自我面目、变化多样为要求的审美创造法则论

　　叶燮不仅对审美客体、审美主体的具体内涵和构成要素做了深入分析和论述,而且对审美客体和审美主体对于审美和艺术创作的具体作用和影响,以及由此形成的艺术创作的审美规律和要求,也做了深入探讨和阐发,从而对中国古典美学中的相关传统理论命题做了创造性的拓展和发挥。

　　首先,叶燮肯定美的客观现实性,肯定作为审美客体的客观现实美是审美经验和艺术创作的客观来源和反映对象,由此必然要求审美艺术创造要面向客观现实,真实地反映作为审美客体的客观事物,准确而生动地刻画构成客观事物的理、事、情。他说:"凡物之生而美者,美本乎天者也,本乎天自有之美也。"② 又说:"盖天地有自然之文章,随我之所触而发宣之,必有克肖其自然者,为至文以立其极。我之命意发言,自当求其至极者。"③ 这显然是强调客观现实事物"自有之美"为艺术本源,艺术创作应以"克肖自然",即真实刻画客观现实事物作为审美创造的最高准则。他在审美主体要素构成中,特别强调"识",也是要求作者把准确认识和把握客观事物放在创作的首位。"唯如是,我之命意发言,一一皆从识见中流布。……横说竖说,左宜而右有,直造化在手,无有一之不肖乎物也。"④ 即是说,只有正确认识和把握客观事物,才能准确而生动地描

---

① 叶燮:《原诗》,霍松林校注,人民文学出版社 1979 年版,第 17 页。
② 叶燮:《己畦文集》卷六《滋园记》。
③ 叶燮:《原诗》,霍松林校注,人民文学出版社 1979 年版,第 25 页。
④ 同上。

绘客观事物的性质状貌，达到艺术表现的真实性要求。

叶燮对艺术真实反映现实的审美创作规律的深刻认识和阐明，还表现在他对艺术创作的所谓"法"的辩证看法中。针对诗歌创作中复古派和当时某些人高谈创作法式、法则的言论，叶燮认为，法"有死法，有活法"。"死法为'定位'，活法为'虚名'。'虚名'不可以为有，'定位'不可以为无。不可为无者，初学能言之；不可为有者，作者之匠心变化，不可言也。"① 真正的审美艺术创造不能仅仅局限于定位的死法，而必须遵循虚名的活法，即变化不定之法。他说："诗文一道，岂有定法哉！先揆乎其理；揆之于理而不谬，则理得。次徵诸事；徵之于事而不悖，则事得。终絜诸情；絜之于情而可通，则情得。三者得而不可易，则自然之法立。故法者，当乎理、确乎事，酌乎情，为三者之平准，而无所自为法也。故谓之曰'虚名'。"② 在叶燮看来，艺术创作之法需依循自然之法，以准确、真实、生动地反映客观事物之理、事、情为依据。能真实反映事物理、事、情，则自然之法立，这就是"活法"，也就是艺术创造的最高法则。这些论述，以新鲜的思想和话语，捍卫和丰富了现实主义美学原则。

叶燮正是以现实主义美学原则作为理论基础，对明代前后七子为代表的文艺复古主义思潮进行了有力批判。他指出，复古主义文艺主张的根本谬误在于否定艺术创作来自客观现实生活，而将艺术之流的古代作品当作艺术的来源。《原诗》结语说："今人偶用一字，必曰本之昔人。昔人又推而上之，必有作始之人；彼作始之人，复何所本乎？不过揆之理、事、情，切而可，通而无碍，斯用之矣。昔人可创之于前，我独不可创于后乎？"③ 这就从理论上摧毁了复古主义的根基，其论述的深刻性至今对我们仍有启发。

其次，叶燮肯定审美主体在审美创造中的能动作用，强调创作主体的精神世界、思想情感对于作品的思想内容和艺术形象的深层意蕴所产生的决定性影响，强调艺术创作必须体现自我面目和独创性。他发挥了"诗言志"的传统命题，指出："志之发端，虽有高卑、大小、远近之不同；然有是志，而以我所云才、识、胆、力四语充之，则其仰观俯察、遇物触

---

① 叶燮：《原诗》，霍松林校注，人民文学出版社 1979 年版，第 21 页。
② 同上书，第 20 页。
③ 同上书，第 76 页。

景之会，勃然而兴，旁见侧出，才气心思，溢于笔墨之外。志高则其言洁，志大则其辞弘，志远则其旨永。如是者，其诗必传，正不必斤斤争工拙于一字一句之间。"① 这就充分肯定了创作主体之志在观察、感触、反映客观现实中的主导作用，认为作者志高、志大、志远，作品的言辞意蕴才能高洁、宏大、深远，才能具有高度的思想和审美价值。正是基于对于创作主体与艺术创造关系的深刻认识，叶燮才反复强调"诗是心声，不可违心而出，亦不能违心而出"。他对于传统美学命题"诗品即人品"也结合文学史实例做了新的发挥，指出："即以诗论，观李青莲之诗，而其人之胸怀阔大，出尘之概，不爽如是也；观杜少陵之诗，而其人之忠爱悲悯，一饭不忘，不爽如是也，其他巨者，如韩退之、欧阳永叔、苏子瞻诸人，无不文如其诗，诗如其文，诗与文如其人。"② 这些论述，至今仍然具有现实意义。

从审美主体对审美艺术创造的能动作用出发，叶燮也十分重视艺术的创作个性和独创性。审美创作主体的思想、经历、性情、个性等各不相同、各具特点，这些必然在创作上留下深刻印记，从而使作品呈现出独特的面目。他说："诗而曰'作'，须有我之神明在内。"③ "必言前人所未言，发前人所未发，而后为我之诗。"④ 古今艺术杰作，无不可见我之神明、我之面目。叶燮力陈艺术创作个性之重要，提出"作诗有性情必有面目"这一至理名言。他说："如杜甫之诗，随举其一篇，篇举其一句，无处不可见其忧国爱君，悯时伤乱，遭颠沛而不苟，处穷约而不滥，崎岖兵戈盗贼之地，而以山川景物友朋杯酒抒愤陶情：此杜甫之面目也。我一读之，甫之面目跃然于前。读其诗一日，一日与之对；读其诗终身，日日与之对也。故可慕可乐而可敬也。举韩愈之一篇一句，无处不可见其骨相稜嶒，俯视一切；进则不能容于朝，退又不肯独善于野，疾恶甚严，爱才若渴：此韩愈之面目也。举苏轼之一篇一句，无处不可见其凌空如天马，游戏如飞仙，风流儒雅，无入不得，好善而乐与，嬉笑怒骂，四时之气皆备：此苏轼之面目也。此外诸大家，虽所就各有差别，而面目无不于诗见

① 叶燮：《原诗》，霍松林校注，人民文学出版社 1979 年版，第 47 页。
② 叶燮：《己畦文集》卷八《南游集序》。
③ 叶燮：《原诗》，霍松林校注，人民文学出版社 1979 年版，第 51 页。
④ 同上书，第 23 页。

之。"① 可见在叶燮看来，具有艺术个性和独特面目是作家创作成熟和成为"大家"的重要标志，是衡量作品艺术成就的重要标准。

再次，叶燮指出审美客体和审美主体都是变化的，因而在审美主客体共同作用下产生的艺术创作，其审美意象和艺术风格等也是变化的，用教条主义、陈陈相因的主张去限制审美和艺术创造的多样性、变异性，是违背审美和艺术规律的。《原诗》说："舒写胸襟，发挥景物，境皆独得，意自天成，能令人永言三叹，寻味不穷……"② 主体胸襟和客体景物都是千差万别的，心物协同作用形成的艺术意象和意境也是千姿百态的，不同意境各有其美，不能互相代替，也无轩轾之分，在审美和艺术创造中都应得到尊重。由于受传统正变盛衰观念影响，评论唐诗，向来重盛唐，轻晚唐，称"晚唐之诗，其音衰飒"而予贬之。叶燮对此予以驳斥说："夫天有四时，四时有春秋。春气滋生，秋气肃杀。滋生则敷荣，肃杀则衰飒。气之候不同，非气有优劣也。使气有优劣，春与秋亦有优劣乎？故衰飒以为气，秋气也；衰飒以为声，商声也。俱天地之出于自然者，不可以为贬也。又盛唐之诗，春花也。桃李之秾华，牡丹芍药之妍艳，其品华美贵重，略无寒瘦俭薄之态，固足美也。晚唐之诗，秋花也。江上之芙蓉，篱边之丛菊，极幽艳晚香之韵，可不为美乎？"③ 这就充分肯定了自然美、艺术美的多样性、丰富性。

三 以幽渺以为理、想象以为事、惝恍以为情为表征的审美心理特点论

中国传统审美学思想向来重视关于艺术创作的审美心理构成和特点研究。先秦两汉时期已有许多著述涉及这方面问题，至《文赋》、《文心雕龙》，对创作过程及构思进行详细探讨，较为集中、系统地论述了艺术创作中的感兴、想象、情感、理解等审美心理因素和特点。唐代以后，对于意象、意境、境界以及象外之象、言外之意等审美和艺术范畴的探讨，推动了对艺术意象的审美特点认识的深化。宋代严羽融汇前人论述提出

① 叶燮：《原诗》，霍松林校注，人民文学出版社1979年版，第50页。
② 同上书，第45页。
③ 同上书，第67页。

"兴趣"说，突出诗歌艺术"吟咏情性"的创作特点，强化审美情感作用，提出"不涉理路，不落言筌"、"羚羊挂角，无迹可求"等艺术主张。这对纠正宋诗以理为诗、以文为诗的偏颇，深入把握艺术审美特点起到推动作用。但他脱离现实生活，把艺术审美特点说得虚无缥缈、不着边际，也带有片面性。叶燮重视严羽对艺术审美特点的论述，但也看出它的片面性。他在《原诗》中以大量篇幅集中探讨艺术审美特点问题，既继承和总结了以前的相关理论成果，也发前人所未发，对艺术创作的审美心理构成和特点提出了新观点，做出了新表述，形成了更为完整、系统的艺术审美特点理论。

《原诗》中对艺术创作审美特点的探讨是围绕审美艺术创造如何表现理、事、情这一核心问题展开的。讨论由一段质疑性设问开始："先生发挥理、事、情三言，可谓详且至矣。然此三言，固文家之切要关键。而语于诗，则情之一言，义固不易；而理与事，似于诗之义，未为切要也。……诗之至处，妙在含蓄无垠，思致微妙，其寄托在可言不可言之间，其指归在可解不可解之会，言在此而意在彼，泯端倪而离形象，绝议论而穷思维，引人于冥漠恍惚之境，所以为至也。若一切以理概之，理者，一定之衡，则能实而不能虚，为执而不能化，非板则腐。如学究之说书，闾师之读律，又如禅家之参死句、不参活句，窃恐有乖于风人之旨。以言乎事，天下固有有其理，而不可见诸事者；若夫诗，则理尚不可执，又焉能一一徵之实事者乎？"[1] 这段质疑，要点是认为诗歌艺术创作的特点仅在于情，与理、事无关。这实际上是严羽诗论中的部分观点。

叶燮肯定了设问中关于诗歌表现情感及其相关审美心理特点的看法，同时也指出质疑者对于诗歌表现理、事的特殊方式及其审美特点不认识、不理解。《原诗》针对设问答曰："子所以称诗者，深得乎诗之旨也。然子但知可言可执之理之为理，而抑之名言所绝之理之为至理乎？子但知有是事之为事，而抑之无是事之为凡事之所出乎？可言之理，人人能言之，又安在诗人之言之！可徵之事，人人能述之，又安在诗人之述之！必有不可言之理，不可述之事，遇之于默会意象之表，而理与事无不灿然于前者也。"[2] 这就明确指出了诗和艺术所表现之理与事，不同于哲学和历史所

---

① 叶燮：《原诗》，霍松林校注，人民文学出版社 1979 年版，第 29—30 页。
② 同上书，第 30 页。

表现之理与事。诗和艺术所表现之理，不是哲学和理论著作中表达的直说之理，抽象之理，而是"不可言之理"，"名言所绝之理"，即由意象所蕴含的具象之理。诗和艺术所表现之事，也不是历史所记叙之实有之事，可徵之事，而是"不可徵之事"，"不可述之事"，即由意象塑造的虚构之事。总之，艺术中之理与事均"遇之于默会意象之表"而灿然于前，即是通过鲜明而生动的审美意象或艺术形象表现理与事。审美意象是审美主体的情思与审美客体的景象的融会统一，它不是哲学家、理论家的抽象思维的产物，而是艺术家的形象思维的产物。可以说，"遇之于默会意象之表"，就是通过形象思维创造审美意象，这是对艺术的根本审美特点的创造性表述。

为了充分说明诗和艺术通过审美意象表现理、事、情的特点，叶燮举出杜甫诗《冬日洛城北玄元皇帝庙作》中一个名句"碧瓦初寒外"为例，分析道："'寒'者，天地之气也。是气也，尽宇宙之内，无处不充塞；而'碧瓦'独居其'外'，'寒'气独盘踞于'碧瓦'之内乎？'寒'而曰'初'，将严寒或不如是乎？'初寒'无象无形，'碧瓦'有物有质，合虚实而分内外，吾不知其写'碧瓦'乎？写'初寒'乎？写近乎？写远乎？使必以理而实诸事以解之，虽稷下谈天之辩，恐至此亦穷矣！然设身而处当时之境会，觉此五字之情景，恍如天造地设，呈于象、感于目、会于心。意中之言，而口不能言；口能言之，而意又不可解。划然示我以默会想象之表，竟若有内、有外，有寒、有初寒。特借'碧瓦'一实相发之，有中间，有边际，虚实相成，有无互立，取之当前而自得，其理昭然，其事的然也。……天下惟理事之入神境者，固非庸凡人可模拟而得也。"① 杜甫这句诗用五字创造了一个天造地设的独特的审美意象，它"呈于象、感于目、会于心"，将鲜明生动的形象和深刻蕴藉的意味融为一体。这正是叶燮强调的诗和艺术创造的审美特点。值得注意的是，叶燮围绕审美意象的创造，论述了想象的作用。"划然示我以默会想象之表"，就是欣赏者通过想象再造审美意象的过程。无论是作者创造审美意象，还是欣赏者再造审美意象，想象都是最基本的审美心理活动。借助于表象想象的形象思维活动，作者将主观情思融入审美意象，欣赏者则通过审美意象的联想和想象体会其情思意味。审美意象含蓄蕴藉、虚实结合，为欣赏

---

① 叶燮：《原诗》，霍松林校注，人民文学出版社1979年版，第30—31页。

者的联想和想象提供了丰富空间，从而使审美意象的内容得到更加丰富多样的理解。这就是产生诗歌艺术作品"意中之言，而口不能言；口能言之，而意又不可解"审美心理根源。所谓"其寄托在可言不可言之间，其指归在可解不可解之会，言在此而意在彼"，也是说的同样的审美心理现象。叶燮的论述继承和发挥了传统美学中关于言意关系的学说，用于分析说明审美意象创造和接受的审美心理特点，是非常深刻和精辟的。

叶燮还举出杜甫其他三首诗中的名句，逐一加以分析。其中，分析《夔洲雨湿不得上岸作》中"晨钟云外湿"句时，他指出此语是"因闻钟声有触而云然也"，作者"隔云见钟，声中闻湿，妙悟天开，从至理实事中领悟，乃得此境界也"。① 这里见钟闻声、声中闻湿，就是审美心理活动中常见的联觉或通感现象。作家借助这种心理作用可以创造出独特的审美意象，增强艺术表现力。同时，叶燮还提到"妙悟"，即艺术创作的审美心理活动不时涌现的直觉或灵感。这也是从现实生活中获得领悟，创造独特意境的心理原因，都是审美心理特点的重要表现。

通过分析杜诗和其他唐诗中的名句，深化认识和论述，叶燮最后将理、事、情三者在审美艺术创造中的特殊思维和表现方式统一起来，概括出艺术创作的审美心理特点：

> 夫情必依乎理；情得然后理真。情理交至，事尚不得耶！要之作诗者，实写理事情，可以言言，可以解解，即为俗儒之作。惟不可名言之理，不可施见之事，不可径达之情，则幽渺以为理，想象以为事，惝恍以为情，方为理至事至情至之语。②

叶燮不是仅仅从艺术构思和艺术作品本身来说明艺术的审美特点，而是从审美意象来源即审美对象的特殊反映方式上来论述艺术的审美特点，这是他不同于前人的独创性所在。作为审美对象构成要素的理、事、情，在审美艺术创造中，均以特殊形态呈现出来。理为"不可名言之理"，"幽渺以为理"；事为"不可施见之事"，"想象以为事"；情为"不可径达之情"，"惝恍以为情"。这就独辟蹊径，将审美和艺术的形象思维活动

---

① 叶燮：《原诗》，霍松林校注，人民文学出版社 1979 年版，第 32 页。
② 同上。

与科学和理论的抽象思维活动区别，更为具体和深刻地揭示出来，将艺术审美心理和形象思维的特殊规律和艺术真实反映现实的普遍规律结合和统一起来了，从而使人们对艺术审美特点的认识达到了一个新的水平。

有论者认为，叶燮说的情，是外在物的情状，而不是诗歌所抒发的作者的内在的情感，由此便认定叶燮忽视了诗歌和艺术表达情感的特点。① 实际上，如我们在前面所指出，叶燮所说的情，是包括人的情感的。他说："诗者情也，情附形则显。"② 就是讲的诗歌通过外在形象表现内在情感的特点。艺术的情感特点，既体现在反映审美客体的情，也体现在表达审美主体的情。在艺术创造和艺术形象中，审美主体的情和审美对象的情是融为一体的。叶燮对这两方面的情感均有许多论述，并非不讲作者抒发的内在情感。他说："作诗者在抒写性情。……作诗有性情必有面目。"③ 这显然是肯定了诗歌抒写作者情感的特点。在评论《诗经》时，他明确指出："《诗》三百篇，大抵皆发愤之所作者。……忧则人必愤，愤则思发，不能发于作为，则必发于言语。"④《原诗》也说："原夫创始作者之人，其兴会所至，每无意而出之，即为可法可则。如三百篇中，里巷歌谣、思妇劳人之吟咏居其半。彼其人非素所诵读讲肆推求而为此也，又非有所研精极思、腐毫缀翰而始得也；情偶至而感，有所感而鸣，斯以为风人之旨。"⑤ 叶燮将诗歌作者"情至而感，有感而鸣"称为"风人之旨"，足见他对于艺术表达情感的审美特点的重视。

叶燮虽然重视情感对于审美艺术创造的作用，但又不把情感和理性对立起来，而是强调审美经验和艺术创作中情感和理性的交融和统一。"情必依乎理；情得然后理真。情理交至，事尚不得耶！"这一论断，充分表现了叶燮对艺术创作和审美心理活动中情感与理性互相作用、交至交融的辩证关系及其特点的深刻理解。严羽的诗论强调诗歌抒发情感的特点，却忽视了情感与理性的内在联系；和叶燮差不多同时代的西方著名美学家（如休谟、鲍姆加登）也都将审美经验和艺术创作中的感性和理性、情感和理智对立起来，不了解二者之间的辩证关系。而叶燮却能传承中国古典

---

① 参见王文生《中国美学史》上卷，上海文艺出版社 2008 年版，第 429 页。

② 叶燮：《己畦文集》卷八《赤霞楼诗集序》。

③ 叶燮：《原诗》，霍松林校注，人民文学出版社 1979 年版，第 50 页。

④ 叶燮：《己畦文集》卷九《巢民乐府序》。

⑤ 叶燮：《原诗》，霍松林校注，人民文学出版社 1979 年版，第 35 页。

美学重情尚理的优秀思想传统并加以发展，不仅弥补了严羽的不足，也提出了同时代西方美学家尚不能达到的认识，这不能不说是对中国乃至世界美学思想发展的一大贡献。

［原载《武汉理工大学学报》（社会科学报）2016 年第 1 期］

20 世纪中国审美心理学建设的回顾与展望

审美心理学是美学和心理学相结合而形成的一个交叉学科。一般认为，审美心理学的研究对象是审美经验（包括审美欣赏和艺术创造），而研究观点和方法则主要是心理学的。20 世纪以来，中国的审美心理学研究在几代美学学者的努力下，不断向深度和广度突进，历经曲折，终于在八九十年代形成蔚为壮观的研究局面，成为百年中国美学发展中取得突破性进展的一个重要方面，对我国现代美学的建设起了有力的推动作用。认真总结和分析 20 世纪中国审美心理学的发展过程、主要成就、学术探讨及学科进展，探讨它所面临的问题及前进的途径，不仅对于进一步推动我国审美心理学的学科建设是十分必要的，而且对促进有中国特色的现代美学的建设也是很有意义的。

一

20 世纪中国审美心理学的发展经历了巨大的起伏和波折，形成了两次研究热潮。第一次发生在二三十年代，第二次发生在八九十年代。这两次热潮的形成都有其特殊的社会文化背景，在研究上也表现出不同特点，并对中国现代美学的形成和发展产生了重大的作用和影响。

20 世纪中国美学是在西方美学直接影响下起步和形成的。最初对中国美学思想发展影响最为显著的西方美学思想，一个是以康德、叔本华、尼采等为代表的德国"哲学的美学"；另一个便是克罗齐的直觉美学和以"移情"说、"心理距离"说等为代表的近代心理学美学。这两部分美学思想，都极重视审美主体和审美心理研究，有的就是专门研究审美主体和审美心理的。这就使 21 世纪初直至二三十年代的美学研究自然把审美主体和审美心理的研究作为重点。一些有影响的美学家和美学著作，甚至把审美主体或审美心理研究作为建构自己美学理论体系的核心。如 20 年代出版的范寿康的《美学概论》和陈望道的《美学概论》，几乎都是以里普斯的"移情说"作为主要的理论出发点的。而吕澂的《美学概论》和《美学浅说》不仅分别以里普斯的"移情"说和莫伊曼的"美的态度"说为蓝本，而且也是以研究美感经验为核心的。至 30 年代，朱光潜的《谈美》和《文艺心理学》出版，标志着中国现代审美心理学已经形成。《文艺心理学》不仅是我国第一部审美心理学专著，而且也代表了当时我国审美心理研究的最高水平。它综合了康德、克罗齐形式派美学和布洛、里普斯、谷鲁斯等人的心理学美学两大思潮，并以此作为自己的根本观点和根本方法，同时又融入中国传统美学思想和艺术审美实践经验，建立了我国第一个以美感经验分析为核心的完备的心理学美学体系，对中国现代美学的发展产生了重大影响。与此同时，他还在国外出版了《悲剧心理学》，填补了审美心理学研究的一项空白。此外，在宗白华写于 30 年代和 40 年代初的一些美学论文中，也涉及审美心理或美感的许多重要问题，特别是对审美"静照"、艺术的空灵和意境的创造等所作的深入研究和精当阐发，对中国现代审美心理研究也起到了开拓作用。

二三十年代在中国出现的审美心理研究的热潮，固然是"西学东渐"、各种现代心理学美学思潮被引进中国的结果，也同中国当时的现实需要和文化状况有密切关系。只要我们认真分析一下五四新文化运动后接踵而至的教育界对于美育的倡导、文艺界对于"美化人生"和"生活艺术化"的追求等思想和文化现象，便可知对审美态度和美感经验的热切探究，和上述现象一样，都这样那样地反映出人们在黑暗现实中的苦苦精神追求。

二三十年代的审美心理研究成果对中国现代美学的开拓作用和主要贡献体现在两个方面。首先，它追随当时世界美学发展的新思潮、新趋势，引进和介绍了西方现代心理学美学的新观念、新学说、新方法，从而扩大了中国美学研究视野和领域，促进了中国美学理论结构和观念的变化。其次，它试图把西方现代美学特别是心理学美学的观念和方法，与中国传统美学观念以及传统艺术实践经验结合起来。不论是用中国传统美学思想和艺术实践经验去说明西方美学观念和学说，还是用西方美学观念和学说来阐释中国传统美学的观念、概念和范畴，这些探索对于中国美学包括审美心理研究迈上中西结合的道路都起了开创作用。但是，二三十年代审美心理研究毕竟还是中国现代审美研究起步阶段，它的局限性是明显的。如对于西方现代美学思想的全盘吸收，并以此作为根本观点和根本方法来立论或建立体系，就明显表现出研究中的批判性、选择性和创造性的不足。这当然同研究者在哲学方法论上的偏颇是有密切关系的。

80 年代在中国兴起的"美学热"中，对审美主体和审美心理的研究一扫长期备受冷落、无人问津状况，再一次成为美学研究重点。审美心理学的异军突起，对审美经验和审美心理的全面探讨和深入开掘，构成了这一时期中国美学研究的一大特色。除了大量翻译和评介西方当代心理学美学思潮和流派的代表著作之外，大批研究成果接踵而至，不仅见解纷呈，呈现出学术争鸣的局面，而且新意迭出，表现出勇于探索的精神。特别值得注意的是，陆续出版了一批自成体系、影响较大的审美心理学或文艺心理学的专著。其中，较有代表性的有《审美谈》（王朝闻）、《文艺心理学论稿》（金开诚）、《创作心理研究》（鲁枢元）、《审美心理描述》（滕守尧）、《美感心理研究》（彭立勋）、《文艺心理学》（陆一帆）、《审美中介论》（劳承万）、《文艺心理学教程》（钱谷融、鲁枢元主编）、《审美经验论》（彭立勋）、《喜剧心理学》（潘智彪）等。到 90 年代，虽然"美学热"已经过去，但审美心理研究方兴未艾，而且又出版了一批有新意、有深度、有特色的审美心理学或文艺心理学专著，如《艺术创作与审美心理》（童庆炳）、《文艺创造心理学》（刘烜）、《文艺欣赏心理学》（胡山林）、《走向创造的世界——艺术创造力的心理学探索》（周宪）、《审美心理学》（邱明正）、《现代心理美学》（童庆炳主编）、《新编文艺心理学》（周冠生主编）等。新时期 20 年来出版的审美心理研究著作无论数量还是质量，都超过了我国美学发展史上的任何时期。

审美心理研究在这一时期形成如此繁荣的局面，其原因是多方面的。首先是解放思想、实事求是思想路线的确立，导致了人文社科研究的思想大解放，久已忽视的关于人的研究和主体性研究重新得到重视，从而直接推动了审美心理研究的开展。其次是直接受到西方当代美学研究重点转向审美经验和审美主体的影响。西方美学研究重点的转移，在 19 世纪末、20 世纪初已经开始，到 20 世纪中叶以后，随着各种心理学美学和经验美学流派的形成与发展，其主流趋势更为明显。但是，由于我国五六十年代的美学讨论主要集中于美的哲学问题，美学研究主要受苏联影响，故而不仅忽视了审美经验研究，甚至把审美心理学等同于唯心主义。随着对外开放和西方当代美学影响的扩大，美学研究的重点必然会发生变化。第三，审美心理研究的突破也是我国美学研究发展自身的要求和必然趋势。新时期解除了长期思想桎梏之后，美学理论寻求新的突破，而在美的本质的哲学探讨难有进展、艺术理论研究又不易形成新突破的情况下，审美经验的心理学研究便成了美学发展的突破口。而长期以来对审美主体、审美经验研究的忽视和理论上的停滞状态，又为这个领域的探索者提供了创新机会和用武之地。正是审美心理研究的突破，带动了一系列美学和艺术问题的深入研究，并促进了美学研究方法的变化，从而推动新时期美学研究向纵深发展。

20 世纪八九十年代的审美心理研究热潮，与二三十年代的审美心理研究热潮既有联系，又有区别。前者对于后者是继承中的发展、吸收中的创新、接续中的跨越。这种发展、创新和跨越，使八九十年代的审美心理学研究表现出如下的重要特点：

第一，研究范围广泛，视野开阔。美学家、文艺理论家和心理学家等从不同角度、不同层面，对审美经验的性质和特征、审美心理的结构和过程、审美心理的各个要素及其相互关系、艺术创作和审美欣赏的心理过程和各种特殊心理现象、艺术家的创造力和个性心理特征、中西审美心理学思想中的基本理论和范畴等，都做了十分有益的探讨。过去的理论禁区——被冲破，几乎所有与审美心理和审美经验有关的领域和问题都被涉及了。国外审美心理学的最新发展及其思想成果，都迅速在我国审美心理研究成果中反映出来。几十年的禁锢和封闭所导致的中国审美心理学与国外审美心理学发展之间的落差，似乎一下子被弥补过来。

第二，研究深度不断深化，在一些重大理论问题上取得了突破性进展。综观从 80 年代中期到 90 年代中期已出版和发表的审美心理研究成果，不仅涉及的问题越来越广泛，而且对问题的分析和阐释也越来越深化。在充分占有资料和进行创造性思维的基础上，一些重要理论问题的探索取得新的进展，从而使我国的审美心理学研究从整体上提高到一个新的水平。如关于审美心理结构和美感形成的中介因素问题，先后有各种新说问世，大大深化了对这一问题的认识。其中，关于审美心理形成特殊机制的探讨及各种学说的提出，对于揭示审美心理的内在奥秘，无疑是一个新的贡献。尤其是"自觉的表象运动"说、"审美表象"说、"审美意象"说、"形象观念"说、"情感逻辑"说等的提出，使审美心理发生的特殊机制问题获得了许多新的认识。此外，如审美和艺术中情感的作用和特点问题，关于审美和艺术中认识活动的特性和形象思维问题，关于艺术创造中的直觉、灵感、非自觉性以及无意识活动问题，关于艺术家的个性心理及创造力问题等，也都在理论上有了重要进展，其论述的深刻性和新颖性大大超过了以往的美学研究。

第三，广采博纳，力图兼收古今中外各种理论之长，形成自己见解和体系。如果说二三十年代出版的审美心理研究著作，主要还是从西方美学某一个或几个理论观点出发来建构自己的体系，那么八九十年代出现的大批审美心理学著作则摆脱了这种局限。许多著作虽然注意吸收当代西方心理学美学各种流派的学说，但又不只是把自己的立论局限于某一流派的某一学说的基础上，而是立足于审美和艺术的实践经验，借助各种观察和实验资料，兼收中西美学各种理论之长，加以融会贯通，拿来为我所用，以形成自己的见解和构建自己的体系。可以说，这是中国审美心理学建设逐渐走向成熟的一种表现。

第四，研究方法多样化，跨学科研究进展迅速。在审美心理研究中，除了思辨方法和逻辑推理之外，各种经验的方法和实证的研究也都受到重视。虽然人们对于审美心理学和普通心理学的联系与区别还有不同看法，但许多审美心理学著作仍然引入了心理学常用的各种方法，并把它们同作品分析、创作经验分析以及作家艺术家传记分析结合起来。一些研究者把系统论、控制论、信息论的某些原则和方法运用于审美心理研究，取得了良好的效果。多数研究者认为审美心理研究应发展成为跨学科研究，并且进行了成功的实践。这一切都为审美心理学的发展注入了新的活力。

二

尽管百年来中国审美心理学研究所涉及问题颇为广泛，审美心理学的基本问题几乎全都纳入研究者视野之内，但是，从整个学科建设来看，较为集中探讨和深入研究的主要是两大问题：其一是审美经验的特质和心理机制问题；其二是艺术创造的心理活动及其特征问题。20世纪中国审美心理学在学科建设上的成就主要反映在这两大问题研究上。

审美经验的特质和心理机制问题，是审美心理学研究的最基本的问题，也是 20 世纪中国审美心理学研究提出来的第一大命题。30 年代朱光潜在《文艺心理学》中，一开始就提出了"什么叫作美感经验？""怎样的经验是美感的？"等问题，并用了四章进行"美感经验的分析"，分别从"形象的直觉"、"心理的距离"、"物我同一"、"美感与生理"四个方面分析了美感经验的性质和特征。作者所得出的结论是：美感经验是一种聚精会神的观照。就我说，是直觉的活动，不用抽象的思考，不起意志和欲念；就物说，只以形象对我，不涉及意义和效用。要达到这种境界，必须在观赏的对象和实际人生之中辟出一种距离。同时，在这种境界中，观赏者常以我的情趣移注于物，产生移情作用。显然，这些对审美经验性质和特征的认识和描述，基本综合了克罗齐的"直觉说"、布洛的"距离说"和里普斯的"移情说"等西方近代美学观点，在理论上还不能说有多少新的创造，但它第一次全面、系统地引进和介绍了现代西方关于美感经验的学说，并结合中国文艺的实践经验和传统美学理论，对之做了较好的综合和阐释，从而为我国审美心理学的建设提供了重要的参考和借鉴。

40 年代蔡仪的《新美学》出版，书中"美感论"部分对朱光潜在《文艺心理学》中据以解释美感经验的西方诸说的错误做了批评，并以唯物主义认识论为基础，对美感的性质和特征做了新的阐明。他认为，美感是在美的观念的基础上发生的。所谓美的观念，是人在对事物的认识过程中获得的具象性质的概念，即意象、意境。这种美的观念的渴求自我充足而完全的欲望，一旦得到满足，便发生美感。美感就是由于外物的美或其摹写之能适合于这美的观念，使它充足的欲求得到满足时所产生的情绪激动和精神愉快。蔡仪力图克服旧美感论局限，使美感论建立在唯物主义基础上，对于把美感研究引向科学道路，起了重要作用。

60 年代，朱光潜又发表了《美感问题》一文，这在当时美学界极少探讨美感问题情况下，是极为难得的。朱光潜在此文中超越了他在《文艺心理学》中对美感经验的分析，强调要研究美感中内容和形式、理性和感性这两对对立面之间的统一问题。他认为，近代西方美学在美感问题上可分两派：一派是心理学派，一派是形式主义派，这两派"实际上有一个基本共同点，都片面地强调感性，都否认理性在审美活动中起任何作用"。① 因此，必须重新研究审美的能力，即"审美的总的心理结构"，研

---

① 《朱光潜美学文集》第 3 卷，上海文艺出版社 1983 年版，第 419 页。

究它包括哪些组成部分，在具体场合下怎样起作用，研究其中的感性活动和理性活动以及两者之间的关系。这些观点和问题的提出，对于深化美感问题研究起了重要作用，它直接影响了后来美学界对审美心理结构的进一步探讨。

五六十年代的美学大讨论中，李泽厚提出了"美感的矛盾二重性"论点，以说明他对美感特性的新见解。所谓美感的矛盾二重性，就是美感的个人心理的主观直觉性和社会生活的客观功利性互相对立又互相依存，不可分割地形成为美感的统一体。至80年代，李泽厚又深化了这一观点，提出了"美感就是内在的自然的人化"。在"自然的人化"过程中，"社会的、理性的、历史的东西累积沉淀成了一种个体的、感性的、直观的东西"①，从而表现为美感的矛盾二重性。与此同时，李泽厚对审美心理结构和心理过程做了较为具体的描述，特别是对美感诸因素（知觉、想象、情感、理解）及其相互关系做了较为精细的分析，指出审美愉快是多种心理功能的总和结构，并且描述了审美心理发展过程。这些观点不仅吸收了西方当代心理学美学的若干新成果，而且也同审美和艺术实际结合得较为紧密，因而在80年代的审美心理学研究中产生了较大影响。

八九十年代，中国美学界对审美心理的研究继续向具体化、多元化方向发展，致使美学研究的重点已逐步向美感、审美经验、审美心理方面转移。最引人注目的，便是陆续出版了一批研究美感或审美经验的专著，从而将中国审美心理学的学科建设推向了系统化、完整化的阶段。

首先，从宏观上对美感或审美经验的性质、特征和心理结构做了进一步探讨，提供了新的认识框架。

彭立勋在《审美经验论》（1989）中强调要从整体上认识和把握美感或审美经验的性质和特点，并尝试运用现代系统论的成果，提出了"审美心理的整体性"原则，认为审美心理的整体特性不是决定于组成它的个别要素或各个要素相加的总和，而是决定于各种构成要素互相联系、互相作用的特殊结构方式。审美认识各要素、审美认识和审美情感等均以特殊方式相联系。美感的直觉性、形式感和愉悦性等现象特征，只有以审美认识和审美情感的特殊结构方式为依据，才能得到全面的、科学的阐明。

邱明正在《审美心理学》（1993）中对审美心理结构的建构、积淀和

---

① 《李泽厚哲学美学文选》，湖南人民出版社1985年版，第386—387页。

发展做了较为宏观的分析和论证，认为审美心理结构是人能动反映事物审美特性及其相互联系的内部知、意、情系统和各种心理形式有机组合的系统结构。它既是客体美结构系统和人自身审美实践内化的产物，又是主体在创造性的审美活动中能动创造的结果，是主客体双向运动、双向作用的结晶。一切客观存在的美只有经过与人的审美心理结构的相互作用，才能被人感知和进行能动创造。

其次，从微观上对美感或审美经验产生的特殊心理机制和中介因素做了新的探索，形成了各有特色的学说。

滕守尧在《审美心理描述》（1985）中将审美经验的情感分为"知觉情感"和"审美快乐"两种，并对两者形成的心理机制做了新的描述。关于"知觉情感"（即情感表现性），作者主要是吸收了格式塔学派的"结构同形"说，同时又试图用社会实践理论去改造它，力求为"知觉情感"的阐释提供一个新的理论支点。关于"审美快乐"，作者也认为"主要取决于心理结构与外部刺激物的不自觉的同形或同构"。它的产生有两个基本前提，一是主体的审美需要，二是类生命的审美对象的刺激作用。"每当主体克服重重干扰与类生命的审美对象本身的图式发生同构或契合时，内在紧张力便幻变出与审美对象同形的动态图式，有了确定的方向性和动态的奋求过程，愉快便随之产生。"①

彭立勋在《审美经验论》中提出审美经验或审美愉快的发生是以主体审美认识结构为中介的新观点。作者认为，主体在审美实践和认识中通过形象思维而形成的形象观念或意象，是审美认识的基本形式。由形象观念发展所建构的美的观念，便形成主体的审美认识结构。从客体的美的对象的作用到主体的审美经验或审美愉快的发生，不是简单的、直接的反映或反应，而是要以主体已形成的审美认识结构——美的观念作为中介，如果客体的美的对象和主体的美的观念恰相适合，美感迅即产生。美感的直觉特点和愉快特点，通过美的观念的中介作用说，可以从心理发生机制上得到较合理的阐明。

劳承万的《审美中介论》（1986）认为，在审美客体到审美主体美感生成、定型之间，存在一个由审美感觉、审美知觉、审美表象构成的"审美中介系统"。这个审美中介是造成美感差异的根本原因，也是"美

---

① 滕守尧：《审美心理描述》，中国社会科学出版社1985年版，第325页。

感之谜"之所在。作者将这个审美中介系列称为"审美感知—审美表象"结构，认为作为审美中介的审美表象是由感觉、知觉过渡到思维的中介环节。审美表象具有二重性，即直观性和概括性，蕴含了艺术的形象思维的胚胎，是内同型和外同型的联合。审美表象一方面联系于审美主体的共通感，另一方面联系于客体的合目的性形式，所以，美感是直接和审美表象联系着。要揭开美感之谜，抓住审美表象是重要一环。

最后，结合艺术和审美实际，对审美心理构成要素和心理过程进行全面、具体分析和描述，深化了对审美心理活动特点和规律的认识。

滕守尧在《审美心理描述》中对审美经验中的四种心理要素——感知、想象、情感、理解分别进行了具体分析，认为这四种要素以一定比例结合起来并达到自由协调的状态时，愉快的审美经验就产生了。同时，作者还将审美经验过程分为初始阶段、高潮阶段和效果延续阶段，并分别做了描述。

蒋培坤在《审美活动论纲》中对审美心理因素和过程提出了另一种看法。他认为把审美心理要素概括为"四要素"是片面的，因为人类的审美活动不仅是一种认识活动，而且是一种价值实践。在审美过程中作为心理功能发挥作用的，是两个系列的心理因素：一是由审美欲望、审美兴趣、审美情感、审美意志组成的价值心理要素；二是由审美感知、审美想象、审美理解等组成的认识心理要素。作者强调审美价值心理是人类审美的动因系统，是审美价值关系的心理表现，并认为在审美价值心理要素中，更需要注意的是意志在审美过程中的特殊作用，甚至可以把审美意志看作艺术和审美过程中人的主体性的集中表现。

邱明正在《审美心理学》中也认为审美心理过程包括认识过程、情感过程和意志过程，其心理内容和形式则有审美直觉、审美想象、审美理解、审美情感、审美意象、审美意志等，作者对上述各方面均有较细说明。

艺术创造的心理活动及其特征问题，是20世纪中国审美心理学集中研究的另一个基本问题，这也是争论较多的问题之一。

30年代，朱光潜在《文艺心理学》中着重探讨了艺术创造中的想象和灵感问题，提出以下主要看法：第一，艺术创造需依靠创造性想象。创造性想象具有两种心理作用：一为"分想作用"；二为"联想作用"。文艺创作中的"拟人"、"托物"、"变形"、"象征"都是根据类似联想。第二，在艺术创造中，联想不依逻辑，却有必然性。使它具有必然性的原因不是理智而是情感。创造的想象把原来散漫凌乱的意象融成整体的就是情感。艺术是一种情感的需要。艺术家之所以为艺术家，不仅在于有浓厚的情感，而尤在于能把情感表现出来，把它加以客观化，使它成为一种意象。第三，创造的想象中产生的"灵感"大半是由于在潜意识中酝酿的东西猛然涌现于意识。在潜意识中想象更丰富，情感的支配力更强大。创作受情感的影响大半都在潜意识中。朱光潜的论述，突出了创造性想象在艺术创造中的地位作用，并具体分析了艺术创造中创造性想象的机制和特点，可以说是抓住了艺术创造心理的关键，它实际上已接触到后来美学界、文艺界探讨的艺术创造的形象思维问题。

40 年代朱光潜的《诗论》正式出版。这本著作和差不多同时发表的宗白华的若干美学论文都深入探讨了艺术意境的创造问题，其中也涉及对艺术创造心理特点的认识。如朱光潜认为，诗的境界的创造必有"情趣"（feeling）和"意象"（image）两个要素。情与景的契合，我的情趣与物的意象往复交流，便是意境创造的突出心理特点。宗白华同样也认为，意境是"情"与"景"（意象）的结晶，"主观的生命情调与客观的自然景象交融互渗，成就一个鸢飞鱼跃，活泼玲珑，渊然而深的灵境"。① 这些见解都涉及艺术创造中情感活动的特点及其与想象的关系问题。

蔡仪于 40 年代初出版的《新艺术论》中，对艺术认识的特质做了新的研究，明确提出"形象思维"概念。他认为，概念具有抽象性和具象性二重特性，也有两种倾向，一是和表象相脱离的倾向，二是和表象相结合的倾向。由后者形成的具体概念，一方面经过意识的比较、分析、综合过程，而将现实的一般的本质的属性能动地予以概括；另一方面又以所概括的本质的一般的属性为基础构成一个新的表象，或和某一表象比较紧密地结合。这种具体概念便是形象的思维的基础。所谓形象的思维，也就是一般所谓艺术的想象。形象思维借助具体的概念可以施行形象的判断和形象的推理。形象思维是艺术的认识的基础，并由此造成了艺术的认识不同于科学的认识的特质。从认识过程来说，科学的认识主要是以感性为基础的智性作用完成的，而艺术的认识主要是受智性制约的感性作用完成的。蔡仪的这些见解，以认识论为基础，科学阐明了艺术认识的特质，指明了

① 宗白华：《美学散步》，上海人民出版社 1981 年版，第 60 页。

形象思维的特有内涵和认识机制，对我国形象思维理论的形成以及艺术认识过程的研究产生了重要影响。

关于形象思维和创作心理问题，在五六十年代的美学讨论中虽然也有所论及，但并未引起重视，而且后来又受到批判，所以有关这方面的研究较长时间处于停滞状态。1978年1月，毛泽东《给陈毅同志谈诗的一封信》公开发表，其中肯定了"诗要用形象思维"，于是美学界、文艺界重新就形象思维问题进行了热烈讨论。朱光潜、蔡仪、李泽厚、何洛、洪毅然等都参加了讨论，发表了各自见解。其中，李泽厚的见解不同凡响，引人注目，并形成了广泛争论，对此后关于创作心理的研究产生了较大影响。在《形象思维再续谈》中，李泽厚提出：（1）艺术不只是认识，形象思维并非思维。"形象思维"一词中的"思维"，只是在极为宽泛含义（广义）上使用的。艺术创作中的形象思维不是一种独立的思维方式，它是艺术想象，是包含想象、情感、理解、感知等多种心理因素、心理功能的有机综合体。用哲学认识论代替文艺心理学来解释艺术和艺术创作，是不符合艺术欣赏和艺术创作的实际的。（2）艺术的特征主要不在形象性，而在情感性。艺术的情感是艺术的生命所在。艺术创作将作者的主观情感予以客观化、对象化，艺术想象以情感为中介彼此推移，作家艺术家在形象思维中遵循的是情感逻辑。（3）艺术创作、形象思维中经常充满灵感、直觉等非自觉性现象。作家艺术家应按自己的直觉、"本能"、"天性"、情感去创作，完全顺从形象思维自身的逻辑，不要让逻辑思维从外面干扰、干预、破坏、损害它。显然，李泽厚的上述观点同以往许多论述艺术创作和形象思维著述相比，具有鲜明的反传统倾向，从而推动了人们对艺术创作的心理特征做一些新思考。当然，由于他在论述中往往过分强调了一个方面，而忽视了它和其他方面的内在联系，也表现出一定的片面性，因此，引起较多批评和争议也是必然的。

对形象思维的深入探讨，加之西方现当代美学思潮的大量引入，推动美学界、文艺界、心理学界对艺术创作的心理过程和特点展开了较为全面和深入的研究。从80年代初到90年代初，有一大批论文对文艺创作中情感的作用和特点、文艺创作中的灵感与直觉、文艺创作中的意识和无意识、文艺创作中理性与非理性的含义及其关系等问题，进行了多方面探讨。其规模之大，涉及问题之广，争论之热烈，都是新中国成立以来所未曾有过的。

通过探讨和争鸣，大大深化了对文艺创作心理活动中许多特殊现象的规律性认识，并使对文艺创作心理活动的分析逐步进入到深层心理结构领域。长期被忽视的文艺创作中的情感、直觉、灵感以及非自觉性和潜意识因素的作用问题，重新得到注意并得到新的阐释，同时与文艺创作中认识、理性、思维、意识、自觉性的相互作用和复杂关系问题也逐步得到多方面的揭示和说明。

随着形象思维和创作心理研究的深入，陆续有一批研究创作心理的专著问世。这些著作不仅在构建文艺心理学的体系方面做了新探索，而且对文艺创造的心理活动做了全面、系统、深入的研究，在许多重要问题上提出了一些新的理论观点。

第一，关于文艺创作中认识活动的特点和形象思维问题。

金开诚在《文艺心理学论稿》（1982）中提出，文艺创造的心理活动的特点"就在于文艺创作中'自觉表象运动'占有突出的地位，它在自觉性、深广度和普遍性上都远远超过了其他创造活动所可能表现出的表象活动"。[①] 作者认为，自觉的表象运动不同于一般的自发的表象活动，而是一种主要表现为自觉的表象深化、分化和变异，自觉的表象联想以及有意想象的心理过程，而创造想象则是文艺创造中最重要的自觉表象运动。作者还进一步指出，自觉表象运动具有具象概括作用，能够反映事物的发展、联系和本质，同时又以表象为材料，始终带有形象性，所以是形象思维。形象思维从心理内容上讲，就是自觉的表象运动。作者以表象运动为核心来分析文艺创造的心理特点，并对形象思维的心理内容做了具体说明，是富于新意的。

陆一帆在《文艺心理学》（1985）中对于文艺的形象思维也提出了一些新看法，认为文艺创作所用的是特殊的形象思维，而不是一般的形象思维，不应将两者混为一谈。一般的形象思维只沿着一般化道路进行形象概括，所得的是类型形象，而文艺的形象思维是沿着一般化与个性化并进的道路进行形象概括，所得的是典型形象，这有助于人们深入探讨文艺创作中形象思维的特点。

第二，关于文艺创造中情感的作用、形式及矛盾运动问题。

鲁枢元在《创作心理研究》（1985）中，着重探讨了情感在文艺创作

---

① 金开诚：《文艺心理学论稿》，北京大学出版社1982年版，第2页。

中的地位和作用，以及文艺创作中情感活动的形式和特点，对文艺家的"感情积累"、"情绪记忆"、"心理定式"、"知觉变形"以及"创作心境"等做了具体而新颖的分析。作者认为，文艺家的情绪记忆是艺术创造过程中一系列感情活动的基本形态，是整个艺术创造活动的基础和内核。情绪记忆是文艺家感情积累的库房，是驰骋艺术想象力的基地。情绪记忆是一种自发的、自然的、散漫的、较被动的、有时是无意识的心理活动，艺术想象则是一种有目的、有定向性的更加积极主动的心理活动。在情绪记忆基础上展开的艺术想象，往往以灵感触发的形式表现出来。此外，作者认为文艺家的心理定式，特别是主观情绪、心境对于形成艺术知觉也具有重要影响。

童庆炳在《艺术创作与审美心理》（1990）中认为，在文艺创作的情感活动内部有两对矛盾：一是自我情感与人类情感的矛盾，二是形式情感与内容情感的矛盾。尽管艺术家表现的是人类的情感，但必须找到自我的情感与人类的情感的结合点，使人类的情感与个人的情感融为一体。同时，创作者在面对由内容所引起的情感与由形式所引起的情感的矛盾时，需要完成形式情感对于内容情感的征服。

第三，关于文艺创造中直觉、灵感、潜意识的作用和心理机制问题。

陆一帆在《文艺心理学》中根据钱学森提出的灵感也是一种思维方式的意见，具体论述了灵感思维方式的特点，分析了灵感思维的过程，明确提出灵感思维包括意识和无意识两个认识阶段，认为灵感便是在意识思维的基础上，由无意识的思维中产生的。作者不仅提出了"无意识思维"的概念，还对无意识思维的种类（循轨思维、越轨思维和梦）及其思维过程做了说明，见解较独特。

刘烜在《文艺创造心理学》（1992）中认为，文艺创造中的灵感是整合思维，心理上相互对立的因素在灵感状态下往往能相互配合，它总是包含着对未知事物的一种新的发现，同时也是创作主体和创作对象的契合，并伴随着主体强烈的情感体验。作者还对创作中的直觉做了详细分析，认为直觉具有直接性、洞察性、倾向性和整体性，其动态构成是：直觉定式、对客观事物的感受、突然的领悟和直觉的发展。依作者看法，在顿悟这一点上，直觉和灵感是极为类似的。

吕俊华的《艺术创作与变态心理》（1987）集中对艺术创作中的潜意识做了介绍和分析，分别从潜意识的创造功能、潜意识与理性的矛盾、潜意识中的理性、潜意识与理性的统一诸方面做了论述。作者认为，直觉、灵感、创造性思维都是在潜意识中完成的。潜意识是艺术创造力之所在或创造性的前提条件。关于素有争议的潜意识与理性的关系问题，作者认为潜意识之中有潜在理性，只是没有被意识到。作为潜意识重要组成部分的本能和感情，都有理性在其中。同时，作者又指出，就创作全过程来说，意识与潜意识是你中有我、我中有你、互相渗透、互相转化、互相依存的。由于潜意识属于心理的深层结构，因此，科学地阐明它在艺术创造中的地位、作用和机制，对于揭示艺术创造的心理奥秘无疑是有重要意义的。

三

20 世纪中国美学是在西方美学和中国美学及艺术传统相结合、相交融中向前发展的。这一点在审美主体和审美经验的研究中表现得尤为突出，从而成为中国现代心理学美学有别于西方现代心理学美学的一个主要特点。形成于二三十年代的审美心理研究热潮和形成于八九十年代的审美心理研究热潮虽然有许多不同，但在体现这一主要特点上却一脉相承。从王国维、蔡元培到朱光潜、宗白华等一批早期的著名美学家，为这一特点的形成奠定了基础。尤其是朱光潜和宗白华先生把西方心理学美学和中国美学传统及艺术审美实践紧密结合起来，融会贯通，加以创造性地具体发挥，为在审美心理学中探索中西结合之路做了一项开拓性工作。当然，即使是朱光潜、宗白华先生，也还没有完全解决建立有中国特色的现代审美心理学的问题。朱光潜先生虽然在把中国传统美学思想融入西方美学方面做了不少工作，但他建立的审美心理学，根本观念和方法仍是西方的，体系、框架基本上也是西方的。宗白华先生以中国传统文学范畴为基础，用西方美学观点加以创造性的阐释，但并没有形成关于审美经验的完整的理论形态和体系。到了八九十年代，研究者综合中西古今，建构了一些审美心理学的体系，但从整个理论形态看，仍然较缺乏中国特色，对中国传统美学和艺术实践经验的吸收是局部的、零散的。因此，从总体上看，如何使西方现代心理学美学观念、理论与中国传统审美心理学思想及中国的艺术审美实践经验相结合，真正建立起有中国特色的现代审美心理学，仍然是一个有待解决的问题。

从历史和现实看，建设具有中国特色的现代美学，关键似乎不在美的本质的哲学探讨，而是在审美和艺术经验的科学研究。中国传统美学的主要优势和特点，不是体现在对美的本质做思辨的、逻辑的推论，而是体现在对审美和艺术经验做直感的、具体的描述。西方美学和中国美学传统的结合与融会，主要不是表现在美的哲学分析上，而是表现在审美心理和艺术经验（包括创作、欣赏和批评）的科学研究上。从王国维、朱光潜到宗白华等卓有建树的美学家，都不约而同地把中国传统美学的"意境"作为美学研究的核心范畴，力图把西方美学的新观念和科学方法注入中国这一传统的美学范畴之中，使过去这个范畴所包含的丰富却不够明确的思想内涵获得逻辑论证和创造性发挥。这其实是适应了中国传统美学的特点，在审美和艺术经验领域对中西美学融合所做的成功探索，凸显实现中国传统审美思想的创造性转化对建设中国特色现代审美心理学的重要意义。

尽管80年代以来，对中国古代审美心理学思想的研究已有初步成果，中国传统审美心理学思想的一些重要概念和范畴正在逐步得到较深入的阐释，中西审美心理学思想的不同特点也在比较中逐步得到较明晰的揭示，但是对中国古代审美心理学思想进行全面清理和系统研究仍嫌不足，对中国特有的审美心理学的范畴、概念和命题进行深刻挖掘和创造性阐发尤显欠缺。把中国传统审美心理学思想中某些特殊范畴与西方心理学美学中的某些概念、范畴简单化地加以类比，甚至削足适履，将前者纳入后者框架和观念之中的情况，也影响对于中国传统审美心理学思想的真谛和精髓的把握。针对现状，今后应着重从三个方面继续加强对中国传统审美心理学思想的研究。

首先，要对中国传统审美心理学思想进行全面、系统的发掘和整理。中国传统审美心理学思想不仅包含在哲学家著作和心理学思想文献中，而且大量包含在诗文理论、绘画理论、书法理论、音乐理论、戏剧理论以致园林建筑理论中，需要进一步做好全面发掘和系统整理工作，尤其对其观念、范畴和体系，要做深入、系统的分析、研究。

其次，要进一步深入研究和揭示中国传统审美心理学思想特点。中国传统审美心理学思想不仅有其独特的观念、命题和概念范畴，而且有其独特的理论体系和思维方式，而这些又是同中国传统文化和艺术审美实践经验特点相联系的。准确、科学地揭示和把握其特点，使其成为具有中国民族特色的传统审美心理学思想体系，是在新的现实条件下对其加以继承和发展的基础和前提。中西比较研究对于揭示中国审美心理学思想的特点不失为一种好方法，而且可以在比较中呈现出中西美学思想各自的优势和互补性。新时期以来这种比较研究有了较大进展，但要注意避免比较中的生拉硬扯、以偏概全及主观臆断等现象，使比较研究真正建立在对中西美学思想的科学分析和真知灼见的基础上。

最后，要从当代现实生活以及审美和艺术实践需要出发，从新时代高度，对传统审美心理学思想进行新的审视和创造性阐释，使其与当代审美观念与艺术实践相结合，成为构建有中国特色的现代审美心理学的有机组成部分。近年来，美学界和文艺理论界讨论的中国古典美学和文论的现代转型或现代转换问题，对促进中国特色的现代美学和文艺学建设十分有益。我们所理解的"现代转型"和"现代转换"，就是要从新的时代和历史高度，用当代的眼光对传统美学和文艺理论中的命题、学说、概念、范畴进行新的阐述和创造性发挥，以展示其在今天所具有的价值和意义，从而使其与当代美学和文艺观念相交织、相融合，共同形成有中国特色的现代美学和文艺学的新的理论形态和体系。做好这项研究工作，需要研究者既有对中国古典美学和文论的透彻理解，又有对符合时代要求的当代审美意识和文艺观念的准确把握，使两者真正达到融会贯通、水乳交融。这是一项具有探索性和开拓性的工作，应当提倡探索多样的研究途径、研究方法，创造多种的理论形态和理论体系。我们应在过去研究成绩的基础上，更自觉地推动这项工作，使研究更系统化、更具有完整性。

此外，还应加强对我们民族审美心理特点的研究。宗白华先生已经提供了一个典范。他对于中国各门传统艺术的审美特点，诸如诗词歌赋、绘画书法、音乐戏曲、园林建筑等，几乎都有精当而入微的考察和分析，从而深刻揭示出我们民族的美感的特殊性，这对于研究我们民族审美心理（创作、欣赏）的特殊规律，以及反映这种特殊规律的审美心理学思想，是有极重要意义的。美感的民族特点不是凝固不变的，它将随着时代条件和社会生活的发展变化而发展变化。考察和研究我们民族美感或审美心理的特点，既要研究传统的艺术和审美实践经验，更要研究当代中国的艺术和审美实践经验，这样才能真正把握民族审美心理在新时代、新现实、新生活中的发展变化。

20 世纪中国审美心理学研究发展历程还表明，要建立科学的现代审美心理学体系，必须使审美心理研究奠定在科学的方法论的基础之上。方法论有不同层次，最高层次的就是哲学方法论。心理学美学研究要沿着正确的方向前进，必须有科学的哲学方法论作指导。心理学中的一些根本问题，本来就同哲学的基本问题密切联系，何况美学本身就属于哲学的领域。心理学美学研究只有在科学的哲学方法论指导下，才能取得真正的科学成果。它从经验或实验以及其他相关学科中获取的大量资料，更需要进行哲学的综合。如果没有哲学的帮助，要形成、解释、阐述审美心理学的概念、范畴、理论、假说并形成体系，将是不可能的。建构有中国特色的现代审美心理学体系所需要的哲学方法论，既不是否定审美主体在审美经验中具有能动作用的机械唯物主义，也不是否定审美经验具有客观来源和制约性的主观唯心主义，而只能是辩证唯物主义和历史唯物主义。这也是近百年来中国美学发展向我们昭示的真理。马克思主义的实践论和辩证唯物主义的能动的反映论，应当是我们构建科学的现代审美心理学的方法论基础。

哲学的方法论只能包括而不能代替具体科学的方法论。审美心理学与和它密切相关的心理学一样，还是一门正在走向成熟的科学，它的具体的研究方法还处在发展和更新之中。现代心理学的研究方法很多，例如实验法、观察法、调查法、测验法、档案法等，它们各有优势，可以互补。但不论运用哪种方法，都要遵循客观性原则。当代心理学受到习性学、计算机科学等方面影响，着重在真实、自然条件下的研究，一般倾向于认为，心理学研究如果可能，应尽量应用自然观察法，或在实验室内进行自然观察。研究方法的改变，必将对审美心理学的建设和发展产生重要影响。目前，西方审美心理学研究由于多是心理学家进行的，能较广泛地运用各种心理学研究方法，特别注重实验法和测验法等定量研究方法，并十分注重收集量化的资料，故研究结论具有较强的客观性、精确性。而我国的审美心理学研究由于多是美学家、文艺学家进行的，在研究方法上采用作品分析法和档案法——收集有关文献资料（如作家、艺术家的创作体会、日记、自传等）较为普遍，而且采用自我观察法更重于采用客观观察法，收集的资料多为非量化的描述性资料，因而研究结论往往带有一定程度主观性、推论性。当然，审美心理研究由于其研究对象本身具有更为复杂的社会人文内涵，具有社会性精神现象的微妙难测的特点，要完全达到自然科学化和定量分析，也是不切实际的。这方面，我们的基本态度是放开眼界，更多地向西方先进的、科学的、实证的、实验的研究方法学习和借鉴，以补助我们的不足。当前审美心理学的发展趋势是越来越重视多种研究方法的综合运用，既重视精细的定量研究方法，又重视宏观的定性研究方法；既强调客观的观察法和实验法所获得的资料，也不排斥自我观察和内省法所获得的资料；既注意实验室的研究结论，更注意自然观察的研究成果。总之，定量分析与定性分析，客观观察与自我内省，控制实验与自然观察，应当取长补短，互相结合，综合利用，只有这样才能有助于全面揭示审美心理活动的规律和机制，并形成审美心理学研究的特殊方法。

美学发展趋势表明，哲学的美学和科学的美学、思辨的美学和经验的美学、理论美学和应用美学将会互相补充，共同推动当代美学的变革和重建。在这个多元化、全方位研究格局中，对审美主体、审美经验的研究将仍然会处于研究重点的位置。对审美主体、审美经验的研究将越来越趋向综合性和多学科性。这既是现代科学发展趋势所使然，也是审美经验研究向广度和深度发展的必然要求。实际上，近20年来中国美学的发展已开始反映和展示这一趋势。审美经验、审美心理乃至全部审美主体活动的复杂性和深刻性，审美心理区别于一般心理的特殊性质和规律，都表明审美主体、审美经验研究既不能不靠心理学，又不能单靠心理学。只有运用哲学、心理学、思维科学、语言学、符号学、社会学、文化人类学、艺术理论、艺术史、艺术批评等多学科的理论和方法，对审美主体和审美经验进行全方位、多角度考察和研究，并使之互相联系，才能使审美经验的研究得到拓展和深化，才能使审美心理学研究有新的突破。深入揭示审美经验得以产生和实现的内在机制和奥秘，使审美经验研究进入到微观层次，无疑是深化审美心理研究的一个难点和突破口。这就要求更多地吸收现代科学的新成果，使审美经验研究更多地奠基于现代认知心理学、神经生理学、大脑科学以及人工智能等现代科学的最新成果之上。当然，吸收现代科学的新成果，也必须从审美经验的实际出发，密切结合审美经验的特点和特殊规律，而不是用一般的科学成果代替对于审美经验的具体分析，用一般的科学概念范畴代替艺术审美中特殊的概念范畴，这样才能有助于审美经验内在发生机制的研究，促进审美心理学的创新和发展。

（原载《中国社会科学》1999 年第 6 期）

从中西结合看 20 世纪前期
中国审美学研究

一

20 世纪中国美学是在西方美学影响下，在不断探索西方美学和中国美学及艺术传统相结合、相交融中向前发展的。这一点在审美主体和审美经验的研究中表现得尤为突出，从而成为中国现代审美学建设的一个主要特点。中国现代审美心理学研究在 20 世纪前期和后期分别出现过两次热潮，这两次热潮形成的社会文化背景完全不同，在具体研究内容和方法上也有很大差异，但在体现这一主要特点上却是一脉相承的。

发生于 20 世纪初叶至 30 年代的中国现代审美心理学研究热潮，是在"西学东渐"，而中国传统文化又面临现实危机的文化背景下发生的。如何认识和接受当时涌入的西方新的学术和文化思潮，如何重新认识和改造中国传统文化，是当时中国文化发展面临的最迫切的现实问题。这个问题当然也直接影响着 20 世纪初中国美学的发展和建设，特别是审美心理学的发展和建设。世纪之初，对中国美学思想发生影响最为显著的西方美学思想，一个是以康德、叔本华、尼采等为代表的德国"哲学的美学"；另一个便是克罗齐的直觉美学和以"移情"说、"心理距离"说等为代表的近代心理学美学。这两部分美学思想，都极重视审美主体和审美心理的研究，有的就是专门研究审美主体和审美心理的。这就使得 20 世纪初叶的中国美学研究在西方美学影响下，自然把审美主体和审美心理的研究作为重点之一，而在审美心理学建设中，如何接受西方美学的影响并使之与中国传统美学相结合的问题，也就显得特别明显和突出。

20 世纪初叶至 30 年代，在中国审美学研究中进行中西结合探索的代表人物，当推王国维、朱光潜和宗白华三人。他们各自以不同方式、不同途径进行中西美学比较和结合的尝试，不仅在审美心理学研究中表现出各自特点，而且也各自作出了独特的贡献。他们探索的成功和不足，为中国现代审美学建设如何走中西结合之路提供了宝贵的经验和重要的启示。

<h1 style="text-align:center">二</h1>

王国维（公元 1877—1927 年）是把西方近代美学系统介绍到我国来的第一人，同时也是中国近代美学的开拓者。王国维的美学思想不限于审美心理的研究，但对审美经验的分析却是他美学思想中极为重要的部分。在对审美经验的看法上，王国维主要是接受康德、叔本华和尼采等人美学思想影响。康德、叔本华都认为美在形式，不关内容和功利，因而审美具有超功利性，不涉及利害关系。这也是王国维对审美性质的基本看法。他说："美之性质，一言以蔽之曰：可爱玩而不可利用者是已。"① 又说："一切之美，皆形式之美也。"② 美既如此，审美亦然。审美主体对于审美对象"决不计及其可利用之点"③，"亦得离其材质之意义"④，才能于形式的玩赏中获得无限的美感愉悦。在艺术创作上，王国维也接受了康德影响，主张天才论。但他也看出康德的天才论具有片面性，因而提出"古雅"范畴加以补救。可见，他在接受西方美学影响时还是经过消化和分析的。

王国维对中国近代美学的最大贡献，不在于引进介绍西方美学新观念新方法，而在于他用西方美学新观念、新方法批评中国古典文学和艺术，重新阐释中国古典美学思想，开拓出一条将西方美学与中国美学和文艺实际相结合的探索之路。在中国美学史上，王国维是自觉进行这种探索的第一人。但他这种探索有成功，也有不足。在前期写的《红楼梦评论》中，他完全从叔本华的哲学、美学原理特别是悲剧理论出发，基本上是把

---

① 于春松、孟彦弘编：《王国维学术经典集》（上），江西人民出版社 1997 年版，第 137 页。

② 同上书，第 138 页。

③ 同上书，第 137 页。

④ 同上书，第 138 页。

《红楼梦》这部伟大著作套入叔本华以唯意志论和悲观论为核心的哲学、美学思维模式中，不仅脱离作品实际，显得牵强附会，而且几乎完全抹杀了《红楼梦》深广的社会意义。这种探索显然不能说是成功的。但在后期写的《人间词话》中，王国维的探索却发生了两个重大转变，第一是对康德、叔本华等人的美学理论，从盲目崇拜转为独自思考，努力从他们的思想羁绊下挣脱出来，做到有所选择有所扬弃；第二是研究的眼光更多地投向中国传统美学，试图从中国传统美学特点和中国文艺实践经验出发，来借鉴西方美学理论和方法。这两大转变使王国维在探索中西美学结合道路上实现了新的跨越，结出了新的成果。

《人间词话》中的"境界说"，是王国维美学思想最高造诣的标志，也是他将西方美学理论与中国传统美学思想融合为一的结晶。"境界"或"意境"，是中国古典美学中最具特色、最有代表性的范畴之一，主要用于揭示文艺创作的特殊规律，也作为欣赏评价文艺作品特别是诗歌的美学标准，但无论从创作和鉴赏两方面看，意境都涉及审美经验、审美心理的基本特点和规律问题，因而它也是中国古典审美心理学思想中一个核心范畴。王国维不仅把这个审美范畴提到更为重要的地位，而且用西方美学观点、概念和分析方法，结合中国文艺创作实际，对这一范畴做了新的阐释。他的基本观点是把"意境"解释为"情"与"景"、"意"与"境"这个方面的交融和统一，而且无论是"情"还是"景"，都必须达到"真"。"故能写真景物、真感情者谓之有境界。否则谓之无境界。"虽然把情与景统一作为意境的基本规定并非王国维独创，但他却借用西方美学概念对"情"与"景"作了明确的解释，认为"景"属于"客观"、"知识"、"想象"，而情则属于"主观"、"感情"、"志趣"，这就揭示了意境的审美心理构成因素及其关系，是以往的论述中所未见的。

王国维对意境说的另一个新贡献，是受到叔本华关于优美感和壮美感两种不同美感类型的思想的影响和启发，将意境区分为"无我之境"与"有我之境"。按王国维的界定，"无我之境"与"有我之境"，区别是十分明显的。无我之境是"以物观物，故不知何者为我，何者为物"[1]；有我之境是"以我观物，故物皆着我之色彩"。[2] 同时，无我之境是"于静

① 于春松、孟彦弘编：《王国维学术经典集》（上），江西人民出版社1997年版，第325页。

② 同上。

中得之"，故为"优美"；有我之境是"于由动之静时得之"，故为"宏壮"。① 这些观点和叔本华的相关美学思想一脉相承。叔本华认为，在产生优美感时，对象和主体是一种和谐关系，主体忘记了个体，忘记了意志，好像仅仅只有对象的存在而没有觉知这对象的人了，"就是人们自失于对象之中了"②，以致对于意志的任何回忆都没有留下来；而在产生壮美感时，对象和人的意志是一种敌对关系，作为纯粹认识的主体要先强力挣脱客体对意志的不利关系，只是作为认识的纯粹无意志的主体，去把握对象中与任何关系不相涉的理念。这种对于意志的超脱需以意识来保存，所以经常有对意志的回忆伴随着。显然，这种审美观照的两种心理状态，两种美感类型，也就是王国维所谓"无我之境"与"有我之境"区别之由来。不过，王国维的两种境界这说并未脱离对中国古典诗歌的独特品鉴以及对中国传统美学思想的深刻领悟，所以，他于两种境界中似更赞赏"无我之境"，足见他的意境说是中西美学合璧形成的新成果。

三

继王国维之后，在中国现代审美心理学研究中坚持走中西结合的探索之路，并向前推进，取得最明显成绩和最丰硕成果者，便是朱光潜（公元 1897—1986 年）。朱光潜受西方美学影响之深、之广，在中国现代美学家中无人与之相比。他几乎批判地研究了西方所有的重要美学学派，最系统地介绍了西方近现代的美学思想。他早期接受康德、克罗齐美学思想影响，认为审美的基本性质是超功利的、直觉的。后来系统研究了西方现代心理学美学，开始发现康德、克罗齐形式派美学的根本缺陷，对其有所批判。但他并没有完全抛弃康德、克罗齐观点，而是试图用各派心理学美学的新理论，尤其是布洛的"心理的距离"说，去加以补充和修正。他综合了康德、克罗齐形式派美学和布洛、立普斯、谷鲁斯等人心理学美学两方面的特长，作为自己的根本观点和根本方法，又融入中国传统美学思想，将之用于审美经验研究，结合中外大量文艺创作和欣赏的实践经验，

---

① 于春松、孟彦弘编：《王国维学术经典集》（上），江西人民出版社 1997 年版，第 326 页。

② 叔本华：《作为意志和表象的世界》，石冲白译，商务印书馆 1982 年版，第 250 页。

在《文艺心理学》中构建了我国现代第一个以美感经验分析为核心的审美心理学体系。这部心理学美学专著的出版，代表了当时我国审美心理研究的最高水平，标志着中国现代审美心理学已经形成。

　　《文艺心理学》的思路是从分析美感经验出发，探讨文艺创造和欣赏的心理活动及其规律。作者对美感经验的分析，是分别从"形象的直觉"、"心理的距离"、"物我同一"、"美感与生理"四个方面来考察美感的性质和特征。基本观点是：美感经验是一种聚精会神的观照。就我说，是直觉的活动，不用抽象的思考，不起意志和欲念；就物说，只以形象对我，不涉及意义和效用。要达到这种境界，观赏者须与对象保持一种心理距离，并常以我的情趣移注于物，产生移情作用。显然，这些对审美经验性质和特征的认识和描述，并没有超出克罗齐的"直觉说"、布洛的"心理距离说"和里普斯的"移情说"等西方美学观点，但作者不但对这些学说做了综合整理，而且做了"补苴罅漏"。在评介西方美学观点时，作者引用了大量中国文艺创造的实际材料，使之互为参照，又常常以中国文艺创造的实践经验来论证自己的不同看法，如论述美感与移情、美感与联想的关系，就不仅介绍西方美学观点，而且能结合中国文艺创造的实际经验，对某些西方美学观点的片面性进行分析批判，并时时发表一些新的意见。尤其值得注意的是，作者分析美感经验，描述创作心理时，又常常将西方美学观点、范畴与中国古典美学中相关的思想、范畴进行比较，使之互相阐发、互相补充。如作者分析美感经验时指出：

　　　　在美感经验中，我们须见到一个意象或形象，这种"见"就是直觉或创造；所见到的意象须恰好传出一种特殊的情趣，这种"传"就是表现或象征；见出意象恰好表现情趣，就是审美或欣赏。创造是表现情趣于意象，可以说是情趣的意象化；欣赏是因意象而见情趣，可以说是意象的情趣化。①

　　这里不仅可以见出西方美学的"直觉说"、"表现说"、"移情说"影响，而且也有中国美学的"意象说"、"兴趣说"、"意境说"影响，从话语来看，也是中西美学结合的产物。此外，作者在论艺术想象和天才时，

──────────

① 《朱光潜美学文集》第一卷，上海文艺出版社 1982 年版，第 153 页。

处处将西方美学中的创作理论和中国古典美学中的创作理论相比较，在论美感和美的类型时，将西方美学中的崇高与优美的范畴与中国美学中阳刚美与阴柔美的范畴相比较，也对深化审美心理学中一些重要理论和范畴的研究起到较好的作用。总的来看，《文艺心理学》建构的心理学美学体系，是以西方美学理论和范畴为主体，而以中国传统文化特别是文学和美学思想为基础的。用意大利学者沙巴提尼（Sabattini）评论《文艺心理学》的话说，"是移西方文化之花接中国文化传统之木"。①

和王国维一样，朱光潜也把"意境"或"境界"看作为中国古典美学的核心范畴，并且努力探索用西方美学的新观念和分析方法来重新阐释这一传统美学范畴。在对意境的基本观点上，朱光潜与王国维似无根本区别。如王国维认为意境是"情"与"景"、"意"与"境"两者的交融和统一，朱光潜也认为意境是由"情趣"和"意象"两个要素构成的，是"意象与情趣的契合"。② 不过，朱光潜在解释"意象"、"情趣"以及两者"契合"时，借用了克罗齐的"直觉"说和里普斯的"移情"说，同时根据布洛的"心理的距离"说，把意境看作是诗人或诗的鉴赏者通过直觉与想象创造的超越实际人生世相的独立自足的天地。这些观点都是王国维论意境时所未有的。朱光潜着重用移情作用解释意象与情趣往复交流与互相渗透的过程，从而更深入揭示了意境形成的特殊心理机制。他说："从移情作用我们可以看出内在的情趣和外来的意象相融合而互相影响。比如欣赏自然风景，就一方面说，心情随风景千变万化，睹鱼跃鸢飞而欣然自得，闻胡笳暮角则黯然神伤；就另一方面说，风景也随心情而千变万化，惜别时蜡烛似乎垂泪，兴到时青山亦觉点头。这两种貌似相反而实相同的现象就是从前人所说的'即景生情，因情生景'。情景相生而且相契合无间，情恰能称景，景也恰能传情，这便是诗的境界。"③ 这就将西方的"移情"说与中国传统的"情景相生"说融合为一体了。朱光潜还认为王国维所提"有我之境"与"无我之境"的区别，实际是意境创造中有无移情作用的分别。所以"与其说'有我之境'与'无我之境'，似不如说'超物之境'和'同物之境'，因为严格地说，诗在任何境界都必须有我，都必须为自我性格、情趣和经验的返照。"① 这虽然对王国维提出的两种境界类型的原意有所偏离，但也见出朱光潜另据移情说为意境分类的新的尝试。另外，朱光潜以科学的分析方法、严密的逻辑论证和现代语言，把西方美学新观念注入意境这一中国传统美学范畴中，使过去这个范畴所蕴含的不够明确的思想得到具体而清晰的阐发。这和王国维对意境所做的直感式、评点式的阐述，也是有很大区别的。

四

与朱光潜同时，而且同样获得杰出成果的另一个探索中西美学结合之路的代表人物是宗白华（公元 1897—1986 年）。宗白华对西方哲学和美学，特别是德国哲学和美学，做过系统学习和研究，从康德、叔本华、尼采、歌德、席勒等许多西方哲学家、美学家和文学家那里吸收新鲜思想，同时，他又对中国传统哲学、美学和艺术做过潜心探索，特别是对老庄哲学以及体现于诗、画、书、建筑、音乐、戏曲等创作中的中国艺术精神和传统美学思想具有精到理解和深入体会。这些条件加上他的特殊志趣，使他能在中西美学的结合上另辟蹊径，做出新的探索和贡献。他始终以中国古典文学艺术传统以及体现在其中的中国传统美学思想作为批评和研究的主要对象，主要采用中西比较的方法，将中国的美学思想、艺术传统与西方的美学思想和艺术传统互相进行比较，在比较中深化对艺术和审美的普遍规律的认识，在比较中鉴别中西艺术和美学观念的优劣，在比较中发掘中国艺术和传统美学思想的精微奥妙和基本特点。

宗白华对中西艺术的比较以绘画为中心，然后将诗词、书法、建筑、雕刻联系起来。他在较早发表的《论中西画法的渊源与基础》里，对中西绘画的不同艺术特点、不同表现方法，以及中西绘画美学思想的不同原则、不同倾向，做了详尽的比较分析，深刻揭示了以诗词、书画、建筑为代表的中国艺术的审美特点。他分析比较中、西绘画的不同境界特征和表现特点，指出中、西画法所表现的"境界层"根本不同：一为写实的，一为虚灵的；一为物我对立的，一为物我浑融的。中国画以书法为骨干，

---

① 《朱光潜美学文集》第二卷，上海文艺出版社 1982 年版，第 59—60 页。

以诗境为灵魂，诗、书、画同属于一境层。西画以建筑空间为间架，以雕塑人体为对象，建筑、雕刻、油画同属于一境层。中国画运用笔勾的线纹及墨色的浓淡直接表达生命情调，透入物象核心，其精神简淡幽微，而西洋油画则以形似逼真与色彩浓丽为其特色。绘画艺术特点的不同，导致中西绘画美学思想的差别。西洋传统艺术的中心观念是"模仿自然"与"形式和谐"。模仿自然是艺术的"内容"，形式和谐是艺术的"外形"，形式与内容成为西洋美学史的中心问题。然而在中国绘画美学中，两者均处于次要位置。中国画学的六法，将"气韵生动"、"骨法用笔"放在前面，"气韵生动"即"生命的律动"，是中国画的对象，"骨法用笔"即以笔法取物之骨气，是中国画的手段。这最能说明中国绘画美学思想的特点。宗白华还深入分析比较了中西绘画艺术和美学思想特点所由形成的文化背景和哲学基础，因此，这种比较并不限于绘画，而是对中西艺术精神和美感的不同特点的比较分析。

和王国维、朱光潜一样，宗白华也极重视对中国美学的独特范畴"意境"的研究。但他的研究不仅在以西方美学观念和现代语言阐释意境的意义和内涵，而是着重于研寻中国艺术意境的"特构"，以"窥探中国心灵的幽情壮采"。而要研寻中国艺术意境的"特构"，就需借助于中西艺术和美学思想的比较，因为只有在比较中才能突现各自特点。而这，正是宗白华在《中国艺术意境之诞生》等研究意境的文章中运用的重要方法。他说："艺术家以心灵映射万象，代山川而立言，他所表现的是主观的生命情调与客观的自然景象交融互渗，成就一个鸢飞鱼跃，活泼玲珑，渊然而深的灵境；这灵境就构成艺术之所以为艺术的'意境'。"[1] 这里把意境看作是主观与客观、情与景的交融互渗，似乎和以往的看法没有什么区别，但实际上这是宗白华从中国艺术创作特点分析中得出的结论，是经过与西方艺术创作相比较的结果。他强调"外师造化，中得心源"是意境创造的基本条件，认为艺术境界的显现，绝不是纯客观地机械地描摹自然，而以"心匠自得为高"，即中国画家常说的"丘壑成于胸中，既窟发之于笔墨"，和西洋画家刻意写实的态度迥然不同。所以，他又认为意境不是一个单层的平面的自然再现，而是一个境界层深的创构。从直观感相的模写，活跃生命的传达，到最高灵境的启示，可以有三层次。西洋艺术

---

[1] 宗白华：《美学散步》，上海人民出版社 1981 年版，第 60 页。

里面的印象主义、写实主义相等于第一境层；浪漫主义、古典主义相当于第二境层；象征主义、表现主义、后期印象派旨趣在于第三境层。中国自六朝以来，艺术的理想境界便是"澄怀观道"，静穆的观照和飞跃的生命构成艺术的两元，故而达到意境的层深。显然，这些比较分析已经深入接触到中国艺术意境的精微奥妙，对研究中国艺术意境的审美心理特点做出独特贡献。

五

　　20世纪前期我国审美学研究中对中西美学结合的探索，不仅取得了丰硕成果，而且积累了重要经验，它对我们今天接续历史，把中西美学结合的探索在审美心理学中继续向前推进，提供了许多有益的启示。

　　中国古代虽有丰富的审美心理学思想，但并无现代意义上的审美心理学或审美学。因此，建设中国现代审美心理学，推进审美学研究的现代化，不能单靠中国传统美学，必须引进外国、西方新的美学理论、观念和方法，吸取和借鉴其中科学的、合理的东西，以此改造传统审美心理学思想，并作为构建我们自己的新的审美心理学理论和体系的参照。否则，我们的审美心理学研究就会因缺乏新鲜思想营养而停滞不前，就无法同世界各国美学进行对话和交流。但是，引进和吸收外国、西方的美学理论、观念和方法，又不能盲目照搬，全盘西化，不能脱离中国文艺的实际和中国美学的传统，否则，我们的审美心理学将会失去创造性和民族特色，使建设有中国特色的现代审美学成为泡影。所以，建设和发展中国现代审美学的正确道路，只能是将西方新的、科学的美学理论和方法与中国传统的、优秀的美学思想以及中国文艺实践结合起来。20世纪前期中国审美学建设中进行中西美学结合探索的实绩说明，引进和吸收西方美学新理论、新观念、新方法，使之与中国文艺创造和欣赏的实际经验以及传统美学思想相结合，使中西美学互相比较、互相阐释、互相补充，既能更好地消化和吸收西方美学包括西方心理学美学中合理的东西，也能使我们更准确、更深入地认识和把握中国传统美学的精髓和特点，促进中国传统的审美学思想向现代转换，使传统美学中的命题、学说、概念、范畴在当代眼光中，得到新的阐释和创造性发挥。王国维、朱光潜、宗白华等美学家从不同观点、不同角度对中国传统审美学思想的核心范畴"意境"所作的分析研究，就是这方面的典范。这一切说明，中西美学结合是建设和发展中国现代审美学的重要途径，对推进中国审美学的现代化、民族化具有重要作用。

由于中、西美学在理论、范畴、话语和表达方式上都存在明显的差异，因此，在两者的结合中，如何使双方互相沟通，在观点、概念、范畴上产生彼此关联，同时又保持各自的特色和优点，在融合、互补中进行新的理论创造，成为实践中一个难题。在解决这个难题中，20世纪前期在审美学研究中进行的中西美学结合的探索，有过多种多样的尝试，提供了许多好的经验。从王国维、朱光潜到宗白华，一方面，对西方美学作了认真研究，真正弄懂弄通，而不是一知半解，生吞活剥；另一方面，对中国传统美学和文艺又十分精通，具有很厚功底，而不是浮光掠影，仅得皮毛，因而才能做到融会中西，兼取所长。在他们的探索中，既能准确地把握着中西美学的融通之点，又能充分展示中西美学各自的特色，做到异中有同，同中有异，在比较、融合、互补中实现观点和理论的创新。值得注意的是，在实现这一目标中，王国维、朱光潜、宗白华都发挥了个人独创性，采用了各种不同方式。如王国维主要是运用西方美学的新理论、新观念和新方法，研究中国文艺创作和审美经验，对中国传统审美心理学思想范畴进行新的阐发；朱光潜则以西方美学理论和范畴体系为骨干，补之于中国传统美学思想和概念，试图建构一个中西结合的心理学美学体系，他更侧重于在中国传统美学和文艺创作经验的基础上，来消化和吸收西方美学的新思想、新理论，特别是各种现代心理学美学的理论。至于宗白华，则以中国艺术的审美经验以及中国传统美学思想为本位，着重于中西艺术审美经验和美学思想的比较研究，在比较中探寻中国艺术创造和审美心理特色，揭示传统美学思想的精微奥妙。尽管他们各自探索中西美学结合的方式不同，但着眼点却都是要通过吸收、借鉴西方美学和继承、改造传统美学，形成独特的见解，创造新颖的理论。这一成功经验对于我们继续推进中西美学结合的探索是具有重要意义的。

虽然20世纪前期中国审美学建设沿着中西结合之路，获得了丰硕成果，但仍然存在一些不足。主要问题是由于当时文化语境的影响，面对当时处于强势地位的西方文化和美学思想，普遍存在有盲目崇拜的心理，自觉或不自觉地把形成于西方文化土壤、哲学基础及文艺传统之中的西方美学观念、理论、概念、范畴无限扩大为一种普泛性的原则和标准，试图用它去套中国文艺创作实践和传统美学思想，结果就出现了以西格中和生搬硬套的现象。这一点，甚至王国维在写《红楼梦评论》时也未能避免。朱光潜的《文艺心理学》虽然在将西方美学与中国文艺创作和欣赏实际相结合，在把中国传统美学思想融入西方美学方面做了不少探索，但他建立的心理学美学，根本观念和方法仍主要是西方的，体系、框架基本也是西方的，使得中国现代审美心理学建设在民族化、本土化方面存在不足。由于 20 世纪后期，我国审美心理学建设和中西美学结合探索都中断了一个时期，而后来重新起步时，对西方现代、当代美学的亦步亦趋又被一些人当作"时髦"，以西格中、生搬硬套现象愈演愈烈，甚至出现有学者指出的"失语症"的问题。这就使美学的民族化、本土化问题变得更为突出。这个问题如不解决，势必影响有中国特色的现代美学及现代审美心理学的建设。鉴于此，我们必须调整中西美学结合研究的思维方式和方法论，改变以西方美学为本位和普遍原则，简单接受移植的研究方式，倡导中西美学之间的文化对话，把中西美学的结合看作是对话式的、多声道的，而不是单向的或单声道的，使中西美学结合真正成为一种跨文化的互动，在真正平等而有效的对话的基础上，达到中西美学的互识、互鉴、互补。

从历史和现实经验看，要沿着中西结合之路建设有中国特色的现代审美学，必须着重解决好两大问题。其一，是如何将现代西方美学包括现代西方各派心理学美学与中国文艺实践和传统美学思想结合，使其融入中国美学和文艺实践，具有中国特点，实现其"中国化"的转换。这就需要处理好美学理论与思想的普遍性与特殊性、世界性与民族性以及借鉴与创造的关系，在吸收和借鉴现代西方美学思想成果时，切记生吞活剥、盲目照搬，而要立足中国美学和文艺实践，通过选择、消化、吸收、改造和创造性转化，使其与中国美学和文艺实践相结合，达到外为中用。其二，是如何将中国优秀的传统美学思想包括传统审美心理学思想与中国当代文艺实践和美学理论建设相结合，使其紧密结合当代实际，适应时代发展，具有时代内涵，实现其"现代性"的转换。这就需要处理好美学理论与思想的继承与发展、传统与现代、革故与鼎新的关系，善于以世界眼光吸纳人类美学和文艺思想发展的先进科学成果，从时代高度，用新的观点和方法对传统美学思想、命题、概念、范畴给予科学阐释，并赋予新义，从而达到推陈出新、古为今用。就审美心理学建设来说，就是要进一步加强对中国传统审美心理学思想的系统研究，推动其实现"现代性"转换。中国传统审美心理学思想不仅有其独特观念、命题和概念、范畴，而且有其独特的理论体系和思维方式，而这些又是同中国传统文化和艺术审美实践经验的特点相联系的。我们一方面要通过系统研究，包括中西审美心理思想的比较研究，准确地、科学地揭示和把握其固有的特点；另一方面又要以马克思主义观点和方法作指导，借鉴世界美学的各种先进科学成果，对其观念、命题、概念、范畴及至整个理论体系进行重新认识和重新阐发，使中国传统审美心理学思想和理论体系在新的时代和历史条件下获得新内涵、新的发展，呈现为更为科学、更为完备的形态。这实际上就是在审美心理学研究领域进行中西美学结合探索的进一步深化，这项工作做得越好，建设有中国特色的现代审美学的基础就越扎实牢靠。

（原载《中国美学》第二辑，商务印书馆 2004 年版）

走向新世纪的中国审美心理学

中国现代审美心理学在沉寂了数十年之后，终于在 20 世纪最后 20 年迎来了重大转机。近 20 年来，审美心理学的异军突起和突飞猛进，对审美经验和审美心理的全面探讨和深入开掘，构成了新时期中国美学研究的一大特色。除了大量翻译和评介西方当代心理美学思潮和流派的代表著作之外，大批研究成果接踵而至，不仅见解纷呈，呈现出学术争鸣的局面，而且新意迭出，表现出勇于探索的精神。其中，特别值得注意的是陆续出版了一大批努力开拓、各具特色、自成体系、影响较大的审美心理学或文艺心理学专著。美学家、文艺理论家和心理学家等从不同角度、不同层面，对审美经验的性质和特征、审美心理的结构和过程、审美心理的各个要素及其相互关系、艺术创作和审美欣赏的心理过程和各种特殊心理现象、艺术家的创造力和个性心理特征、中西心理美学思想中的基本理论和范畴等，都做出十分有益的探讨。过去的理论禁区一一被冲破，几乎所有与审美心理和审美经验有关的领域和问题都被涉及。在充分占有资料和进行创造性思维的基础上，一些重要理论问题的探索取得新的进展，从而使我国的审美心理学研究从整体上提高到一个新的水平。这一切都为中国审美心理学在 21 世纪获得新的发展奠定了良好的基础。

展望新世纪的中国美学，审美心理学作为其中一个重要组成部分，仍将居于重要地位，并将对中国当代美学和文化发展产生重要影响。审美心理学的学科建设将逐渐走向成熟，关于它的若干基本问题的研究将进一步朝深刻化、系统化、多样化的方向发展。审美心理学的研究范围也将进一步扩大，它和文学艺术以及现实生活的联系将会得到进一步加强。作为一门学科，审美心理学的学科体系也将在不断更新中得到完善。

从国际美学的发展趋势看，美学研究重点从美的哲学探讨向审美经验和艺术研究的转移这一基本走向没有改变。李斯托威尔在《近代美学史评述》中曾指出，近代美学思想界所采用的方法"是从人类实际的美感经验出发的,而美感经验又是从人类对艺术和自然的普遍欣赏中,从艺术家生动的创造活动中,从各种美的艺术和实用艺术长期而变化多端的历史演变中表现出来的"。① 这一趋向在当代更为突出。许多当代有影响的美学著作或美学选本,往往以审美经验作为构造全部美学体系的出发点,或研究所有美学问题的基础。可以说,对审美经验的研究成为整个当代美学研究的一个支点。与此相适应,在国际美学界,和形而上学的、思辨的方法并驾齐驱,经验的、科学的方法越来越被广泛采用,而且大有取得支配地位之势。这一切都极大地推动了经验美学或审美心理学的发展。

成立于 1965 年的国际经验美学学会是适应 20 世纪经验美学或心理美学发展而成立的世界性美学组织。其主要成员包括来自世界各国的心理学家、美学家、文艺理论家、社会学家以及环境研究工作者等。他们的共同兴趣是应用科学的方法研究审美过程,考察和分析审美经验及审美行为的条件、要素和结果,推动经验美学或心理美学的创新和发展。前不久国际经验美学学会在罗马举办了第 15 届国际经验美学会议,这也是 20 世纪该学会最后一次会议。因此,它也大致反映出世界经验美学和心理美学研究在跨世纪发展中的新格局和新走向。这次大会有两个重要学术报告。一个是由巴黎大学心理学系教授弗兰西斯(R. Frances)所作的题为《艺术鉴赏中的声望问题》的讲演;另一个是现任国际经验美学学会主席、美国缅因大学心理学系教授马丁德尔(C. Martindale)就如何评价现代艺术和19 世纪经典艺术的审美价值所作的讲演,反映出审美经验和艺术研究仍然是经验美学和心理美学关注的核心问题。会议就以下 10 个问题展开专题讨论:①儿童艺术观察的心理学和艺术研究;②文学的方法、研究和教学;③文化产品的感情反应;④抽象、现代主义和审美价值;⑤经验美学中的比例;⑥性爱与美学;⑦现代艺术、原始艺术和儿童梦中的普遍形象;⑧艺术和文学创造和接受中个性的作用;⑨审美特性的演变;⑩计算机的内容分析:是否,何时,为什么,什么。同时,还围绕会员向大会提交的论文,分别就文学创造心理学、音乐心理学、视觉艺术心理学、创造力和艺术个性、艺术欣赏、艺术教育等分组进行论文交流。本次会议的学术报告、学术论文和专题讨论显示,经验美学或心理美学以审美经验为中心,将艺术创造、表演、欣赏、理解和艺术教育作为重点研究对象,其研

---

① 李斯托威尔:《近代美学史评述》,蒋孔阳译,上海译文出版社 1980 年版,第 1 页。

究的范围和问题越来越广泛，和艺术、文化实际的联系越来越密切，研究的手段和方法也越来越多样化。这一切使我们有理由相信，在新世纪的世界美学发展格局中，审美美心理学将是大有可为的和影响巨大的。而中国的审美心理学研究也必将顺应世界美学潮流，获得进一步的发展。

从中国走向新世纪的历史发展进程看，现实也向审美心理学提出了进一步发展的迫切需要和客观条件。中国在朝着 21 世纪中叶基本实现现代化的宏大目标努力奋斗的过程中，在追求实现经济现代化或"物"的现代化目标的同时，必将把"人"的现代化提到更加重要的位置。现代化既是"物"的现代化，也是"人"的现代化。"物"的现代化是物质文明建设，"人"的现代化是精神文明建设。这两方面是互相联系、互相制约、互相促进的。"人"的现代化是指人自身各方面素质的现代化，也就是培养具有现代化文明素质的人，这既是为现代化提供重要保证，也是社会主义现代化的一个根本目的。不能只重视"物"的现代化而忽视"人"的现代化，如果不能做到物质文明建设和精神文明建设协调发展，那么实现现代化既不可能，也没有意义。随着现代化建设的发展，人的素质不适应现代化进程的矛盾也日益明显，必须把提高人的现代文明素质作为推进现代化的一项重大任务。提高人的现代文明素质，包括德、智、体、美各个方面，除了思想道德素质、科学文化素质之外，审美素质是其中重要一环。而且，审美素质的提高，必将有助于道德素质和文化素质的提高。提高人的审美素质必须依靠审美和艺术实践以及审美和艺术教育，这就为审美心理学发展提供了大量必须研究和解决的理论和实际问题。时代发展、文化发展、艺术发展所提出的新课题，必将为中国审美心理学在新世纪的发展提供丰饶的土壤和强大的动力。

面对学科建设和客观现实的新的需要，走向新世纪的中国审美心理学必须在学科体系、学术理论和研究方法的创新上取得重大的新进展。为此，我认为应当从以下几个方面努力。

首先，要努力在建立有中国特色的审美心理学体系上取得新的突破。20 世纪中国美学是在西方美学和中国美学及艺术传统相结合、相交融中向前发展的。这一点在审美主体和审美经验研究中表现得尤为突出，从而成为中国现代审美心理学有别于西方现代心理美学的一个主要特点。形成于二三十年代的审美心理学研究热潮和形成于八九十年代的审美心理学研究热潮虽然有许多不同，但在体现这一主要特点上却是一脉相承的。从王国维、蔡元培到朱光潜、宗白华等一批早期著名美学家，为这一特点的形成奠立了坚实的基础。尤其是朱光潜和宗白华先生，他们把西方心理学美学和中国美学传统及艺术审美实践紧密结合起来，融会贯通，加以创造性地具体发挥，为在审美心理学中探索中西结合之路做了一项开拓工作。当然，即使是朱光潜、宗白华先生，也没有完全解决建立有中国特色的现代审美心理学的问题。朱光潜先生虽然在把中国传统美学思想融入西方美学方面做了不少工作，但他的《文艺心理学》的根本观念和方法仍是西方的，体系、框架基本上也是西方的。宗白华先生以中国传统文学范畴为基础，用西方美学观点加以创造性阐释，但并没有形成关于审美经验的完整理论形态和体系。到了20世纪八九十年代，研究者综合中西、古今，各自建构了一些审美心理学理论体系，但从整个理论体系、理论形态看，仍然较缺乏中国特色。对中国传统美学和艺术实践经验的吸收是局部的、零散的，而不是体现在整个理论体系和理论形态上。因此，从总体上看，如何使西方现代心理学美学的观念、理论与中国传统审美心理学思想及中国的艺术审美实践经验相结合，真正建立起有中国特色的现代审美心理学，仍然是一个有待解决的问题。

尽管我们在中国传统美学思想研究上已经做了不少工作，但是，进一步深化对中国传统审美心理学思想的研究，并使之与当代美学新观念和艺术审美新实践相结合，从新时代、新实践需要出发，对传统审美理论进行创造性阐释和重新评价，以实现传统审美理论的现代转换，仍然是建立有中国特色的现代审美心理学的一项最重要、最迫切的任务。20世纪80年代以来，对中国古代审美心理学思想的研究已有初步成果，中国传统审美心理学思想的一些重要概念和范畴正在逐步得到深入的阐释，中西审美心理学思想的不同特点也在比较中逐步得到较明晰的揭示。但是，对中国古代审美心理学思想进行全面清理和系统研究仍嫌不足，对中国特有的审美心理学思想范畴、概念和命题进行深刻挖掘和创造性阐发尤显得欠缺。中国传统审美心理学思想不仅有其独特的观念、命题和概念范畴，而且有其独特的理论体系和思维方式，而这些又是同中国传统文化和艺术审美实践经验的特点相联系的。准确、科学地揭示和把握其特点，使其成为具有中国民族特色的传统审美心理学思想体系，是在新的现实条件下对其加以继承和发展的基础和前提。

近年来，美学界和文艺理论界讨论的中国古典美学和文论的现代转型或现代转换问题，对促进有中国特色的现代美学建设十分有益。我们所理解的"现代转型"和"现代转换"就是要从新的时代和历史高度，用当代的眼光，对传统美学和文论中的命题、学说、概念、范畴进行新的阐述和创造性发挥，以展示其在今天所具有的价值和意义，从而使其与当代美学和文艺观念相交织、相融合，共同形成有中国特色的现代美学的新的理论形态和体系。做好这项研究工作，显然不是轻而易举的，需要研究者既有对中国古典美学和文论的透彻理解，又有对符合时代要求的当代审美意识和文艺观念的准确把握，使两者真正达到融会贯通、水乳交融。这是一项具有探索性和开拓性的工作，应当提倡探索多样的研究途径、研究方法，创造多种的理论形态和理论体系。我们应在过去研究成绩的基础上，更自觉地推动这项工作，使研究更系统化、更具有完整性。只要我们扎扎实实、持之以恒地推进这项研究工作，必将有力地促进有中国特色的现代美学、包括现代审美心理学的建设。

其次，要努力扩大审美心理学的研究范围，特别要进一步加强对当代艺术实践和审美实践的新经验研究，以形成新认识，创造新理论。对西方后现代主义美学究竟如何全面评价另当别论，但它面向当代艺术、文化和审美的新实践、新发展，力求以新的视角和认知范式重新审视艺术和审美问题的精神，对我们还是有一定启发的。中国改革开放以来，从经济改革到社会转型，已对人们的价值观念、文化观念、思想方式、生活方式等产生了巨大影响。这些也在人们的审美活动和艺术实践中充分反映出来。当前，在文学艺术的创造和欣赏的实践中，在群众审美文化活动中，乃至在整个审美文化建设和发展中，都出现了许多新的趋向，提出了许多新的问题，表达出新的要求。这一切都需要美学特别是审美心理学予以注意和重视。审美心理学研究应密切关注中国当代文学艺术的创造实践，对中国当代艺术创造中审美经验的特点和规律作出新的准确而深入的描述和概括，以便更有力地指导当代艺术创造和发展。审美心理学研究还应对当代大众艺术鉴赏、艺术教育、艺术活动乃至整个审美文化中的更为广泛的审美经验问题，给予更多的关注，对其特点和规律作出深刻的说明和分析，以指导大众的审美和艺术活动。像大众传媒、广告文化、旅游文化、环境艺术、展览会、博物馆乃至大众日常生活中的审美问题，审美心理学研究也不应置身事外，而应该以独特的视角和研究方式对其加以总结和引导，从而使审美心理学在当代文化生活中发挥更大的作用。

特别需要强调的是，审美心理学应加强对于美育心理学的研究。美育，又称美感教育或审美教育。它通过艺术美、自然美、社会美对人的影响，以唤起美感的方式，塑造人的审美心理，提高人的审美素质，达到陶冶情操、美化人生的目的。我国已把美育列为素质教育的一个重要内容，确立了它在促进人的全面发展中不可替代的作用。美育和德育、智育、体育互相联系，互相作用，都是实施素质教育、促进人的全面发展的必要组成部分。美育的基本要求是帮助人形成正确的审美观念，培养健康的审美趣味，提高审美欣赏和创造能力。审美能力是审美心理能力的综合体现，它包括审美的感觉、知觉、联想、通感、想象、理解、情感、体验等一系列心理能力的综合应用和互相作用，其中最基本的是情感的感受力和想象力，都与心理美学研究息息相关。审美观念、审美趣味、审美能力等，同时也就是审美心理学的基本研究内容。可是，长期以来我们对美育和心理学的联系却缺乏深刻理解，像国外那样从心理学美学角度深入研究审美教育和艺术教育的著作和成果还不多见。所以，我认为从审美心理学角度深化美育研究，深入揭示美育的心理特点、心理过程、心理机制和心理功能，形成新的理论，以促进我国包括美育在内的国民素质教育，应成为新世纪中国审美心理学的一项重要研究任务。

最后，要努力推进审美心理学研究方法的更新和现代化，使审美心理研究建立在科学的方法论基础之上。心理学美学与和它密切相关的心理学一样，还是一门正在走向成熟的科学。它的具体的研究方法还处在发展和更新之中。现代心理学的研究方法很多，例如实验法、观察法、调查法、测验法、档案法等，它们各有优势，可以互补。但不论运用哪种方法，都要遵循客观性原则。当代心理学受到习性学、计算机科学等方面的影响，着重在真实、自然条件下的研究，一般倾向于认为，心理学研究如果可能，应尽量应用自然观察法，或在实验室进行自然观察。这种研究方法上的改变，必将对审美心理学的建设和发展产生重要影响。目前，西方审美心理学研究由于多是心理学家进行的，能较广泛地运用各种心理学研究方法，特别注重实验法和测验法等定量研究方法，并十分注重收集量化的资料，故研究结论具有较强的客观性、精确性。而我国的审美心理学研究由于多是美学家、文艺学家进行的，在研究方法上采用作品分析法和档案法收集有关文献资料（如作家、艺术家的创作体会、日记、自传等）较为普遍，而且采用自我观察法更重于采用客观观察法，收集的资料多为非量化的描述性资料，因而研究结论往往带有一定程度的主观性、推论性。这方面，应该放开眼界，更多地向西方先进的、科学的、实证的、实验的研究方法学习和借鉴，以弥补我们的不足。从心理学美学发展趋势来看，是越来越重视多种研究方法的综合运用，既重视精细的定量研究方法，又重视宏观的定性研究方法；既强调客观的观察法和实验法所获得的资料，也不排斥自我观察和内省法所获得的资料；既注意实验室的研究结论，更注意自然观察的研究成果。总之，定量分析与定性分析，客观观察与自我内省，控制实验与自然观察，应当取长补短，优势互补，互相结合，综合利用。只有这样，才能有助于全面揭示审美心理活动的规律和机制。

当代美学发展的趋势表明，对审美心理、审美经验的研究将越来越趋向综合性和多学科性。这既是现代科学发展趋势使然，也是审美经验研究向广度和深度发展的必然要求。实际上，近20年来，中国美学的发展已开始反映和展示了这一趋势。审美经验、审美心理乃至全部审美主体活动的复杂性和深刻性，审美心理区别于一般心理的特殊性质和规律，都表明审美心理、审美经验研究，既不能不靠心理学，又不能单靠心理学。只有运用哲学、心理学、思维科学、语言学、符号学、社会学、文化人类学、艺术理论、艺术史、艺术批评等多学科理论和方法，对审美主体和审美经验进行全方位、多角度的考察和研究，并使之互相联系起来，才能使审美经验的研究得到拓展和深化，才能使心理美学研究有新的突破。深入揭示审美经验得以产生和实现的内在机制和奥秘，使审美经验研究进入到打开"黑箱"的微观层次，无疑是深化审美心理学研究的一个难点和突破口。这就要求更多地吸收现代科学的新成果，使审美经验研究更多地奠基于现代认知心理学、神经生理学、大脑科学以及人工智能等现代科学的最新成果之上。当然，吸收现代科学的新成果，也必须从审美经验的实际出发，密切结合审美经验的特点和特殊规律，而不是用一般的科学成果代替对于审美经验的具体分析，用一般的科学概念范畴代替艺术审美中特殊的概念范畴，这样，才能有助于审美经验内在发生机制的研究，推动现代审美心理学的学科建设和学术创新。

（原载2000年12月17日《深圳特区报》）

第二篇　论美学史和西方美学

西方美学史学科建设的若干问题

对西方美学史的研究及其学科建设，在我国美学研究中是起步较晚也较为落后的部门。尽管近代中国美学是在"西学东渐"的文化背景下，深受西方美学的影响而发展起来的，对西方美学的引进和介绍也在20世纪初叶至30年代形成过一股热潮，但对西方美学史的研究却没有系统地展开，直至50年代，我国还没有一本西方美学史的著作。60年代初，朱光潜先生的《西方美学史》（两卷本）问世，才填补了我国西方美学史研究专著的空白。与此同时，汝信、夏森著《西方美学史论丛》出版，对推动西方美学史的学习和研究也产生了重要影响。从此，我国美学研究中的西方美学史学科建设开始迈出步伐。

我国改革开放和现代化建设新时期以来，随着美学研究的新发展以及对外学术交流的不断加强，对西方美学尤其是西方现代美学的介绍和研究，无论在规模和数量上，还是在广度和深度上，都超过了以往任何时期。与此相伴随，对西方美学史的研究以及西方美学史的学科建设也出现了一个新局面。从80年代到90年代，不仅有大量研究西方美学史的论文发表，而且有一批研究西方美学史的专著陆续出版，如《西方美学史论丛续编》（汝信著）、《西方美学史教程》（李醒尘著）、《西方美学通史》（蒋孔阳、朱立元主编）等。在西方美学史的研究著作方面，不仅出版了从古希腊罗马至20世纪的美学通史，而且出版了一些西方不同时期美学的断代史，如《德国古典美学》（蒋孔阳著）、《古希腊罗马美学》（阎国忠著）等。这些著作从研究范围和内容，到研究观点和方法，乃至资料收集和整理等，都进行了新的开拓和新的探索。与此同时，在西方素有影响的一些美学史著作，如鲍桑葵著《美学史》、吉尔伯特和库恩合著《美学史》以及塔塔科维兹著《古代美学》等，陆续被译成中文，为我国的西方美学史学科建设提供了新的参考和借鉴。近年来，有不少论文专门探讨西方美学史研究和编写方面的一些原则和方法问题，说明西方美学史的研究和学科建设已进入一个更高的层面。本文拟就西方美学史研究的几个元理论问题谈一些看法，以期推动该学科建设迈上新的水平。

一

从我国西方美学史的学科建设发展过程看，学者们考虑较多并普遍引起注意的，首先是研究西方美学史的指导思想和方法论问题。任何历史研究和编写都有一个观点和方法问题，美学史当然也不例外。西方历史学家中虽然也有过所谓纯"客观主义"态度研究历史的主张，但是这种不带作者任何观点的纯"客观主义"实际是不存在的。在美学史研究中亦如此。在我国，从西方美学史作为一门学科建设来说，一开始就是在马克思主义理论指导下进行的。因而，采用辩证唯物主义和历史唯物主义观点和方法研究美学史，几乎成为学者的共识。朱光潜先生在《西方美学史》"序论"中明确提出："研究美学史应以历史唯物主义为指南。"① 汝信先生在《西方美学史论丛》"序"中也指出："在研究美学史的时候必须采取历史主义的态度。"② 历史唯物主义是唯一科学的历史观，它指明了以科学态度研究历史的途径。因此，西方美学史的研究必须以历史唯物主义作为自己的哲学方法论。这一研究出发点的确立，无疑使西方美学史学科建设有了正确方向。但是，这并不等于完全解决了西方美学史研究的观点和方法问题。恩格斯早就提醒人们："如果不把唯物主义方法当作研究历史的指南，而把它当作现存的公式，按照它来剪裁各种历史事实，那么它就会转变为自己的对立物。"③ 可见，要在西方美学史研究中做到以历史唯物主义观点和方法为指南，就必须正确理解它，并且正确应用它，坚持从美学历史发展的具体事实出发，对问题进行具体的历史的分析，真正从历史的联系和发展中科学地评价美学家或美学流派的学说、主张及地位和贡献。可惜这方面在西方美学史研究中成绩并不理想。相反，在西方美学史研究中一般套用哲学史上唯物主义和唯心主义斗争的公式，贬低具有唯心主义哲学观点的美学家的美学思想；或者简单地应用阶级分析方法，将

---

① 朱光潜：《西方美学史》上卷，人民文学出版社 1979 年版，"序论"，第 7 页。
② 汝信：《西方美学史论丛》，上海人民出版社 1963 年版，"序"，第 5 页。
③ 《马克思恩格斯选集》第四卷，人民出版社 1972 年版，第 472 页。

现代西方美学和文艺理论一律斥之为资产阶级腐朽颓废文化予以排斥，都曾在以往的某些研究著作中出现过。当然，现在也有人走向另一个极端，认为西方美学史研究在观点和方法上应当多元化，不必强调以历史唯物主义作为研究的指南，以致在具体美学思想流派分析评价上失去科学准衡。这都说明，要在西方美学史研究中坚持并正确应用历史唯物主义并非易事。

其实，在西方美学史研究中强调以历史唯物主义作为指南，并不排斥具体研究方法的多样化。相反，以历史唯物主义作为西方美学史学科建设的哲学方法论，和从西方美学史学科具体特点出发探索多种多样的研究方法，这两者不应是矛盾对立的，而应当是辩证统一的。自1858年世界上第一部美学史——齐默尔曼（R. Zimmermann）的《作为哲学科学的美学史》问世以来，国外对西方美学史研究的方式和方法已经过多次变革，做过多种探索，使之走向多样化和综合化。已被较广泛采用的研究方法主要有三种，它们各自具有不同特点。

第一，以美学家为中心的历史叙述方法。这种方法在美学史学科形成的最初阶段得到广泛运用。其特点是把美学史看作美学家的历史，是杰出美学家的传记以及他们各自思想的总和。这种方法对积累美学史研究资料，并将美学史从哲学史的体系中划分出来而形成独立学科，是起了积极作用的。但是片面运用这种方法，会使美学史仅仅成为美学家各种个人思想的总和，即使在一定的学派和流派中对这些个人思想加以系统化，也难免使美学史成为美学家思想的肤浅的描述。

第二，以美学问题为中心的历史比较方法。这是鲍桑葵在《美学史》中大力提倡和运用的方法。为了说明这种研究方法和以前研究方法的区别，鲍桑葵在《美学史·前言》中强调："我认为我的任务是写作一部美学的历史，而不是一部美学家的历史。……我首先考虑的是，为了揭示各种思想的来龙去脉及其最完备的形态，必须怎样安排才好，或怎样安排才方便。其次，我才考虑到我所提到的著作家个人的地位和功绩。"[①] 按照这一新的方法论原则，美学史不是个别美学家及其思想的传记史，而是各种重要美学问题的历史。美学史不应当被描述成历史上各个美学家思想的总和，而应当是每个时代所提出的各种问题的总和，而这些问题是可以加以对照和

---

① 鲍桑葵：《美学史》，张今译，商务印书馆1985年版，第2页。

比较的。这种方法有助于纠正历史叙述方法的片面性，也有利于梳理美学思想形成和发展的来龙去脉，并对此进行深入考察和剖析，但这种方法的运用与研究者的立场、观点有极大关联，弄不好会有削足适履的危险。

第三，以美学范畴为中心的历史阐释方法。这是当代学者在美学史研究中经常采用的一种特殊方法。苏联学者洛谢夫和舍斯塔科夫合著的《美学范畴史》（1965 年），波兰学者沃·塔塔科维兹著的《六种观念的历史》（1980 年），堪称使用这一研究方法的代表。这种方法强调美学概念和范畴在美学历史发展中的意义和作用，把美学史主要描述为某些在历史上形成和发展的最重要的美学概念和范畴体系。它有利于认识和把握美学思想发展的关键，并可在大量历史材料和观念中揭示出美学思想发展的内在逻辑。但在展示美学历史的全貌和美学思想的丰富性方面，这种方法却有其局限性。

现代科学的方法论是以从事研究的各种方式和方法的体系作为前提的。因此，在西方美学史研究中，不应当把某种研究方法绝对化，用它来排斥其他研究方法，而应当把各种不同的研究方式和方法结合起来，并将历史唯物主义的基本原则和方法贯穿于各种研究方式和方法中，对美学思想的发展过程进行综合性的研究和分析，这样才能在西方美学史研究中体现严格的历史性和历史的完整性。

在我国已出版的西方美学史著作中，有的注意吸收各种研究方式和方法之长。如朱光潜先生的《西方美学史》，虽然主要采用以介绍、评述主要流派中主要代表人物美学思想的历史叙述方法，但也很注意对美学史上的主要问题、重要概念和范畴进行历史比较研究，特别是全书最后又设专章对美学史上四个关键性理论问题做了历史小结。但是，从多数西方美学史著作来看，主要还是停留在对美学家的传记和思想以及著作论点的评价上，这样也就难免把美学史变成不同时代美学家个人思想的总和及肤浅描述，很难体现历史的联系和研究的深度。看来，要在西方美学史学科建设上有所突破，必须在研究方法上有所创新和发展。

二

研究对象和范围问题，是西方美学史学科建设中需要进一步考虑的另一个问题。对西方美学史研究对象的认识，和对美学学科研究对象的认识，应该基本一致。但是，由于学者们历来对美学的性质和对象有不同看法，所以对西方美学史研究对象的看法也就有所分歧。其中，分歧较明显的主要有两种看法。一种观点认为，美学史主要研究美的哲学问题。如鲍桑葵在《美学史》中明确指出："如果'美学'是指美的哲学的话，美学史自然也就是美的哲学的历史；它的内容也就不能不是历代哲学家为了解释或有条理地说明同美有关的事实而提出的一系列有系统的学说。"① 苏联学者舍斯塔科夫在《美学史纲》中也认为，应"在哲学美学的范围内考察美学史，对那些基本的哲学美学问题与概念给予极大的注意"。② 另一种观点认为，美学史主要研究文艺理论。如朱光潜在《西方美学史》中说："西方美学思想一直在侧重文艺理论，根据文艺创作实践作出结论，又转过来指导创作实践。……也就是说，美学必然主要地成为文艺理论或'艺术哲学'。"③ 我认为，以上两种意见应该是可以结合和统一的。从西方美学思想发展的历史实际看，它既是美的哲学的历史，也是艺术哲学的历史。尽管西方美学家中，有的侧重对美的哲学探讨，有的侧重对审美经验的分析，有的侧重对艺术本质的研究，但它们都是从不同方面对人与现实的审美关系进行哲学的解释和说明，这也就是西方从古至今都把美学看作是一门哲学学科的主要原因。如果承认美学是以人与现实的审美关系为研究对象的哲学学科，那么，西方美学史的研究对象和内容自然也就是历代西方美学家为了解释和说明人与现实的审美关系（包括美、审美经验和艺术）而提出的一系列有系统的学说。

从我国已出版的多种西方美学史著作看，在研究对象和范围上主要有以下问题需要进一步弄清楚。

第一，美学史与哲学史的关系。在西方传统中，美学历来是哲学的一个附属部门，西方著名的美学家都是些哲学家，著名的美学著作也多是哲学著作。因此，要研究西方美学史，就必须研究西方哲学史。这两者在研究对象和内容上会有一定联系和交叉。但是，西方美学史的研究对象和哲学史毕竟是不同的。对于西方哲学家、美学家的一般哲学思想，可以作为其美学思想的哲学基础和前提在美学史中加以介绍和研究，但如果孤立地

① 鲍桑葵：《美学史》，张今译，商务印书馆1985年版，第5页。
② B. П. 舍斯塔科夫：《美学史纲》，樊莘森等译，上海译文出版社1986年版，第17页。
③ 朱光潜：《西方美学史》上卷，人民文学出版社1979年版，第4页。

论述其一般哲学思想，或者以其一般哲学论述代替对其美学思想的发掘和研究，那就游离于西方美学史的研究对象和内容了。现在，有的西方美学史著作中，列为专章论述的古代哲学家，只有对其哲学和宗教思想的介绍，几乎没有论及其美学思想。还有列为专章的哲学家，在介绍其美学思想之前，先以大量篇幅介绍其一般哲学思想，几乎与哲学史内容无异，形成各自独立的两大块。这都涉及如何弄清美学史和哲学史在研究对象上区别问题，值得进一步研究。

第二，美学史与文艺理论批评史的关系。美学和文艺理论批评都以文艺为研究对象，在历史上，美学史历来和文艺理论批评互相联系。西方有些著名的美学家，首先是文艺理论批评家，有些著名美学著作，也是属于文艺理论批评著作。美学与文艺理论批评的确结下了不解之缘。在美学史中如何处理与文艺理论、文艺批评相关的内容，使之与文艺理论批评史相区别，确实是一个难题。这里重要的还是要弄清楚美学和一般文艺理论批评的界限。美学固然和文艺理论批评互相联系，但又不能等同。美学研究对象远比文艺理论批评广泛。单就以文艺为研究对象而言，两者也有不同的认识方式和角度。美学是以人与现实的审美关系为中心来考察和认识艺术问题的，主要是研究和揭示艺术作为人与现实审美关系最高形式的最一般规律；而文艺理论批评则可以从各方面考察和认识艺术，主要是研究和揭示各门类艺术和艺术作品的具体原则和特殊问题。从历史形成看，美学是作为一门哲学学科而发展的，它对艺术的研究也运用了哲学知识体系中所制定的方式、方法和范畴；而文艺理论批评则是作为一门经验学科而发展的，它建立在分析和总结艺术的各种具体事实的基础上。尽管美学在研究方法上也有"自上而下"（思辨的）和"自下而上"（经验的）之别，但黑格尔把美学称之为"艺术哲学"，仍然强调了它作为哲学学科的性质。总之，美学和文艺理论批评（文艺学）虽有联系，但仍然是有区别的两门学科。因此，美学史和文艺理论批评史在研究对象和范围上应当是有差别的。

以两部在西方文化界影响很大的著作——吉尔伯特和库恩合著的《美学史》与韦勒克著的《近代文学批评史》为例，它们在史料选择、观点提炼、内容介绍以及评述角度上都有很大不同。《美学史》的作者在序言中开宗明义，说明该书所研究的是"各个不同时代的思想家所提出的艺术与美之概念的意蕴"，是"隐匿在所有形形色色的哲学体系和流派的辩证发展过程中"的"对艺术与美之本质的认识"。① 而《近代文学批评史》的作者在前言中也明确指出，该书研究对象主要是"迄今为止有关文学的原理和理论，文学的本质、创作、功能、影响，文学与人类其他活动的关系，文学的种类、手段、技巧，文学的起源和历史这些方面的思想"。② 两部书的作者确实准确地把握住了美学史和文学理论批评史在研究对象和范围上的区别，因而写出了两部在学科和内容上特点都很鲜明的学说史。

朱光潜先生虽然认为"西方美学思想一直在侧重文艺理论"，但他所说的文艺理论是指"艺术哲学"，与一般的文艺理论批评有区别。所以，他在所著《西方美学史》中并没有将西方历代有影响的文艺理论批评家及其著作都列为美学史研究对象和内容，而是依照美学的研究对象和范围，只选择了诸如贺拉斯、布瓦罗、狄德罗、文克尔曼、莱辛、别林斯基这类既是著名文艺理论批评家又是美学家的人物及其著作、思想，作为重点研究和论述的对象。现在，有的西方美学史著作，将主要应作为文艺理论批评史研究对象的一些西方文学理论批评家及其著作，将一些纯属文学批评的理论、学说、观点、方法（如批评家要尊重所批评的作品、批评要全面等），甚至是对具体作家、作品的评论，乃至"出版自由"之类的主张，都作为美学史的研究对象和内容，设立专章予以介绍评述，这是否会使西方美学史的学科性质和研究对象泛化和模糊化，是一个值得注意和研究的问题。

第三，美学史与审美意识史的关系。鲍桑葵在谈到美学史的研究对象和方法时，特别提到要把美学史研究和审美意识史研究结合起来。他认为，美学史作为"美的哲学的历史"，不能仅仅当成是对于思辨理论的阐述，而必须以对审美意识的理解和研究作为基础。正如他所说："哲学见解只是审美意识或美感的清晰而有条理的形式，而这种审美意识或美感本身，是深深扎根于各个时代的生活之中的。"③ 在论述美学史和审美意识史关系时，鲍桑葵又特别强调美学史和美的艺术史关系。他说："美的艺

---

① 凯·埃·吉尔伯特、赫·库恩：《美学史》上卷，夏乾丰译，上海译文出版社1989年版，第2—5页。

② 雷纳·韦勒克：《近代文学批评史》（1），杨岂深、杨自伍译，上海译文出版社1987年版，第1页。

③ 鲍桑葵：《美学史》，张今译，商务印书馆1985年版，第2页。

术史是作为具体现象的实际的审美意识的历史。美学理论是对这一意识的哲学分析，而要对这一意识作哲学分析，一个重要条件就是要了解这一意识的历史。"① 这些见解是符合美学思想发展实际的，因而是很精当的。朱光潜先生在谈到西方美学史研究时，也非常强调美学理论与文艺实践的联系，提醒"绝不能把美学思想和文艺创作实践割裂开来，而悬空地孤立地研究抽象的理论"。② 如果我们不能全面、深入地考察和了解一定时代审美意识和文艺实践的情况，那么，就难以全面、深入地理解和阐明那一时代形成的美学命题、学说、概念、范畴等美学理论。从这个意义上说，美学史的研究内容不应仅仅限于历代美学家提出的美学理论，还应包括这些美学理论所由产生和形成的审美意识和文艺实践状况的研究，这大概也就是鲍桑葵提出要在他的《美学史》中"尽可能写出一部审美意识的历史来"③ 的重要原因。现在有的西方美学史著作都似乎较忽视美学理论与审美意识的联系，在评论某一时代美学理论和个别人物美学思想时，往往是就理论谈理论，而忽略了研究它们是如何从某一时代特定的审美意识中形成和发展的。对和一定时代美学理论形成相关的审美趣味、审美风尚、文艺思潮、文艺创作等，很少结合起来加以研究，这样是难以对美学理论做出透彻的分析和理解的。当然也有另外一种情况，就是忽视审美意识与美学理论的区别，把纯粹属于文学史、艺术史的研究内容列入美学史的研究范围。如在西方美学史著作中对某一作家的代表作品从题材情节、人物思绪到意象、结构等进行具体介绍分析，以说明作家是如何创造崇高风格的，又进一步认为作品崇高风格的创造也就代表了作家关于创造崇高风格的理论主张。这显然是混淆了美学理论和创作实践的界限，其所论也越出了美学史的研究对象和范围。

三

　　我国西方美学史的学科建设大致经过了由收集、翻译、整理美学历史文献资料到对历史文献资料进行分析、归纳、研究过程。这两个方面都是

---

① 鲍桑葵：《美学史》，张今译，商务印书馆1985年版，第6页。
② 朱光潜：《西方美学史》上卷，人民文学出版社1979年版，第5页。
③ 鲍桑葵：《美学史》，张今译，商务印书馆1985年版，第227—228页。

西方美学史研究的基本功。近20年来，在搜集和翻译西方美学文献资料方面有了较大进展，从古希腊到现代，一些西方美学的名著、名篇基本上被陆续翻译过来。与此同时，对美学文献资料的分析、归纳、理解、研究却没有跟上来，具有真知灼见的创造性研究尤其少。许多西方美学史研究成果，在资料上较多是抄来抄去，在观点上往往是人云亦云。缺乏具有创造性、新颖性和深刻性的见解，是一些西方美学史著作的通病。因此，从提高西方美学史的学术研究水平和学科建设水平上看，如何在研究成果中做到史料与思想互相结合，历史与理论互相发现，在历史的叙述与比较中体现出研究者的理性思考和真知灼见，也是一个需要探讨和注意的重要问题。

任何史学研究都不能仅仅限于对史料和历史过程的介绍和叙述，必须体现出研究者对史料和历史过程的认识和理解，必须对史料和历史过程给予说明和解释，美学史研究也不能例外。因此，真正的西方美学史研究成果，必须有建立在历史和史料基础上的思想、见解、观点、理论。当然，我们所谈的思想、理论，不是像克罗齐在《美学的历史》中所做的那样，把自己的思想、理论强加于历史和史料，用历史和史料来证明作者提出的某种美学理论和学说。而是"倾听历史的声音"①，坚持历史主义观点，对西方美学发展的历史过程，对各个时代、各个阶段、各个流派、各个代表人物的美学思想，对不同时代美学家提出的美学命题、学说、概念、范畴等，进行历史的具体分析，找出它们之间固有的、内在的历史联系和逻辑联系，形成对于西方美学思想发展的内部规律性的深刻认识和理解。这个工作做得越深入，研究成果才越是有价值。在一部真正称得上是有创见和学术价值的美学史研究著作中，历史和理论、史料和思想既是互相结合的，又是互相发现的。理论、思想、见解既然是从历史过程和材料中经过分析、比较、反思、研究而获得的一种科学认识，它们也就不仅能得到历史事实和文献材料的印证，而且也为深刻理解历史过程、思想资料的内在联系、本质特点、价值意义等，提供了新的钥匙。例如，鲍桑葵在《美学史》中对近代美学哲学的问题，从准备到形成，做出了令人信服的分析，指出了近代美学思想中两种倾向、两个潮流从互相区别到走向融合的

---

① 凯·埃·吉尔伯特、赫·库恩：《美学史》上卷，夏乾丰译，上海译文出版社1989年版，第3页。

发展规律。他认为，"在笛卡尔、斯宾诺莎、莱布尼兹、沃尔夫、鲍姆嘉通的著作中，我们可以找到一种抽象的理性主义和唯智主义的连绵不断的思想脉络，而在培根、洛克、夏夫兹伯里、贝克莱、休谟、卢梭的著作中，我们可以看到一种同样抽象的经验论的倾向或感觉论的倾向。这两个潮流在康德身上会合起来了，而且，正是由于这两个潮流在他的学说中汇集起来，这个问题才摆在后来的整个近代思想界面前，说得更具体更明白一些，又由于这个问题的特殊条件的缘故，这个问题才摆在近代美学思想界面前。'怎样才可以把感官世界和理想世界调和起来？'——这就是总的问题。'愉快的感觉怎样才可以分享理性的性质？'——这是按特殊美学方式指出的同一问题。"① 显然，这一独特而深刻的见解，使我们对近代美学哲学问题的形成、对近代美学思想发展的基本脉络，有了明晰而深入的认识，因而也特别富于创造性和学术价值。这一见解后来为许多美学史研究著作所吸收并予以再发挥，成为分析和理解近代西方美学发展过程的基本思想线索。

　　作为我国西方美学史学科建设的开创性和标志性著作，朱光潜先生的《西方美学史》在历史与理论、史料与思想结合和统一上做了巨大努力，并取得了显著成就。其中有许多好的经验值得总结并借鉴。首先，作者对全书内容安排和史料的选择上，便已体现出对西方美学历史发展线索的深入思考和理解。为充分展示和突出历史发展的基本线索，作者选取了历史发展中"代表性较大，影响较深远，公认为经典性权威"② 的主要流派中主要代表人物重点加以介绍和论述，从而使西方美学思想发展链条中的一些关键环节能够得到充分显示，对认识西方美学历史发展线索起到画龙点睛的作用。同时，作者对史料的选择还考虑到它的"积极意义"和"足资借鉴"的作用，这就更体现了作者对史料价值的眼光和见识。

　　其次，作者对历史上一些主要流派中主要代表人物美学思想的论述，不是只限于介绍或复述他们著作中的论点，也不是面面俱到，将美学家著述中的观点不加选择地加以罗列，而是围绕各个时代所提出的重要美学问题，以及西方美学思想发展中几个关键性理论问题，就各个时代、各个流派中代表人物关于这些问题的论述，进行重点分析和评价，指出其各自得

---

① 鲍桑葵：《美学史》，张今译，商务印书馆1985年版，第227—228页。
② 朱光潜：《西方美学史》上卷，人民文学出版社1979年版，第3页。

失与不同贡献，这就使历史与理论、史料与思想自然结合起来了。

最后，作者对主要代表人物的美学思想进行分析和评价时，不是就事论事，孤立看待和评论其各种论点，而是放在历史的联系中，从主要代表人物美学思想与时代状况的关系、与哲学思想和文艺实践的关系、与本流派其他代表人物以及其他流派美学观点之间的关系、与前后不同时代相关美学论点的关系等各个角度，力求全面地、历史地、辩证地分析其美学思想形成的社会历史条件，揭示其美学思想的来龙去脉，评论其美学思想的历史贡献和局限。例如，书中对于康德美学思想的分析，就是从近代西方哲学和美学思想发展总体趋势和所提基本问题着眼，着重论述康德处于近代西方哲学和美学发展的关键性的转折点，是如何试图调和理性主义和经验主义两大哲学和美学思潮与流派的矛盾和对立的。作者指明了康德在美学领域企图把经验主义派的快感和理性主义派的"合目的性"结合起来的基本立场，深刻分析了他在"审美判断力的分析"中所出现的一系列矛盾或二律背反现象，以及他在美与崇高、纯粹美与依存美、自然美与艺术美、审美趣味与天才等对立面问题分析中表现出的矛盾，阐明了他对一系列美学问题"处处看到对立，企图达到统一，却没有达到真正的统一，只做到了调和与嵌合"① 的基本特点。对于康德美学思想的矛盾性、复杂性、深刻性和富于启发性，对于康德美学思想内在矛盾形成的社会历史、思想文化以及哲学方法论上的原因，对于它对西方美学发展的重大推动作用和不可避免的历史局限，作者都从历史联系和发展中做了理性反思和深入剖析，因而使对康德美学思想的研究达到了一个新水平。

反观现在有的西方美学史著作，在历史与理论、史料与思想的结合和统一上却表现出一些明显的不足。在有的著作中，我们只能读到按时期、按国别、按流派对于一些美学家著作论点的介绍和内容的复述，却很少看到对这些美学家思想、论点的深刻分析和独到见解。少量的分析评论，要么蜻蜓点水，浅尝辄止；要么只见树木不见森林，就事论事。作者几乎完全忽视了在不同时期、不同国家、不同美学流派以及同一美学流派的各个美学家的思想之间，是具有客观的、内在的历史联系的，他们的美学思想和论点，往往被描述成各不相关的孤立的现象。这样的著作显然是过于着眼于史料和文献的收集、整理、归纳、介绍，而忽视了对于史料和文献的

———————

① 朱光潜：《西方美学史》下卷，人民文学出版社 1979 年版，第 40 页。

分析、理解、思索、研究，因而缺乏深刻思想和创造性见解。当然，在某些著作中，也存在另一方面情况，就是对于西方美学思想发展的一些重大问题的认识和见解，不是充分建立在对历史事实和文献资料进行全面的、实事求是的分析的基础上，而是以偏概全、主观臆断，似乎有将某种思想、观点强加给史料以削足适履之嫌。以上两种情况，表现不同，根源是一样的，就是缺乏对于美学史文献资料的深入钻研的态度和精神。所以，我认为要在西方美学史研究中达到历史与理论、史料与思想的结合和统一，就必须重新端正我们的研究态度和学风，真正从客观存在的历史实际出发，详细地占有材料，加以科学的分析和综合的研究，从其中引出其固有的而不是臆造的规律性，即找出历史发展过程以及各种发展形式的内在联系，这也是提高西方美学史研究和学科建设水平的必由之路。

（原载《哲学研究》2000 年第 8 期）

西方美学史研究重在批判创新

　　进入改革开放和现代化建设新时期以来，中国学者对于西方美学史的研究取得了重要进展，西方美学史学科建设也迈出了新的步伐。除了一大批西方美学史研究的专题论文和多本断代美学史著作陆续发表和出版外，数部全面论述和研究西方美学史的著作也先后出版。其中，20世纪90年代出版的《西方美学通史》七卷本（蒋孔阳、朱立元主编）和新世纪出版的《西方美学史》四卷本（汝信主编），在研究规模、内容和水平上，都明显超越了以往的研究成果，得到学术界的高度重视和评价。这是我国西方美学史研究提高学术水平，进入学术创新阶段的重要标志。

　　综观新时期以来我国的西方美学史研究著作，在学术创新方面有令人欣喜的收获。首先，扩展了研究的范围和内容。20世纪60年代出版的朱光潜著《西方美学史》（上、下卷），是由中国学者编著的第一部西方美学史，在学术界产生了很大影响。但其涵盖的内容从古希腊时期至20世纪初。而20世纪90年代末以来出版的两部大规模的西方美学史，则将研究范围和内容扩展至20世纪末，均以"后现代美学"作结。与此同时，两部美学史都将"西方"看作一个"文化时空"，并对哲学美学、文艺美学、文化美学等各种美学思想采取包容性态度，因而所论的美学思潮、学派、人物、著作、观点、学说等内容也都大大超过了以往的美学史著作。其次，提出了新的研究框架和观点。尽管在大的历史分期和阶段划分上，新的美学史著作基本上沿袭了过去的做法，但对各阶段发展线索的认识和内容的设置及安排，却和以往有较大区别；对一些重要问题和重要思想的论述和评价，则新意迭出，富于创见，不少是对以往看法的突破和创新。如四卷本《西方美学史》突破了将中世纪美学局限于罗马基督教文化的传统看法，按照中世纪文化是罗马教会与东方拜占庭各为互动之一极的双轴互动论，除了注重研究和阐述教父哲学和经院哲学中的美学思想外，还研究和论述了拜占庭文化和艺术中的美学思想；同时，也突破了认为基督文化导致中世纪美学处于停滞状态的传统观点，认为基督教中的神秘主义激发了审美的形上追求，有助于将审美目标引向对终极存在的思考，宗教生活与审美心态作为人类对世界的精神—实践的掌握方式，具有某种亲缘性，这都使美学在中世纪基督教文化中获得了新的发展机遇。此外，在对近代经验主义与理性主义美学、德国古典美学、19世纪英、法、德美学等研究方面，也都提出了许多新见解。再次，丰富了文献资料。两本规模较大的美学史都直接从英文、德文或拉丁文翻译了第一手资料，许多是过去中文著作中没有的，这就使研究建立在更为坚实的基础之上。同时，对文献资料的解读也颇多新见。

由中国学者研究和撰写的西方美学史，自然带有中国文化背景和思维特点印记，但丝毫不影响对于西方美学从现象到本质、从发展到规律的科学认识和准确把握。所以，中国学者的创新成果是可以与西方学者共享和交流的。对比中、西学者撰写的美学史，可以看到两者各有特点、各有优长。我们绝对不应满足于介绍和吸纳，而应以中国学者独特的思维和眼光，着重于批判和创新。为了继续推进西方美学史研究的学术创新，一方面要认真总结自己的成功经验；另一方面要追踪国外本学科研究的新趋势，不断在学科体系建设、学术观点创新、研究方法创新等方面进行新的探索。为了实现这一目标，以下几面可以作为进一步探索的内容。

第一，关于美学史研究的历史性和思想性统一。自1858年世界上第一部美学史——齐默尔曼的《作为哲学科学的美学史》问世以来，国内外对西方美学史的研究方式和方法已经过多次变革，做过多种探索。如果从研究范式上看，主要有两种：一种是历史性的研究范式，另一种是思想性的研究范式。前者通常是把西方美学史进行史学意义上的隔代划分，然后按学派、人物、思想观点等进行历史性的描述，力求达到对西方美学史的客观介绍和客观把握；后者则强调用问题史和思想史的观点研究西方美学史，力求将西方美学史所体现的思想的丰富性、历史的规律性和逻辑的内在性揭示出来，用其特有的思想轨迹来规约其发展脉络，以把握西方美学史固有的思想逻辑和丰富的思想内涵。从现有几部有较大影响的西方美学史著作看，比较理想的方式，是分析比较两种研究范式的优长而加以融合，形成一种两者兼容并及的综合化的研究范式，使描述西方美学史的客观历史进程与揭示其固有的思想逻辑和丰富的思想内涵能够有机结合起来。因此，应十分注重历史发展过程中世代美学思想的"前后联系"，即影响和接受的研究。对于西方美学历史发展演变中形成的主要理论、学说、范畴、概念，都力求厘清其继承、接受与批判、扬弃的关系，把握其丰富的思想内涵和固有的思想逻辑，从而深入揭示历代美学思想的内在联系和发展轨迹，阐明美学思想史是如何在继承中不断发展，在接受中不断创新的。这相对于那些只将历代美学家的思想按时间顺序排列，而不注重其思想逻辑和发展的整体性的美学史而言，在研究范式上是一个突破。

第二，关于对不同阶段美学发展特点和规律性的把握。西方美学史发展经历了几个不同的时期或不同的阶段，出现了几次重大转折和转型。产生于不同时期、不同阶段的西方美学，不仅其形成的社会历史和文化背景有极大差异，而且作为其形成基础的哲学思想、审美意识和文艺实践等也发生了重大变化。受其影响，不同时期、不同阶段西方美学形成了不同范式，发生了重要变异。由于西方美学的发展经过几次巨大范式转型而形成明显的阶段性，各时期、各阶段美学研究的思维模式、研究对象、研究重点、研究方法乃至话语方式都有明显的区别，从而形成了明显的阶段性特点。我们既要看到各个时期和阶段之间美学思想发展的继承性和连续性，更要看到各个时期和阶段美学思想的创新性和独特性。如何运用历史的辩证的方法，深入研究和阐明各个不同时期或阶段美学发展的特点以及它们之间的演变规律，是西方美学史研究中需要重点探讨的问题。我们有的美学史著作往往比较注意寻找和概括全部西方美学史的统一性和一致性，甚至把西方美学史发展过程中某个时期或某个阶段产生的美学思潮的对立加以泛化，作为贯穿全部西方美学史的基本对立线索，这不仅容易形成以偏概全，也不利于对不同阶段美学发展特点的认识。马克思主义的历史研究方法最重要的原则是"具体情况具体分析"。对于一些历史上大的复杂的长期发展的矛盾和问题，用分段研究方法处理，可以了解不同历史阶段事物发展的特点，考察事物前后有什么联系和区别，看清事物的发展变化和来龙去脉，这才符合"具体情况具体分析"原则和辩证分析方法的要求。相比较而言，一些由西方学者撰写的美学史，反而更注意不同阶段区别和特点的研究。如鲍桑葵著《美学史》对近代美学与古代美学的区别、它的发展走向和思想线索、两种倾向的对立和各自特点的论述，从历史和理论相结合的高度，概括出这一阶段美学发展的独特规律，给人以极为深刻的印象和启发，至今仍然值得我们加以借鉴。

第三，关于美学文本的阐释。美学的历史文本是美学史研究的基本依据，对美学文本的解读和阐释是美学史研究的基础工作。尽管研究者具有直接阅读原著文字的能力，为翻译第一手文献资料，更为准确地理解文本提供了有利条件，但文本的理解并不仅仅是对封闭的原意的恢复。正如哲学解释学指出，对文本的理解，是文本作者的历史"初始视界"和理解者的时代"现今视界"的相互融合，这种视界融合所形成的对文本理解的新的视界，给了我们新的经验和新的理解的可能性，这对于学术创新无疑具有重要意义。对于今天的研究者来说，如何在充分了解历史语境、充分领会文本作者原意基础上，又注意从时代的新高度，在当代新观念和研究水平上认识和评价文本，力求在新的视野中提出新的见解，形成互相统一的真知灼见，是学术观点创新的必然要求，也是一个难点。正如伽达默尔所指出，文本的意义的可能性是无限的，视界是一个不断形成的过程。这就为文本阐释的创新开辟了无限的空间。因此，对于历代美学家的重要文本中提出的命题，理论、学说、范畴、概念等的理解和释义，是一个不断发现的过程，不可能一蹴而就。这就需要我们不断以新的眼光重新对文本加以分析、考辨和审视，提出具有新意的阐释，或对已有的某些不确切解释进行调整和修正，从而推进对于美学文本意义的理解和研究。

第四，关于美学史与思想史、文化史的关系问题。任何美学思想都是在一定的文化语境中形成和发展的。美学史就是思想史、文化史的一个组成部分。如何把握好美学史与思想史、文化史的交织关系，使美学史在文化史高度的背景中得到全面深入的理解，也是提高美学史研究水平需要努力的一个问题。这里有内、外两个层次的问题。从内部层次看，要注意美学史与审美意识史的关系。任何美学理论都是对一定审美意识的哲学分析和理论概括，要深入理解美学理论的历史，就必须了解作为其形成基础的审美意识的历史。我们要全面认识和把握一定时代美学思想，固然主要应该研究由美学家所提出的明确的美学理论和学说，但也不能完全忽视在审美意识中暗含的审美理想和审美观念，只有将表现为理论形态的显在的美学思想和暗含在审美意识中的潜在的美学思想结合起来，才能全面地展现一定时代美学思想的完整性和丰富性。从外部层次上看，要注意美学史与哲学史、伦理学史、宗教史乃至社会思想史的关系。实际上，西方美学史上的多数美学家，他们的美学思想都是同哲学思想、伦理思想或宗教思想交织在一起的，甚至就是后者的组成部分，因此离开了后者，就无法真正读懂其美学思想。现在的美学史著作对此已有足够的重视，但在研究和论述中却没有完全使二者有机地结合起来，相互之间仍有游离之感。因此，如何将美学思想史放入社会意识史和社会思想史的界面上，注意阐明美学思想与其同时代的或异时代的哲学思想、科学思想、宗教思想、伦理思想、语言学思想、人类学思想和心理学思想等的相互融合和相互促进关系，从而使美学思想发展的客观规律性得到更加全面的揭示，仍然有待以进一步探索。

（原载 2012 年 2 月 13 日《中国社会科学报》）

范式与转型：西方美学史发展的
阶段特征和动态分析

一

西方美学从古希腊时代开始，以有历史记载依据来说，大约发源于公元前 6 世纪。绵延至今，已有约 2600 年历史。对于漫长的西方美学史，如何厘清其演变过程特别是发展脉络或发展线索，是西方美学史研究中需要认真探讨的一个问题。对此，一些国内西方美学史著作和研究者相继提出不同看法。较早有的学者提出可用两条对立的线索来"统"整个西方美学史，即认为西方美学发展始终贯穿两条互相对立的主导线索："一方面是唯心主义与唯物主义的对立线索，另一方面是浪漫主义与现实主义的对立线索。"① 近来又有的研究者认为，这种看法"不十分切合西方美学发展的实际"，而另外提出西方美学史发展的"两条主线"的看法，即认为全部西方美学的历史发展始终贯穿着"两条基本发展线索，这就是理性主义和经验主义两条主线"。② 以上各种看法虽然表面不同，但思维方式一样，就是试图对西方美学发展过程和线索作一种静态的分析和概括，将全部西方美学思想发展纳入某种持续不变、一以贯之的对立线索之中。这样做从研究者主观意图上看也许不错，但从西方美学史实际情况看，则不仅前一种概括有"过于简单化"的问题，后一种看法也存在同样弊病。

首先，这两种看法都把美学发展史和哲学发展史几乎完全相等同，试图以对西方哲学史发展主线的某种理解来概括西方美学史的发展主线。其

---

① 朱光潜：《西方美学史》上卷，人民文学出版社 1963 年版，第 6—7 页。
② 蒋孔阳、朱立元主编：《西方美学通史》第一卷，上海文艺出版社 1999 年版，第 38 页。

实，美学发展史和哲学发展史固然紧紧关联，但却不是完全等同的。在西方美学形成和发展中，美学一直是作为哲学的一个方面和一个部门，因而在分析和把握西方美学史发展过程和线索时，如果不结合西方哲学史，就不可能得到正确理解和科学结论。但是，美学的研究对象和它包含的基本问题毕竟和哲学是有很大区别的，我们不能将美和美感的问题简单地等同于思维和存在的关系问题。美学思想的形成和发展除了主要受到哲学的影响外，还要受到特定时代和社会审美实践及审美意识、特别是文艺发展的影响，这就使其发展过程、发展脉络除了和哲学思想的发展具有共同性外，还必然具有其特殊性，这是绝对不应忽视的。如果以思维和存在关系为基本问题，将西方美学史"统"进"唯心主义与唯物主义的对立线索"之中，那就完全忽视了美学史本身的特殊性和复杂性。

其次，这两种看法都把西方美学史发展过程中某个时期或某个阶段产生的美学思潮的对立加以泛化，作为贯穿全部西方美学史的基本对立线索，因而都有以偏概全、以部分代全体问题。西方美学史发展经历了几个不同的时期或不同的阶段，出现了几次重大转折和转型。产生于不同时期、不同阶段的西方美学，不仅其形成的社会历史和文化背景有极大差异，而且作为其形成基础的哲学思想、审美意识和文艺实践等也发生了重大变化。受其影响，不同时期、不同阶段西方美学产生了新的范式，发生了重要变异，形成了不同特点。由于西方美学思想的发展呈现出重大转折和明显的阶段性，加之贯穿于整个美学史的各种美学思想的丰富性、复杂性和多样性，因而不能将主要形成于某一时期或某一阶段的美学思潮的对立片面笼统地说成贯穿全部西方美学史的发展线索。否则，难免有牵强附会、削足适履之嫌。如用"浪漫主义与现实主义的对立线索"来笼括西方美学史发展，显然是将产生于特定时期、表现于某一方面的两种美学原则和创作方法的对立硬套在整个美学史上，不符合美学史的全部内容和发展实际。至于将整个西方美学史的发展线索简化为"理性主义和经验主义两条主线"，也非常勉强。实际上，理性主义和经验主义作为两种对立的哲学思潮和美学思潮，是在西方近代哲学和近代美学中才凸显出来的。在此之前的西方美学很难简单地归结为理性主义和经验主义两条对立主线的发展，而在此之后的西方现代美学（特别是 20 世纪的西方美学），与近代美学相比已产生巨大变化和新的转向，再用理性主义和经验主义两条主线来加以概括就更不合适。

　　对西方美学史发展脉络或线索的研究和概括必须从历史实际出发，充分注意西方美学发展的复杂过程和复杂现象，注意到西方美学发展的重大转折和阶段性，注意到西方美学史的全部美学思想的丰富性和多元性，而不应脱离历史实际，将西方美学发展的复杂过程和复杂现象做一种人为式的剪裁和简单化的理解。马克思主义的历史研究方法最重要的原则是"具体情况具体分析"。对于一些历史上大的复杂的长期发展的矛盾和问题，用分段研究的方法处理，可以了解不同历史阶段事物发展的特点，考察事物前后有什么联系和区别，看清事物的发展变化和来龙去脉，这才符合"具体情况具体分析"原则和辩证分析方法要求。由于西方美学的发展经过几次巨大的范式转型而形成明显阶段性，各时期、各阶段美学研究的哲学基础、思维模式、研究对象、研究重点、研究方法乃至话语方式都有明显的区别，从而形成了明显的阶段性特点。我们既要看到各个时期和阶段之间美学思想发展的继承性和连续性，更要看到各个时期和阶段美学思想的创新性和独特性。只有运用历史的辩证的方法，变静态分析为动态分析，深入研究和阐明各个不同时期和阶段美学发展的特点以及它们之间的内在联系，弄清西方美学思想的发展变化和来龙去脉，才能真正掌握西方美学史的发展脉络。这就需要按照西方美学的演变过程和根本性转折，对西方美学历史发展各个时期和阶段的思想变化、范式转型、基本特点和前后联系等进行具体分析，并由此对西方美学发展的基本脉络作出动态的分析和概括。

二

　　古希腊美学是西方美学史的滥觞，它发源于公元前 6 世纪，极盛于公元前 5 世纪到 4 世纪，中间经过"希腊化时期"，而后由罗马美学继承和发展，直至公元 5 世纪。这一千多年，正是西方古代奴隶制社会从形成到瓦解的时期。在奴隶制得到充分而高度发展的基础上，产生了较为发达的希腊罗马哲学和希腊罗马文艺，它们为西方古代美学的形成和发展准备了良好的条件。古希腊罗马美学是建立在西方古代哲学基础之上的。西方古代哲学研究的主要问题集中在本体论问题上。所谓本体论，是指关于世界本原或本质的哲学理论，即亚里士多德所说的研究"作为存在的存在"

的学问。① 因此，世界的本原或者说万物的本体问题是古代哲学研究的中心问题。这势必影响到西方古代美学的研究对象和内容。古希腊罗马美学思想主要集中在从哲学本体论上来理解人类审美活动和文艺实践。从希腊古典早期的美学思想到希腊古典盛期的美学思想，再到"希腊化"和古罗马时期的美学思想，其具体内容虽然有变化，但研究最为集中的问题还是美的本体问题和艺术的本体问题。希腊古典早期的美学以毕达哥拉斯学派、赫拉克利特、德谟克利特与智者派、苏格拉底为代表，如同他们的哲学一样，他们的美学思想都带有朴素性和直观性。但前者是从自然的角度探寻美的本体，强调美在形式的和谐；而后者则从人的角度探寻美的本体，强调美与善和功用的一致，从而形成最早的两种不同的美学倾向。希腊古典盛期的美学产生了柏拉图和亚里士多德两个最杰出的代表人物。他们围绕美的本质和艺术的本质这两大问题，建构了对立的两大美学思想体系。柏拉图是理念论哲学的创立者。理念论将超感性的理念作为世界本原，认为理念是客观独立存在的唯一真实的世界。柏拉图从理念论出发，在超感性的理念世界中去寻求美和艺术的本源和本质；认为美即理念，艺术是理念世界的"影子的影子"。亚里士多德批判了柏拉图的理念论，肯定了现实世界是真实的世界，并且从现实存在出发，用现实主义的观点，在客观的现实世界中去寻求美和艺术的本源和本质；认为艺术是对客观自然和生活的模仿，美在模仿的内容与形式。由此亚里士多德对艺术的真实性和社会作用问题也与柏拉图持相反观点。柏拉图否定文艺的真实性及其审美教育作用，亚里士多德则肯定文艺的真实性及其审美教育作用。这种美学观上理念论和现实论的对立逐渐形成两条不同的美学思想路线，不但贯穿于古希腊罗马美学，也深刻影响两千多年来西方美学的发展。希腊化和罗马时期美学的代表人物贺拉斯和朗吉弩斯在艺术与现实关系问题上主要是受亚里士多德现实论美学思想的影响，而普洛丁创立的新柏拉图主义美学则是直接继承和发展了柏拉图理念论的美学思想，并为美学转向神学开辟了道路。

公元 5 世纪末西罗马帝国灭亡（公元 476 年）到 14 世纪，西方美学发展进入中世纪时期。这是西欧封建社会形成、发展和繁荣时期，其重要特点之一就是基督教成为强大的政治经济势力，并且完全统治思想文化领

---

① 叶秀山、王树人总主编：《西方哲学史》第二卷（下），凤凰出版社 2005 年版，第 749 页。

域。恩格斯指出，中世纪"把古代文明、古代哲学、政治和法学一扫而光"，"接受的唯一事物就是基督教"。① 基督教在中世纪居于统治地位，政治、法律、哲学、文学都不过是从属于神学的分支。在哲学中，占统治地位的就是为基督教服务的经院哲学，它是在古代基督教"教父学"的基础上形成和发展起来的，以论证基督教教义为目的，是一种神学本体论。在基督教和经院哲学的影响下，中世纪的美学也被纳入神学。从神学出发研究美学问题，用美学来附会基督教教义，是中世纪美学的基本特点。这是一种神学美学，其价值取向和形态特征都是以基督教神学为依据的。所以，中世纪美学的对象不是研究现实世界中的美，也不是研究艺术（一般来说基督教是敌视艺术的），而是论证上帝的美。以美的概念为中心，论证"美在上帝"，美是上帝的本性；上帝是美的本源和本体，天上、人间一切事物的美都是分享了上帝的美，这就是中世纪美学的基本命题。当然，中世纪美学家也论到美的其他特征，也对艺术有一些思考，但都是围绕这一基本命题展开的。从发展过程说，神学美学早期是教父美学，其代表人物是奥古斯丁；晚期是经院美学，其代表人物是托马斯·阿奎那。教父美学与经院美学分别以教父哲学与经院哲学为基础。由于教父哲学是经院哲学形成的理论前提，而经院哲学是在教父哲学的基础上建立起来的，两者所研究的对象同样都是超验的世界、上帝的世界，所以，教父美学和经院美学基本倾向上是一致的。但两者所借用的思想资料有所不同。奥古斯丁的美学思想主要是受到柏拉图的学说和新柏拉图主义的影响，而托马斯·阿奎那的美学思想则主要是受亚里士多德学说影响。有的美学史认为托马斯·阿奎那与奥古斯丁的关系正如亚里士多德与柏拉图的关系，这从思想来源上说是有道理的。由此可见，中世纪美学仍然是沿着柏拉图和亚里士多德这两个思想主线发展的。

三

14 世纪下半叶到 16 世纪末叶，是欧洲历史由封建社会向资本主义社会转化的时期。这一时期，欧洲封建社会日益瓦解，资本主义生产关系逐

---

① 《马克思恩格斯文集》第二卷，人民出版社 2009 年版，第 235 页。

步形成。与此相伴随，是人文主义思想与文化在欧洲各国的兴起和发展，这是反映正在形成中的资产阶级要求的思想文化运动，历史上称为文艺复兴。文艺复兴时期美学作为新兴的人文主义文化的组成部分，具有鲜明的反封建、反神学倾向，因此成为西方近代美学的先声。在文艺复兴时期美学发展中，唯物主义哲学、自然科学和文艺实践起到了重要的推动作用。工商业的发展促进了自然科学发展，而自然科学发展又促进了唯物主义哲学的发展，它们给人文主义者带来理性和经验两大思想武器，这两者是统一的，并未如 17 世纪理性主义和经验主义的两派对立，这就使文艺复兴时期美学建立在经验与理性相统一的坚实基础上。在摆脱了中世纪神学美学桎梏之后，文艺复兴时期美学恢复和发展了古希腊美学中以现实世界为对象的传统，其突出特点是重视现实生活，崇尚自然美和人的美；同时强调文艺反映现实生活，强调艺术美的创造。文艺复兴时期美学的代表人物如薄伽丘、阿尔贝蒂、达·芬奇、锡德尼等美学思想中，主要问题就是文艺对现实的关系问题。他们不但以文艺为主要对象，而且也主要通过总结文艺实践经验提出文艺理论。由于受自然科学和美在形式观点的影响，他们也都十分重视艺术技艺的探讨。这就使文艺复兴时期美学侧重在文艺美学，较缺乏深刻的哲学思考，也没有形成严密的美学体系。但是它提供的新内容和代表的新方向，却促成了西方美学史从古代美学向近代美学的转变。

17—18 世纪是资本主义制度在西欧取代封建主义制度并最终确立的时期。文艺复兴以来萌发的近代美学在这一时期得到系统而深入的发展。无论从产生的一大批重要的美学家和重要的美学论著来看，还是从提出的一系列重要的美学观点、原理、命题、范畴来看，这一时期都无可否认的是西方近代美学也是整个西方美学发展的一个重要阶段。正是在这一阶段，美学在西方成为哲学中一门独立的学科。这一时期美学的发展和哲学的发展关系非常密切。由于在实验自然科学基础上对认识论和方法论问题的深入而具体的研究，这一时期哲学思想的发展，认识论占有显著和重要的地位。欧洲近代哲学研究的重点从本体论转向认识论，这不仅使西方哲学发展产生重要转折，而且也使西方美学赖以建立的哲学基础产生重要变化。如果说，美学以前主要是本体论，现在则主要是认识论，即认识论学说的一部分。围绕认识论，西方近代哲学形成了经验主义和理性主义两派的对立。经验主义片面推崇感觉经验，贬低理性思考作用；理性主义片面夸大理性思维作用，否认感觉经验的可靠性。这两大哲学倾向和派别的对立直接影响美学发展。在笛卡尔、斯宾诺莎、布瓦洛、莱布尼兹、沃尔夫、鲍姆嘉通等的美学思想中，可以找到理性主义连绵不断的思想脉络，其基本特点是从先验的理性观念出发，强调美的理性基础，认为美在完善，艺术要符合理性原则，较为忽视想象和情感的作用；而在培根、霍布斯、洛克、舍夫茨别利、艾迪生、哈奇生、休谟、伯克、卢梭等的美学思想中，可以看到经验主义的持续发展的思想倾向，其基本特点是从感性经验出发，强调美的感性特点，认为美即愉快，审美和艺术主要是感官、想象和情感活动，较为忽视理性的作用。从法国古典主义美学到英国经验主义美学，从法国启蒙运动美学到德国启蒙运动美学，无不受到理性主义和经验主义两种对立的思潮和倾向的影响。伴随着哲学研究重点从本体论转向认识论，美学研究的重点也由对客体美的本质探讨转向对主体的审美意识、审美经验的研究。这在经验主义美学思潮中表现得尤为突出。"审美趣味"或"鉴赏力"成为18世纪美学的一个核心概念，以至于有的美学史家将它称为"趣味的世纪"。[①] 围绕审美趣味或美感问题，理性派和经验派在研究观点和方法上也表现出很大区别。理性派认为美学是低级认识论，主要在认识论框架内，指出美感作为感性认识的特点；经验派认为美学属情感研究领域，不同于认识论，着重用心理学和生理学观点和方法，强调美感中想象、情感和本能的作用。经验派和理性派从不同角度、不同方面对审美经验或美感问题的研究，涉及美感的起源、本质、特点以及主客观条件等基本问题，无论从内容的丰富性和研究的深刻性来看都超过以往任何时期。与此相联系，对文艺创作过程和特点的研究也进一步深入，涉及想象、情感、观念联想和形象思维等特殊心理活动。关于美、崇高、悲剧等基本美学范畴，经过17—18世纪美学家的重新研究和阐释获得了新的内涵。法、德启蒙运动美学代表人物狄德罗、莱辛等结合时代要求和艺术实践发展，创立了崭新的现实主义美学原则和文艺理论体系，使文艺反映社会生活和发挥社会作用问题成为美学重要问题。总之，17—18世纪的近代美学继承和发展了古希腊罗马美学和文艺复兴时期美学传统，同时结合时代要求，提出和回答了一系列新的美学问题，将西方美学发展大大向前推进了一步。由于17—18世纪形成的经验主义和理性主义两种美

---

① 乔治·迪基：《趣味的世纪，18世纪趣味的哲学巡视》，牛津大学出版社1996年版。

学思潮和倾向的分歧和对立，使美学中内容与形式、理性与感性、主体与客体这一系列对立面的矛盾十分尖锐地暴露出来，而寻求这些对立面的辩证统一也就成为近代美学进一步发展的必然要求和面临的主要课题，因此，将两大潮流汇合起来，将上述对立面调和统一起来，便是后继的德国古典美学要做的主要工作。

德国古典美学形成于18世纪末到19世纪初，它不仅以德国古典哲学为理论基础，而且本身就是德国古典哲学的一个重要组成部分。德国古典哲学和美学创始人是康德，康德哲学正如黑格尔所说，是"近代哲学的转折点"。[1] 康德哲学以批判人的认识能力为其主要目的，中心任务是解决知识问题、认识论问题。他从对唯理论和经验论的批判中认识到知性与感性结合起来的必要性，企图在主观唯心主义基础上，通过"先验综合"来调和理性主义和经验主义的对立，从而使西方近代哲学思想产生关键性的转变。在美学上，康德既不满意经验派片面强调美的感性基础，混淆美感与快感的看法，也不满意理性派片面强调美的理性基础，混淆美感与对"完善"的朦胧认识的看法，企图把它们统一起来。他以经验派的快感结合理性派的"符合目的性"，提出美感虽是感性经验却有理性基础、理想美在理性与感性统一的观点。虽然康德并没有真正解决感性与理性、形式与内容之间的矛盾，却把美的本质和特征问题突出地表现出来，清晰揭示了审美现象中诸多矛盾并提出了解决的方向。后来歌德、席勒、谢林、黑格尔所发展出来的美学观点，就是沿着康德所指方向继续探讨解决矛盾的办法。到黑格尔从客观唯心主义出发提出"美是理念的感性显现"，辩证论述了理性与感性、内容与形式、一般与特殊、主体与客体的相互统一，可以说是德国古典美学对上述矛盾最后的、较圆满的解决。黑格尔美学是有人类思维以来，内容最为丰富和渊博、规模最为宏大的资产阶级美学体系，它对此前的美学思想做了一次全面总结，具有"划时代的作用"。[2]西方美学发展到以康德和黑格尔为代表的德国古典美学，达到一个高峰，它所建构的美学思想体系不仅最具完整的科学形态，涵盖了美、美感和艺术在内的几乎所有美学研究领域，并且把辩证法和历史观全面引入美学研究领域，以抽象的哲学思辨形式，提出和解决了许多重大美学问题，确立

---

① 黑格尔：《美学》第1卷，朱光潜译，商务印书馆1979年版，第66页。
② 恩格斯：《路德维希·费尔巴哈和德国古典哲学的终结》，《马克思恩格斯选集》第三卷，人民出版社1972年版，第215页。

和论证了一系列重要美学范畴，从而将西方美学大大向前推进了一步。

四

　　19 世纪中叶至 20 世纪初，欧洲各国进入资本主义较高发展阶段，社会历史条件、科学的状况以及思想文化各个领域的状况都发生了重大变化。这些变化以不同方式对西方哲学发展产生了深刻影响，使西方哲学发展又处在一个重要的转折点。在马克思主义的产生实现了哲学上的革命变革的同时，从 19 世纪中期开始，许多西方哲学流派对西方传统哲学、特别是近代哲学采取批判态度，怀疑和否定哲学中的理性主义和思辨形而上学传统，逐步形成两种哲学思潮：一种是以唯意志主义为代表的"人本主义"或者说"非理性主义"思潮；另一种是以实证主义为代表的"科学主义"思潮。前者向传统的理性主义公开提出挑战，主张哲学应当转向人的本真的存在，转向非理性的直觉；后者则着重批判传统形而上学的思辨性，强调哲学应以实证自然科学为基础，以描述经验事实为范围，追求实证（经验）知识的可靠性和确切性。这标志着西方哲学发展到一个与古典哲学有重大差别的新阶段，进入由近代到现代转型的过渡期。随着西方哲学的转型和变化，加之自然科学的影响，西方美学在研究重点和研究方法上也逐渐发生了重要改变，开始步入由近代美学向现代美学转型的过渡时期。这一时期美学流派复杂，研究方法多样，而最能体现转型特征的美学主要不外两种方向。一种是在唯意志主义哲学影响下，美学研究向反理性主义方向发展。从叔本华、尼采的唯意志主义美学到柏格森的生命哲学的美学，无不是贬低理性，提倡直觉，强调审美和艺术的非理性的直觉的特征，夸大非理性的生命、意志、本能、直觉、情感等在审美和艺术中的作用。另一种是在自然科学和实证主义哲学影响下，美学向经验的、科学的、实证的研究方向发展。费希纳、立普斯、谷鲁斯等人的心理学美学把审美心理和审美经验置于美学研究中心，主张用心理学观点和方法来解释和研究一切审美现象；斯宾塞、丹纳、格罗塞等人的社会学美学，以艺术的起源、发展和本质特征为研究重点，采用社会学、生物进化论、人类学、心理学等多种方法进行实证研究，它们都标志着美学研究方法从"自上而下"的抽象思辨的研究向"自下而上"的经验实证研究的转变。

　　进入20世纪，西方现代美学正式形成，并得到迅速发展。一百年来，经济的高速增长，政治的巨大变动，科学技术的突飞猛进，思想文化的深刻变革，都对西方现代哲学、艺术和美学的发展变化带来重大影响。现代美学的发展和现代哲学、现代艺术的发展关系十分密切。尽管现代西方美学流派众多林立，新说层出不穷，思潮此起彼伏，呈现出多元化、复杂化状况，但如果从它与西方现代哲学关系看，它的发展整体上仍然主要是沿着人本主义和科学主义两大思潮、两种倾向展开的，其中，现代哲学中发生的"语言的转向"与对意识现象和存在问题的研究，从不同方面对现代美学发展走向产生了尤为重大的影响，从而推动西方现代美学摆脱和超越传统美学特别是以黑格尔为代表的近代美学，走上一条完全不同的新的发展道路。

　　所谓"语言的转向"，即从近代哲学关注认识内容转向现代哲学注重认识表达的研究，即强调以自然科学方式对语言做客观研究。其代表是以语言分析为特征的分析哲学运动。分析哲学把哲学问题归结为语言问题，声称哲学的主要任务是对语言意义的澄清，主要方法是对概念意义进行逻辑分析，被称作哲学中一场"哥白尼式的革命"。"语言的转向"和科学主义哲学思潮有较为紧密的联系。科学主义哲学思潮的特点是强调哲学与科学的联系，以自然科学的原则和方法来研究世界，要求研究的客观性和精确性。受语言论和科学主义哲学思潮影响，20世纪以来的当代西方美学发生了两个明显变化：一是将研究重点转向于文学艺术作品或文本本身的形式、风格、语言、语义以及结构模式等因素的分析和研究，把解读文本语言、结构作为全部美学问题的中心；二是摒弃对美和艺术作形而上学的本质探讨，如分析美学认为"美是什么"的问题是根本不能回答的伪问题。另一方面则主张对审美和艺术问题作经验的、实证的、科学的研究，注重研究的客观性以及同审美和艺术活动的联系，而且注重把自然科学成果和方法吸收到美学研究中来。在自然主义美学（桑塔亚那、门罗等）、俄国形式主义美学（什克洛夫斯基等）、实用主义美学（杜威等）、语义学美学（瑞恰兹等）、分析美学（维特根斯坦、韦兹等）、英美新批评派美学（艾略特、兰色姆等）、格式塔心理学美学（阿恩海姆等）、结构主义美学（列维·斯特劳斯、罗兰·巴特等）等美学流派中，都可以看到哲学中"语言的转向"以及科学主义的影响，从而使美学由认识论转向语言哲学和科学主义哲学。

与此同时，西方现代哲学中对意识现象和存在问题的研究越来越突出，形成以现象学和存在主义为主流的欧洲大陆哲学。存在主义或生存论（existentialism）把一切哲学问题归结为或从属于人的存在问题，主张从揭示人的本真存在（生存）出发，揭示一切存在物的存在结构和意义。存在主义哲学家要求以超越主客观二分的存在论取代以主客二分为特征的西方传统哲学，其出发点是用现象学方法把人的存在还原为先于主客分立的纯粹意识活动，并以人的非理性的心理体验为人的本真存在的基本方式，由此揭示人的真正存在。这是西方哲学发展由近代向现代转型的又一突出表现。存在主义或生存论哲学可以说是人本主义哲学思潮的典型代表。人本主义哲学思潮的特点就是把人作为哲学的出发点和归宿，把人的本真存在（生存）作为哲学研究中心，主张揭示人的生命、本能、意志、情感等非理性或超理性的意义。生存论和人本主义哲学思潮表现在美学中，其基本特点，一是突出美学问题与人的命运和人的价值的关系，突出艺术创造和审美中人的自由和能动性。如存在主义美学家认为人的存在意味着自由，审美活动是对人的自由的肯定，艺术作品的价值是召唤自由等。二是强调艺术和审美的非理性主义性质和特点，把艺术和审美归结为直觉、想象、情感、无意识乃至梦幻活动。20 世纪西方现代美学中的表现主义美学（克罗齐、科林伍德等）、精神分析学美学（弗洛伊德、荣格等）、现象学美学（英加登、杜弗莱纳等）、存在主义美学（海德格尔、萨特等）以及法兰克福学派的社会批判美学等，无不受到人本主义思潮影响。其中多数流派明显受重视对意识现象和存在问题研究的生存论的影响。总之，语言论和生存论，科学主义和人本主义，既互相区别、相互对立，又互相联系、互相影响，推动西方美学发展和哲学发展同步，实现了近代向现代的转型。综观 20 世纪以来的西方现代美学，不仅哲学基础发生了根本性转变，而且研究对象、问题、重点、方法乃至思维模式、话语方式都产生了重大变化。美学研究范围和领域日益扩大，研究范式和方法不断革新。这一切都表明，西方现代美学是沿着与传统美学，特别是近代美学相区别的方向和道路在发展着，美学发展的轨迹和线索也随之发生了根本性的变化。美学的变革或转型已成为当代美学家关注和研究的主题之一。

[原载《武汉理工大学学报》（社会科学版）2009 年第 2 期]

西方近代美学思潮的主导精神和基本倾向

西方近代美学是在西方近代社会急剧变革中形成的。从文艺复兴时期开始，在欧洲许多国家中，资本主义经济在封建社会内部逐渐成长。特别是在1500年以后，随着海外航行和地理大发现，西欧国家的海外扩张大规模展开，通过海外殖民掠夺和贩卖奴隶，西欧各国财富迅速增加，从而极大地刺激了西欧本土经济的发展和资本主义生产关系的逐步形成。发生于16世纪的西欧"商业革命"和"价格革命"，以及从16世纪到18世纪不断开展的"圈地运动"等，有力推进了资本主义原始积累进程。进入17世纪，直到18世纪，西欧资本主义迅速向前发展。这场发生在西方近代的"经济革命"，最终改变着全部上层建筑，使西方思想文化包括美学的发展进入一个崭新的历史阶段。

一 西方近代美学思潮及其特点

西方近代美学奠基者是西方近代哲学始祖——培根和笛卡尔。从他们开始，西欧近代美学发展出现了不同思潮、倾向和派别，它们或主要在一国形成和发展，或在多个国家发生作用和影响。各美学思潮、倾向和派别之间既彼此对立和区别，又相互影响和联系，从不同角度、以不同方式对美学的各个基本问题做了全面而深刻的探讨。同时还结合时代实践和需要，提出和解决了一系列新的美学问题，阐明了许多新的美学观点、概念和范畴，从而极大地丰富了西方美学思想，不仅推动了美学作为一门独立学科的建立，而且为形成西方美学完备的理论体系打下了基础。

17世纪在法国形成和发展起来的新古典主义文艺潮流代表了当时欧洲文艺的最高水平，从而对欧洲文艺发展产生了广泛而深远的影响。伴随这一文艺潮流和创作实践而形成的新古典主义美学也因之而成为17世纪欧洲最引人注目的美学思潮之一。法国新古典主义文艺与当时中央集权的君主专制政治和笛卡尔理性主义哲学有密切关系。其作品宣扬个人利益服从封建国家的整体利益；宣扬理性至上，把理性作为文艺创作的最高标准；着重描写一般性的类型人物，强调各种文学体裁的界限，要求艺术形式完美。和新古典主义文艺实践一样，新古典主义美学思想也是在法国专制王权影响下，在笛卡尔的唯理论哲学基础上形成和发展起来的。其主要代表是高乃依和布瓦洛。如果说高乃依是法国新古典主义戏剧美学思想的创始人，布瓦洛就是法国新古典主义美学思想的集大成者。高乃依着重论述了悲剧的社会功用和目的、悲剧题材和悲剧人物，同时，对古代悲剧理论中的净化说和"三一律"等问题也做出了自己的解释，可以说是对他本人和新古典主义戏剧创作实践的一个理论总结。布瓦洛的《诗的艺术》被认为是新古典主义的法典。它以理性作为出发点，对新古典主义文艺的衡量标准、创作原则、形式规则、体裁类别以及作家修养等进行了全面的论述和总结，涉及文艺与自然、美与真和善、理性与情感、典型与类型、内容与形式等重要美学问题。总的来说，法国新古典主义美学具有双重性：一方面，它反映着封建宫廷贵族的审美趣味和文艺理想，具有保守性；另一方面，它也在一定程度反映了时代对文艺新的要求，具有一定的进步意义。它所提出的有关现实主义的创作主张，有利于推动文艺反映时代现实，但它将某些古典主义的形式规则奉为一切文艺的金科玉律，则有碍文艺随时代而发展。所以后来受到启蒙运动美学家的反对和批判。

17—18 世纪的英国作为欧洲先进国家，其哲学发展也处于领先地位。由培根奠基的英国经验主义哲学成为欧洲近代两大基本哲学派别之一。和经验主义哲学同时形成的经验主义美学，开辟了西方近代美学发展的一个新方向，成为西方美学从古代向近代转换中最早形成的美学思潮之一。英国经验主义美学代表人物较多，包括培根、霍布斯、洛克、艾迪生、舍夫茨别利、哈奇生、霍姆、荷加斯、雷诺兹、休谟和伯克等。其中，舍夫茨别利和哈奇生受到剑桥柏拉图主义思想影响，而雷诺兹则受到新古典主义思想的影响。如果将培根、霍布斯和洛克看作是英国经验主义美学的奠基者，休谟和伯克则可看作是英国经验主义美学的集大成者和总结者。英国经验主义美学将美学研究重点由审美客体转向审美主体，将审美经验或美感问题研究提到首要地位，并从感性经验出发，着重从心理学和生理学角度，对审美经验做了新的阐释，提出了"内在感官"学说和"趣味"理论，对审美能力或趣味的性质和特点、趣味的心理构成因素、趣味的普遍标准与个别差异、趣味形成的先天因素和后天因素等进行了全面探讨，促进了西方美学研究对象和研究方法的变化。同时，它在经验论哲学基础上，结合时代发展，对美、崇高、悲剧等重要美学范畴做了新的探讨，对于诗与想象、艺术与模仿、艺术与道德等艺术哲学问题也提出了许多新观点。这些新思想、新观点不仅显示出英国经验主义美学的启蒙性质，而且对法、德启蒙运动美学和稍后的德国古典美学都产生了直接的、重要的影响。当然，由于经验主义美学片面强调审美的感性特点和情感作用，较为忽视理性作用，在心理和生理研究中脱离人的社会实践，因而也具有许多局限性。

　　和英国经验主义哲学的形成差不多同一时期，在欧洲大陆形成了理性主义哲学。与此相伴随，也形成了理性主义美学。正如经验派和理性派是16—18世纪西欧各国哲学的两个基本派别，经验主义美学和理性主义美学也是这一时期西欧美学的两大基本倾向和思潮。理性主义哲学和美学主要代表人物产生在法、荷、德等欧洲大陆诸国。除了笛卡尔是理性主义哲学也是理性主义美学的创始人外，斯宾诺莎、莱布尼茨、沃尔夫和鲍姆加登等也是理性主义美学的主要代表人物。布瓦洛的美学实际上也是理性主义美学。理性主义美学家主要从先验的理性原则出发研究美学问题，对美的本质和来源着重从其理性基础上寻求解答，试图用"前定和谐"、"圆满性"、"完善"等理性观念来解释美的存在。他们或者把人的审美能力看作是先天的良知良能，或者把审美活动看作是一种不同于一般理性认识的特殊的认识形式，力图将审美活动归入认识论的范围，确立美学在认识论体系中的地位。因此，他们也较为忽视想象、情感等心理因素在审美和文艺活动中的重要作用。理性主义美学和经验主义美学既互相对立，又互相促进，共同推动了西方近代美学的发展。但由于理性主义美学片面强调理性，注重理性演绎，也和经验主义美学一样陷入片面性。

　　18世纪在法、德两国兴起的启蒙运动，是反对封建统治、破除宗教迷信的思想文化运动。在这场思想文化运动中，启蒙运动美学作为其中重要组成部分发挥了重要作用。从整个发展来看，启蒙运动美学家几乎都是启蒙运动中重要的思想家、哲学家，他们的美学思想是和启蒙运动整个思想倾向紧密结合的，因此，启蒙运动美学具有反封建、反神学的鲜明倾向，充满着启蒙理性精神。启蒙运动美学的主要代表人物，在法国是伏尔泰、卢梭和狄德罗，在德国是温克尔曼、莱辛和赫尔德，其中尤以狄德罗和莱辛两人成就最为卓越，影响最为巨大。启蒙运动美学家基本是站在唯物主义哲学立场，有些直接受英国唯物主义经验论影响。他们从唯物主义观点研究和阐明美学问题，对美的本质理论、艺术本质和创作理论、诗学、戏剧和绘画理论等，都做出了新的卓越贡献。狄德罗的"美的关系"说既肯定了美的客观基础和根源，又指出了人的主观对美的认识的作用，是以唯物主义观点解决美的本质问题的崭新尝试，对反对和批判唯心主义美学起了重要作用。狄德罗和莱辛把唯物主义运用于观察文艺问题，创造了符合时代要求的崭新的现实主义美学和艺术理论，对艺术和现实关系、艺术的真实性和典型性、艺术想象和虚构以及艺术倾向性和社会作用等问题都做了精辟论述，从而使西方的现实主义艺术理论提升到一个新水平。此外，狄德罗和莱辛建立的市民剧理论，莱辛通过诗画比较建立的新的诗学理论，对于扫除古典主义文艺的羁绊，促进适应资产阶级要求的文艺的形成，也起了巨大的推动作用。由于启蒙思想家的唯物主义具有机械的、形而上学的性质，并且以普遍、抽象的人性来观察和分析社会历史问题，所以他们的美学思想也具有与上述问题相关联的弱点。

二　西方近代美学思潮的主导精神

17—18 世纪西欧产生的上述主要美学思潮是西方近代思想文化的一个组成部分。西方近代文化的核心价值观念，与中世纪文化的根本区别，就在于它所倡导的理性精神。所谓理性，在西方文化中有多重意义。从哲学认识论看，是用以表示进行逻辑推理认识的阶段和能力的范畴；从社会思想看，是指人人具有的普遍人性，合乎自然、合乎人性即为理性；从宗教神学看，理性是指有别于信仰的人类理智。康德在解答"什么是启蒙运动"这一问题时，认为启蒙运动就是人类脱离自己所加之于自己的不成熟状态。"要有勇气运用你自己的理智！这就是启蒙运动的口号。"① 恩格斯也指出，在启蒙运动中，"思维着的知性成了衡量一切的唯一尺度"，

---

① 康德：《历史理性批判文集》，何兆武译，商务印书馆 1990 年版，第 72 页。

"一切都必须在理性的法庭面前为自己的存在作辩护或者放弃存在的权利。"① 这都是对近代启蒙理性精神的最好注释。

这种理性精神既是对文艺复兴以来人文精神的继承和发展，也是随着自然科学兴起而出现的科学精神的体现。和近代西欧资本主义经济和社会生产力发展相伴随，近代西欧的自然科学发展取得了惊人成就。近代欧洲的科学革命和经济革命是同时发生的。"欧洲的科学革命在很大程度上应归功于同时发生的经济革命。近代初期，西欧的商业和工业有了迅速发展……这些经济上的进步导致技术上的进步；后者转而又促进了科学的发展和受到科学的促进。"② 17—18 世纪欧洲以一系列科学发现推进了近代科学革命，在许多重要领域都产生了伟大的科学人物。如开普勒、伽利略、牛顿和波义耳等。科学发展和它带来的新概念不仅对近代哲学发生了深刻影响，而且广泛影响了近代思想的形成。"近代世界与先前各世纪的区别，几乎每一点都能归源于科学。"③ 英国著名哲学家罗素说："通常谓之'近代'的这段历史时期，人的思想见解和中古时期的思想见解有许多不同。其中有两点最重要，即教会的威信衰落下去，科学的威信逐步上升。旁的分歧和这两点全有连带关系。近代的文化宁可说是一种世俗文化而不是僧侣文化。"④ 他又说："科学的威信是近代大多数哲学家都承认的；由于它不是统治威信，而是理智上的威信，所以是一种和教会威信大不相同的东西……它在本质上求理性裁断，全凭这点制胜。"⑤ 由此不难理解，人们为什么将欧洲这段历史时期称为"理性的时代"，也不难看到，科学战胜宗教，理性代替信仰，正是西方近代文化发展的主流。以启蒙精神为核心的西方近代文化，其主旨就是要在对神学批判基础上，从根本上恢复理性的主导地位，弘扬理性精神，把理性精神变成人生存在的思想根基和行为准则。

这种理性精神深刻渗透于近代欧洲哲学中。17—18 世纪欧洲哲学有着唯物主义和唯心主义、经验论和唯理论等各种派别的分野，但各派在提

---

① 《马克思恩格斯选集》第三卷，人民出版社 2012 年版，第 391 页。
② 斯塔夫里阿诺斯：《全球通史——1500 年以后的世界》，吴象婴、梁赤民译，上海社会科学院出版社 1999 年版，第 249—250 页。
③ 罗素：《西方哲学史》下卷，马元德译，商务印书馆 1982 年版，第 3 页。
④ 同上。
⑤ 同上书，第 4 页。

倡理性、限制信仰上却有着很大一致。这一时期哲学的发展有两个明显特点。一是新兴的资产阶级哲学反对经院哲学和传统宗教神学成为哲学发展的一个主要内容。这一方面是政治上反对封建势力的需要，另一方面也是发展自然科学的要求。二是认识论在哲学发展中占有十分重要的地位，哲学的注意力集中在认识主体与认识客体关系方面。这也和自然科学的发展密切相关。因为自然科学的发展一方面向哲学提出在认识论和方法论上加以指导的要求，另一方面也使哲学家们对科学认识方法和研究方法做出哲学上的概括具有了可能。在认识论的探讨中，形成了经验论和唯理论两种倾向或派别。两派虽有区别，但在强调人作为主体的认识能力——理性上则是共同的。培根等的经验论哲学是以尊重和颂扬人本身所具有的认识能力，即与盲目的信仰相对立意义下的广义的理性为前提的。正因为如此，威尔·杜兰在《世界文明史》中称培根是"理性的司晨者"①，并将其置于"理性时代的先驱地位"。②笛卡尔认为，理性是人生而有之的良知，即正确辨别真假的能力。从广义上说，理性与盲目信仰是对立的；从严格意义上说，理性是不同于感觉的高级认识能力。他的唯理论哲学认为理性是知识源泉，只有理性是最可靠的。他运用其所制定的理性演绎法建立起理性主义哲学体系。18世纪的法国唯物主义者和启蒙思想家对理性原则做了进一步的发挥。他们把理性当作人的本质，认为理性就是人的自然性、合理性，凡是合乎自然、合乎人性的就是理性，并把是否符合理性当作衡量是非善恶甚至美丑的根本尺度。到了德国古典哲学，康德把人的认识能力分为感性、知性、理性三个环节，认为理性是认识的最高阶段。黑格尔从唯心辩证法思想出发，认为理性是最完全的认识能力，也是思维和认识的最高阶段。他在批判包括康德在内的前人理性主义矛盾基础上，建立了一个无所不包的理性主义体系。

西方近代美学是在西方近代哲学直接影响下形成和发展起来的。因而，主导近代哲学发展的理性精神也必然主导近代美学的发展。17—18世纪和启蒙运动时期的欧洲美学尽管有法国新古典主义美学、英国经验主义美学、大陆理性主义美学、法国和德国启蒙运动美学等诸种美学思潮、派别的分野和更迭，但主导各种美学思潮和派别的人文精神就是理性精

---

① 威尔·杜兰：《世界文明史·理性开始时代》（上），幼狮文化公司译，东方出版社1999年版，第223页。

② 同上书，第227页。

神。法国新古典主义美学的基本精神是"理性"至上，把理性作为文艺创作的基本原则，认为文艺创作只有从理性才能获得光芒和价值，理性是构成普遍人性的核心，文艺须模仿自然，表现普遍人性。英国经验主义美学基本原则是充分肯定人的认识能力，重视人的感觉经验对美学研究的作用。和中世纪神学美学用思辨将美归结为来自彼岸的上帝完全相反，经验主义美学家通过感性经验的归纳，论证了美的现实存在，认为美既与对象的某种性质和特性相关，又依赖人心的特殊构造和功能，是人可以认识和把握的。经验主义美学高度肯定了人作为审美主体的作用，把审美主体感受和鉴赏美的能力的研究放到突出的地位，提出了培养和提高人的审美能力的途径和方法，并将审美、艺术与道德、教育紧密结合起来。大陆理性主义美学的基本出发点是先验的理性能力，把理性看作是人类普遍具有的辨别是非、善恶、美丑的良知良能。理性主义美学家在理性基础上构建美的本质，明确提出美学的目的是感性认识自身的完善，是教导人们以美的方式去思维，审美虽属于感性范围，却具有类似理性的性质。法国和德国启蒙运动美学用理性作为衡量一切的尺度，对不合时宜的新古典主义美学进行批判，将唯物主义运用于美学，认为文艺要真实地反映生活，同时作家要发挥想象、虚构、典型化的能动作用，使作品达到真、善、美的统一，对人起到教育和改造作用。所有这些美学主张，都充分体现了以人本精神和科学精神为支柱的现代理性精神，显示了近代美学的时代特色。

三 西方近代美学思潮中的两种基本倾向

17—18 世纪西欧美学发展的一个显著特点是受哲学认识论转向的影响，贯穿着经验主义与理性主义两种倾向的对立这条基本线索。如上所述，由于在实验自然科学基础上对认识论和方法论问题的深入而具体的研究，17—18 世纪的哲学家普遍地把自己的理论建立在反省思维的基础上，从而使这一时期哲学思想的发展中认识论占有显著和重要的地位，认识主体与认识客体的关系问题成为哲学探讨的主要问题。这标志着西方哲学的发展产生了一次被称为认识论转向的重要的转折，哲学研究的重点从本体论转向认识论，不仅推动西方哲学的发展进入到一个新的阶段，而且也使西方美学赖以建立的哲学基础产生了重要变化。如果说美学以前主要属于本体论，现在则主要属于认识论，即认识论学说的一部分。围绕认识论，西方近代哲学形成了经验主义和理性主义两派的对立。两派之间及两派内部在关于认识对象、认识主体、认识的起源和途径以及认识的方法等问题上都存在分歧和争论。这两大哲学倾向和派别的对立和争论也渗透到美学研究中，直接影响到近代美学的发展，使 17—18 世纪西欧美学发展沿着经验主义和理性主义对立的基本线索而展开。不仅英国经验主义美学和大陆理性主义美学直接反映了两派思想、观点的对立，而且法国新古典主义美学和法国、德国启蒙运动美学，也无不受到两派思想、观点的影响。

从认识论本身看，经验主义和理性主义两派的对立和争论首先是集中在认识的起源和途径问题上。经验主义认为，一切知识都起源于感觉经验，人心原本是一块"白板"。认识必须先从感觉经验开始，然后才能由感觉经验引申出理性知识。因此，理性知识必须以感觉经验为基础。理性主义则认为感觉经验没有普遍必然性。因此，具有普遍必然性的理性知识不能来自感觉经验而只能来自理性本身，即来自理性本身固有的某种"天赋原则"或"天赋观念"。他们虽然承认人的日常知识大都来自感觉经验，却否认理性知识须以感觉经验为基础。以上即是经验派与理性派在认识起源和途径问题上的不同答案，它也是划分经验主义和理性主义这两大流派的主要标准。至于两派在认识方法上的分歧则是受认识起源和途径问题上的分歧所制约的。经验派肯定了认识必须起源于感觉经验，则在认识方法上必然重视经验的归纳法，理性派肯定理性知识不能起源于感觉经验而只能起源于理性本身，则在认识方法上也就会强调理性的演绎法。

近代美学发展中经验主义和理性主义的对立正是奠基于两者在认识论的基本主张、基本原则上的分歧。经验主义美学家或受经验主义影响的美学家，其基本特点是强调从感性经验出发研究和解决各种美学问题，在方法上重视经验的归纳；理性主义美学家或受理性主义影响的美学家，其基本特点是强调从先验的理性原则出发研究和解决各种美学问题，在方法上重视理性演绎。在美的本质问题上，经验主义者重视美的感性特点，强调从审美对象的感性性质和形式因素以及审美主体愉快的情感体验中解释美。如英国经验主义美学家亨利·霍姆和荷加斯提出了形成美的对象的各种形式要素；休谟认为，美的本质是对象的某种性质适合于主体的心灵结构而引起的愉快情感。简言之，美即愉快；伯克认为，美是指物体中能引起爱或类似情感的某些性质，这些性质是单凭感官去接受的对象的感性品质，等等。与此不同，理性主义者重视美的理性基础，强调从先验的理性原则出发去寻求美的普遍内容和形而上的意义。如莱布尼茨认为美在于世界的秩序、和谐，它来自上帝的理性和对世界的预先的安排——"前定和谐"。斯宾诺莎认为美与圆满性是统一的，所谓圆满性就是实在性，即事物的本质和必然性。事物的圆满性与否，决定于事物的本性，与人的愉快感觉无关。沃尔夫和鲍姆加登都把美定义为"完善"，所谓完善，就是指事物符合它按本质所规定的内在目的，也就是对象所体现的目的和意义。虽然这种完善是指感性认识的完善，它需表现于感性形象，但它必须具有理性基础。

在美感和审美主体问题认识上，经验主义和理性主义也存在明显分歧。由于西方近代哲学发生的认识论转向，认识主体问题在一定意义上成为17—18世纪哲学的一个中心问题。伴随着哲学研究重点的转变，西方近代美学的研究重点也由对客体的美的本质的探讨转向对主体的审美意识、审美经验的分析。这在经验主义美学思潮中表现尤为突出，使对美感活动进行心理学和生理学的分析成为经验派美学的一个基本特点。"审美趣味"或"鉴赏力"成为18世纪美学的一个核心概念，以至于有的美学史家将18世纪称为"趣味的世纪"。[1] 围绕着对审美主体意识活动的分析，经验派和理性派各自从不同出发点，提出不同看法。经验派认为美学属情感研究领域，不同于一般认识论，所以着重应用心理学和生理学观点分析美感经验，强调美感中感觉、联想、想象、情感和本能等因素的作用。如艾迪生认为美感是一种来自视觉对象的"想象的快感"，它来源于伟大、新奇和美的事物，具有直觉特点。休谟认为，趣味和理性具有不同的功能，理性传达关于真与假的知识，趣味则产生关于美与丑的情感，前者具有客观性，后者则具有主观性、创造性。伯克认为，审美趣味是由感官的初级快感、想象力的次级快感以及推理官能的经验三部分组成的，但他强调感官和感觉是一切美感的来源，想象力和情感是美感中最活跃的因素。经验派美学家中还有的指出，"内在感官"是美感的特殊的主体来源，它是一种既不同于外在感官又不同于理性思考的审辨美丑的直觉能力。理性派美学家虽然也不否认美感与情感的联系以及审美趣味和理解力的区别，但他们主要是在认识论的框架内考察美感活动，即主要是分析美

---

① 乔治·迪基：《趣味的世纪，18世纪趣味的哲学巡视》，牛津大学出版社1996年版。

的认识活动的特点。如莱布尼茨认为审美趣味不同于理解力，是一些"混乱的知觉"，是一种"既是明白的又是混乱的"观念。鲍姆加登认为，美学是低级认识论，是研究感性认识的科学，美是感性认识的完善，即由感官认识到的完善，所以审美活动自然属于低级认识即感性认识的活动。理性派美学家中也有人认为审美是属于理性活动的，如笛卡尔就主张分辨美丑的能力来自先天的理性，审美和文艺虽然离不开想象和感性，但本质上是理性活动。上述不论哪种看法，都还是把美感当作一种认识。

在文艺观点和主张上，经验主义或受经验主义影响的美学家同理性主义或受理性主义影响的美学家之间存在更多分歧，涉及文艺标准和创作原则、文艺中理性与情感的关系、普遍性与个别性的关系以及内容与形式的关系等重要问题。如在理性主义哲学观点直接影响下形成的法国新古典主义美学的代表人物布瓦洛，主张将理性作为文艺的最高标准和创作的基本原则，强调文艺的真和美都必须依靠理性、符合理性，文艺应模仿由理性统辖的和真理一致的自然，即自然的普遍性、规律性，尤其是普遍的人性；主张作品塑造类型化人物和性格，忽视人物的个性特点；轻视内容而过分重视形式技巧，把一些形式技巧凝固化、刻板化，当作永恒不变的尺度和规范。而受到唯物主义经验论影响的法国启蒙运动美学的代表人物狄德罗则与新古典主义美学原则针锋相对，主张把真实、自然作为对艺术创作的基本要求和衡量艺术作品的基本标准，把真实地反映现实作为艺术的首要任务，认为艺术的美在于"形象与实体相吻合"，与艺术的真实性是统一的。艺术的模仿对象不是新古典主义者要求的理性统辖的自然，而是原始的、粗犷的、动荡的自然。作品中的人物不应当是类型化的，而应当既具有某类人物普遍特点，又具有个性差异。艺术的真实不同于哲学的真实，应重视想象、虚构和情感的作用。艺术的形式、体裁、技巧等应随时代生活和文艺内容的变化而变化、创新，不应固守新古典主义将之凝固化的某些形式、体裁和法则。

总之，在17—18世纪各种美学思潮、派别和各种美学理论、学说中，都可以看到经验主义和理性主义两种倾向的影响和对立。正是这两种倾向的分歧和对立，使美学中形式与内容、感性与理性、特殊与普遍、主体与客体这一系列对立面的矛盾十分尖锐地暴露出来，而寻求这些对立面的辩证统一也就成为近代美学进一步发展的必然要求和面临的主要课题，因此，将两种倾向和潮流会合起来，将上述对立面调和统一起来，便是后继的德国古典美学要做的主要工作。

康德是承担这一历史任务的第一人。他企图在"先验综合"基础上调和经验主义和理性主义，并从哲学、伦理学、美学三方面来实现这个目标。在美学上，康德既不满意经验主义的美即愉快的观点，也不满意理性主义的美即完善的观点，而是企图通过批判将两者结合起来，突出地提出了美感虽是一种感性经验却具有理性基础的思想，形成了美的理想在于感性与理性的统一的观点。按照康德的分析，审美判断是对象形式适合主体认识功能，使想象力和知性这两种认识功能可以自由活动而引起的一种愉快感觉，它不涉及欲念和利害计较而本身又是令人愉快的；不涉及概念而又涉及"不确定的概念"；没有明确的目的性而又符合目的性；虽是主观的、个别的却又有普遍性和必然性。康德对于上述审美判断的一系列矛盾或二律背反现象的分析，以及他在美的分析、崇高的分析和关于艺术、天才论述中提出的相互矛盾的观点，都充分说明他比前人更充分地认识到审美问题的复杂性和审美现象中的许多矛盾对立，并试图使对立双方达到调和统一。但康德美学实际上是沿用了理性主义的形而上学的方法，侧重于先验理性的分析，所以并没有也不可能真正将经验主义和理性主义统一起来，而只能达到二者之间的调和。尽管如此，通过康德美学，我们却可以看到西方近代美学所提出的最复杂的矛盾问题，从而得到西方美学史上最为丰富和深刻的思想启发。

（原载《学术研究》2006 年第 5 期）

论英国经验主义美学
特点和原创性理论贡献

英国经验主义美学是西方美学从古代向近代转换中最早形成的美学思潮之一，它以鲜明的特点和大陆理性主义美学互相并列、彼此对立，共同构成17—18世纪西方美学发展主线，对启蒙运动美学产生了重大作用。它继承了以希腊美学为开端的西方古典美学传统，但又按照时代的发展和需要发展了西方古典美学传统，不仅对传统美学命题和范畴做了新的阐释，而且回答了时代提出新的美学问题，阐明了一系列的新的美学概念和范畴，以原创性的理论贡献，将西方美学大大向前推进了一步，并对近、现代西方美学发展产生了巨大影响。

一 审美主体和审美经验成为
美学研究出发点和重点

西方美学发展到近代，出现了一个明显变化，就是美学研究的主要对象由审美客体逐渐地向审美主体转变，对人的审美经验或审美意识的研究开始上升到美学研究的主要地位。这一趋向在英国经验主义美学中表现得尤为突出，因而成为英国经验主义美学在研究对象上的一大特点。这一趋向和特点的形成，和整个西方近代哲学的变化是一致的。从16世纪末到18世纪中叶的西欧哲学，无论是英国经验论还是大陆唯理论，都将认识论放在突出地位。经验论和唯理论的分歧和论战，也都是以认识论问题为中心展开的。"近代思想的这两种倾向同古代思想的两种倾向的区别在于，近代思想的两种倾向有着共同的出发点，那就是思想着、感受着和知觉着的主体。"[1]

---

① 鲍桑葵：《美学史》，张今译，商务印书馆1985年版，第227页。

如果说，近代以前的西方哲学，总的来说是以本体论的问题作为哲学的中心问题。那么，发展到近代，开始发生了根本的改变，认识论问题变成了日益突出的问题之一。这种转变直接影响到美学的定位。如果说，在文艺复兴时期以前，美学属于本体论、存在学说的一部分，那么在近代，美学已不再是以前那种纯本体论学科，而已成为认识论的学科。这正是近代美学的主要研究对象开始从审美客体向审美主体转变的哲学前提。

英国经验主义美学之所以特别重视审美主体、审美经验研究，还与经验主义哲学的基本原理和方法直接相关。英国经验主义美学以经验主义哲学为基础，强调感性认识，重视感觉经验，倡导经验的观察和归纳，是其共同特点，也是它和理性主义美学的基本区别。经验主义美学家把这一原则和方法贯彻和应用于美学具体问题的研究中，必然会将注意力集中于观察和研究审美主体在审美鉴赏和艺术创造中的感性经验，分析审美主体经验性质、特点和形成规律。经验主义美学家的著作中虽然对美和艺术的本体论问题也有所涉及，但它们已不像西方古代美学家那样，主要努力于寻找美的本质和来源以及艺术的本质和来源这类形而上学的问题的答案，也不像古典主义者把研究兴趣主要放在艺术作品内容和形式本身，寻求艺术作品创作规范和原则，对艺术作品进行分类等。"相反，这个美学学派感兴趣的是艺术欣赏主体，它努力去获得有关主体内部状态的知识，并用经验主义手段去描述这种状态。它主要关心的不是艺术作品的创作，即艺术作品的单纯的形式本身，而是关心体验和内心中消化艺术作品的一切心理过程。"①

英国经验主义美学把审美经验或美感以及与之相关的感觉、想象、情感等问题研究提到首要地位。其研究成果中最具代表性、创新性的理论是"内在感官"说和"审美趣味"论，这两种学说在美学史上都产生了重大影响。有的美学史家称英国经验主义美学思潮为"'内在感官'新学派"，有的西方美学研究者称 18 世纪美学发展阶段是"趣味的世纪"。② 可以说，这两种关于审美经验的理论，最集中地表现出英国经验主义美学的理论原创性和独特贡献。

（一）内在感官说

内在感官说由舍夫茨别利提出，哈奇生做了进一步发挥。他们都认

① E. 卡西勒：《启蒙哲学》，顾伟铭等译，山东人民出版社 1988 年版，第 310 页。
② G. 迪基：《趣味的世纪，18 世纪趣味的哲学巡视》，牛津大学出版社 1996 年版。

为，"内在感官"是一种不同于外在感官的天生的审辨美丑和善恶的能力，具有直觉性、非功利性、社会性和普遍性。这是在西方美学史上第一次明确指出美感的特殊的主体来源，对探讨美感形成的原因及其特性提供了一种重要参照。

舍夫茨别利是"内在感官"新思潮始作俑者。他认为人天生就有审辨善恶美丑的能力，审辨善恶的道德感和审辨美丑的审美感两者根本上是相通的、一致的。审辨善恶美丑不能靠通常的五官——视、听、嗅、味、触，而只能靠一种在心里面的"内在的感官"。所以，"内在的感官"是在五种外在的感官之外的一种特殊感官，是专为审辨善恶美丑而设的感官，后来有人又把这种感官称为"第六感官"。

舍夫茨别利认为，这种审辨善恶美丑的能力虽然不同于外在感官，但是它在起作用时却和视觉辨识形色、听觉辨识声音具有同样的直接性，不需要经过思考和推理，所以，在性质上它还不是理性的思辨能力，而是类似感官作用的直觉能力。他说："眼睛一看到形状，耳朵一听到声音，就立刻认识到美、秀丽与和谐。行动一经察觉，人类的感情和情欲一经辨认出（它们大半是一经感觉就可辨认出），也就由一种内在的眼睛分辨出什么是美好端正的，可爱可赏的，什么是丑陋恶劣的，可恶可鄙的。这类分辨既然植根于自然，那分辨的能力本身也就应该是自然的，而且只能来自自然。"① 也就是说，"内在的眼睛"或"内在的感官"对善恶美丑的辨识是直接的，不假思考的；而且这种分辨善恶美丑的能力是自然的，也就是天生的。

然而，舍夫茨别利又指出，"内在的感官"毕竟和外在的感官有别，它不仅仅是一种感觉作用，而是与理性密切结合的。他将人分为动物性的部分和理性的部分，认为认识和欣赏美不能依靠前者，而需要借助后者。人的审美的能力或"内在的感官"不是属于动物性部分的低级的感官，而是属于理性部分的高级的感官。这里，舍夫茨别利实际上接触到美感的二重性问题，即一方面，强调审美能力、审美活动的感性性质和不假思索的直接性；另一方面，他又把审美能力视为一种理性性质的活动。然而他却不了解也没有解决美感的感性活动和理性活动如何统一问题，而只能在

① 舍夫茨别利：《论特征》，S. M. 恰亨、A. 迈斯金编：《美学：综合选集》，布莱克威尔出版公司 2008 年版，第 83 页。

两者之间徘徊。

哈奇生发挥了舍夫茨别利的"内在感官"说，使这一学说具有完整理论形态。他认为，人具有两种根本不同的知觉，即对物质利益的知觉和对道德善恶的知觉。前者引发人的物欲，后者则引起对人的行为的热爱与厌恶。与此相对应，人也有两种感官：一为接受简单的观念、感知对自己身体的利害关系的外在感官，即视、听、嗅、味、触五种外部的感官；二为接受复杂的观念、感知事物价值（善恶美丑）的内在感官。他有时又用"内在感官"特别指称人们接受美的观念和分辨美丑的能力。尽管哈奇生对内在感官和外在感官做了区分，而且把内在感官称作"高级的知觉能力"，但是，他又认为内在感官具有和外在感官相类似的直接性，正是根据这一点，他才把审美能力称作一种"感官"。他说："把这种高级的感知的能力叫作一种感官是恰当的，因为它和其他感官有类似之处：它的快感并不起于对有关对象的原则、比例、原因或效用的知识，而是立刻就在我们心中唤起美的观念。"① 也就是说，审美的内在感官具有一接触对象立刻便在我们心中唤起美的观念并直接引起审美快感的特点，它和对"有关对象的原则、原因或效用的知识"无关，因为知识要通过理性认识才能获得，不具有感觉的直接性。结合美感的直接性，哈奇生还论述了美感不涉及个人利害打算的观点。他说："显然有些对象直接是这种美的快感的诱因，我们也有适宜感知美的感官，而且这种感官不同于因期待利益的自私而生的快乐。"② 哈奇生强调美感或审美的内在感官不涉及利害观念，对舍夫茨别利的内在感官说做了新补充，并对后世关于美感性质的研究产生了重要影响。

（二）审美趣味论

审美趣味论作为英国经验主义美学核心理论，贯穿在艾迪生、哈奇生、休谟、雷诺兹、伯克等美学家的著作中，而其较完整的理论形态则是由休谟和伯克共同构建的。其理论内容包括趣味的内涵、性质和特点，趣味的心理构成因素，趣味的普遍标准及形成的基础，趣味普遍共同性和个别差异性的关系，趣味个别差异性形成的原因，趣味的先天因素和后天因素的关系，趣味的培养及其途径，等等。总之，经验论美学家都把"趣

---

① 哈奇生：《论美和德行两种观念的根源》，D. 汤森：《美学：西方传统经典读本》，琼斯与巴特出版社 1996 年版，第 122 页。

② 同上书，第 123 页。

味"看作是鉴赏、感受和审辨事物美丑的能力，是产生美感的心理功能。它和获得事物真假知识的认识能力是有明显区别的。感觉、想象、情感是"趣味"最基本、最活跃的构成因素。有的美学家将趣味和理性加以对比，强调二者之间的区别；有的则承认趣味与理性相关，也有的把判断力或推理列为趣味的组成部分之一。几乎所有美学家都肯定趣味具有共同性和普遍性，同时也肯定趣味具有多样性和差异性，并对它们之间的关系及各自形成原因做了多方的探讨。

休谟是对审美趣味的内涵、特点和标准问题做了全面探讨的第一人。所谓"趣味"，在休谟著作中就是指鉴赏力、审美力，它是休谟考察和阐述美感或审美心理时运用的一个核心概念。按照休谟的理解，人性主要由理智和情感两个部分构成，前者关系知识和认识问题，后者则关系道德和审美问题，所以，趣味不同于理性。他说："这样，理性和趣味的范围和职责就容易确断分明了。前者传达关于真理和谬误的知识；后者产生关于美和丑、德性和恶行的情感。前者按照对象在自然界中的实在情形揭示它们，不增也不减；后者具有一种创造性的能力，当它用借自内在情感的色彩装点或涂抹一切自然对象时，在某种意义上就产生一种新的创造物。"① 按照这段论述，趣味是一种不同于理性的能力，它具有情感性、主观性和创造性特点，它不是像理性那样，根据已知的或假定的因素和关系，引导我们发现隐藏的和未知的因素和关系，以获得真假的知识，而是在一切因素和关系摆在面前之后，使我们从整体感受到一种满足或厌恶、愉快或不愉快的情感。

基于以上对趣味和理性不同的特点的分析，休谟肯定了趣味的多样性和相对性。但他反对把趣味的多样性和相对性加以绝对化，认为存在一种"足以协调人们不同感受"的共同的"趣味的标准"和普遍性褒贬原则。他说："尽管趣味仿佛是变化多端，难以捉摸，终归还是有些普遍性的褒贬原则；这些原则对一切人类的心灵感受所起的作用是经过仔细探索可以找到的。按照人类内心结构的原来条件，某些形式或品质应该引起快感，其他一切引起反感。"② 这里，休谟不仅指出趣味的普遍原则是存在的，因而趣味的共同标准可以找到，而且认为这些普遍原则和共同标准是基于

---

① 休谟：《道德原则研究》，曾晓平译，商务印书馆 2001 年版，第 146 页。
② 休谟：《论趣味的标准》，《古典文艺理论译丛》（5），人民文学出版社 1963 年版，第 6 页。

共同的人性，即"人类内心结构"，也可以说是"人同此心，心同此理"。总之，休谟对于审美趣味的研究，既承认趣味的多样性、差异性，又肯定趣味的一致性、普遍性。他虽然承认趣味的多样性、差异性、相对性，却没有走向相对主义，而是要努力确立趣味的普遍原则和标准，借以协调趣味的差异，提高人的鉴赏力。

继休谟之后，伯克对趣味问题也做了专门论述。他在许多方面似乎都受到休谟的影响，但对趣味的性质和内涵以及趣味的普遍原则形成的基础等问题，又做了比休谟更进一步的研究和探讨。关于趣味的性质和内涵，伯克明确指出："我对趣味这词的解释只不过是指心灵的能力，或是那些受到想象作品与优雅艺术感动的官能，或是对这些作品形成判断的官能。"[1] 他认为，趣味涉及三种心理功能：感官、想象力、判断力或推理能力。如他所说："所谓趣味，就其最普遍的词义说，不是一个简单的概念，它分别由感官的初级快感的知觉，想象力的次级快感，以及关于各种关系、人的情感、方式与行为的推理能力的结论等各部分组成。所有这一切都是形成趣味的必要条件，所有这一切的基本组成在人心中都是相同的。"[2] 在构成趣味的三种心理功能中，伯克认为，感官和感觉是最基本的，感觉的缺陷会产生缺乏审美鉴赏力。在感觉基础上，想象力和情感成为审美趣味中最活跃的因素。想象力可以按照新的方式改变从感官接受的观念或形象，所以它是一种创造力，和快乐、恐惧等审美情感的内容直接相关。伯克把判断力或推理也列为趣味的组成部分和必要条件之一，认为判断力的缺陷会导致错误的或拙劣的趣味。这是他提出的一个新观点。休谟并没有把理性和判断力作为趣味的基本组成部分，而只是强调趣味和理性、鉴赏力和判断力二者之间的联系。在这一点上，伯克比休谟更进了一步。

和休谟一样，伯克也探讨了关于趣味的普遍原则和共同基础问题。他肯定趣味存在确定的原则和规律，并进而探讨了形成趣味的普遍原则和标准的基础，认为人性在感官、想象力和判断力三个趣味的组成部分方面大体上都是一致的。他说："人了解外界对象的一切自然能力是感知、想象与判断。而且首先是与感知有关。我们确实而且必须假设所有人的感觉器

---

① 伯克：《关于崇高与美两种观念根源的哲学探讨》，A. 菲利普斯编，牛津大学出版社1990年版，第13页。

② 同上书，第22页。

官的构造是几乎或完全相同的，因此所有的人感知外界对象的方式是完全相同或很少差异的。"① 在伯克看来，正因为感觉是确定的，不是任意的，而且，"人们的想象力的一致性与人们的感觉的一致性同样是非常接近的"，所以趣味的基础对所有人来说都是共同的，从而鉴赏就有了普遍的原则和标准。正如休谟认为趣味的共同标准是基于"人类内心结构"的一致，伯克也认为，趣味的普遍原则是基于"人的器官的构造"的相同。这种仅仅从人性乃至人的生理结构上观察和分析美感和趣味的观点，表现了旧唯物主义的一般局限性。但他们坚持美感和趣味的普遍原则和客观标准，对反对美学中的主观主义和相对主义，仍然起到了一定的历史作用。

二　经验归纳和心理分析形成美学研究新范式和新方法

与研究对象从审美客体、美的本质开始主要转向审美主体、美感经验相伴随，英国经验主义美学在研究方法上也由形而上的思辨研究开始主要转向形而下的经验研究，而且特别侧重对审美现象进行心理学和生理学的科学研究。这也是经验主义美学的一大特色。西方美学从古希腊罗马的柏拉图、普洛丁到中世纪的新柏拉图主义者奥古斯丁、阿奎那，都是从先验的理念出发，进行主观的甚至是神秘的哲学思辨，这种研究方法长期影响着西方美学发展。直到17世纪的大陆理性主义美学，也仍然延续着这种影响。而英国经验主义美学则受经验主义哲学方法的深刻影响，强调从感性经验出发，重视对客观现象的观察、实验，力求通过对经验的分析和归纳形成对于美学问题的理解和认识。洛克说："我们的一切知识都是建立在经验上的，而且最后是导源于经验的。"② 经验有两种：一为对外物的感觉；二为对内心活动的反省，每种经验都离不开人的心理活动。所以强调经验归纳，必然强调心理分析。正如吉尔伯特所指出："洛克的新方法在于，不是把一般的理性真理，而是把特殊的心理现象变为每一种科学研

① 伯克：《关于崇高与美两种观念根源的哲学探讨》，A. 菲利普斯编，牛津大学出版社1990年版，第13页。
② 洛克：《人类理解论》上册，关文运译，商务印书馆1959年版，第68页。

究的出发点。"① 休谟认为，人的科学必须建立在经验和观察之上，他的精神哲学包括美学的一个突出特点，就是大量细致的经验的心理分析。这也是他提出美学研究需具有"哲学精密性"的具体含义。他对美、趣味和悲剧快感等美学问题的研究都是建立在对观察材料和经验的科学分析和归纳的基础之上的。伯克也是以经验的事实作为研究崇高与美以及审美趣味等美学问题的出发点，他还用亲身观察的经验材料来论证自己的观点，并且主要是从心理学和生理学的角度去研究和阐释美与崇高、审美经验、悲剧快感等美学问题，特别是对崇高感和美感的心理和生理基础做了独创性的分析。

英国经验主义美学在对审美现象进行心理学和生理学的研究和解释中，形成了许多新的审美心理学说和概念，其中具有原创性、应用广泛、影响较大的有"观念联想"说、"同情"说等。

（一）观念联想说

观念联想理论由霍布斯提出，洛克加以解释，到休谟又将它系统化，它是经验论哲学和美学的主要论证依据之一。按照经验论哲学家和美学家的论述，观念联想属于想象，它是在想象基础上从一个观念联系到另一个观念的心理活动。如果说判断是认识事物间差异的能力，那么，作为想象的观念联想则是认识事物间相似的能力。观念的联想和"巧智"是同一种心理活动，因为"巧智"也是把各种相似相合的观念结合在一起。对于许多重要美学现象，如美、趣味的差异、审美快感、诗的形象创造等，经验论美学家都运用了观念联想理论加以解释。洛克在论到有关审美和创作的心理活动时，首先使用了"巧智"（wit）概念。"巧智"是17—18世纪欧洲文艺界相当流行的一个术语，但洛克却把它同"观念的联想"结合起来。他说："巧智主要见于观念的撮合。只要观念之间稍有一点类似或符合时，它就能很快地而且变化多方地把它们结合在一起，从而在想象中形成一些愉快的图景。"② 洛克区分了巧智和判断力的差别，认为巧智是把各种相似相合观念结合在一起，而判断力则是把各种差别细微的观念加以仔细分辨。这已暗含着形象思维和逻辑思维的区别。值得注意的

① 凯·埃·吉尔伯特、赫·库恩：《美学史》上卷，夏乾丰译，上海译文出版社1989年版，第305页。

② 洛克：《人类理解论》，转引自朱光潜《西方美学史》上卷，人民文学出版社1979年版，第210页。

是，洛克指出巧智可以在想象中形成愉快的图景，使人感动并得到娱乐，而且巧智所呈现出的美，并不需要苦思力索其中的理性，令人不假思考就可以见到，这不但揭示了巧智的审美特点，而且也指出了"观念联想"在形成美感中的作用。

关于观念联想这种心理现象，洛克也做了细微分析。他认为观念有两个来源：一为感觉，二为反省。同时，他认为观念的联想也有两种：一种是"自然的联合"；另一种是由机会和习惯而来的"习惯的联合"。前者主要是理性的作用，后者则往往不受理性的影响。关于后一种观念的联想，洛克写道："观念的这种强烈的集合，并非根于自然，它或是由人心自动所造成的，或是由偶然所造成的，因此，各人的心向、教育和利益等既然不同，他们的观念联合亦就跟着不同。"① 他举例说一个音乐家如果惯听某个调子，则那调子只要在他脑中一开始，各个音节的观念就会依次序在他理解中发现出来，而且出现时，并不经他的任何关心或注意。可见所谓习惯的观念联想，实则还是由于事物在时间、空间、性质、状貌等方面的接近而在人心中建立的联系，不过由于这种联系由于受个人因素影响，因而带有偶然性和特殊性。在审美活动中，习惯的观念联想是一种普遍现象。

洛克关于观念联想概念的提出，在审美心理研究中产生了很大的影响。休谟在论述美和同情作用以及悲剧时，就曾广泛使用了这一概念。哈奇生也曾用"观念联想"来说明人们审美爱好产生分歧的主要原因。

（二）审美同情说

审美同情说也是以观念联想为基础的，但它侧重在说明情感活动。这种理论认为，一切人的心灵在其感觉和作用方面都是类似的，凡能激动一个人的任何感情，也总是别人在某种程度上所能感觉到的，一切感情都可以由一个人传到另一个人，而在每个人心中产生相应的活动。这种人与人之间在感情上的互相感应和传达便是同情作用。这种同情作用，被经验论美学家广泛用来阐释美的生成、审美愉快、文艺欣赏以及悲剧审美效果等，以致被有的美学史家称作"关于同情的魔力的原则"。② 在论述审美心理活动中观念联想和同情作用时，经验论美学家还涉及所谓"移情作

① 洛克：《人类理解论》上册，关文运译，商务印书馆1983年版，第376页。
② 凯·埃·吉尔伯特、赫·库恩：《美学史》上卷，夏乾丰译，上海译文出版社1989年版，第336页。

用"的审美现象，因而它也是后来形成的移情说的滥觞。

运用"同情"说分析和解释审美快感和美的生成，休谟做得最为成功，也最有代表性，他明确地提出了美与同情作用及对象效用相关的学说，试图从心理功能上揭示美和快感的形成机制。休谟认为，大多数种类的美都是由同情作用这个根源发生的。同情是人性中一个强有力的原则。同情对于美感有一种巨大的作用，"我们在任何有用的事物方面所发现的那种美，就是由于这个原则发生的"。① "例如一所房屋的舒适，一片田野的肥沃，一匹马的健壮，一艘船的容量、安全性和航行迅速，就构成这些各别对象的主要的美。在这里，被称为美的那个对象只是借其产生某种效果的倾向，使我们感到愉快。那种效果就是某一个其他人的快乐或利益。我们和一个陌生人既然没有友谊，所以他的快乐只是借着同情作用，才使我们感到愉快。"② 按休谟的解释，同情作用是基于因果关系观念的联想。当我们看到任何情感的原因时，我们的心灵也立刻被传递到其结果上，并且被同样的情感所激动。看到对象的效用，我们便会联想它可以给其拥有者带来利益和引起快乐的效果，所以借着同情也感到愉快。对此，休谟举例说，房主向我们夸耀其房屋的舒适、位置的优点和各种便利细节。很显然，房屋美的主要部分就在于这些特点。这是为什么呢？休谟对此分析道："一看到舒适，就使人快乐，因为舒适就是一种美。但是舒适是在什么方式下给人快乐的呢？确实，这与我们的利益丝毫没有关系；而且这种美既然可以说是利益的美，而不是形象的美，所以它之使我们快乐，必然只是由于感情的传达，由于我们对房主的同情。我们借想象之力体会到他的利益，并感觉到那些对象自然地使他产生的那种快乐。"③ 值得注意的是，休谟认为在同情作用中，虽然涉及对象的效用和对人的利益，但作为审美主体，我们只是借助于想象，设身处地体会到物主的利益，而实际上，对象"与我们的利益丝毫没有关系"，即不涉及我们自己的利益。"这一学说实在是康德的'没有目的观念的合目的性'或他的'不关利害的快感说'的近似的前身。"④

伯克对同情这种审美心理现象也做过许多研究。他把同情看作是社会

① 休谟：《人性论》下册，关文运译，商务印书馆 1983 年版，第 618—619 页。

② 同上书，第 618 页。

③ 同上书，第 401 页。

④ 鲍桑葵：《美学史》，张今译，商务印书馆 1985 年版，第 236 页。

交往必需的感情，同时又带有自我保存性质。认为文艺欣赏和悲剧效果主要基于同情："主要地就是根据这种同情原则，诗歌、绘画以及其他感人的艺术才能把情感由一个人心里移注到另一个人心里，而且常常能在不幸、苦难乃至死亡上嫁接上愉快。大家都看到，有一些在现实生活中令人震惊的事物，放在悲剧和其他类似的艺术表现里，却可以成为高度快感的来源。"① 这里涉及悲剧何以产生快感的问题。西方美学中向来有一种颇具影响的看法，就是认为悲剧能产生快感的原因在于它是虚构。伯克不赞成此说。他指出，对于并非虚构的、真正的悲惨事件和人们的厄运，我们也会因受感动而感到愉快。无论是历史中所追述的，还是我们目睹的，灾难和厄运总是令人感动并感到欣喜。"这是因为当恐怖不太迫近时，它总是产生一种欣喜的感情，而同情则往往伴随着愉快，因为它产生于爱和社交感情。"② 悲剧和真正的灾难和不幸的差别在于它可由仿效的效果而产生快感，但实际上，真正的灾难和厄运比仿效的艺术和悲剧能激发更大的同情，引起更大的快感。用"同情"来解释悲剧何以引起快感的特殊审美效果，是伯克的一个新贡献。虽然它也不无片面性，但比起用"虚构"、"模仿"、"技巧"等原因来说明悲剧快感的理论，伯克的看法更深入地接触到悲剧美感的特殊心理根源，因而在美学史上是颇受重视的。

三 传统美学范畴获得新阐释和新内涵

英国经验主义美学顺应时代需要，从当时审美实践经验出发，结合艺术欣赏和创作的新情况，对传统的美学命题做了新的探索和阐释，同时又提出了一些新的美学范畴，深刻阐明了艺术和审美中许多新问题，从而更新了美学研究的内容，这也是经验主义的一个特点和贡献。如何使古典的美学传统与近代的审美经验相结合，是经验论美学家关注的中心问题。因而，对于西方古典的传统美学范畴的思考和批判，始终贯穿于英国经验主义美学发展的过程。"在这个批判领域，思考工作采取环境为它规定的方

① 伯克：《关于崇高与美两种观念根源的哲学探讨》，A. 菲利普斯编，牛津大学出版社1990年版，第41页。

② 同上书，第42页。

式，即同构成当代局势的主要事实的既定的对比进行斗争。而且随着思考逐渐打破传统的樊笼，它的成果越来越带有经验性了——这里指的是更富于生气了，更具体了，更接近于它的努力后来产生的真正的哲学思辨了。"①

（一）美的范畴论

对于美这一传统美学命题的思考和批判，仍然构成英国经验主义美学的一个主要内容。在经验派美学家中，有的继续在形而上学的哲学思辨中探求美的本质答案，如舍夫茨别利和休谟，有的则从审美鉴赏和艺术创造的实际出发，通过研究审美事实，去概括美的对象的形式上的特征和原则，如荷加斯、霍姆和伯克；还有的试图对美进行分类，并相应提出新的美学范畴，如哈奇生、霍姆，总之，是要对美这一传统美学命题注入新的内容。其中，舍夫茨别利对于美的精神本源的思考，休谟从对象与主体的关系说明美的本质的理论，伯克、荷加斯关于美的对象特质和美的形式原则的分析，哈奇生和霍姆关于绝对美和相对美的区分等，都为德国古典美学进一步解决美的本质问题提供了重要的思想资料。就美的本质的探讨来说，最能反映经验主义美学特点和代表性的成果，应是休谟关于美的本质特征的分析。他说："美是一些部分的那样一个秩序和结构，它们由于我们天性的原始组织，或是由于习惯，或是由于爱好，适于使灵魂发生快乐和满意。这就是美的特征，并构成美与丑的全部差异，丑的自然倾向乃是产生不快。因此，快乐和痛苦不但是美和丑的必然伴随物，而且还构成它们的本质。"② 这段论述有两点值得注意：第一，明确指出快乐构成美的本质，是美的特征和美与丑的全部差异，这实际上就是把美等同于审美主体的快乐情感，正如吉尔伯特和库恩所说："休谟把美与快感相等同，把快感与我们实体的原动力相等同。"③ 第二，分析作为美的本质的快乐产生的原因，一方面是对象的各部分之间的秩序和结构，这是客体方面的条件；另一方面是人的天性的原始组织、习惯、爱好，是主体方面根源，审美主体的快乐就是由于对象的条件适宜于主体心灵而产生的。

从上述对美本质的基本观点出发，休谟从不同方面对美做了考察和分

---

① 鲍桑葵：《美学史》，张今译，商务印书馆1985年版，第238页。

② 休谟：《人性论》下册，关文运译，商务印书馆1983年版，第334页。

③ 凯·埃·吉尔伯特、赫·库恩：《美学史》上卷，夏乾丰译，上海译文出版社1988年版，第321页。

析。一方面，休谟认为美不是对象的一种性质，它只是对象在人心上所产生的效果，所以只存在于观赏者的心里。"即使只有心灵在起作用，感受到厌恶或喜爱的感情，它也会断定某个对象是丑的、可厌的，另一对象是美的、可爱的"①，因此，具有特殊组织结构的人的心灵对美的产生具有决定作用。另一方面，他又肯定对象的性质是引起审美主体快乐情感的必要条件，甚至认为对象产生快乐的能力便成为美的本质。他说："虽然美和丑比起甜和苦来，可以更加肯定地说不是事物本身的性质，而是完全属于内外感官感觉到的东西，不过我们还是应该承认，对象本身必有某种性质，按其本性是适于在我们的感官中引起这些感受的。"② 表面看来，休谟这两方面论述似乎是矛盾的，但他却努力将这两方面——对象的性质和主体的心灵统一起来。他的基本观点是把美的本质看作对象性质适合于主体心灵而引起的愉快情感。较之此前西方美学界颇为流行的"美是理念"和"美在形式"的看法，休谟关于美的本质的见解是具有创新意义的。他不是从先于人存在的"理念"出发，也不是从外在于人而存在的"形式"出发，而是从人对美的主体感受经验——快感出发，去探寻美的生成的主、客体原因，这无疑为探究美的本质开辟了一条新的途径。不过，由于历史和思想局限，休谟并没有科学地解决主客体在美的形成中的关系问题，他最终还是强调审美主体的情感和感受决定着对象的美与丑，所以从主导方面来看，休谟还是属于美的主观论者。

（二）崇高的范畴论

英国经验主义美学家非常重视对崇高这一美学范畴的研究，他们比以往任何时代美学家都更为注意和美相区别的崇高现象以及对崇高的审美经验。这和那个变革时代的整个精神状态以及审美理想和趣味的变化是一致的。艾迪生提出了"伟大"这一范畴，并使之与美相并列，极力推崇大自然崇高美；休谟赞赏诗的巨大魅力在于崇高的激情，并将它与温柔并列为两种不同的情感形象；霍姆论述了"雄伟"这一范畴，分析了它和美在对象特性及主体感受上的区别。而伯克，则以崇高与美两种观念根源的探究作为论著的主题，第一次将崇高提升为一个独立的审美范畴，将其与

---

① 休谟：《论怀疑派》，《人性的高贵与卑劣——休谟散文集》，杨适等译，上海三联书店1998 年版，第 10 页。
② 休谟：《论趣味的标准》，《人性的高贵与卑劣——休谟散文集》，杨适等译，上海三联书店 1998 年版，第 151 页。

美严格区别开来。他对崇高感的心理生理基础的探讨和对崇高对象特质的描述，将西方美学对崇高范畴的研究提升到一个新的水平，具有承前启后的作用。

伯克从人的情欲和情感出发，着重探讨了崇高感形成的心理和生理基础。他认为，大多数能对人的心情产生强有力作用的感情，都可以简单分成两类：一类涉及"自我保存"，另一类涉及"社会交往"。这两类感情符合不同目的，前者是要维持个体生命的本能，后者是要维持种族生命的生殖欲和满足互相交往的愿望。总的来说，崇高感源于自我保存的感情，美感则源于社会交往的感情。

在分析崇高感和自我保存感情关系时，伯克指出，涉及自我保存的感情大部分与痛苦和危险有关，它们一般只在生命受到威胁的场合才激发起来，在人的情绪上主要表现是恐怖或惊惧，而这种恐怖或惊惧正是崇高感的基本心理内容。他说："凡是必然适合于引起痛苦或危险观念的事物，即凡是必然令人恐怖的，或者涉及可恐怖的对象，或是类似恐怖那样发挥作用的事物，就是崇高的一个来源。"① 崇高感的主要内容是恐怖，它本来也是一种痛感，但崇高对象引起的恐怖和实际生命危险产生的恐怖两者在情感调质上不同。对实际生命危险的恐怖只能产生痛感，而对崇高对象的恐怖却能由痛感转化成快感。这是为什么呢？伯克对此的解释是："当危险或痛苦太迫近时，它们就不能产生任何愉快，而只是单纯的恐怖。但是如果相隔某种距离，并得到了某些缓和，危险和痛苦也可以变成愉快的。"② 也就是说，崇高感的形成既要使人感到危险，又要使危险不太紧逼，相隔一定距离，不致成为真正的危险。这样，由于危险受到缓和，加上其他原因，崇高对象引起的恐怖便可由痛感而转化为一种愉悦。这种看法已经潜伏着以后的所谓"心理距离"的萌芽。

伯克还指出，崇高感与竞争心或向上心这种社会交往情感相联系，因为崇高对象能提高一个人对自己的估价，引起对人心是非常痛快的那种自豪感和胜利感。他说："在面临恐怖的对象而没有真正危险时，这种自豪感就可以被人最清楚地看到，而且发挥最强烈的作用，因为人心经常要求

---

① 伯克：《关于崇高与美两种观念根源的哲学探讨》，A. 菲利普斯编，牛津大学出版社1990年版，第36页。

② 同上书，第36—37页。

把所观照的对象的尊严和价值或多或少地移到自己身上来。"①　在前面论述自我保全的感情时，伯克曾分析崇高中的恐怖能由痛感转化为快感，是由于危险处于某种距离以外而受到缓和，这里又进一步指出由于审美主体的自豪感和胜利感发挥作用。这和康德认为崇高感是一种自我尊严和精神胜利的看法相吻合。可以说，在西方美学家中，伯克是对崇高感的心理和生理基础分析得最为充分的人物之一。它不仅在方法上是独特的，而且在内容上也是具有独创性的，对后来西方关于崇高范畴的研究产生了重要影响。吉尔伯特说："康德关于崇高的整个理论是在伯克的影响下出现的。"②　康德不仅认真读了伯克论崇高的著作，而且他对崇高的分析，几乎采用了伯克的所有要点，如认为崇高感伴随恐惧感，是经过克服痛感之后所产生的快感等。不过，康德从主观主义出发，突出崇高的主观基础和主观来源，这就与伯克的经验主义和唯物主义立场不同了。

　　总之，英国经验主义美学在美学研究对象的转换、美学研究范式的转型、美学研究内容的创新等方面，都表现出鲜明特点，并对西方美学做出了独特贡献，从而对西方近、现代美学发展产生了深远影响。

　　英国经验主义美学促进美学研究重点转向审美主体和审美意识，对审美经验和审美能力的特性和规律做了创造性的研究，其影响是巨大而深刻的。康德是直接在英国经验主义美学影响下开始美学研究的。尽管他企图调和经验主义和理性主义美学，但是他的美学研究始终侧重对审美主体、审美意识、审美活动的考察和分析。正因为经验派美学突出提示了审美活动特点，同时也明显暴露了它存在的矛盾，康德才能在批判、综合经验派美学和理性派美学不同观点的基础上，对审美活动的特点和规律做出更深刻的分析。康德以后，从尼采、叔本华一直到 20 世纪各种现代美学流派，诸如表现主义、自然主义、直觉主义、实用主义、现象学、符号学各派美学以及各派心理学美学等，无不把对审美主体、审美经验的研究放在美学研究的中心位置。追根溯源，我们不能不看到经验主义美学的历史影响。

　　英国经验主义美学形成对审美现象进行经验归纳和心理分析的研究新范式，其影响也颇为深远。各种现代心理学美学派别固然非常强调对审美

---

① 伯克：《关于崇高与美两种观念根源的哲学探讨》，转引自朱光潜《西方美学史》上卷，人民出版社 1979 年版，第 241 页。

② 凯·埃·吉尔伯特、赫·库恩：《美学史》下卷，夏乾丰译，上海译文出版社 1989 年版，第 427 页。

经验、审美现象的心理和生理分析，以致形成与"形而上"的美学研究相区别的"形而下"的美学研究方式，就是像自然主义、实用主义和新自然主义等现代美学流派，也都非常强调经验事实的研究和心理的分析。杜威的实用主义美学的一大特点，就是始终从"经验"分析出发。他明确声称，实用主义是对"历史上经验主义"的继承和改造。从自然主义到实用主义，无不非常重视对艺术事实和审美经验的观察和描述。到门罗的新自然主义美学，更主张美学要转向具体、经验的心理学和社会学研究，推动美学走向"科学"。西方现代美学研究中的这种倾向和潮流，可以说是经验主义美学的历史影响的延续。

由于英国经验主义美学受到经验主义哲学片面强调感觉经验和感性认识作用的影响，同时，经验主义美学家又强调美学是以情感为对象，因此在考察和分析审美经验时，过分偏重审美的感性和直接性的特点，强调情感、情欲在审美中的作用，而较为忽视审美活动的理性方面，有的甚至认为审美是与理性无关的。经验主义美学家偏重从人的情欲出发解释美学现象，尤其注重对审美经验的心理和生理基础的研究，但由于他们不能科学地了解人性和人的本质，脱离了人的社会实践和历史发展，仅仅把人看作是具有固定不变的心理和生理特性的动物性的人，而不是看作社会的人，这就不能科学地说明审美现象和审美意识的社会性质。经验主义美学对于审美现象所做的经验的、心理学的描述，固然对解决美学问题提供了丰富的思想资料，但由于缺乏哲学的思考，它对美学问题的解释还难以达到哲学应有的理论高度。这些都显示出英国经验主义美学的不足和局限性。但同它的贡献相比较，这些不足和局限性是次要的，并且在当时历史条件下，也是不可避免的。

[原载《华中师范大学学报》（人文社会科学版）2003 年第 6 期]

大陆理性主义美学的演变和特点

西方近代美学是以大陆理性主义美学和英国经验主义美学为开端的。如果没有这两大美学思潮作为基础，就不可能有德国古典美学这个高峰的出现。其中，大陆理性主义美学就是康德美学的直接来源之一。因此，深入分析大陆理性主义美学，对于了解西方近代美学来龙去脉和美学现代性的形成具有重要意义。

一 大陆理性主义美学的发展演变

大陆理性主义哲学和美学的产生稍晚于英国经验主义哲学和美学。理性主义哲学创始人笛卡尔比经验主义哲学创始人培根晚生 35 年，培根的《学术的进展》出版于 1605 年，而笛卡尔的《谈谈方法》则出版于 1637年。尽管如此，理性主义和经验主义的发展却是相互促进、并驾齐驱，并且相互重叠、彼此交错。和英国经验主义美学一样，大陆理性主义美学从产生、发展到终结，大致经历 17—18 世纪。不同的是，英国经验主义美学代表人物都来自英国，而大陆理性主义美学代表人物却来自法国、荷兰、德国等欧洲大陆国家。虽然理性主义美学特别是以理性主义为基础的法国古典主义文艺思想在英国也有较大影响，但在英国却没有产生理性主义美学代表人物。我们当然不能像有的论著所说，将理性主义看作是"代表铁板一块"的哲学和美学主张[①]，但是理性主义和经验主义毕竟在哲学认识论的基础问题上存在着根本分歧，因此以理性主义哲学为基础而形成的美学思想，和经验主义美学思想在观点、方法上自然存在原则区

---

① 约翰·科廷汉:《理性主义者》，江怡译，辽宁教育出版社、牛津大学出版社 1998 年版，第 10 页。

别，而在其自身却必然具有相互的一致性和关联性。正是着眼于哲学基础和美学思想倾向上的一致性和关联性，我们才将笛卡尔、高乃依、布瓦洛、斯宾诺莎、莱布尼茨、伍尔夫、戈特舍德、鲍姆加登看作是大陆理性主义美学代表人物。不过这些代表人物在哲学和美学的许多问题上也仍然存在差别。就哲学形而上学来说，有的是唯心主义者，有的是唯物主义者，有的持二元论，有的持一元论；就认识论的倾向来说，有的保持较纯粹的理性主义形态，有的则在理性主义基础上吸纳了某些经验主义的成分；就美学研究方法来说，有的是从某种理性主义哲学体系出发，在体系的框架内对美学问题进行思辨的研究；有的则着眼于文艺创作实践，运用理性主义观点和原则，总结和概括美学理论和文艺法则。总之，他们是以不同立场和方式共同推动理性主义美学的发展。

正如黑格尔所说，近代哲学是从笛卡尔的思辨形而上学开始的。笛卡尔第一个以明确的哲学形式宣布了人的理性的独立，开创了近代理性主义哲学思潮。他对于人类理性、自我主体以及先天观念的强调和张扬，不仅开创了一种哲学研究的全新方式，也为美学提供了一种全新的方法论。尽管笛卡尔没有写过系统的美学著作，但他所创立的理性主义哲学却为近代理性主义美学的形成奠定了基础，"他的整个体系包含了一种美学理论的大致轮廓"。① 因此，他是近代理性主义美学的真正创始者和奠基者。在美学思想上，笛卡尔主要结合哲学和艺术问题，对一些具体美学问题进行了探讨，尚未形成完整的体系。他的形而上学通过理性推论，肯定了上帝是心灵和自然的创造者，当然也就认为上帝是美的来源。不过，在具体考察现实事物的美时，他又将美定义为"我们的判断和对象之间的一种关系"，认为美是对象与人的外在感官和内在心灵之间的关系的适合、符合或协调，突出了判断美丑的主体价值标准。同时，他也指出美在对象部分之间的比例和协调，强调美的整体性和统一性。他肯定美的相对性和美感的差异性，认为美感是包含着复杂心理活动的"理智的愉快"。尽管笛卡尔在哲学中抬高理性、贬低感性，但他并不否认想象和情感在文艺创作中的独特作用。他的美学思想既具有理性主义的基本特点，也注意到审美问题的特殊性和复杂性，并不像后来法国古典主义者那样走极端。

以高乃依、布瓦洛为代表的法国古典主义文艺理论是在笛卡尔理性主

---

① E. 卡西勒：《启蒙哲学》，顾伟铭等译，山东人民出版社1998年版，第273页。

义哲学基础上发展起来的。古典主义文艺理论从两个方面推进和发展了理性主义美学。第一，它将笛卡尔的理性主义的方法论原则具体应用到文艺创作和文艺研究中来，在总结古典主义文艺创作经验的基础上，提出了理性主义的文艺美学原则；第二，它将理性主义的美学思想和文艺理论条理化、系统化，形成了一个完整的理性主义美学和文艺理论体系。法国古典主义文艺思潮兴起于 17 世纪 30 年代，而在路易十四时代达到全盛。如果说较早的沙坡兰和高乃依对戏剧的功能作用、戏剧创作以及戏剧"三一律"等论述只是对古典主义文艺理论的初步探讨，那么，在古典主义全盛时期产生的布瓦洛的《诗的艺术》，则是集古典主义文艺理论之大成，因而被称为古典主义的美学法典。布瓦洛应用笛卡尔的理性主义哲学原则来总结古典主义文艺的创作经验，分析和解决文艺问题，从而使理性主义具体转化为古典主义文艺的美学原则。他提出文艺创作要依靠和服从理性，凭理性获得价值，以理性为最高准则。文艺模仿自然，要以理性为统辖，表现自然的普遍性和普遍的人性，达到符合理性的真实。文艺应在理性基础上达到真善美的统一，把善和真与趣味融成一片。刻画人物要符合类型性和固定的性格模式。作品的形式安排、语言运用乃至体裁风格都要符合规范化要求和凝固化规则，等等。可以说，笛卡尔开创的理性主义哲学原则和方法，正是通过以高乃依、布瓦洛为代表的古典主义美学和文艺理论，才得以在美学和文艺领域中产生广泛而深刻的影响。由于古典主义文艺思潮在法国乃至整个欧洲的广泛而持久的传播，"17 世纪的文学界，各方面都体现了笛卡尔连第一句话也从未写过的笛卡尔美学"。①

斯宾诺莎是继笛卡尔之后的另一个理性主义哲学代表人物。他批判了笛卡尔的二元论，建立了肯定神即自然就是唯一实体的唯物主义一元论，同时进一步将笛卡尔的理性主义认识论原则系统化，强调普遍必然性知识，并把普遍性原则贯彻到哲学的各个方面，形成了从内容到形式都更为完备的理性主义哲学体系。他将知识论、伦理学和美学相互结合起来，使理性主义美学获得了更完备的表述。在论述一般的美丑观念时，斯宾诺莎认为美丑不是指自然事物本身性质，而是依据自然事物对于人的作用和感觉，对自然事物所作的一种价值判断。美丑与善恶和圆满、不圆满概念一

---

① 埃米尔·克兰茨：《笛卡尔的美学学说》，转引自凯·埃·吉尔伯特、赫·库恩《美学史》上卷，夏乾丰译，上海译文出版社 1989 年版，第 264 页。

样，都属于按照人的感觉来解释自然的概念。同时，他又指出，作为按照自然本来面目来解释自然的概念，圆满性就是事物的实在性和本质。与这种圆满性相一致的美，不是对人的感觉而言的美，而是对于事物本质的理性直观。在论述人的心灵活动时，斯宾诺莎认为想象和理性是相互区别、相互对立的两种认识方式。想象是人的身体情状的观念，它以形象方式而不是概念方式来认识事物。想象和联想的观念联系不同于理智的观念联系。理智的观念联系是客观的、逻辑的；想象的观念联系是主观的、情感的。尽管斯宾诺莎抬高理性，贬低想象，认为想象不能像理性那样达到对事物本质的正确认识，但他却充分肯定了想象的特点及其在文艺创作中的特殊作用。他进而指出，情感与想象是互相联系、互相统一的，作为凭借身体情状而形成的观念，想象是对外物的认识，情感是对外物的反应。由想象—情感形成的同情作用在审美经验中具有重要作用。惊异、恐惧和轻蔑、嘲笑是形成崇高感和滑稽感的两种情感样式。这些论述进一步丰富和深化了理性主义美学的内容。

出生稍晚于斯宾诺莎的德国哲学家莱布尼茨，是理性主义哲学和美学的卓越代表。他接受并发展了笛卡尔的理性主义哲学，建立了以单子论为核心的客观唯心主义形而上学体系，完成了大陆理性派哲学从二元论经过唯物主义一元论到唯心主义一元论的发展过程。在认识论上，他坚持先验论，认为普遍必然性的真理只能是心灵先天固有的，从而将理性主义推向极端。但他也吸收和结合了经验主义的合理成分，提出潜在的天赋观念论，承认"事实的真理"，强调个体性原则，等等。他从单子论的"前定和谐"说出发，论证了美的本质在和谐、秩序，和谐即是"多样性中的统一性"。和谐来自上帝的理性对于世界的预先规定和安排，因而美的本原来自上帝。这是将目的因引入对于美的解释，试图在物质形式与实体形式、可感世界与理性主义之间建立起联系，以揭示某种最终的形而上学原因。同时，他又从单子论的认识论出发，阐述了美感属于既明白又混乱的认识，是一种"混乱的知觉"，具有知其然而不知其所以然、令人愉悦却不涉及功利的特点。审美虽然属于感性认识活动，却蕴含着理性内容。这就将美感纳入理性主义认识论框架，并确立了美学在认识论体系中的地位。这一切使莱布尼茨的美学思想成为理性主义美学发展的成熟阶段的集中表现，并对后来德国理性主义美学发展产生了巨大影响。

莱布尼茨哲学的直接继承者沃尔夫以"一种死气沉沉的学究思想方式"[1]，将莱布尼茨的哲学观点系统化和通俗化。这种所谓的"莱布尼茨—沃尔夫哲学"长时期在德国占据统治地位，对理性主义哲学和美学发展具有较大影响。在哲学上，沃尔夫完全接受了莱布尼茨的单子论和前定和谐说，坚持唯心主义的唯理论。在他构建的庞大的哲学体系和各分支学科中，研究理性认识的逻辑学被放在哲学及其各学科总导引的地位，唯独感性认识没有专门学科进行研究。正是这一点促成鲍姆加登提出要建立一门研究感性认识的学科——美学。在美学思想上，沃尔夫强调"完善"（perfection）这一概念，认为美在于事物的完善。这种看法后来对鲍姆加登的美学思想产生了直接影响。

莱布尼茨和沃尔夫的理性主义哲学在文艺上的影响，主要表现在德国文艺理论家戈特舍德的诗学中。"如同在法国，布瓦洛的诗学符合笛卡尔的哲学一样，在德国，戈特舍德的理性主义的诗学也符合沃尔夫的笛卡尔—莱布尼茨的理论。"[2] 戈特舍德推崇和追随法国新古典主义文艺思潮，他的《批判的诗学》和布瓦洛的《诗的艺术》如出一辙，片面强调理性对于文艺的作用，主张"哪一种趣味能与理性规定的规则一致，它就是好的趣味"。[3] 认为作家只要依据理性，从道德准则出发，并掌握一套规则，就可以炮制出作品；艺术的本质和任务是对人进行理性和道德教育。围绕理性和想象及其与文艺的关系，戈特舍德和当时的苏黎士派展开论战，从一个侧面反映出理性主义和经验主义、新古典主义和浪漫主义在文艺问题上的根本分歧。

莱布尼茨和沃尔夫的理性主义哲学对于美学的影响，集中表现在鲍姆加登的美学理论中。鲍姆加登直接受业于沃尔夫，是沃尔夫哲学的信徒和"个别加工者"。[4] 他根据沃尔夫关于低级认识能力（感性）和高级认识能力（理性）的划分提出，在认识论中，除了研究理性认识的逻辑学之外，还应建立一门专门研究感性认识的学科即美学。他把逻辑学称为高级

---

① 罗素：《西方哲学史》下卷，马元德译，商务印书馆1982年版，第123页。

② 克罗齐：《作为表现的科学和一般语言学的美学的历史》，王天清译，中国社会科学出版社1984年版，第55页。

③ 戈特舍德：《批判的诗学》，马奇主编：《西方美学史资料选编》（上），上海人民出版社1987年版，第502页。

④ 黑格尔：《哲学史讲演录》第四卷，贺麟、王太庆译，商务印书馆1997年版，第192页。

认识论，而把美学称为低级认识论，使两门独立学科彼此并列，从而在理性主义框架下为美学在哲学的领地内赢得一席之地。他在沃尔夫的美的定义的基础上，进一步提出"美是感性认识的完善"的论断，从客体对象的完善和主体认识本身的完善两方面对美的本质做了新的界说。他在一定程度上克服了理性主义的局限，肯定了美学作为感性认识的科学价值，认为美的认识虽然属于感性认识，却具有与理性认识相类似的性质，是"类似理性的思维"，能够达到"审美的真"，表现出理性认识与感性认识相调和的倾向。同时，他也指出审美的真和逻辑的真在认识和把握真的途径和方式上是不同的，强调诗的感性化和个性化特征，充分肯定感知、想象、情感、幻想对于诗的创造的作用。这也在某种程度突破了新古典主义诗学束缚。理性主义美学发展到鲍姆加登，已经进入尾声。尽管鲍姆加登仍然坚持理性主义立场，完全服从严格的理性规则，但他却在理性法庭上为审美直觉辩护，充分肯定作为感性认识的美学和美的认识的地位和作用，也充分肯定了美的认识和文艺的特点，这在实际上已暴露出理性主义美学的片面性和内在矛盾，因而也就预示了理性主义美学的终结。

二　大陆理性主义美学的基本特点

大陆理性主义美学是在理性主义哲学的基础上形成和发展起来的。它的特点和理性主义哲学的特点密切相关。大陆理性主义和英国经验主义都是西方近代哲学发生"认识论的转向"的推动力量和重要成果，它们都把认识论作为哲学的突出问题和主要问题。但两者对认识的起源、途径和方法问题却存在着完全不同的看法。经验主义认为，一切知识都起源于感觉经验，认识须从感觉经验开始，理性知识必须以感觉经验为基础；理性主义则认为有普遍必然性的理性知识不能来自感觉经验，而只能来自理性本身固有的某种先天观念，因而也否认理性知识须以感觉经验为基础。可以说，对于认识起源和途径问题的不同答案，是区分理性主义和经验主义的基本标准和分水岭。黑格尔指出，近代哲学在消除思维与存在对立的做法上分为两种主要形式。"一种是实在论的哲学论证，另一种是唯心论的哲学论证；也就是说，一派认为思想的客观性和内容产生于感觉，另一派则从思维的独立性出发寻求真理。"① 这里所说正是经验主义和理性主义在认识起源和途径上的根本对立。由此出发，形成经验主义和理性主义两派哲学的不同特点。经验派哲学强调认识的经验来源，强调感性认识的重要性和实在性，注重经验和与经验相关的问题，倡导经验归纳法；理性派哲学则强调认识的理性来源，强调理性认识的可靠性和必要性，注重理性及与理性相关的问题，倡导理性演绎法。经验主义和理性主义两种美学思潮的特点就是建立在上述两派哲学的特点基础之上的，是两派哲学上的特点在美学研究中的具体体现。鲍桑葵在《美学史》中对此有很好的概括。他说："如果说从个性中最富于个性的东西出发的英国学派是从观察训练有素的艺术感觉或分析不关利害的快感的条件，上升到美学观念的话，那么，就我们的研究目的而论，和莱布尼茨学派一脉相承的笛卡尔学派就是下降到美学观念，因为从根本上说，它企图把自己的主要用来研究认识的唯智主义学说扩大运用到感觉和知觉的现象上来。"② 可见，理性主义和经验主义在美学研究途径和方法上是完全不同的。如果说，经验主义美学是从审美和艺术的感觉经验出发，通过自下而上的经验归纳，对美学现象作出经验的描述和理论的说明，那么，理性主义美学则是从既定的理性观念和体系出发，通过自上而下的理性思辨，构建关于美学现象的概念、范畴和理论体系并对此作出阐述。

经验主义美学对于美的本质的探讨，着重在分析引起人的快感的美的对象的感性形式上的特征，而理性主义美学对于美的本质的思考则着重在追寻唤起美的观念的对象的理性内容的性质。尽管在经验主义美学家中，也有人继续对美的本质从某些方面进行理性思辨，但这些理性思辨终究也不能完全脱离对于美的对象的感性特征的认识。同样，在理性主义美学家中，也有的论到美的对象在感性形式上的某些特征，但这些感性特征最终都要上升到对于美的理性性质的追寻。鲍桑葵在《美学史》中认为，理性主义和经验主义两种倾向的性质，可以用"普遍性"和"个别性"这两个逻辑术语加以论述，经验主义要求根据个人的感受所宣告的内容来推出关于实在的学说，而理性主义则坚持宇宙中理性体系和必要联系一面。从美的本质探讨来看，经验主义美学和理性主义美学的差别，就是强调美

---

① 黑格尔：《哲学史讲演录》第四卷，贺麟、王太庆译，商务印书馆 1997 年版，第 8 页。
② 鲍桑葵：《美学史》，张今译，商务印书馆 1985 年版，第 239 页。

的个别性和感性形式与强调美的普遍性和理性内容两种倾向的分歧。理性主义美学所强调的美的普遍的理性内容，主要表现为两个向度。一个向度是指向最高实体的存在、本质和规律性、目的性。如笛卡尔所说上帝的完满性，斯宾诺莎所说神或自然的绝对圆满性，莱布尼茨所说的单子的"前定和谐"以及沃尔夫所说的事物完善等。这些概念既体现着世界的合规律性，如斯宾诺莎所说"万物皆循自然的绝对圆满性和永恒必然性而出"①，也体现着世界的合目的性，如莱布尼茨所说"一切实体之间的预定的和谐"。② 它是理性主义美学用于揭示美的形成的某种最终的形而上的原因。另一个向度是指向人的理性和普遍人性。对于人的理性和主体性的张扬，是笛卡尔所开创的理性主义认识论的基本特点。笛卡尔视理性为高于一切的实在，理性既是消除思维和存在对立、通向普遍必然性真理的唯一途径，也是人人具有的天赋良知和本性；既是衡量万物的尺度，也是衡量人的尺度。理性主义者都把理性看作人人共有的普遍人性，认为人与人之间存在普遍的共同理性。而美的本质则和这种普遍人性和共同理性是互相联系的。笛卡尔认为，美是人的判断和对象之间的一种关系，肯定美必须和人的本性相符合；斯宾诺莎认为，一般所说的美丑观念都是就自然事物与人的关系而言的，人的理性和人性模型是判断美丑、善恶的标准和尺度，等等，都是强调了美的本质与人类理性和共同人性的关系。这也是美的本质研究的重要进展。

经验主义美学强调美学和认识论的区别，认为美学属于情感研究领域，以趣味和情感为对象，而不是以理智为对象（休谟），审美判断不是属于事实的认知，而是属于情感的价值判断（舍夫茨别利）。无论"内在感官"说还是"审美趣味"论，强调的都是美感与认识、趣味与理性的区别。休谟明确指出，理性和趣味属于不同范围，前者传达真假的知识，后者产生美丑的情感。与此相反，理性主义美学则强调美学和认识论的联系，强调美感的认识性质而不是它的情感性质。"在这整个完整的系统中，激情和感官知觉都是从抽象智力的角度来加以描述的，因此，都是消极的，按照把它们和一个抽象的观念区别开来的属性来描述的。"③ 笛卡尔在为数不多的美学论述中，虽然也肯定了审美经验中包含有各种情感活

---

① 斯宾诺莎：《伦理学》，贺麟译，商务印书馆1997年版，第39页。
② 莱布尼茨：《单子论》，《西方哲学原著选读》上卷，商务印书馆1985年版，第490页。
③ 鲍桑葵：《美学史》，张今译，商务印书馆1985年版，第240页。

动，但从总体上却把美感看作是"一种理智的愉快"，强调理性在审美中的作用。斯宾诺莎尽管也看到情感的某些样式和审美经验有联系，但他强调的是一切情感都必须被理性所征服和控制。他在论到人们对于具体事物美丑的一般感受时，着重讲感官、知觉、想象等感性知识的作用，但在论到与事物的圆满性相一致的超验的美时，却强调直接达到对事物本质洞察的直观知识的作用。到了莱布尼茨便直接将美感的研究纳入他的哲学认识论之中。他从单子论的认识论出发，认为观念和认识存在着由模糊到清晰、由低级到高级的发展过程。美感或美的认识既非最低级的模糊的观念和知识，亦非高级的清楚的观念和知识，而是属于一种"既是明白的又是混乱"的观念和若明若暗、不明了清楚的知识。美感认识基本上属于感性认识，和概念的理解力相区别，但又不能完全脱离理性认识。总之，在莱布尼茨看来，审美认识"既非感性的同时又非理性的"①，"审美情趣和理性既不可同一亦不可分离"。② 他将美感作为认识的一种形式，把美感纳入认识论，实际上确立了美学在哲学认识论体系中的地位。莱布尼茨哲学和美学思想的继承人沃尔夫和鲍姆加登便是以此为基础继续发挥，明确提出美学是感性认识的科学和低级认识论，美感认识属于感性认识，同时也具有与理性相类似的性质，是"类似理性的思维"。这就将美学与认识论的关系以及美感的认识性质表达得更为显豁。可以说，将理性主义认识论学说扩展运用到以感性知觉为特点的审美现象研究中，试图对审美认识与逻辑认识的区别和联系予以哲学的论证，是理性主义美学一个重要特点和重大贡献。它对于审美认识性质的阐明，和经验主义美学对于审美快感特性的分析，是从两个不同方面对于审美经验性质的透视和把握，虽然各有其片面性，却为后来德国古典美学对两者进行综合准备了条件。

在艺术本性问题上，经验主义美学强调艺术的感性性质和特点，重视想象和情感在艺术中的重要地位和作用，着重对艺术创作和欣赏的心理体验、心理过程和心理特点的观察与分析；理性主义美学则强调艺术的理性性质和作用，比较忽视想象和情感在艺术中的地位和作用，侧重在对艺术作品内容和形式上各种规范和法则的制定。关于想象的性质、特点及其在

---

① 克罗齐：《作为表现的科学和一般语言学的美学的历史》，王天清译，中国社会科学出版社 1984 年版，第 52 页。

② 凯·埃·吉尔伯特、赫·库恩：《美学史》上卷，夏乾丰译，上海译文出版社 1989 年版，第 298 页。

审美和艺术中的地位和作用，是贯穿于经验主义美学发展全过程的一个重要问题。培根提出哲学属于理性、诗歌属于想象；霍布斯论述想象和判断的区别以及两者在诗中不同作用；洛克指出，"巧智"和观念联想与审美的关联；艾迪生阐明审美中想象的快感的特质；休谟强调想象对于趣味和诗的特殊作用；伯克认为，想象和情感是趣味中最活跃因素，等等，充分显示想象是经验主义美学探究审美和艺术本性的一个核心概念和范畴。以想象为中心，经验主义美学深入阐述了艺术中形象思维与抽象思维的区别和联系，将艺术本质和规律的研究大大向前推进了一步。

相比较而言，理性主义美学极少对艺术与想象关系有深入探究和专门论述。在理性主义认识论体系中，想象被列为感性认识，它不可能提供正确、可靠的知识，因而和理性认识是完全对立的。抬高理性、贬低感知和想象是理性主义认识论的基本倾向。这势必影响理性主义美学对想象在艺术中作用的看法。当然，在理性主义美学家中，也不是全都否定想象在文艺中的作用。如笛卡尔虽然在认识论中贬低想象，但具体论到诗歌时，又不能不承认诗与哲学的区别在于想象与理性，事实上肯定了想象在文艺中的独特作用。但由于他毕竟把想象和理性对立起来，不承认想象的认识作用，也就不可能真正把想象作为一种形象思维，确立在艺术中的独特地位。这就为后来古典主义美学和文艺理论一味强调理性对文艺的支配作用，忽视想象和情感在艺术创作中的特殊功能打下了基础。古典主义美学作为理性主义在文艺中的具体运用，不仅将理性作为衡量文艺价值的最高准绳，而且将理性原则贯穿于文艺作品从内容到形式的方方面面；不仅强调文艺要从理性和道德准则出发进行创作，而且强调文艺要以对人进行理性和道德教育为基本目的。在片面强调理性对文艺作用的同时，古典主义美学却"要把想象力彻底拒之于艺术理论大门之外"①，这就走向了否定艺术的形象思维的特点的极端。可以说，贯穿于17—18世纪欧洲美学发展中的理性和想象力之争，就是理性主义美学和经验主义之争的一个缩影。这场争论在德国，集中表现为理性主义文艺理论家戈特舍德与苏黎世派的论战。而理性主义美学的最后一位代表人物鲍姆加登则多少看出了理性主义者在艺术问题上走向理性极端的缺陷和危险，初步论证了审美认识

---

① E.卡西勒：《启蒙哲学》，顾伟铭等译，山东人民出版社1998年版，第278页。

和逻辑认识作为两种认识方式的区别，"在理性法庭上为纯审美直觉辩护"①，使理性主义否定想象、情感对艺术重要作用的倾向有所匡正，从而促进了理性主义美学和经验主义美学走向融合。

三 大陆理性主义美学的贡献和局限

理性主义美学家不是把自己仅仅限制在美学现象之内，不是停留在对审美感性经验进行观察和描述，而是从理性观念和体系出发，超越感性现象和经验，对美学问题进行理性的推导和思辨。他们不断追寻美的形而上学的终极来源及其所蕴含的普遍的理性内容，寻找美感或审美官能的特殊本性及其同悟性、理性的联系和差别，探讨艺术同理性以及精神生活其他领域之间的关系问题，从而使美学问题被置于系统哲学的指导和关注之下，得到了真正的哲学洞察。这为美学成为一门科学做出了重要贡献。因为，"如果美学把其活动局限于为艺术作品的创作定出技术规则，局限于就艺术作品对观赏者产生的影响作心理学的观察，那么，美学就不会是一门科学，并且永远也不可能成为科学。这样的活动是一种经验主义的活动，是与真正的哲学洞察完全对立的，而且从方法论观点来看，它与真正的哲学洞察形成了最鲜明的对照。"② 理性主义美学对于美、美感和艺术的理性基础和理性性质的强调，对于克服各种美学问题的肤浅理解，深化美学研究，具有重要推动作用。

和经验主义美学将研究主要对象转向人的审美经验和审美心理不同，理性主义美学仍然将对美的本质和本源的形而上学思考放在重要地位。在西方传统美学中，从古希腊罗马美学到中世纪美学，关于美的本质和本源问题的"形而上"探讨，都是同哲学中的本体论学说相联系的，甚至可以说就是本体论学说在美学中的运用和延伸。如柏拉图的美在理念说，普罗提诺的美在"太一"流溢的理式说，奥古斯丁和阿奎那的美根源于上帝说，等等。理性主义美学对于美的本质和本源的研究，也是建立在理性主义哲学本体论学说基础上的。如前所述，近代哲学将认识论问题提到首

① E. 卡西勒：《启蒙哲学》，顾伟铭等译，山东人民出版社 1998 年版，第342页。
② 同上书，第334页。

位，使之一跃而成为哲学的主要问题。但这并没有动摇形而上学在哲学中的基础地位，事实上近代注重认识论的哲学家几乎也都是重视本体论的。这是因为他们的认识论需要以世界的存在和本质规定为依据，不论认识的对象还是认识的主体都需要以本体论作为基础和前提。作为认识对象的实体问题，就是一个从认识论角度来看的本体论问题。理性主义哲学家要为人的理性和外部世界找到一个共同的实体性存在作为二者统一的根据，因此他们哲学着眼于最高实体的客观实在性，最高实在存在是他们全部哲学的逻辑前提。从笛卡尔论证自我（心灵）、上帝和物质三种实体，到斯宾诺莎阐明实体即神或自然，再到莱布尼茨提出单子论，充分显示理性主义哲学家对于形而上学和本体论的执着追求。理性主义美学关于美的本质和本源问题的学说，基本就是从各种本体论和实体范畴出发，通过理性思辨而推导出来的。如笛卡尔认为上帝是最高的、绝对的实体，是具有一切完满性的存在，因而也是一切真、善、美的泉源。斯宾诺莎认为实体、神或自然具有最高的圆满性或绝对的圆满性，圆满性即是事物的实在性、本质和必然性，而美与圆满性是一致的。莱布尼茨认为上帝是一个绝对完满的存在，它在创造每一个单子时，已经预先规定了一切单子的变化发展的历程和内容，并使所有单子的变化发展达到相互和谐一致。就是这种"前定和谐"创造了美。所以，美的本质在和谐，而美的来源在上帝。莱布尼茨哲学的追随者沃尔夫和鲍姆加登接受了"前定和谐"说，又将和谐的概念发展成完善的概念，提出美在于事物的完善和美是感性认识的完善，从而成为理性主义美学中具有代表性的美的定义。这一切对于美的本质和来源的形而上的理性思辨，是在人的理性所论证的新的世界图景中展开的，因而极大地推进和丰富了西方传统的美的哲学。

大陆理性主义美学是以理性主义哲学为基础形成和发展起来的，它深受理性主义哲学强调理性认识、贬低感性认识片面性的影响，而且把美学作为一种认识论，企图将主要用来研究认识的理性主义学说直接扩大运用到远比认识问题复杂得多的审美和艺术现象上，这就使其在强调美、审美和艺术的理性基础和理性性质的同时，忽视了它们的感性基础和感性性质，忽视了感知、想象、联想、幻想和情感等在审美和艺术中的重要地位和独特作用，不仅在理论上违背了审美和艺术的特点和特殊规律，而且脱离了审美和艺术的实际，架空了美学理论。理性主义美学解释美学问题的出发点是理性，然而这种理性并非人们在社会实践基础上，经感性认识飞跃形成的对于客观世界本质和规律的理性认识，而是理性主义哲学家反复强调的作为认识的绝对开端的自我意识和先天观念（如笛卡尔所谓"天赋观念"、莱布尼茨所谓"天赋的内在原则"等），因而它从根本上说是先验论和唯心主义的，这就使理性主义美学建立在一个基础并不牢固的沙滩上，而它对美学问题的理解也难免带有主观主义和唯心主义的倾向。这一切都表现出理性主义美学的历史局限性。

理性主义美学和经验主义美学在研究方法、研究重点上的区别，以及两者在美的本质、审美性质和艺术本性等美学基本问题上的观点分歧，使蕴藏于美学问题中的各个矛盾方面充分、尖锐地展现出来。在理性与感性、普遍与个别、内容与形式、认识与情感、理智与想象等对立面中，理性主义美学和经验主义美学都各持一端，强调一个方面，因而都表现出片面性。它们固然各具特点、各有贡献，但所达到的也只是片面的真理。这便为德国古典美学在不同矛盾方面的综合中解决美学问题奠定了基础。德国古典美学的创始人康德正是从经验主义和理性主义两个美学思潮提出的矛盾问题出发，并在解决这一矛盾问题中实现了美学的哥伯尼式的超越。

（原载《南方论丛》2007 年第 9 期）

西方近代启蒙美学家的
"美善统一分殊"论

对美与善相互关系的思考，早在西方古代美学中已经开始。古希腊的苏格拉底、柏拉图、亚里士多德都曾论到美、善关系问题。不过，由于当时哲学家对美、善概念的区分不很严格，对美善关系的看法也就比较笼统，并未形成完整理论。中世纪的托马斯·阿奎那在美学论述中较详细论及美与善的关系，但也未形成系统学说。到了近代，随着哲学认识论的转向，美学研究重点从审美客体转向审美主体，审美研究和人性的研究进一步结合，美学和伦理学有了更紧密联系，于是，在西方启蒙美学家思想中，对美与善之间关系的研究被提升到一个新的重要地位。从霍布斯、斯宾诺莎到舍夫茨别利、哈奇生，再到狄德罗、莱辛等，关于美与善、审美感与道德感、艺术与道德相互关系的新观点、新论断、新学说，层出不穷，在西方美学史上第一次形成了完整、系统的"美善统一分殊"理论，不仅对后世美学发展产生了深远影响，而且其当代价值也不容忽视。

一 美是"预期希望的善"和
"预示善的外表"

西方近代启蒙美学家对于美与善关系的思考，是建立在对人和人性的研究基础之上的。休谟明确指出，作为人的科学的基础的"人性"，主要由理智和情感两个部分构成的，它们分别属于不同学科研究的对象。认识论的对象是理智，而伦理学和美学的对象则是情感。"伦理学和美学与其说是理智的对象，不如说是趣味和情感的对象。"① 这一明确划分，不仅使美学、伦理学和认识论区别开来，而且也将美学和伦理学联系起来。这就为推进美与善、审美与道德之间关系的研究奠定了新的基础。

第一位从人性研究出发，对美、善本质及其相互关系进行系统阐述的启蒙美学家是英国经验派哲学家霍布斯。霍布斯结合对人性的研究，对人的情感或激情做了具体而深入的论述。他把"激情"或"意向"称之为人的"自觉运动的内在开端"。然后以意向和事物的不同关系区分出两种最基本的情欲：欲望和嫌恶。当意向是朝向引起它的某种事物时，就称为欲望或愿望；而当意向避离某种事物时，一般就称为嫌恶。欲望和嫌恶这两个名词都来自拉丁文，两者所指都是运动，一个是接近，另一个是退避。霍布斯又进一步指出，欲望和嫌恶两种情欲也就是爱和憎两种情感。他说："人们所欲求的东西也称为他们所爱的东西，而嫌恶的东西则成为他们所憎的东西。因此，爱与欲望便是一回事，只是欲望指的始终是对象不存在时的情形，而爱则最常见的说法是指对象存在时的情形。同样的道理，嫌恶所指的是对象不存在，而憎所指的则是对象存在时的情形。"② 和欲望或爱与嫌恶或憎恨两种基本情感性质相联系，霍布斯探讨了善恶问题。他说："任何人的欲望的对象就他本人说来，他都称为善，而憎恶或嫌恶的对象则称为恶；轻视的对象则称为无价值和无足轻重。因为善、恶和可轻视状况等语词的用法从来就是和使用者相关的，任何事物都不可能单纯的、绝对的是这样。也不可能从对象本身的本质之中得出任何善恶的共同准则。"③ 这段论述说明，善和恶都是表明对象和人、客体和主体间价值关系的概念，善是人所欲望的对象，恶是人所嫌恶的对象，两者体现了对象对于人的不同价值。事物的善和恶不是绝对的，而是和人、和主体相关。判断善恶标准不能从对象本身得出，只能从主体、从人身上得出。虽然霍布斯还看不到善恶观念和善恶标准都反映着一定社会、民族、阶级中人们的利益和实践要求，但他试图从人的自然本性说明善恶来源，并从具有不同利益的人自身中寻求善恶标准，而反对从上帝意志或抽象精神中说明善恶来源和寻求善恶标准，仍然体现出了鲜明的唯物主义倾向。

---

① 北京大学哲学系外国哲学史教研室编译：《十六—十八世纪西欧各国哲学》，商务印书馆 1975 年版，第 670 页。

② 霍布斯：《利维坦》，黎思复、黎廷弼译，商务印书馆 1985 年版，第 36 页。

③ 同上书，第 37 页。

霍布斯认为，善有三种，一种是预期希望方面的善，谓之美；另一种是效果方面的善，就像所欲求的目的那样，谓之令人高兴；还有一种是手段方面的善，谓之有效、有利。与此对应，恶也有三种，一种是预期希望方面的恶，谓之丑；一种是效果和目的方面的恶，谓之麻烦、令人不快或讨厌；一种是手段方面的恶，谓之无益、无利或有害。特别值得注意的是，霍布斯将美和善以及丑和恶直接联系起来，认为美是善之一种，即"预期希望方面的善"；丑也是恶之一种，即"预期希望方面的恶"。关于美、丑与善、恶之间的关系，霍布斯还有一段颇为明确和深刻的论述：

> 拉丁文有两个字的意义接近于善与恶，但却不是完全相同，那便是美与丑。前一个字指的是某种表面迹象预示其为善的事物，后一个字则是指预示其为恶的事物。但我们的语言中，还没有这样普遍的字来表达这两种意义。关于美，在某些事物方面我们称之为姣美，在另一些事物方面则称之为美丽、壮美、漂亮、体面、清秀、可爱等；至于丑，则称为恶浊、畸陋、难看、卑污、极度可厌等，用法看问题的需要而定。这一切的语词用得恰当时，所指的都只是预示善或恶的外表。①

在霍布斯看来，美、丑和善、恶既有联系，又有区别。美"是某种表面迹象预示其为善的事物"，是"预示善的外表"。这里的"预示""表面迹象""外表"，在朱光潜先生的《西方美学史》中分别译作"指望""明显的符号""形状或面貌"，从而使意思更为显豁。换句话说，美是善在"形状或面貌"上的"明显的符号"，使人见到这种符号，就可以"指望"到善。② 由此可见，美以其外在表现形式预示着善，善是美的体现内容，美是善的表现形式。从体现内容看，美与善是相联系的；从表现形式上看，美与善又是相区别的。丑与恶的关系可以此类推。我们知道，在西方美学史上，从苏格拉底开始，关于美与善关系问题的探讨一直持续不断。其中，既有认为美与善是同一的，也有认为美与善是不同一的，还有主张美与善既有一致也有区别的。至于美与善相一致或相区别的表现和

① 霍布斯：《利维坦》，黎思复、黎廷弼译，商务印书馆1985年版，第37—38页。
② 朱光潜：《西方美学史》，人民文学出版社2002年版，第203—204页。

原因，则存在更多不同的见解。霍布斯上述见解的独创性不仅在于他既看到美与善的联系又看到美与善的区别，更在于他提出了美是以鲜明的外在形式体现出人可预示、指望的善的内容这一新鲜思想，从而丰富、深化了人们对美与善相互关系的认识。

霍布斯关于美是"预期希望的善"和"预示善的外表"的看法，是近代西方美学中"美善统一分殊"理论中最具代表性的学说之一，它的提出标志着西方美学对美、善关系的研究跨入一个新的阶段，并且对之后的启蒙美学和德国古典美学有关美、善关系的研究都产生了深刻影响。康德的《审美判断力批判》尽管在美的分析论部分，过于强调美与善之间的区别，但随后在崇高的分析论和审美判断力的辩证论部分，却又反复申述了美、崇高与道德、善之间的内在联系，并最终作出了"美是德性—善的象征"① 的重要论断。按照康德的解释，"象征的表象只是直觉的表象方式的一种。"② 它和另一种图形式表象方式都是感性化的生动描绘，即形象的表现。只不过后者是概念的直接表现，而前者是对概念的间接表现，即"某种单纯类比的表象"。③ 这样的理解既表明了美与善在内容上的联系和一致，又表明了美与善在形式上的区别和殊异，显然是对"美善统一分殊"论的继承和发展。特别是康德关于美是善的象征或类比的表象的提法，和霍布斯关于美是预示善的外表或迹象的提法，无论从内涵到表述，都可以看出继承关系，足见霍布斯的美善学说的深刻影响。

二　美、善观念的共同成因与不同内涵

和霍布斯同时代的大陆理性派哲学家和美学家斯宾诺莎对美丑和善恶观念形成原因以及两者关系曾做过更为详细的研究和阐述。由于斯宾诺莎的哲学研究具有强烈的伦理动机和伦理目的，伦理学是其思想体系的核心和基础，所以，他更加着重于美学与伦理学的统一，也更加强调美丑与善恶观念的一致性和共同来源。在他看来，人们一般所说的美丑和善恶，都不是指自然和事物本身具有的性质，而是人们按照事物给予人的感受和作

---

① 康德：《判断力批判》，邓晓芒译，人民出版社 2002 年版，第 200 页。
② 同上书，第 199 页。
③ 同上。

用，对自然和事物所作的解释和评价。他说："我绝不把美或丑、和谐或紊乱归给自然，因为事物本身除非就我们的想象而言，是不能称之为美的或丑的、和谐的或紊乱的。"① 又说："只要人们相信万物之所以存在都是为了人用，就必定认其中对人最有用的为最有价值，而对那能使人最感舒适的便更加重视。由于人们以这种成见来解释自然事物，于是便形成善恶、条理紊乱、冷热、美丑等观念。"② 这就是说，美丑和善恶观念都不是来自人们对于事物本性的理智的了解，所以不是表示自然事物本身性质的事实判断；而是人们以想象和成见，依据自然事物对于人的作用和感受来解释和评价自然事物，因而都是反映着自然事物对人的关系的价值判断。这种从自然事物与人的感受的关系来说明美丑、善恶观念形成的原因和性质的看法，和霍布斯从对象与人的情感的关系来说明美丑、善恶来源和性质的看法，基本上是相同的。但他更加强调作为主体的人在美丑观念形成中的主导作用，也更加强调美丑和善恶观念的内在一致和联系。

斯宾诺莎进一步分析了形成美丑和善恶观念的成见，认为这种成见就是"万物有目的"论。按照这种成见，自然万物无一不有目的，它们与人一样，都是为达到某种目的而行动，无一非为人用。正是基于这种成见，人们便想象着自然事物对于人的作用和价值，于是便形成善恶、美丑观念，并把这些观念当作事物的重要属性。他说："像我早已说过那样，他们相信万物都是为人而创造的，所以他们评判事物性质的善恶好坏也一概以事物对于他们的感受为标准。"③ 在斯宾诺莎看来，美丑、善恶观念既是来自"万物有目的"的成见，那就不是属于事物本身，也不能把它们当作事物本身性质。因为"自然本身没有预定的目的，而一切目的因只不过是人心的幻象"。④ 这里表现了斯宾诺莎哲学的一个重要观点，就是万物受制于绝对必然性的观点。按照这种观点，自然界中存在的各种物体都处于不间断的因果系列的链条中，具体事物之间存在因果必然联系。任何事物的发生都有其所以发生的必然原因，它们都是宇宙普遍秩序的必然结果。他说："自然的运动并不依照目的，因为那个永恒无限的本质即

---

① 《斯宾诺莎书信集》，洪汉鼎译，商务印书馆1996年版，第142页。
② 斯宾诺莎：《伦理学》，贺麟译，商务印书馆1997年版，第41页。
③ 同上书，第42页。
④ 同上书，第39页。

我们称为神或自然，它的动作都是基于它所赖以存在的必然性。"① 既然"万物有目的"论不能正确解释自然事物，由此成见而形成的善恶、美丑观念当然也不能正确说明自然事物本身的性质。同时，斯宾诺莎又认为，虽然就事物本身性质上说，无所谓善恶、美丑，但从自然事物与人的关系上说，仍需保持善恶、美丑的概念，以反映自然事物对于人的意义和价值。这也就是善恶与美丑观念所具有的基本性质以及它们之间所具有的共通性。

尽管斯宾诺莎认为美丑和善恶观念的形成都是基于同一原因，着重在说明两者的共通性和一致性，但是，他也明确指出了美丑与善恶的区别。以下是他分别论述美丑与善恶的两段话：

> 外物接于眼帘，触动我们的神经，能使我们得舒适之感，我们便称该物为美；反之，那引起相反的感触的对象，我们便说它丑。②
>
> 所谓善是指我们所确知的任何事物足以成为帮助我们愈益接近我们所建立的人性模型的工具而言。反之，所谓恶是指我们所确知的足以阻碍我们达到这个模型的一切事物而言。③

在一定意义上，这两段话也可以看作是斯宾诺莎对美、丑和善、恶概念分别所作的定义。关于美、丑，这里强调的是外物对于我们的感官和感情的快感或不快感作用，主要表现为事物与人之间的感性关系；关于善、恶，这里所指是事物对于人们达到所要建立的"人性模型"产生的促进或阻碍作用，也就是事物是否有利于人性的完善，而这种作用则是我们"所确知的"，也就是说，它是以理性认识为基础的，主要表现为事物与人之间的理性关系。这样，美、丑与善、恶，虽然都是表现着事物或对象对于人的价值，但两者的具体内涵以及对人起作用的具体方式却又是有差别的。

---

① 斯宾诺莎：《伦理学》，贺麟译，商务印书馆1997年版，第167页。
② 同上书，第42页。
③ 同上书，第169页。

三　审美感与道德感同属"内在感官"又各具特点

在西方近代美学关于美与善关系研究中，英国启蒙美学家舍夫茨别利和哈奇生是有着特殊贡献的两个人物。他们二人都是道德哲学家，而且在思想上一脉相承。他们不仅彻底打通了美学和伦理学，使美学问题和道德问题研究融为一体，而且将对美与善关系的研究从审美和道德客体延伸至审美和道德主体，扩展和发展为对审美主体和道德主体的审美感和道德感之间关系的研究，提出了审美感和道德感统一于"内在感官"的新说，使人们对美与善的关系的认识和研究又向前跨出了一大步。

舍夫茨别利和哈奇生认为，人们观察审辨善恶的道德感与观赏审辨美丑的审美感，两者都是人天生的能力，而且在根本上是相通的、一致的。审辨善恶、美丑不能全靠人的五种外在感官，而必须依靠人的"内在感官"。内在感官是不同于外在感官的一种特殊感官，具有外在感官不具备的功能。外在感官只能接受简单观念，感知事物对自己身体的利害关系；内在感官则能接受复杂观念，感知事物对人的善恶、美丑价值。内在感官包括形成意识、美感、道德感、公益感、荣誉感、荒谬感等多种能力，其中最基本的便是道德感和审美感。由于人的审美感和道德感都是发生于内在感官，而且都是人天生的能力，所以，它们始终是互为贯通、互相联系的。舍夫茨别利说：

> 眼睛一看到形状，耳朵一听到声音，就立刻认识到美、秀丽与和谐。行动一经察觉，人类的感情和情欲一经辨认出（它们大半是一经感觉就可辨认出），也就由一种内在的眼睛分辨出什么是美好端正的，可爱可赏的，什么是丑陋恶劣的，可恶可鄙的。这类分辨既然植根于自然，那分辨的能力本身也就应该是自然的，而且只能来自自然。①

---

① 舍夫茨别利：《论特征》，S. M. 恰亨、A. 迈斯金编：《美学：综合选集》，布莱克威尔出版公司2008年版，第83页。

这里明确指出分辨美丑、善恶的能力都是来自自然，即天生的人性，并经内在感官（"内在的眼睛"）作用，同样具有一经感觉就可辨认的直觉性质，所以，在性质上是相通的、一致的。内在感官说法带有猜测性，缺乏科学依据，但它明确指出了审美感和道德感的产生具有特殊的心理机制，却能给人以新的启发。按照舍夫茨别利的看法，人的道德感是基于生而有之的"天然情感"，这种天然情感是适合于社会生活的社会性的情感，所以，与道德感相通的审美感也应当是一种社会性的情感。

舍夫茨别利和哈奇生进一步分析了审美感和道德感所具有的共同特性。首先，审美感和道德感虽然属于高级知觉能力，却和外在感官一样，对美丑善恶的感受和辨识具有直接性，不需要经过思考和推理，也不需要借助对有关对象的理性知识。哈奇生说："把这种高级的感知的能力叫作一种感官是恰当的，因为它和其他感官有类似之处：它的快感并不起于对有关对象的原则、比例、原因或效用的知识，而是立刻就在我们心中唤起美的观念。"① 这里主要讲审美感的直觉性，同时，它也适用于道德感。舍夫茨别利认为，对于人的行为和情感的善恶的感受和评价，也具有这样的直接性。

其次，审美感和道德感都不涉及利害观念，不是由于个人利害原因而产生愉快或不愉快。哈奇生说："美与谐调的观念，像其他感性观念一样，是必然令人愉快，而且直接令人愉快的；我们自己的任何决心或利害打算，都不能改变一对象的美丑。"② 又说："道德之追求并不出于追求者的利害计较或自爱，不出于他自己利益的任何动机。"③ 在哈奇生看来，审美感和道德感都是与生俱来的、与个人利害无关的感觉能力。人们对于美的对象欣赏并产生快感，并非出于利己动机。同样，道德感也不出于个人的利害计较和满足自己利益的任何动机。人们之所以趋善避恶，是因为善行使人愉快而恶行使人痛苦。正是在这一点上，道德感和审美感具有了相通性。后来，康德在《审美判断力批判》中接受了哈奇生关于审美感不带任何利害的看法，但却认为对于善的愉悦是与利害结合着的，唯有对美的鉴赏的愉悦才是一种无利害的和自由的愉悦。这就又将审美感和道德感区别开来了。

虽然舍夫茨别利和哈奇生都认为审美感和道德感同为内在感官的功能，

---

① 哈奇生：《论美和德行两种观念的根源》，D. 汤森编：《美学：西方传统经典读本》，琼斯与巴特出版社 1996 年版，第 122 页。

② 同上书，第 123 页。

③ 周辅成编：《西方伦理学名著选辑》上册，商务印书馆 1964 年版，第 792 页。

两者具有相通性和一致性，但他们也仍然看到两者各有特点和区别。舍夫茨别利和哈奇生都对美和美感的特性作了专门研究和论述，强调在对美的感受中对象的形式因素和主体的感性活动的重要性。舍夫茨别利虽然经常将美与善、审美感与道德感相提并论，但对两者侧重点的强调却有区别。如他在比较审美感和道德感时说：“在心灵的内容或道德的内容上，与在平常的物体上或普通感官的内容上，有同样的情形。平常物体的形状、运动、颜色和比例，显现于我们的眼睛内，按照它们的各部分不同的尺寸、排列和布置，必产生美或丑。而在举止或动作中，一旦显现于我们的理解内，按照那内容的规则或不规则，也必定可见有显著的差别。”① 这里讲审美感，主要涉及对象的形式因素（形状、颜色、尺寸、比例、排列等），而且主要同主体的感官和感性活动相联系；而讲道德感，则主要涉及对象的内容因素（举止、动作、心灵等），并且主要同主体的理解和理性活动相联系，可见两者在具体内容和表现形式上仍然是各有特点的。

四　艺术与美德结成朋友、审美与道德作用互相融合

对于美与善、审美与道德关系的研究，在美学中总是和对于艺术与道德关系问题研究相联系、相结合的。西方近代美学家将关于美与善的关系问题放在美学研究的重要位置，正是出于解决他们所面对的艺术新问题的需要。启蒙哲学家和美学家高扬理性的旗帜，而理性作为人心的信念，是与道德观念密不可分的。启蒙思想家所要建立的理性王国，就包括完善人的道德、实现人的幸福的内容。这固然反映了处于上升时期的资产阶级的愿望，但也代表着时代的进步要求。而艺术在促进人性和道德的完善上发挥着不可替代的重要作用。可以说，如何发挥好艺术对改造风俗、完善道德的积极作用，是时代向启蒙美学家提出的迫切课题。这就是为什么启蒙美学家不仅是单纯研究美与善的关系，而且将其延展和具体化为艺术与道德关系阐明的重要原因。

关于艺术和道德的关系，一直是舍夫茨别利美学思想中占有重要地位

①　周辅成编：《西方伦理学名著选辑》上册，商务印书馆1964年版，第758页。

的问题。由于他把美与善、审美感与道德感看成是统一的、一致的，所以自然地也就强调艺术和道德之间的紧密联系。他说：

> 内在的节拍感，社会美德方面的知识及其实践，对道德美的熟识及热爱，这一切都是真正的艺术家和正常的音乐爱好者必不可少的品质。因此，艺术和美德彼此结成了朋友，并从而使艺术学和道德学在某种意义上亦结成了朋友。①

这主要是从道德对艺术的影响和作用方面来谈道德和艺术的关系。按舍夫茨别利看法，人心中善良品质所组成的"内在的节拍"或和谐反映大宇宙的和谐，而这样"内在的节拍"又是认识和欣赏外在美的必备条件。所以，自己心灵不美的人就无法真正认识美和欣赏美。真正的艺术家和艺术欣赏者必须具备"内在的节拍感"，热爱道德美，才能创造和欣赏艺术美。从另一方面讲，艺术对道德的影响和作用也是巨大的。在《独语，或对作家的忠告》中，舍夫茨别利称赞古代的杰出诗篇"是对时代的一种殷鉴或一面明镜"，对于人的道德、心灵和性格的形成发挥着重要的教化作用。他说："这些诗篇不仅从根本上讨论道德问题，从而指出真实的性格和风度，而且写得栩栩如生，人物的音容笑貌宛若在眼前。因此，它们不但教导我们认识别人，而且它们的最大优点是，它们还教导我们认识自己。"② 他还指出，由于在天才的作品中，人物清楚而且逼真地显出人性来，"所以，在这里有如在一面明镜上，我们可以发现自己，窥见我们最详细的面影，刻画入微，适合我们自己来领悟和认识。即便是短短一霎间审视的人，也不能不认识了自己的心灵。"③ 像这样突出强调艺术对形成人的道德面貌和塑造人的心灵的教育作用，在英国启蒙美学家中，舍夫茨别利可谓第一人。

舍夫茨别利对于艺术的道德作用的强调，在后来的启蒙美学家中引起强烈反响。法国启蒙美学家狄德罗是继舍夫茨别利之后对于艺术与道德关系问题关心最多、论述最详的人物之一。狄德罗更加自觉地认识到时代对文艺的要求，因此也更加注重艺术对人的教育和改造作用。他明确指出，

---

① K. E. 吉尔伯特、H. 库恩：《美学史》，麦克米伦公司 1939 年版，第 240 页。
② 《缪灵珠美学译文集》第二卷，中国人民大学出版社 1987 年版，第 27 页。
③ 同上。

戏剧和一切艺术的目的就是引起人们对道德的爱和对恶行的恨。艺术对人的道德感化和影响作用是巨大的、不可代替的。他说："只有在戏院的池座里，好人和坏人的眼泪才融汇在一起。在这里，坏人可能会对自己可能犯过的恶行感到不安，会对自己曾给别人造成的痛苦产生同情，会对一个正是具有他那种品性的人表示气愤。"① 艺术可以帮助法律，引导人们热爱道德而憎恨罪恶，培养高尚的趣味和习俗。为了充分发挥艺术的道德教育作用，狄德罗提倡严肃剧要"以人的美德和责任为对象"，绘画要"颂扬伟大美好的行为"，"使德行显得可爱，恶行显得可憎，荒唐事显得触目"。② 为此，他敦促艺术家要热爱真理和美德，说："真理和美德是艺术的两个朋友。你想当作家吗？你想当批评家吗？那就首先做一个有德行的人。如果一个人没有深刻的感情，别人对他还能有什么指望？而我们除了被自然中的两项最有力的东西——真理和美德深深地感动以外，还能被什么感动呢？"③ 这段话和上述舍夫茨别利关于艺术与美德结成朋友的话，可以说是异曲同工，至今对我们认识艺术家应当具有的社会责任感，仍然具有发人深省的作用。

尽管舍夫茨别利和狄德罗如此强调艺术和道德的紧密联系，却没有将艺术和道德混为一谈，也没有抹杀艺术的审美特点。恰恰相反，他们要求艺术必须在充分体现自身特点中发挥道德的作用，就是要把思想道德情感寓于艺术形象和人物性格描绘之中，做到寓教于乐。舍夫茨别利称赞诗人之父和巨擘荷马的作品说："他并不描述品质或美德，并不谴责习俗，并不故作诔颂，也不由自己说明性格，而始终把他的人物放在眼前。是这些人物自己表明自己。是他们自己如此谈吐，所以显得在各方面都与众不同，而又永远保持其本来面目。他们个别的天性和习染，刻画得这样正确，而且一举一动莫不流露性情，所以比诸世间一切批评和注释，给予我们更多的教益。诗人并不装成道貌岸然耳提面命，也绝不现身说法，所以他在诗中殆无迹所寻。这就是大师之所以为大师。"④ 这可以说是论述文艺发挥道德教育作用特点的一段绝妙文字。文中指出，诗人不能道貌岸然，耳提面命，也不能现身说法，故作诔颂，而应当把人物刻画得惟妙惟

① 《狄德罗美学论文选》，人民文学出版社1984年版，第137页。
② 同上书，第411页。
③ 同上书，第227页。
④ 《缪灵珠美学译文集》第二卷，中国人民大学出版社1987年版，第28页。

肖，由人物自己表明自己，使作者思想感情的表达无迹可寻，这是对艺术的审美特点的深刻揭示。同样，狄德罗也反对在艺术作品中进行生硬的道德说教，强调戏剧和绘画都要刻画出新颖独特、丰富多彩的人物性格和优美的艺术形象，以富于激情的人物和形象去打动人心。他对艺术打动人的情感的审美教育作用非常重视，说："诗人、小说作家、演员，他们以迂回曲折的方式打动人心，特别当心灵本身舒展着迎受这震撼的时候，就更准确、更有力地打动人心深处。"① 因此，艺术的道德作用必须与审美作用相结合，在艺术中，善与美、道德与审美应该是互相融合和内在统一的。

综上所述，启蒙时代的西方美学家从不同角度、不同层面，对美与善的关系作了全面、深入的探讨和研究。他们提出的各种新说在西方美学思想发展中具有重要的意义。首先，它们深化了人们对于美的本质和特点的认识。美不是孤立的存在，美的特殊本质也表现在它与真和善的相互联系和区别中。由于美与善在本质上具有内在一致性，都是反映着对象对于人的意义和价值，从对象和人的关系来看，必然包含着合规律性与合目的性相统一的内容，所以，如果将美仅仅归结为外在形式就显得很不合理。美与善的联系和区别，充分说明美是外在感性形式与内在理性内容的统一。后来德国古典美学家黑格尔就是沿着这种思路，将美的本质特征的探究大大向前推进，得出美是理念与形象、内容与形式、理性与感性、普遍与个别、主体与客体相统一的重要结论。其次，它们极大地扩展了美学研究的视野和范围。由于深刻认识到美和善的联系和统一，所以，对于美和善结合得最为紧密的人的行为美、心灵美、道德美的研究比以往更加受到注意和重视，同时，审美教育以及艺术的特殊教育作用问题也更加成为美学家关注的重要的理论和实际问题。在后来的德国古典美学中，歌德专门论述了"道德美"范畴，而席勒则把审美教育作为美学研究的主要内容。在马克思创始人那里，审美教育进一步被看作促进人的全面自由发展的重要手段。这些思想作为推动美学发展的一种强有力的优秀传统，至今仍然对世界和我国当代美学建设产生着重要影响。

（原载《学术研究》2010 年第 11 期）

---

① 《狄德罗美学论文选》，人民文学出版社 1984 年版，第 137 页。

笛卡尔美学思想新论

笛卡尔作为西方近代哲学始祖之一，他的思想既是西方近代"两个重要而背驰的哲学流派的源泉"①，也是西方近代两大重要而分歧的美学思潮的源泉。无论从西方哲学史看，还是从西方美学史看，笛卡尔的地位和贡献都具有里程碑意义。

从西方美学史发展看，笛卡尔的主要影响和贡献是他所创立的理性主义哲学为近代理性主义美学的形成奠定了哲学基础。他的具体的美学论述就是建立在这一新的哲学基础上的。胡塞尔说，笛卡尔的哲学沉思"开创了一个哲学的新时代。"② 笛卡尔所开创的"认识论的转向"，他对于人类理性、自我主体以及先天观念的强调和张扬，不仅开创了一种哲学研究的全新方式，也为美学提供了一种新的方法论。在西方哲学发展史上，笛卡尔第一个将人的理性抬到至高无上地位。在他看来，理性既是获得真理知识的出发点，也是检验知识的真理性的标准。他从理性出发，通过"方法论的怀疑"，确立了"我思故我在"这个著名命题，并把它当作"哲学的第一条原理。"③ 这是笛卡尔整个哲学体系的基石，也是他认识论的核心。"'我思故我在'说得精神比物质确实，而（对我来讲）我的精神又比旁人的精神确实。因此，出自笛卡尔的一切哲学全有主观主义倾向，并且偏向把物质看成是唯有从我们对于精神的所知、通过推理才可以认识（倘若可认识）的东西。"④ 这种以主客、心物分立的二元论为基础的理性主义认识论，构成了近代理性主义美学的全部支撑。正如 E. 卡西勒所说："笛卡尔没有把系统美学包括进他的哲学中去，但他的整个体系

---

① 罗素：《西方哲学史》下卷，马元德译，商务印书馆 1982 年版，第 92 页。
② 胡塞尔：《欧洲科学危机和超验现象学》，张庆熊译，上海译文出版社 2005 年版，第 108 页。
③ 笛卡尔：《谈谈方法》，王太庆译，商务印书馆 2000 年版，第 27 页。
④ 罗素：《西方哲学史》下卷，马元德译，第 87 页。

包含了一种美学理论的大致轮廓。"①

　　笛卡尔理性主义基本原则在继之而来的法国新古典主义文艺思潮和美学思想中得到全面贯彻和体现，形成一个完整的理性主义美学思想的体系。由于法国新古典主义美学的广泛影响，"十七世纪的文学界，各方面都体现了笛卡尔连第一句话也从未写过的笛卡尔美学。"② 不过，就笛卡尔本身的美学思想而言，还见不出一套像法国新古典主义那样完整的美学体系。他主要是结合哲学和艺术问题，对于一些具体的美学问题进行了探讨。这些探讨具有其本身的独创性，与法国新古典主义美学主张并不完全一样。我们既要看到法国新古典主义美学和笛卡尔理性主义哲学的深刻联系，也不能像有的著作那样，简单地将笛卡尔美学思想和新古典主义美学主张混为一谈。笛卡尔的美学思想既然奠基于其哲学思想之上，必然具有理性主义基本特点，但它并非其理性主义哲学的直接延伸，而是充分注意到美学问题本身的特殊性和复杂性。正是这两方面的结合，形成了笛卡尔美学思想的独特性。

一　关于上帝的完满性与美的来源

　　笛卡尔在形而上学中肯定了上帝的存在，同时也赞颂了上帝的美。对于笛卡尔来说，上帝的存在不是宗教的天启真理，而是通过理性而认识和推论的结果。人是先有"我思"而后才认识到上帝的存在。他说，我的心中有一个上帝的观念，这是一个最完满的观念；而我的存在是不完满的、有缺陷的，不可能产生任何比我们自己完满的东西，因此，它只能来自一个心外的绝对完满的本体，即上帝本身，所以说上帝存在。理性和对上帝的信仰本来是矛盾的，但笛卡尔何以要从理性推论出上帝存在呢？在笛卡尔看来，肯定了上帝存在，也就是肯定了人的理性和获得真的知识的能力，肯定了自然的秩序和规律，因而也就为人取得对于事物的真实、完满知识提供了保证。他说："当我认识到一个上帝之后，同时我也认识到一切事物都取决于他，而他并不是骗子，从而我断定凡是我领会得清楚、

---

①　E. 卡西勒：《启蒙哲学》，顾伟铭等译，山东人民出版社 1988 年版，第 273 页。

②　埃米尔·克兰茨：《笛卡尔的美学学说》，转引自凯·埃·吉尔伯特、赫·库恩《美学史》，夏乾丰译，上海译文出版社 1989 年版，第 264 页。

分明的事物都不能不是真的……因此，我非常清楚地认识到，一切知识的可靠性和真实性都取决于对于真实的上帝这个唯一的认识，因而在我认识上帝之前，我是不能完满知道任何其他事物的。"① 按照笛卡尔的理解，上帝既赋予人以理性和判断能力，也赋予自然以秩序和规律，同时把与规律相应的概念赋予人，因此，就保证了一切知识的可靠性和真实性。实际上，笛卡尔的上帝只是为了肯定自然规律的存在以及人的认识的真实性而做出的一种不得已设定。他理解的上帝仅仅是心灵、理性和自然、规律的创造者。一旦创造完毕，上帝就不再对人类和自然产生任何作用，因而就再也用不着上帝了。在某种意义上，笛卡尔的上帝非常接近客观自然。他说："自然，一般来说，我指的不是别的，而是上帝本身，或者上帝在各造物里所建立的秩序和安排说的。"后来斯宾诺莎批判继承笛卡尔的思想，提出唯物主义的"实体"论，认为上帝和自然表达同一个意思，都是表示作为万物存在原因的实体。

由此可见，在笛卡尔的哲学体系中，上帝是一切事物的创造者，是自然的规律和人的理性的来源，因而，它也是真、善与美赖以存在的基础与保证。他说："我们在思考上帝这个与生俱来的观念时，我们就看到，他是永恒全知、全能的，是一切真和善的泉源，是一切事物的创造者，而且它所具有的无限完美的品德（或善），分明是毫无缺点的。"② 笛卡尔不仅认为上帝是美的源泉，而且认为上帝本身也具有无与伦比的美。他说：在探索自然规律之前，"我认为最好是停下来一些时候专去深思这个完满无缺的上帝，消消停停地衡量一下他的美妙的属性，至少尽我的可以说是为之神眩目夺的全部能力去深思、赞美、崇爱这个灿烂的光辉之无与伦比的美。"③ 按照笛卡尔的理解，上帝是一个绝对完满的实体，具有一切完满性，因而也就是"至完美的存在"。显然，上帝的美的属性与完满性的属性是一致的。将美和完满相统一，是理性主义美学的一个重要观点。斯宾诺莎也提出过实体是"绝对圆满"的观点，并将"圆满性"和美看作同一个意思。我们知道，在欧洲美学史上，新柏拉图主义美学思想的一个基本观点就是主张美在上帝，认为上帝就是最高的美，是世间一切感性事物的美的最后根源。笛卡尔虽然也论到上帝之美，却与新柏拉图主义的美在

① 笛卡尔：《第一哲学沉思集》，庞景仁译，商务印书馆1986年版，第74—75页。
② 笛卡尔：《哲学原理》，《笛卡尔思辨哲学》，尚新建等译，九州出版社2004年版，第70页。
③ 笛卡尔：《第一哲学沉思集》，庞景仁译，商务印书馆1986年版，第54页。

上帝的主张有原则区别。这是因为笛卡尔的上帝和新柏拉图主义基督教的上帝具有不同的意义。新柏拉图主义是要人们通过感性事物的美，去观照和体会上帝的美，"从上帝的作品中去赞美上帝"。而笛卡尔则是要以上帝的存在和上帝之美，来保证自然规律的存在和理性认识的真实性，让人从认识自然规律和获得真理中达到人生的终极追求和无限完美。

通过理性推演，在形而上学的思辨中寻求美的本质和最终来源，是理性主义美学的一个共同特点。从笛卡尔到斯宾诺莎再到莱布尼茨，都毫无例外地肯定和赞美了上帝的全能和完美，并将之作为美之终极根源。和笛卡尔一样，莱布尼茨也称"上帝是一个绝对完全的存在"①，并认为上帝是形成整个世界的和谐一致性的原因，因而也就是与"和谐"同义的美的源泉。但是，不管是笛卡尔，还是斯宾诺莎或莱布尼茨，他们哲学中的"上帝"，尽管仍然有宗教神学的色彩，但都在各自理性主义哲学体系中具有了新的含义，因而也启发了人们对美的本源新的思考。

二 关于美的定义与形式美

虽然笛卡尔认为较之上帝的完美来，世界上的事物的完美在某种范围内都是有限的，但却肯定世界上事物"亦具有几分完美性"。② 在《谈谈方法》中，他要人们"用自己的眼睛指导自己的行动，以及用这种方法去享受颜色的美"③，从而获得审美愉快。可以说，肯定现实美是笛卡尔从理性主义出发对美做进一步推论的前提。在《答麦尔生神父的信》（1630）中，笛卡尔较完整阐明了他对"美之所以为美"的看法。他说：

> 一般地说，所谓美和愉快所指的都不过是我们的判断和对象之间的一种关系；人们的判断既然彼此悬殊很大，我们就不能说美和愉快能有一种确定的尺度……④

① 莱布尼茨：《形而上学序论》，陈德荣译，（台北）商务印书馆1979年版，第1页。
② 笛卡尔：《哲学原理》，关文运译，商务印书馆1935年版，第31页。
③ 笛卡尔：《谈谈方法》，王太庆译，商务印书馆2000年版，第62页。
④ 笛卡尔：《答麦尔生神父的信》，《西方美学家论美和美感》，商务印书馆1980年版，第78—79页。

　　这段论述包含两个最基本看法。一是将美看作对象与主体（判断）之间的一种关系；二是将美和美感（愉快）混为一谈，从人的审美差异性推导出美的相对性。虽然在笛卡尔之前，西方美学史上也有许多从主客体关系谈美的言论，但似乎没有笛卡尔讲得这么明确，并且以"美的定义"形式出现。在进一步解释这一美的定义时，笛卡尔援引了他在早年写的《音乐提要》（1618）中的论述：

　　　　在感性事务中，凡是令人愉快的既不是对感官过分容易的东西，也不是对感官过分难的东西，而只是一方面对感官既不太易，能使得感官还有不足之感，使得迫使感官向往对象的那种自然欲望还不能得到满足，另一方面对感官又不太难，不致使感官疲倦，得不到娱乐。①

　　在这里，审美对象与主体的关系实际上成了一种刺激与反应的关系，即审美对象的刺激必须对审美主体感官保持在适当的程度——既不太易，使感官满足；也不太难，使感官疲倦。只有当审美对象的刺激与审美感官的反应相适宜，处于协调和谐状态时，才能使人感到愉快，也才能产生美。其实，这与其说是在论美，不如说是在论美感，即审美愉快必备的先决条件。笛卡尔在同一部著作中还指出，为了获得审美愉快，在对象和感官之间必须要求有一个均衡适当的比例，使感官不至于受到不适当刺激的侵害。如炮声和雷声的轰鸣对耳是有害的，所以这种声音不能让听觉产生愉快；来自太阳的过分刺目的强光，对眼是有害的，所以如果直接观看也不会令视觉产生愉快。② 按照笛卡尔意见，只有使人们既不厌烦也不疲劳的事件与安排、音程与节奏，才是令人愉快的。在审美感受中，既要避免那些混乱而令人难以捉摸的形象，又要避免那些枯燥而令人厌倦的东西。总之，美同愉快是联系在一起的，而愉快则产生于刺激与反应的适宜。这是笛卡尔在《音乐提要》中阐述的基本观点。基于此，吉尔伯特在《美学史》中将笛卡尔的美的定义解释为"美是平稳的刺激"是合理的。但

---

　　① 笛卡尔：《答麦尔生神父的信》，《西方美学家论美和美感》，商务印书馆1980年版，第79页。

　　② 笛卡尔：《音乐提要》，转引自塔塔科维兹《美学史》第3卷，波兰科学出版社1974年版，第374页。

考察笛卡尔对于美的认识却不能到此为止。

笛卡尔把美看作判断与对象、主体与客体之间的一种关系，其理解不仅限于对象的刺激与外在感官之间的关系的适合或协调，也包括对象与人的内在心灵之间的关系的适合或协调。他说，声音的美和声音的愉快是相联系的，而声音的愉快又来自声音与人的内在心理状态的适应。声音中以人声为最愉快，"因为人声和人的心灵保持最大程度的对应或符合"。① 在人声中，类似于一个好朋友的声音比一个敌人的声音更能使我们感到愉快，因为他们分别受同情和反感的作用与影响。这就将美或愉快直接同人的心理状态特别是人的情感反应互相联系起来了。更进一步，笛卡尔又指出美是和人的本性相符合、相对应的。他在《心灵的感情》中写道：

> 我们的内在感官或理性，按照事物符合或违背我们的本性，指使我们将它们称之为善或恶；同样，我们的外在的感官，特别是视觉，按相同的方式向我们显示，称它们为美或丑。②

按照笛卡尔哲学的理解，所谓人的"本性"，就是人的良知或理性。因为理性或良知不仅是人生而有之、人人均等具有的，而且"他是唯一使我们成为人、使我们异于禽兽的东西"。③ 只有理性才代表人的最本质属性。笛卡尔的主要哲学命题"我思故我在"，其意义正在于它抓住了也揭示了人的最本质的属性。他告诉人们，只有当人思维的时候，人才存在，人才是人。思维就是人的全部本性或本质。诚如他所说："我确实认识到我存在，同时除了我是一个思维的东西之外，我又看不出有什么别的东西必然属于我的本性或属于我的本质，所以我确实有把握断言我的本质就在于我是一个思维的东西，或者就在于我是一个实体，这个实体的全部本质或本性就是思维。"④ 笛卡尔视理性、思维为高于一切的实在，理性是衡量万物的尺度，理性首先是衡量人的尺度。理性既是判断真假的标

---

① 笛卡尔：《音乐提要》，转引自塔塔科维兹《美学史》第3卷，波兰科学出版社1974年版，第374页。

② 笛卡尔：《心灵的感情》，转引自塔塔科维兹《美学史》第3卷，波兰科学出版社1974年版，第373页。

③ 笛卡尔：《谈谈方法》，王太庆译，商务印书馆2000年版，第4页。

④ 笛卡尔：《第一哲学沉思集》，庞景仁译，商务印书馆1986年版，第82页。

准，也是判断善恶、美丑的标准。笛卡尔认为美必须和人的本性符合，也就是肯定了美必须和人的理性相符合。凡是符合理性的事物就是美的，反之，凡是违背理性的事物就是丑的。较之笛卡尔原来以人的感官接受的难易来作为判断美丑的标准的看法，这种以对人性（理性）的符合不符合作为判断美丑标准的看法，更充分地体现了他的理性主义的基本观点和原则，也是更为深刻的。

笛卡尔主张从主客体关系把握美的本质，这和他主张心物、主客对立的二元论是一致的。二元论将心物、主客看作是各自独立、相互分裂的，不了解两者是对立统一的，因而在考察美的本质时，只能将对象与主体看作是一种外在的协调关系。

笛卡尔还从对象的形式方面对美做过考察和论述。在《音乐提要》中，他批评了那些否定音乐的和谐比例关系的音乐家，并且对音调和音程的条理性以及二者之间相互关系做了图解式描述。他对各种比例的详细分析，多半同数学分析联系在一起，也从一个方面表现出他的理性主义的态度和方法。正如吉尔伯特所说："对笛卡尔来说，音乐中一定的比例与均衡的美，最终要依赖于它们能从数学意义上获得最高论证。"[1] 在致友人论巴尔扎克书简的信中，笛卡儿将这种对音乐的比例与协调的美的论证，扩展到文学或文词中，他赞赏巴尔扎克[2]"文词的纯洁"之美，正在于部分与部分、部分与整体之间的比例与协调：

> 这些书简里照耀着优美和文雅的光辉，就像一个十全十美的女人身上照耀着美的光辉那样，这种美不在于某一特殊部分的闪烁，而在所有部分总起来看，彼此之间有一种恰到好处的协调和适中，没有一部分突出压倒其他部分，以至失去其余部分的比例，损害全体结构的完美。[3]

---

① 凯·埃·吉尔伯特、赫·库恩：《美学史》上卷，夏乾丰译，上海译文出版社1989年版，第272页。
② 巴尔扎克（Jean–louis Balzac，1597–1654），法国文学家、批评家，法兰西学院元老之一。影响最大的著作是《书简》，曾多次再版。
③ 笛卡尔：《致友人论巴尔扎克书简的信》，《西方美学家论美和美感》，商务印书馆1980年版，第80页。

这种从对象各部分之间的比例与协调去寻找美的观点，是古希腊以来西方美学中的一种传统看法，它可以上溯到毕达哥拉斯派关于"身体美在于各部分之间的比例对称"的论述。笛卡尔基本上沿袭了这种看法。不过，他又把对象各部分的比例协调与感官接受的难易联系起来，为形式美找到了主观依据。同时，他强调美不在部分而在整体的观点，与理性主义哲学强调整体性、统一性、秩序性的观点是互相联系的，从而赋予了这一传统美学命题以新的意义。后来，从斯宾诺莎、莱布尼茨直到沃尔夫、鲍姆加登的理性主义美学思想中所形成的"完善"的概念，以及"美在完善"的命题，都强调整体中各部分的统一与和谐，这和笛卡尔强调美在整体协调统一的思想是一脉相承的。

三 关于美感差异与审美心理

从美是判断和对象之间关系这一美的定义出发，笛卡尔强调了美的相对性。因为人们的判断有很大差异，所以美就不能有一种确定的尺度。这种看法和他强调理性能够清楚明白认识一切的观点颇不一致。而他以审美判断差异性来证明美的相对性，则是混淆了美与审美的区别。他对美的相对性的论述，实则都是关于美感差异性的论述。关于美感的差异性，笛卡尔主要是从两方面来分析的。其一是人们的审美观念或审美理想不同。如他所谈到的对花坛布置之美的不同看法和判断。虽然按照感觉的难易，一个花坛的各部分如果只有一两种形状而安排又全是一致的是较为合适的，但"实际情况是按照某一批人的幻想，有三种形状的最美，按照另一批人的幻想，有四种、五种或更多形状的最美"。① 这里所谓"幻想"，实际上就是审美观念。其二是审美中的联想作用。如他所说："同一种事物可以使这批人高兴得要跳舞，却使另一批人伤心得想流泪；这全要看我们记忆中哪些观念受到了刺激。例如某一批人过去当听到某种乐调时是在跳舞取乐，等到下次又听到这些乐调时，跳舞的欲望就会又起来；就反面来说，如果有人每逢听到欢快的舞曲时都要碰到不幸的事，等他再听到这种

---

① 笛卡尔：《答麦尔生神父的信》，《西方美学家论美和美感》，商务印书馆 1980 年版，第79 页。

舞曲，就一定会感到伤心。"① 按照笛卡尔的解释，这种联想作用就是条件反射作用。

笛卡尔对美感发生的心理过程和机制也作过论述。在《心灵的感情》中，笛卡尔对喜悦、愤怒等心灵感情的发生，从生理学、心理学角度做了研究。他认为，审美感受始于感觉，感觉引起神经的兴奋；这种兴奋，由于化成了一定量度并体现在使整个人体保持平衡的比例中，因此是令人愉快的、有益的。在《音乐提要》中，笛卡尔认为，人们对于声音美和音乐的爱好，源于声音刺激与人的内在感情的对应。音乐节奏一般趋势是，人们的内在情感或激情与音乐中的节奏是互相对应的。缓慢的节奏和调子引起厌倦忧伤之类温和安静的情绪，急促轻快的节奏和调子引起快乐或愤怒之类活泼激昂的情绪。这是用"同声相应"的自然法则来说明音乐美感的发生。笛卡尔也注意到审美心理体验和结构的丰富性和复杂性，他在《心灵的感情》中写道：

> 当我们阅读书中描述冒险经历的奇怪故事，或在剧院观看关于它们的表演时，按照它们呈现于我们想象的情景，它唤起我们悲哀、快乐、爱、恨以及各种可能的感情。但是进一步，我们真正体验到愉快，因为我们感受到这些感情在我们内部被创造，这是一种理智的愉快。这种愉快可由悲哀引起，正如它以同样方式可由其他情感引起一样。②

这段论述表明，笛卡尔认为审美心理体验既包括各种不同的情感活动，也包括想象和理智活动。想象可以唤起各种可能唤起的情感，但这些不同的感情经过想象的创造和理智的整合，却最终转化为一种愉快的体验。这种对审美心理结构和过程的描述是较为深刻的，它已涉及审美愉快发生与审美心理各种构成因素之间的关系问题。特别是将审美愉快看作是一种"理智的愉快"，强调了理性在审美中的作用，表现出理性主义美学的突出特点。

---

① 笛卡尔：《答麦尔生神父的信》，《西方美学家论美和美感》，商务印书馆1980年版，第79页。

② 笛卡尔：《心灵的感情》，转引自塔塔科维兹《美学史》第3卷，波兰科学出版社1974年版，第374页。

笛卡尔在形而上学中只谈理性，不谈情感，这并不是说他不重视情感。他后来写了《心灵的感情》一书，专门从生理学、心理学和伦理学不同方面研究感情问题。这种研究大致属于笛卡尔哲学的物理学和伦理学范围。总的看来，笛卡尔对感情的作用是持肯定态度的。他认为人一生祸福只是依感情为转移，"那些最能为感情所鼓动的人，是能够在这一生中享受最多的欢乐的"。① 同时，他又指出感情应受理性的支配。他说："智慧在这一点上有主要的用处，它教我们如何做感情的主人，如何巧妙地支配感情，使感情所引起的灾祸很可以受得了，甚至使我们从所有的感情中都取得快乐。"② 他还指出，快乐是心灵一种惬意的感情，由心灵在拥有善时泛起的快乐构成。理智一旦发现我们拥有某种善的东西，想象力会立即在大脑中形成某种印象，这种印象启动了大脑的某种活动或精神，从而刺激起快乐的感情。这种拥有善的快乐，是"理性的快乐"。联系到上面笛卡尔将审美愉快称之为"理智的愉快"的说法，可见他认为审美愉快和善的快乐都是受理性支配的，因而也都是具有正面价值的。

四 关于诗与想象和理性

较之对美和美感的论述，笛卡尔对诗和文学的言论更为零散和少见。在《谈谈方法》中，笛卡尔表示他看重雄辩，并且热爱诗词，他称赞"雄辩优美豪放无与伦比；诗词婉转缠绵动人心弦"。③ 但他认为，"雄辩和诗词都是才华的产物，而不是研究的成果"。④ 所以，"一个人只要有绝妙的构思，又善于用最佳的辞藻把它表达出来，是无法不成为最伟大的诗人的，哪怕他根本不知道什么是诗。"⑤ 这表明他已充分注意到诗、文学与哲学、科学的重要区别。实际上，在后人整理的笛卡尔早期作品中，他已对诗与哲学、诗人与哲学家作过比较。他说：

---

① 笛卡尔：《心灵的感情》，周辅成编：《西方伦理学名著选辑》上册，商务印书馆1987年版，第631页。
② 同上。
③ 笛卡尔：《谈谈方法》，王太庆译，商务印书馆2000年版，第6页。
④ 同上书，第7页。
⑤ 同上。

在诗人的作品中而不在哲学家的著作中找到影响深远的判断，似乎出人意料。理由是，诗人是由热情和想象的激发而写作。在我们身上，就像在打火石上一样拥有知识的火花；哲学家把它们从理性中抽象出来，但是诗人则是从想象的迸发中提炼，所以他们闪烁的更加灿烂。①

在这里，笛卡尔异乎寻常地认为许多影响深远的判断不在哲学家的著作中，而在诗人的作品中，因为诗人是由热情和想象的激发而创作的，所以能让人们智慧的火花闪耀得更为灿烂。根据笛卡尔自述，他曾做过一个梦，在梦中他面临两种抉择：一是各种知识的百科辞典，一是诗人们的作品选集。他选择了第二种。他认为诗是神圣灵感和智能之源，存在比哲学家更伟大的点燃人们之火花的能力。② 这些可能不是他后来一贯的看法。实际上，笛卡尔最为推崇的还是哲学和哲学家，甚至认为"一个国家最大的好事就是拥有真正的哲学家"。不过，这里推崇诗和诗人的理由则在于诗和诗人是借助想象和热情而创作的，与哲学和哲学家凭借理性获取知识是不同的方式和途径。这种以想象与理性两种不同的心理能力来界定诗与哲学区别的看法，培根早在《学术的进展》一书中就明确地提出来了。笛卡尔不过是重复这种看法。但是，对于想象这种心理能力以及它与理性的关系问题，笛卡尔却做了进一步的研究。

按照笛卡尔理解，想象和理性分别处于人的心灵的不同部分和层次，各自有不同的性质和功能。关于想象，笛卡尔的解释是："想象是一种用于物质性的东西的特殊思想方式"③，"想象不是别的，而是去想一个物体性东西的形状或影像"。④ 这表明想象的最明显的特点是它始终同事物的具体表象或形象相联系，它的对象是事物的感性形象。在《第一哲学沉思集》第六个沉思中，笛卡尔结合论述物质性东西的存在以及人的灵魂和肉体之间实在区别，对想象活动和理性活动的分别以及这种分别的标志作了更详细的描述。他指出：想象"这种思维方式与纯粹理智之不同仅在于：在领会时，精神以某种方式转向其自身，并且考虑在其自身里的某

① 《笛卡尔选集》第10卷，巴黎，1902年版，第217页。

② 同上书，第182—184页。

③ 笛卡尔：《谈谈方法》，王太庆译，商务印书馆2000年版，第31页。

④ 笛卡尔：《第一哲学沉思集》，庞景仁译，商务印书馆1986年版，第26—27页。

一个观念；而在想象时，他转向物体，并且在物体上考虑某种符合精神本身形成的或者通过感官得来的观念。"① 总之，理性转向精神，是观念的抽象；想象转向物体，是观念的具体，这是两种不同的思维方式。

笛卡尔认为，想象是和虚构相联系的。"因为，如果我把我想象成一个什么东西，那么实际上我就是虚构了"。② 想象和虚构的联系，说明想象是对已有表象的加工改进，是一种创造形象的活动。在笛卡尔所说的观念的三个来源中，有一种就是虚构的和凭空捏造出来的，如人鱼、鹫马以及诸如此类的其他一切怪物。这种观念显然和想象相关。但笛卡尔认为这种观念是不能作为认识的依据的。所以，他认为，要获得正确认识，既不能依靠感官，也不能依靠想象，而只能依靠理智功能。尽管笛卡尔否认想象可以作为认识事物的依据，但又肯定想象必须以真实事物为基础。他说：

> 当画家们用最大的技巧，奇形怪状地画出人鱼和人羊的时候，他们也究竟不能给它们加上完全新奇的形状和性质，他们不过是把不同动物的肢体掺杂拼凑起来；或者就算他们的想象力达到了相当荒诞的程度，足以捏造出什么新奇的东西，新奇到使我们连类似的东西都没有看见过，从而他们的作品给我们表现出一种纯粹出于虚构和绝对不真实的东西来，不过至少构成这种东西的颜色总应该是真实的吧。③

这种既承认想象的创造性和虚构性，又肯定想象的构成成分的真实性、实在性观点，应当说是全面的、辩证的，也是符合文艺创作中想象活动的实际情况和规律的。总的看来，笛卡尔虽然在哲学形而上学中有抬高理性、贬低感觉乃至想象活动的倾向，并没有否认想象作为一种特殊思想方式在把握事物上的特点，以及它在文艺创作中的独特作用。一般认为笛卡尔只强调理性对文艺的作用而忽视想象的作用的看法，是根据不足的。笛卡尔的缺陷是把想象和理性这两种心理活动截然分离并把二者互相对立起来，也就是把形象思维和抽象思维绝对分离和对立起来，不承认想象或

---

① 笛卡尔：《第一哲学沉思集》，庞景仁译，商务印书馆 1986 年版，第 78 页。
② 同上书，第 26 页。
③ 同上书，第 17 页。

形象思维的认识作用，这就为后来古典主义文艺创作和美学理论一味强调理性对文艺的支配作用，忽视想象和情感在创作中的特殊功能，打下了基础。贯穿于17—18世纪美学中理性与想象力之争，其来源之一就是笛卡尔的有关论述。

笛卡尔虽然割裂了想象与理性的联系，但他却认为想象和情感在诗的创作中是具有重要作用的。在《致伊丽莎白王后的信》中，他谈到诗人"写诗的倾向是来自器官冲动的强大的刺激"，在这种冲动中，可以看到心灵比通常更加有力和更加增强的感叹。正是这种内心的感情冲动，"激活了这些想象并使它成为诗"。[①] 这里讲到了诗歌创作的冲动以及情感与想象的相互作用，是对文艺创作心理的较为具体、深刻的描述，在笛卡尔的论述中是罕见的。它表明笛卡尔在高扬理性旗帜时，并没有完全无视文艺创作特点，也没有像后来的法国古典主义美学那样走极端——将艺术与科学在理性基础上等同起来。在笛卡尔理性主义哲学整体中，他的美学思想似乎表现出某种复杂性和混杂性。他强调理性主义哲学与美学的联系，却不忽视美学问题的特殊性。他强调理性与想象的对立，在认识领域抬高理性，贬低想象，但他仍然把想象留给了诗和艺术。而以笛卡尔理性主义哲学为基础建立起来的新古典主义美学在强调理性对文艺支配作用的同时，却要把想象力拒之于艺术大门之外。"然而，要把想象力彻底拒之于艺术理论大门之外，这看来只是一个可疑的荒谬的开端。这种拒绝岂不是对艺术的实际否定吗？对艺术对象的沉思方式中的这种转变，难道不会使所研究的对象变得毫无价值并使之失去真正的意义吗？"[②] 这一疑问，恰恰是理性主义美学在发展其基本思想的过程中所遇到的一个新的难题。而这个难题却是笛卡尔本人未曾想到的。

（原载《哲学研究》2006年第12期）

---

① 笛卡尔：《致伊丽莎白王后的信》（1649），转引自塔塔科维兹《美学史》第3卷，波兰科学出版社1974年版，第374—375页。

② E. 卡西勒：《启蒙哲学》，顾伟铭等译，山东人民出版社1988年版，第278页。

论舍夫茨别利的美学思想

17—18世纪的英国美学，除了作为主潮的经验主义美学思想和颇有影响的新古典主义美学思想之外，还有一种多少受剑桥柏拉图主义影响，在经验主义和新古典主义之外另辟蹊径的美学思想。舍夫茨别利便是这股美学思潮的开拓者。舍夫茨别利虽然也受到经验主义哲学和美学影响，但他的哲学和美学却未仿效同时代的任何模式。"舍夫茨别利将美学从古典主义体系和经验主义理论中移植到全新的土地上"[①]，他改变了整个美学问题的研究中心，旨在建立一个独立的美的哲学，从而对18世纪英国美学和欧洲美学发展都产生了重要影响。

一 自然神论和剑桥柏拉图主义的影响

舍夫茨别利是18世纪英国著名自然神论者之一。自然神论是一种推崇理性原则，把上帝解释为非人格的始因的宗教哲学理论。舍夫茨别利批判了基督教的传统教义和迷信观念，他不同意基督教的上帝观念，认为上帝不是"一个处于世界之外的统治者"，而是一个"内在于自然之中的、充满一切力量的"至高存在者，是宇宙灵魂。他主张抛弃违反理性的"神的启示"、"奇迹"以及诸如此类的迷信，恢复合乎理性和人性的自然宗教。舍夫茨别利的自然神论是同柏拉图的哲学思想和术语奇怪结合在一起的。他的哲学思想中具有明显的新柏拉图主义神秘成分。他认为，神是存在的，是"全知、全能、大慈大悲"的。神是宇宙的灵魂，是使物质有生命的目的因。在物质和精神的关系上，他高扬精神，贬低物质，认为精神是"能动的、首要的原则"，物质是"被动的、死的东西"，只有精

① E.卡西勒：《启蒙哲学》，顾伟铭等译，山东人民出版社1988年版，第310页。

神注入物质之中，物质才会有形式和生命。舍夫茨别利的自然神论否认人格化的上帝，把上帝与自然等同起来，主张用法则、规律解释启示，这种思想为唯物主义和无神论的发展开辟了道路。但它并没有摆脱宗教，在否认人格化的上帝的同时，他又断言有理性上帝，企图建立理性神学。恩格斯指出：在舍夫茨别利等人那里，"唯物主义的新的自然神论形式，仍然是一种贵族的秘传的学说"。①

在哲学和伦理思想上，舍夫茨别利多多少少受到剑桥柏拉图主义者影响。剑桥柏拉图主义者按照新柏拉图主义观点解释柏拉图学说，既批判经院哲学的某些观点，也反对唯物主义经验论，坚持"天赋观念"说。他们强调人有一种天然的道德意识，是心灵固有的。舍夫茨别利突出了这一概念，一方面用它反对正统基督教的原罪学说，另一方面又用它批判人的天性是恶这样一种观点。他认为"人天生有德"，道德在人的本性中自有其根基。美德是自然的，而不是从外部灌输进去的。人天生有一种同情感，仁爱是人类心灵最基本的品质。人自身的构造使他能在一切仁爱的情感和行为中发现幸福，而在与仁爱情感和行为相反东西中发现痛苦。所以，道德的基础不在自私与自爱，而在于宽厚与仁爱；不在理性或理智反省，而在"天然情感"。从这种认识出发，他反驳了理性主义哲学家把善归结为抽象理性的观点，认为道德和审美的判断一样，都是即刻作出来的，没有经过推理和思考，因而它们绝非理性的功能，而依靠一种与外在感官相似的特殊感官，他把它称为"内在感官"或"道德感"。同时，他也批判了经验主义哲学家把道德和审美判断归结为感觉经验的观点，对洛克和霍布斯的哲学思想表示了不同意见。洛克认为人心如一张"白纸"，一切知识和观念都来自感觉印象，没有先天观念，也没有先天道德感。舍夫茨别利反对这种看法，认为它把世界和人看成被动的机械，使人类社会需要的道德在人性中找不到根基。他写道："洛克把一切基本原则都破坏了，把秩序和美德抛到世界之外，使秩序和美德的观念（这就是神的观念）变成不自然的，在我们心中找不到它们的根基。"② 按照这种意见，道德只能是外部权威强加于意志的结果，这实际上等于取消了道德。舍夫茨别利还对霍布斯的人的天性"趋向偏私"和自然状态是不可避免的战

---

①　《马克思恩格斯选集》第三卷，人民出版社 2012 年版，第 765 页。

②　舍夫茨别利：《一位勋爵给大学里一位年轻人的几封信》，转引自田时纲编《西方著名哲学家评传》第 3 卷，山东人民出版社 1984 年版，第 18 页。

争状态等观点进行了批判。他指出，霍布斯只不过给我们画了一幅人性恶的图画，对人的本性作了一个短视的、片面的结论。人性自私的说法不符合事实，相反，人的同伴感和各种社会性情感才是自然的。"我们确实知道，一切社会性的爱情、友谊、感激或任何属于慷慨这一类的情感，因它的本性，代替了利己的热情，使我们离开了自己，并且使我们不顾我们自己的便利和安全。"① 所以，真正的美德不是建立在利己主义和利害得失考虑上，而是建立在仁爱和相互交往上。这种对人性的乐观态度和高尚的道德激情，渗透在舍夫茨别利的伦理学和美学思想中，并且对18世纪欧洲许多启蒙主义思想家产生了重要影响。

二　美在形式或赋予形式的力量

　　舍夫茨别利对美的看法是建立在宇宙和谐论哲学思想基础之上的。这种宇宙和谐论深受新柏拉图主义的影响，肯定神是整个宇宙的灵魂，宇宙是一个和谐整体。按照舍夫茨别利的理解，宇宙不是霍布斯和洛克所说的"神的机械"，而是"神的艺术作品"。宇宙是一个有机整体，这有机整体的各部分都处于相互和谐和合目的性的统一体中。"这整体就是和谐，节拍是完整的，音乐是完美的"，整个宇宙就是一件美的艺术品，它使所有的形式和现象处于令人惊叹的协调之中。对于宇宙的和谐整体而言，组成它的一切部分都是必要的，恶与丑只是部分的，其功用只是为了衬托整体的和谐。正如莱布尼茨所说，在一切可能的世界中，这个世界是最好的。事实上，舍夫茨别利的这些看法和莱布尼茨的"前定和谐"说颇为相似，他们都是乐观主义者。舍夫茨别利还受到新柏拉图主义关于人天相应学说的影响，认为人是小宇宙，反映大宇宙，人心中善良品质所组成的和谐反映大宇宙的和谐，两者在精神上有密切联系。正是基于这种对宇宙和谐整体的认识，舍夫茨别利指出了美与和谐的内在一致性。他把大宇宙的和谐看作"第一性的美"，而人在自然界和自己的内心世界所见到的美则是"第一性的美"的影子。同时，他又把和谐看作是美的一个本质特征，指出：

---

① 舍夫茨别利：《论美德或功德》，周辅成编：《西方伦理学名著选辑》，商务印书馆1964年版，第764页。

凡是美的都是和谐的和比例合度的，凡是和谐的和比例合度的就是真的，凡是既美而又真的也就在结果上是愉快的和善的。①

舍夫茨别利所说的和谐，包含着有机整体合规律性与合目的性意思，所以它不仅是美的本质特征，也是美和真、善相连的内在根据。他还把美与和谐同事物的旺盛状况和功用便利相联系，从而明显表明它们所具有的合规律性和合目的性的内涵。他说："比例合度的和有规律的状况是每件事物的真正旺盛的自然的状况。凡是造成丑的形状同时也造成不方便和疾病。凡是造成美的形状和比例同时也带来对适应活动和功用的便利。"②这就是说，美在于生命的健康和活动的便利，而丑在于疾病和不便利。这种看法和舍夫茨别利的目的论和宇宙秩序的概念是有联系的，它在后来一些美学家的著作中得到进一步发挥。

舍夫茨别利对美的看法受自然神论和新柏拉图主义的影响。自然神论认为大自然的和谐与合乎目的，正是神这一宇宙始因存在的证明。舍夫茨别利同样认为，各自然融为一体的神是支配世界的超人力量，是宇宙的创造者。神既是创造宇宙这个和谐整体的最高艺术家，也就是一切美的来源。他说："真正的诗人事实上是一位第二造物主，一位在天帝之下的普罗米修斯。就像天帝那位至上的艺术家或造形的普遍的自然一样，他造成一个整体，本身融贯一致而且比例合度，其中各组成部分都处在适当的从属地位。"③ 这里，舍夫茨别利明显地将"天帝那位至上的艺术家"和"造型的普遍的自然"看作是同一个意思，也就是把神和"普遍的自然"等同起来，表明他的自然神论立场；同时，他也明确地认为，宇宙这个和谐整体是由作为最高艺术家的神所造成的，诗人只是第二造物主，神或自然才是第一造物主，因而才是美的根源。

由于受新柏拉图主义影响，舍夫茨别利在物质和精神的关系上，不但把两者看成互相对立和彼此独立的，而且强调精神决定物质，认为精神是首要的，只有精神注入物质之中，物质才会有形式和生命。由于把精神和

---

① 舍夫茨别利：《论特征》，《西方美学家论美和美感》，商务印书馆1980年版，第94页。
② 同上。
③ 舍夫茨别利：《论特征》，转引自朱光潜《西方美学史》，人民文学出版社2002年版，第210页。

物质、形式和材料割裂开来，并且把精神和形式看作是首要的、第一性的，所以，他认为美不在物质和物体本身，而在形式和精神。他说：

> 美的、漂亮的、秀丽的都决不在物质上面，而在艺术和构思设计上面，绝不在物体本身，而在形式或赋予形式的力量。①

按照舍夫茨别利的理解，美不在物质或物体本身，而在形式或赋予形式的力量。所谓"赋予形式的力量"，就是"构思设计"，就是精神和智慧。所以他进一步解释说："每当美的形式使你们惊叹不已的时候，它不是表明了这一点吗，不是说明了构思的美了吗？难道不是构思本身使人惊叹不已吗？如果你不是赞美精神，不是赞美精神的产品，那你赞美什么呢？要知道只有精神才赋予形式。凡是不体现精神的东西，凡是没有和缺乏精神的东西都是令人厌恶的；没有形式的物质本身就是畸形或丑。"② 可见，物质必须具有形式才美，没有形式的物质就是丑；而只有智慧才能赋予形式，所以体现智慧的东西才是美，不体现智慧的东西就是丑。只有智慧即精神才是决定物质或物体本身美丑的本原。

舍夫茨别利认为，美所由形成的形式分为三类，与此相对应，美也分为三类。这三类美由低级到高级排列。第一类美是"死形式"，"它们由人或自然赋予一种形状，但是它们本身却没有赋予形式的力量，没有行动，也没有智力"。③ 如金属、石头和人工制造的物品，还有作为一种物质现象的人体，都属于这一类。第二类美是"赋予形式的形式"，"它们有智力，有行动，有创造"，"这类形式具有双重美，因为在这类形式中既有形式（精神的产品），也有精神本身"。④ 和第一类美相比，这类美是较高级的，"由于有了第二类形式，死的形式才具有了自己的光彩和美的意义"。⑤ 像智力和心灵完美的人以及艺术创造的美，便属于这类美。第三类美是最高级的美，"这种美不仅创造了我们称之为单纯形式的那些形

---

① 舍夫茨别利：《论特征》，S. M. 恰亨、A. 迈斯金编：《美学：综合选集》，布莱克威尔出版公司 2008 年版，第 80 页。

② 同上。

③ 同上书，第 81 页。

④ 同上。

⑤ 同上。

式，而且创造了赋予形式的形式本身。因为我们自己就是营造物质的出色的建筑师，我们能赋予毫无生命的物体以形式，用我们的双手使它们成形"。① 如果说，是智力和心灵赋予无生命的物质以形式，那么，这种美就是赋予形式的智力和心灵本身，所以它是"一切美的本原和源泉"，"建筑、音乐以及人所创造的一切都要溯源到这一类美"。② 这个所谓"一切美的源泉"，也说是创造宇宙这个和谐整体的自然神。显然，舍夫茨别利的这些观点和柏拉图在《会饮篇》中对于美的种类和等级的划分是互相吻合的。

强调美和真、善的统一也是舍夫茨别利的一个重要的美学观点。他在论述形式必须经过观照、评判和考察，否则绝不能有真正力量时，就明确指出"美与善仍然是同一的"。③ 他认为，美的本身就带有深刻的道德性质，人通过观察现实的美和艺术的美而实现道德的完善。人分辨美丑的内心感觉和道德感是一致的。在善之外就谈不上真正的审美享受，离开美也无所谓道德之乐。道德美高于其他美的表现，"道德在一切精华瑰丽之中是最可喜的，那是人间事事的支柱和严饰，它维护团体，保护团结、友谊和人与人之间的交往；由于它，国家一如私人的家庭昌盛而幸福，如缺少了它，则任何美妙、卓越、伟大和有价值之事必凋残毁灭"。④ 所以，"美德对于每人，都是善"⑤，它最深刻体现了美与善的内在统一。按照舍夫茨别利的理解，在美和善统一的形式中，美具有更高级的和决定性的意义，人好善而恶恶，就是因为善是美的而恶是丑的。正由于此，所以有的学者认为他的伦理思想是以美学思想为基础的。

舍夫茨别利对于美和真的统一也有论述。他认为，"一切美都是真"，没有真，美就无法存在；没有美，真正的真也同样无法存在。按照他的看法，"真"并非指理论和知识，而是意味着世界内在的理智结构，对这种结构，无法单凭概念认识，也不能通过对一堆个别经验进行归纳加以把握，而只能直接体验，直觉理解。美的现象中便有这种经验和直觉的悟

① 舍夫茨别利：《论特征》，S. M. 恰亨、A. 迈斯金编：《美学：综合选集》，布莱克威尔出版公司2008年版，第81页。

② 同上。

③ 同上书，第79页。

④ 舍夫茨别利：《论特征》，周辅成编：《西方伦理学名著选辑》上卷，商务印书馆1964年版，第783页。

⑤ 同上。

性。所以，真之全部具体意义只有在美之中才能被揭示出来。①

总的看来，舍夫茨别利关于美的观点是深受自然神论和新柏拉图主义的影响的。他把美的本原归结到精神和自然神，表明了他的美学观点的客观唯心主义性质。但是，舍夫茨别利对新柏拉图主义从根本上作了重新思考，使它适应于解决他同时代的哲学和美学所提出的种种问题。他不满意理性主义美学和经验主义美学运用抽象思辨或经验观察方法探讨美学问题，认为理性分析和心理内省只能把我们带到美的边缘，而不能进入美的中心。他对美的沉思就是要说明如何去克服支配着 18 世纪一切认识论的基本冲突，并且把精神置于一种超越这种冲突的新的优势地位。在舍夫茨别利看来，美既不是笛卡尔意义上的"天赋概念"，也不是从洛克意义上的经验派生和抽象出来的概念。美不是纯偶然的东西，而是属于精神的本质，是精神的原始功能。② 这种试图克服理性主义和经验主义的冲突及片面性的探索，还是具有启发性的。另外，他强调美和善的统一，论述了道德美的概念，指出道德美高于其他各种美的表现，这在当时也是具有进步意义的。

三 审美的特殊感官及其特性

舍夫茨别利对美学的另一个重要贡献是他首先提出了审美的"内在感官"说，成为在英国颇有影响的"内在感官"新思潮的始作俑者。所谓"内在感官"，就是指人天生就有的审辨善恶和美丑能力，它既指审辨善恶的道德感，也指审辨美丑的审美感，这两者根本上是相通的、一致的。舍夫茨别利也把它称作"内在的眼睛""内在的节拍感"等等。在他看来，审辨善恶美丑不能靠通常的五官——视、听、嗅、味、触，而只能靠这种在心里面的"内在感官"。所以，"内在的感官"是在五种外在的感官之外的一种特殊感官，是专为审辨善恶美丑而设的感官，后来有人又把这种感官称为"第六感官"。舍夫茨别利对这种"内在的感官"描述说：

①　参见 E. 卡西勒《启蒙哲学》，顾伟铭等译，山东人民出版社 1988 年版，第 308—309 页。

②　同上书，第 317 页。

　　心灵观听其他的心灵，就不能没有它的视官和听官，以之辨识比例，分别声音，审识前来的情操或思想。它不会让事物避过它的检查。它感觉出情感的柔和与粗糙、会意与不会意，并且能发现丑恶与美好、协合与不协合，其真切确实一如对于音乐的律度或对于可感知的事物的外表形象或表象。它不会对于与这些内容之一有关的情感不抱着仰慕狂热或憎恶讥讽，而对于与这些内容之另一有关的情感则否。所以否认人对于事物中崇高优美性有共同而自然的感觉，在正当考虑这事的人看来，只是一种作伪。①

这里所说"心灵观听其他心灵"的视官和听官，就是指"内在的感官"，它不仅辨识比例和声音，而且审识情感和思想，能感觉与发现事物和情感的丑恶与美好、崇高与优美。舍夫茨别利认为，这种审辨善恶美丑的能力虽然不同于外在感官，但是它在起作用时却和视觉辨识形色、听觉辨识声音具有同样的直接性，不需要经过思考和推理，所以，它在性质上还不是理性的思辨能力，而是类似感官作用的直觉能力。他说：

　　眼睛一看到形状，耳朵一听到声音，就立刻认识到美、秀丽与和谐。行动一经察觉，人类的感情和情欲一经辨认出（它们大半是一经感觉就可辨认出），也就由一种内在的眼睛分辨出什么是美好端正的，可爱可赏的，什么是丑陋恶劣的，可恶可鄙的。这类分辨既然植根于自然，那分辨的能力本身也就应该是自然的，而且只能来自自然……②

这里明确指出两点，一是"内在的眼睛"或"内在的感官"对善恶美丑的辨识是直接的，不假思考的；二是这种分辨善恶美丑的能力是自然的，也就是天生的。就"内在的感官"具有直接性而言，它不同于笛卡

---

　　①　舍夫茨别利：《论特征》，周辅成编：《西方论理学名著选辑》上卷，商务印书馆1964年版，第758—759页。

　　②　舍夫茨别利：《论特征》，S. M. 怡亨、A. 迈斯金编：《美学：综合选集》，布莱克威尔出版公司2008年版，第83页。

尔的抽象理性的"天赋观念";就"内在的感官"是天生的能力而言,它又和洛克的人心生来如一张白纸的说法是正相反的。

然而,"内在的感官"毕竟和外在感官有别,它不仅是一种感觉作用,而是与理性密切结合的。舍夫茨别利将人分为动物性的部分和理性的部分,他认为,认识和欣赏美不能依靠前者,而需要借助后者。他说:"如果动物因为是动物,只具有感官(动物性的部分),就不能认识美和欣赏美,当然的结论就会是:人也不能用这种感官或动物性的部分去体会美或欣赏美;他欣赏美,要通过一种较高尚的途径,要借助于最高尚的东西,这就是他的心和他的理性。"① 如果照这种说法,人的审美的能力或"内在的感官"就不是属于动物性部分的低级的感官,而是属于理性部分的高级的感官。

舍夫茨别利之所以强调人的审美感不属于动物性的部分,而属于人心和理性的部分,根本原因在于他把审美感和道德感看成是一致的、相同的。他说:"在心灵的内容或道德的内容上,与平常的物体上或普通感官的内容上,有同样的情形。平常物体的形状、运动、颜色和比例,显现于我们的眼睛内,按照它们的各部分不同的尺寸、排列和布置,必产生美或丑。而在举止或动作中,一旦显现于我们的理解内,按照那内容的规则或不规则,也必定可见有显著的差别。"② 也就是说,审辨举止、动作的规则或不规则(善或恶)的道德感,与审辨物体形式、比例的美或丑的审美感,在内容上是同样的。按照舍夫茨别利的看法,人的道德感是基于生而有之的"天然情感",这种天然情感是适合于社会生活的社会性的情感,所以,与道德感相通的审美感也应当是一种社会性的情感,而不是动物性本能的表现。他在《论美德或功德》中说:

> 不可能设想有一个纯然感性的人,生来禀性就那么坏,那么不自然,以至到他受感性事物的考验时,他竟没有丝毫的对同类的好感,没有一点怜悯、喜爱、慈祥或社会感情的基础。也不可能想象有一个理性的人,初次受理性事物的考验时,把公正、慷

① 舍夫茨别利:《论特征》,转引自朱光潜《西方美学史》,人民文学出版社2002年版,第208页。

② 舍夫茨别利:《论特征》,周辅成编:《西方伦理学名著选辑》上卷,商务印书馆1964年版,第758页。

慨、感激或其他德行的形象接受到心里去时，竟会对它们没有喜爱的心情或是对它们的反面品质没有厌恶的心情。一个心灵如果对它所认识的事物没有赞赏的心情，那就等于没有知觉。所以既然获得了这种以新的方式去认识事物和欣赏事物的能力，心灵就会在行动、精神和性情中见出美和丑，正如它能在形状、声音、颜色里见出美和丑一样。①

这里所说"以新的方式去认识事物和欣赏事物的能力"，就是道德感和审美感。舍夫茨别利认为，心灵"在行动、精神和性情中见出美和丑"和"在形状、声音、颜色里见出美和丑"是一样的，就是说道德感和审美感是相同的。道德感与怜悯、慈祥、公正、慷慨之类"社会感情"完全一致，所以，审美感也是与"社会感情"密切联系的。从舍夫茨别利强调审美感与社会生活的联系及其社会性来看，他显然是想纠正经验派片面强调动物性本能的美学观点。

舍夫茨别利对美感的看法实际上包含着一个没有解决的矛盾。一方面，他把审美能力称为内在的感官，强调审美活动的感性性质和不假思索的直接性；另一方面，他又把审美能力与属于动物性部分的感官相区别，而将它视为一种理性性质的活动。那么，美感究竟是感性活动还是理性活动？对这个问题舍夫茨别利并没有认识清楚，所以，他只能在两者之间徘徊。感性活动和理性活动在审美活动中是可以统一而且应该统一的。但他对此并没有理解，而仍然只是把审美看成一种近似感性的直觉活动。E.卡西勒认为舍夫茨别利在理性和经验之外建立起一种"直觉美学"，提出了"审美直觉"的概念。实际上，这种既非理性亦非经验的"直觉"正如审美的"内在感官"一样，只是一种带有神秘主义色彩的假设。不过，它对于后来者深入探讨审美活动的性质和特征，仍然是具有启发作用的。

四　艺术的道德作用和发展条件

尽管舍夫茨别利并非主要从艺术作品的观点研究美学问题，他对诗和

---

① 舍夫茨别利：《论特征》，转引自朱光潜《西方美学史》，人民文学出版社2002年版，第208—209页。

艺术还是作了专门思考和论述。在《独语，或对作家的忠告》中，他广泛讨论了诗的道德作用、诗的创造、作家的修养以及文艺发展的社会条件等问题，提出了许多独创的见解。

关于艺术和道德的关系，一直是舍夫茨别利美学思想中占有重要地位的问题。由于他把美与善、审美感与道德感看成是统一的、一致的，所以自然地也就强调艺术和道德之间的紧密联系。他说：

> 内在的节拍感，社会美德方面的知识及其实践，对道德美的熟识及热爱，这一切都是真正的艺术家和正常的音乐爱好者必不可少的品质。因此，艺术和美德彼此结成了朋友，并从而使艺术学和道德学在某种意义上亦结成了朋友。①

这主要是从道德对艺术的影响和作用方面谈道德和艺术关系。按舍夫茨别利的看法，人心中善良品质所组成的"内在的节拍"或和谐反映着大宇宙的和谐，而这样"内在的节拍"又是认识和欣赏外在美的必备条件。所以，自己心灵不美的人就无法真正认识美和欣赏美。真正的艺术家和艺术欣赏者必须具备"内在的节拍感"，热爱道德美，才能创造和欣赏艺术美。从另一方面讲，艺术对道德的影响和作用也是巨大的。在《独语，或对作家的忠告》中，舍夫茨别利称赞古代杰出诗篇"是对时代的一种殷鉴或一面明镜"，对于人的道德、心灵和性格的形成发挥着重要的教化作用。他说："这些诗篇不仅从根本上讨论道德问题，从而指出真实的性格和风度，而且写得栩栩如生，人物的音容面影宛若在眼前。因此，它们不但教导我们认识别人，而且主要的和它们的最大优点是，它们还教导我们认识自己。"② 他还说："在这种创作的天才中，既有崇高的和平易的风格，又有悲剧的和喜剧的情调。然而作者却能独运匠心，尽管主人公有奇妙的或神秘的性格，其次要部分或次要人物却更清楚而且逼真地显出人性来。所以，在这里有如在一面明镜上，我们可以发现自己，窥见我们最详细的面影，刻画入微，适合我们自己来领悟和认识，即便是短短一瞥

---

① 舍夫茨别利：《论特征》，转引自 K. E. 吉尔伯特、H. 库恩《美学史》，麦克米伦公司1939年版，第240页。
② 舍夫茨别利：《论特征》，《缪灵珠美学译文集》第二卷，中国人民大学出版社1987年版，第27页。

间审视的人，也不能不认识了自己的心灵。"① 像这样突出强调艺术对形成人的道德面貌和塑造人的心灵的教育作用，在英国启蒙主义美学家中，舍夫茨别利可谓第一人。

尽管舍夫茨别利如此强调艺术和道德的紧密联系，却并没有将艺术和道德混为一谈，也没有抹杀艺术创作本身特点。恰恰相反，他要求艺术必须在充分体现自身特点中发挥道德的作用，就是要把思想、道德、情感寓于艺术形象和人物性格描绘之中。他称赞"诗人之父和巨擘"荷马的作品把人物刻画得惟妙惟肖，由人物自己表明自己，使思想感情表达得无迹可循：

> 他并不描述品质或美德，并不谴责习俗，并不故作谀颂，也不由自己说明性格，而始终把他的人物放在眼前。是这些人物自己表明自己。是他们自己如此谈吐，所以显得在各方面都与众不同，而又永远保持其本来面目。他们各别的天性和习染，刻画得这样正确，而且一举一动莫不流露性情，所以比诸世间一切批评和注释，给予我们更多的教益。诗人并不装成道貌岸然耳提面命，也绝不现身说法，所以他在诗中殆无迹所寻。这就是大师之所以为大师。②

这可以说是论述文艺创作特点的一段绝妙文字，是对艺术创作规律的深刻认识和揭示。接着他还指出，艺术家不能仅仅依照人体形骸描绘美姿，更要临摹另一种生活，研究和描绘"心灵的优美和完善"，这样才能描绘出人物的美，成为为后世学术立法的真正大师。这种形神兼备的观点，颇谙艺术创作规律，是同他重视艺术审美教育作用的思想相一致的。

作为一名启蒙主义思想家，舍夫茨别利在论述艺术发展的社会条件时，再三强调文艺的繁荣有赖于政治的自由，而自由的丧失也就是艺术的丧失。他举罗马为例说："罗马人自从开始放弃他们的野蛮习俗，向希腊学会用正确的典范来培养他们的英雄、演说家和诗人之日起，就违反公道，企图剥夺世界人民的自由，因而也就很符合公道地丧失了他们自己的

---

① 舍夫茨别利：《论特征》，《缪灵珠美学译文集》第二卷，中国人民大学出版社1987年版，第27页。

② 同上书，第28页。

自由。随着自由的丧失，他们就不仅丧失了他们词章中的力量，而且连他们的文章风格和语言本身也都丧失了。后来在他们中间起来的诗人都只是些不自然的长得很勉强的植物。"① 马克思指出，舍夫茨别利是洛克之后英国另一位自由思想提倡者。他把这种自由思想也带到对艺术发展的考察中来。启蒙运动时期不少美学家和文艺理论家都很重视对文艺与政治自由之间密切关系的研究。舍夫茨别利之后，休谟在《论艺术和科学的兴起和发展》中、文克尔曼在《古代造型艺术史》中，也都着重论述过这一问题。这是当时上升资产阶级的政治要求在文艺上的一种反映。

（原载《外国文学研究》2003 年第 5 期）

---

① 舍夫茨别利：《论特征》，转引自朱光潜《西方美学史》，人民文学出版社 2002 年版，第 213 页。

斯宾诺莎美学思想新探

在欧洲近代哲学史上，斯宾诺莎是继笛卡尔之后的另一个理性主义哲学代表人物。他以自己独特的哲学思想来观察和解释美学问题，提出了一系列独创的美学观点，丰富和深化了理性主义美学思想。但是，由于他没有写过专门美学著作，他的美学思想在西方美学史研究中一直被严重忽视，有的美学史著作甚至认为斯宾诺莎并"没有被吸引到美学问题上来"。① 这种看法与事实不符，并且影响对近代理性主义美学的形成和发展具有全面而科学的认识，应当得到补正。

斯宾诺莎的哲学研究具有强烈的伦理动机和伦理目的，这也构成了他的哲学思想的鲜明特征之一。在《知性认识论》第一章"论哲学的目的"中，斯宾诺莎明确指出："我志在使一切科学都集中于一个目的或一个理想，就是达到……最高的人生圆满境界。"② 所谓"最高的人生圆满境界"，也就是他所说的"至善"（summun bonum），即"对人的心灵与整个自然相一致的认识"。③ 也就是说，要达到道德上的人生圆满境界，就要使人的心灵达到对整个自然界这一永恒无限东西的认识与把握。所以，对斯宾诺莎来说，寻求真理与寻求至善、寻求理想的生活是结合在一起的，哲学和各门科学都是实现人生圆满境界的工具和手段。他把自己最主要的哲学著作叫作《伦理学》，充分显示出他对伦理学的高度重视。可以说，伦理学是斯宾诺莎思想体系的核心和基础。他的哲学世界观和认识论的建立，都是以伦理学目的实现为出发点的。

斯宾诺莎的哲学以达到"人生圆满境界"为依归，这种人生圆满境界既是至善，也是至真，同时也就是至美。在伦理学中，斯宾诺莎总是把

---

① M. C. 比尔兹利：《美学简史：从古希腊至当代》，麦克米伦公司1977年版，第156页。

② 斯宾诺莎：《知性改进论》，《十六—十八世纪西欧各国哲学》，商务印书馆1975年版，第232页。

③ 同上。

理性的完善与人的德性、人生快乐相联系，如他所说："人的真正活动力量或德性就是理性"，"人生的最高快乐或幸福即在于知性或理性之完善中"。① 在斯宾诺莎看来，知识论、伦理学和美学是互相结合的，真、善、美也是互相结合的。在考察斯宾诺莎的美学思想时，我们必须注意到这一显著特点。

一 美丑观念和事物的圆满性与美之统一

在《伦理学》和《书信集》中，斯宾诺莎多次直接谈到美、丑问题，这些谈论实际是对人们一般持有的美丑观念所作的阐释和评论。在他看来，美丑观念和善恶观念一样，并非指自然和事物本身性质，而是人按照事物给予人的感受和作用，而对自然事物所作的解释和评价。他说："我绝不把美或丑、和谐或纷乱归给自然，因为事物本身除非就我们的想象而言，是不能称之为美的或丑的、和谐的或紊乱的。"② 这就是说，美、丑不在自然事物本身，而是人对事物的一种想象。在另一处，斯宾诺莎对这一观点做了更详细的阐述。他写道：

> 美并不是在知觉者心中引起的一种被知觉对象的性质。如果我们的眼睛的网膜长一些或短一些，或者我们的气质不像现在这样，那么现在对于我们表现美丽的事物将表现是丑陋不堪的，而现在是丑陋的事物将对我们表现是美丽漂亮的。最美的手通过显微镜来看是粗糙的。有些事物远处看是美丽的，但是近处一看却是丑陋的。因此，事物就本身而言，或就神而言既不是美的，也不是丑的。③

这段话明确表达了两点意思：第一，美、丑不是指被知觉对象或自然事物本身的性质；第二，对美、丑的感受依赖于人的主体条件和对于知觉

---

① 斯宾诺莎：《伦理学》，贺麟译，商务印书馆1997年版，第210页。
② 《斯宾诺莎书信集》，转引自洪汉鼎《斯宾诺莎哲学研究》，人民出版社1993年版，第142页。
③ W. 塔塔科维兹：《美学史》第3卷，波兰科学出版社1974年版，第380—381页。

对象的主观感觉。有研究者据此认为，斯宾诺莎是主张"美在主观"的，
"在美学上是一个主观论者"。① 但必须明白，斯宾诺莎所讲的美丑其实是
指美丑观念，上述看法只是他对人们一般持有的美丑观念所作的分析和评
论。在他看来，美、丑观念和善、恶观念一样，都不是对于事物本性的理
智的了解，所以不是表示自然事物本身性质的事实判断；而是"以想象
代替理智"，依据自然事物对于人的作用和感受，来解释和评价自然事
物，因而都是反映着自然事物对人关系的价值判断。他说："只要人们相
信万物之所以存在都是为了人用，就必定认其中对人最有用的为最有价
值，而对那能使人最感舒适的便更加重视。由于人们以这种成见，来解释
自然事物，于是便形成善恶、条理紊乱、冷热、美丑等观念。"② 这种从
自然事物与人的关系来解释美丑观念的看法，也是包括笛卡尔、霍布斯在
内的 17 世纪许多哲学家的共同主张。当然不能将这种主张简单归结为美
的主观论。

在上述引文中，斯宾诺莎认为善恶、美丑观念的形成是来自一种成
见，这种成见就是他所批驳的"万物有目的"论。按照这种成见，自然
万物无一不有目的，它们与人一样，都是为着达到某种目的而行动，无一
非为人用。正是基于这种成见，人们便想象着自然事物对于人的作用和价
值，于是便形成善恶、美丑观念，并把这些观念当作事物的重要属性。他
指出："像我早已说过那样，他们相信万物都是为人而创造的，所以他们
评判事物性质的善恶好坏也一概以事物对于他的感受为标准。譬如，外物
接于眼帘，触动我们的神经，能使我们得舒适之感，我们便称该物为美；
反之，那引起相反的感触的对象，我们便说它丑。"③

在斯宾诺莎看来，美丑、善恶观念既是来自万物有目的的成见，它们
就不是属于事物本身，也不能把它们当作事物本身的性质。因为"自然
本身没有预定的目的，而一切目的因只不过是人心的幻象"。④ 这里表现
了斯宾诺莎哲学的一个重要观点，就是万物受制于绝对必然性的观点。按
照这种观点，自然界中存在的各种物体都处于不间断的因果系列链条之
中，具体事物之间存在着因果必然联系。任何事物的发生都有其所以发生

---

① 　W. 塔塔科维兹：《美学史》第 3 卷，波兰科学出版社 1974 年版，第 369 页。
② 　斯宾诺莎：《伦理学》，贺麟译，商务印书馆 1997 年版，第 41 页。
③ 　同上书，第 42 页。
④ 　同上书，第 39 页。

的必然原因，都是宇宙普遍秩序的必然结果。他说："自然中没有任何偶然的东西，反之一切事物都受神的本性的必然性所决定而以一定方式存在和动作。"① 这种观点彻底排除了神学目的论。因为在斯宾诺莎看来，神既不为目的存在，也不为目的动作，神只按照它自己本性的必然性而动作。既然万物有目的论不能正确解释自然事物，那么由此成见而形成的善恶、美丑观念当然也不能正确说明自然事物本身的性质，它们仅仅是人们依照事物对人的作用和价值，对事物所作出的想象和评价。对此，斯宾诺莎进一步明确指出：

> 就善恶两个名词而论，也并不表示事物本身的积极性质，亦不过是思想的样式，或者是我们比较事物而形成的概念罢了。因为同一事物可以同时既善又恶，或不善不恶。譬如，音乐对于愁闷的人是善，对于哀痛的人是恶，而对于耳聋的人则不善不恶。②

这里讲善恶是一种思想的样式或概念，而所举例则又关系美丑，可见美丑和善恶一样，也是一种思想的样式或概念。因为善恶、美丑概念或观念反映的不是事物本身的性质，而是作为对象的事物与主体人之间的关系，所以，它们可以因人而异。"这人以为善的，那人或将以为恶；这人认为条理井然的，那人或将以为杂乱无章；这人感到欣悦的，那人或会表示厌恶。"③ 这就是说，善恶、美丑概念都是具有相对性的，同一件事物，在不同的观点下，对于不同主体而言，可以是善、美，也可以是恶、丑。没有一件事物，就其自身性质来看，可以称为善或恶、美或丑。从这一点看，吉尔伯特指出，斯宾诺莎主张"美仅仅存在于由于符合我们需求而被赋予其某种价值的偶然对象之中"④，这是有道理的。

斯宾诺莎在论述美、丑和善、恶两对概念时，还经常与圆满性、不圆满性这一对概念相提并论。他甚至明确指出："圆满性和不圆满性的名称

---

① 斯宾诺莎：《伦理学》，贺麟译，商务印书馆 1997 年版，第 29 页。
② 同上书，第 169 页。
③ 同上书，第 42 页。
④ K. E. 吉尔伯特、H. 库恩：《美学史》，麦克米伦公司 1939 年版，第 231 页。

类似于美和丑的名称。"① 圆满一词，拉丁文原文作 Perficere，有完成、圆满或完善多重意义。在斯宾诺莎看来，圆满和不圆满这一对概念，和善恶、美丑概念一样，都不是表示事物本身性质的概念。"应用圆满和不圆满概念于自然事物的习惯，乃起于人们的成见，而不是基于对自然事物的真知。"② 圆满和不圆满概念也是建立在"万物有目的"论这种成见的基础上的。因为人对于自然和人为的事物，总习惯于构成一般的观念，并且即认这种观念为事物的模型。他们又以为自然事物都是有目的的，本身即意识到这些模型。于是，如果事物符合人们对于那类事物所形成的一般观念，就被称为圆满；反之，如果事物不十分符合人们对于那类事物预先形成的模型，便被称为不圆满。"所以圆满和不圆满其实只是思想的样式，这就是说，只是我们习于将同种的或同类的个体事物，彼此加以比较，而形成的概念。"③ 这种以人们关于事物的类型观念为基准，经过人的想象而形成的圆满和不圆满概念，在斯宾诺莎看来，像善恶、美丑概念一样，只是表现人们对于事物的理解和评价，而不是表示事物本身的性质。

斯宾诺莎明确指出，应当严格区分两类根本不同的解释自然的概念。他说："我认为那些由平常语言习惯而形成的概念，或者那些不是按照自然本来面目而是按照人类的感觉解释自然的概念，绝不能算作最后的类概念，更不能把它们和纯粹的、按照自然本来面目解释自然的概念混为一谈。"④ 在他看来，上述作为思想样式的圆满和不圆满概念就是属于按照人类感觉解释自然的概念，与之相一致的美丑、善恶概念亦是如此。他认为，用于表示事物本质和本性的圆满性的概念应是不同于上述内涵的另外一种概念。他说："正如善恶一样，圆满性也是相对的术语，除非我们把圆满性认作事物的本质。在这个意义上，正如我们上面已经说过的，神具有无限的圆满性，即无限的本质和无限的存在。"⑤ 在斯宾诺莎哲学中，神、自然、实体是用来表示最高存在的同一个概念，而"圆满性"就是一个用来表示实体、神或自然性质的重要范畴，其内涵十分确定。如他

① 《斯宾诺莎书信集》，转引自洪汉鼎《斯宾诺莎哲学研究》，人民出版社 1993 年版，第216 页。

② 斯宾诺莎：《伦理学》，贺麟译，商务印书馆 1997 年版，第 167 页。

③ 同上书，第 168 页。

④ 《斯宾诺莎书信集》，转引自洪汉鼎《斯宾诺莎哲学研究》，人民出版社 1993 年版，第471 页。

⑤ 斯宾诺莎：《笛卡尔哲学原理》，关文运译，商务印书馆 1997 年版，第 151 页。

所说：

> 实在性和圆满性我理解为同一的。①
>
> 圆满性就是实在性。换言之，圆满性就是任何事物的本质。②
>
> 我所谓圆满性仅指实在性或存在而言。③
>
> 事物按其本性愈圆满，则它包含的存在愈多和愈必然，反之，事物按其本性包含的存在愈必然，则必更圆满。④

由此可见，斯宾诺莎所说的圆满性，是和实在性、存在、本质、本性、必然性等同一的范畴，它表示事物的存在、本质及其必然性。事物的实在性或存在越多，其圆满性程度就越高。"实体比其他样式或偶性包含更多的实在性，由此……实体也比偶性包含更必然的和更圆满的存在。"⑤正是在这种意义上，斯宾诺莎指出，实体、神或自然具有最高的圆满性或绝对的圆满性。这种最高的圆满性也就是自然的永恒秩序和固定法则，万物皆循此而出。正如斯宾诺莎所说："万物皆循自然的绝对圆满性和永恒必然性而出"⑥，"万物都按照最高的圆满性为神所产生，因为万物是从神的无上圆满性必然而出"。⑦

在斯宾诺莎看来，整个宇宙是一个由所有存在物组成的有机整体。每个事物，就其以某种限定方式存在而言，都是整个宇宙这一有机整体的一部分，都服从统一的自然规律和法则。如果我们将事物放在整个宇宙这个有机整体中，"从神圣的自然之必然性去加以认识"⑧，那么，就会看到万物都是由自然的必然规律决定的。任何事物的发生都有其所以发生的必然原因，都是宇宙普遍规律和法则的逻辑必然结果。"因为未有不从自然的致动因的必然性而出，而可以构成任何事物的本性的，而且无论任何事物

---

① 斯宾诺莎：《伦理学》，贺麟译，商务印书馆1997年版，第45页。
② 同上书，第169页。
③ 斯宾诺莎：《笛卡尔哲学原理》，关文运译，商务印书馆1997年版，第67页。
④ 同上。
⑤ 同上书，第68页。
⑥ 斯宾诺莎：《伦理学》，贺麟译，商务印书馆1997年版，第39页。
⑦ 同上书，第33页。
⑧ 同上书，第25页。

只要是从自然的致动因之必然性而出的，就必然会发生。"① 所以，不应当从有限事物出发，以个人感情好恶来判断其为圆满或不圆满。"要判断事物的圆满与否，只需以事物的本性及力量为标准，因此事物的圆满与否，与其是否娱人的耳目，益人的身心无关。"②

显然，斯宾诺莎这里所说的作为事物的实在性、本质和必然性的圆满性，和他上面提到的人们对事物加以比较而形成的作为思想样式的圆满和不圆满的概念，在内涵上是完全不同的。所以，斯宾诺莎说："我这里所说的并不是指人们由于迷信或无知所欲求的美或其他圆满性。"③ 毫无疑问，斯宾诺莎认为美和圆满性是相联系的，事物包含的圆满性和实在性越多，就更为完美。如他所说："观念正如事物本身，各个不同，一个观念较其他观念更为完美或所包含的实在性更多，正如一个观念的对象也较其他观念的对象更为完美或所包含的实在性更多。"④ 不过，由于斯宾诺莎对于事物圆满性内涵的理解不同于作为思想样式的圆满和不圆满的概念，所以，和这种圆满性相联系的美，也必然不同于作为思想样式的美丑概念。因为后者是人们对事物加以比较，按照事物给予人的感受和作用而形成的概念，而前者则只与自然事物的本性、本质、实在性和必然性相关，也就是上面所说的"只需以事物的本性及力量为标准"。这种以自然事物的本性的必然性为依归的美，当然不是前面论到的按照人的感觉来评价自然的美丑观念。它应当被理解为斯宾诺莎所说的"人的心灵与整个自然相一致的认识"⑤，亦即从对于神的某一属性的正确观念而达到对于事物本质的直观。这种直观知识是"在永恒的形式下去认识事物"，即是"就事物被包含在神内，从神圣的自然必然性去加以认识"。⑥ 因而能达到最高的圆满性，由此可产生最高的精神满足。它是至真，也是至善，同时也是至美。这种美显然不是从人的感觉和感受来认识的美，而是超越感性的理性和直观的美，是与神或自然本性的必然性和谐一致的美。它也就是斯宾诺莎哲学要达到的最终追求——"最高的人生圆满境界"。这种将真、

---

① 斯宾诺莎：《伦理学》，贺麟译，商务印书馆 1997 年版，第 168—169 页。

② 同上书，第 43 页。

③ 斯宾诺莎：《笛卡尔哲学原理》，关文运译，商务印书馆 1997 年版，第 6 页。

④ 斯宾诺莎：《伦理学》，贺麟译，商务印书馆 1997 年版，第 56 页。

⑤ 斯宾诺莎：《知性改进论》，《十六—十八世纪西欧各国哲学》，商务印书馆 1975 年版，第 232 页。

⑥ 斯宾诺莎：《伦理学》，贺麟译，商务印书馆 1997 年版，第 257 页。

善、美统一于事物的圆满性的观点，是斯宾诺莎的一个独特贡献，也是西方美学史上关于美的本质的理性思辨的又一重要进展。

二 想象的性质、特点及其对艺术的特殊作用

斯宾诺莎在论述人心灵的性质和认识活动时，都谈到想象、联想、梦幻和虚构等问题。这些阐述本身虽然不是针对文艺问题讲的，却和文艺的创造、欣赏及批评有着非常密切的关系，从而构成斯宾诺莎美学思想的另一个重要组成部分。

在斯宾诺莎认识论中，想象被看作是和理智互相区别的一种认识方式。关于这种认识方式的性质和特点，斯宾诺莎有清晰、明确的阐述。我们先来看看他对于想象的界说：

> 凡是属于人的身体的情状，假如它的观念供给我们以外界物体，正如即在面前，即我们便称为"事物的形象"，虽然它们并不真正复现事物的形式。当人心在这种方式下认识物体，便称为想象。①
>
> 想象是心灵借以观察一个对象，认为它即在目前的观念，但是这种观念表示人的身体的情况，较多于表示外界事物的性质。②

从以上界说看，斯宾诺莎把想象看作是人的身体的情状的观念，它以"形象"的方式去认识事物。想象作为一种观念，其对象是人体受外物激动所产生的情状。按照斯宾诺莎的理解，外物激动人体所产生的情状是物理的和生理的产物，即广延的样式；而关于人体的情状的观念，则是思维的和心理的产物，即思想的样式。想象就是人心凭借其身体情状的观念以认识事物的方式。这种人的身体情状的观念，供给我们以外界物体，"视如即在面前"。所以，斯宾诺莎将其称之为"事物的形象"或"事物的意

① 斯宾诺莎：《伦理学》，贺麟译，商务印书馆1997年版，第64页。
② 同上书，第177页。

象"。他说："事物的意象乃是人体内的感触，而这些感触的观念表示被当作即在目前的外在物体。"① 又说："必须仔细注意观念或心灵的概念与由想象形成的事物的形象二者之区别。"② 由此可见，以形象方式而不是以概念的方式来认识事物，是想象最基本的性质和最主要的特点之一。正因为如此，想象成为文学艺术认识和反映现实的主要心理构成因素和思维方式。

在斯宾诺莎理解中，"想象"一词所指的范围较为宽泛。按照他所说的第一种知识，想象既包括知觉经验，也包括记忆表象。他对想象的论述，往往结合着记忆和联想。如说："每当我们想象着一个曾经与别的东西在一起看见过的对象时，我们立刻便回忆起那些别的东西，因此我们想到这一个东西立刻便会联想到那另一个东西。"③ 这种将想象和回忆、联想相提并论的看法，和同时代的经验论哲学家的看法是类似的。不过，斯宾诺莎对与记忆和联想相关的想象另有新的解释。他不仅指出记忆的联想是"人心中的观念的联系"，而且指出"这种观念联系之发生是依照人身中情况或情感的次序和联系"，它与依照理智次序而产生的观念联系不同。所谓理智的次序，就是"从自然事物或真实存在推出"的真实表现实在因果联系的次序。而人身中情况或情感的次序，虽然也包含外界事物的性质，却主要是表示人的身体的当前的情状，因而它掺杂着人身自己的性质。所以，由此而产生的观念联系不是表现客观事物本身真实联系的观念联系，而是按照各人"习于联结或贯串他心中事物的形象的方式"而形成的观念联系。所以，理智的观念联系是客观的、逻辑的，而联想、想象的观念联系则是主观的、情感的。应该说，斯宾诺莎对于联想的观念联系不同于理智的观念联系的分析，较为深刻地揭示了联想的特点和规律，实际上已接触到艺术的形象思维与科学的抽象思维的区别问题。

对于与文艺创造密切关联的创造想象以及想象与虚构的联系问题，斯宾诺莎也有专门论及。他认为，想象可以构想"不存在的事物"，"一个人想象着一匹有翼的马，但是他并不因此即肯定此有翼之马的存在"④，这就是指创造出新的表象的创造想象。而虚构则是想象借以创造新表象的

---

① 斯宾诺莎：《伦理学》，贺麟译，商务印书馆1997年版，第120页。
② 同上书，第89页。
③ 同上书，第140页。
④ 同上书，第91页。

重要手段之一。他说："我所谓虚构只是指虚构一物的存在而言"，"虚构的观念是关于可能的事物的，而不是关于必然或不可能的事物的"。① 通过虚构或创造想象形成的观念，是对已有的各种表象重新进行改造、综合而创造出来的，是现实中许多不同事物观念凑合而成的。诚如斯宾诺莎所说："虚构的观念绝不是简单的，而是自然中许多的事物和动作的混淆的观念凑合而成的，或可更妥当地说，是由于同时考察这些多数的不同的观念而并未经过理智的承认。"② 这实际已经涉及文艺创作中想象的特点以及典型化的问题。斯宾诺莎认为，人们对自然界所产生的各种离奇幻想以及神话中创造的精怪和幽灵的故事，都是创造想象和虚构的产物，"如树木说话，人在转瞬之间就变成石头或变成泉水，鬼魂出现在镜子里面，无中生有，甚或神灵变成野兽，或转成人身，以及其他类此的东西，不可胜数。"③

值得注意的是，斯宾诺莎还谈到与想象有关的梦和其他无意识活动。他在论到身心关系时，认为身体的状态并不简单地听命于心灵，身体只就它是基于自然的规律而言，有许多远超出人的理智或意识的因素。如"梦游者可以在睡梦中做出许多为他们清醒时所不敢做的事情来。这些事实足以表明身体单是按照它自身性质的规律，即可做出许多事情来，对于这些事情那身体自己的心灵会感到惊讶的"。④ 这就是说，梦是不受心灵控制的，是意识所没有想到的。"当我们梦着我们在说话时，我们相信我们的说话是出于心灵的自由命令。但实际上，我们却并未说话，即或在梦中说话，这种说话也是身体不依赖于意志的运动的结果。"⑤ 不仅梦是心灵或意识所无法控制的，还有一些类似的非理性想象活动也是如此。如斯宾诺莎所指出，"疯人、空谈家、儿童以及其他类似的人，都相信他们的说话是出于心灵的自由命令，而其实是因为他们没有力量去控制他们想说话的冲动。"⑥ 尽管斯宾诺莎认为这些身体按照自然规律发生的心理现象还没有被人确切了解，但他已经隐约指出了在意识背后隐蔽着的非理性的

---

① 斯宾诺莎：《知性改进论》，《十六—十八世纪西欧各国哲学》，商务印书馆 1975 年版，第 35—36 页。

② 同上书，第 41 页。

③ 同上书，第 39 页。

④ 斯宾诺莎：《伦理学》，贺麟译，商务印书馆 1997 年版，第 101 页。

⑤ 同上书，第 103—104 页。

⑥ 同上书，第 103 页。

因素。我们看到，20 世纪以来西方哲学、美学和心理学中所热烈探讨的无意识问题，特别是弗洛伊德精神分析中关于意识与无意识的理论，斯宾诺莎实际上早已涉及了。

在斯宾诺莎认识论中，想象和理智的区别是一个基本问题。他认为，想象和理智作为两种不同认识方式，在产生过程、依据法则和认识作用上都存在巨大的差别。想象作为人体情状的观念，只是包含外界事物的性质，但并不表示外界事物的性质，因而不是解释外界事物性质的观念联系。所以，想象不可能提供对于外界事物的正确知识。他说："只要人心想象着一个外界物体，则人心便对它没有正确的知识。"① 与之相反，理智不是人体情状的观念，而是真实表现自然事物形式本质的客观概念，因而也就是客观解释外界事物性质的观念联系。所以，斯宾诺莎认为，通过理智，"我们的心灵可以尽量完全地反映自然"②，达到对事物本质的正确知识。

斯宾诺莎对于理智的推崇和对于想象的贬抑，鲜明表现出他的理性主义立场。但他并没有否认想象作为一种认识方式存在的必要性和特殊作用，相反认为"想象并不只是由于单纯的真理的出现而消散"③，他甚至认为"心灵的想象，就其自身看来，并不包含错误"④，只要我们认清想象和理智的区别，不以想象的观念代替事物的本质，那么，想象就不仅有其存在的必要性，而且在某些领域还发挥着理智不能代替的重要作用。斯宾诺莎在论述和解释《圣经》时一再指出，《圣经》中的预言和故事正是借助想象之力而创造的。他说："预言家借助于想象，以知上帝的启示，他们可以知道许多为智力所不及的事，这是无可置辩的。这是因为由语言与形象所构成的观念比由原则与概念所构成的为多。"⑤ 又说："预言家把几乎一切事物理解为比喻和寓言，并且给精神上的真理穿上具体形式的外衣，这是想象所常用的方法。"⑥ 这里所说借助想象，构造形象，运用比喻和寓言，使精神内容获得具体形式，以及由形象所构成的观念比概念更

---

① 斯宾诺莎：《伦理学》，贺麟译，商务印书馆 1997 年版，第 70 页。
② 斯宾诺莎：《知性改进论》，《十六—十八世纪西欧各国哲学》，商务印书馆 1975 年版，第 54 页。
③ 斯宾诺莎：《伦理学》，贺麟译，商务印书馆 1997 年版，第 172 页。
④ 同上书，第 64 页。
⑤ 斯宾诺莎：《神学政治论》，温锡增译，商务印书馆 1963 年版，第 33 页。
⑥ 同上。

为丰富多样，等等，不只是限于《圣经》，也是一切文艺创作中常见现象和普遍规律，它实际上也是肯定了想象对于文学艺术创造的重要意义和特殊作用。

理智和想象的区别和关系问题，是近代经验主义和理性主义哲学和美学中共同关注但存在分歧的一个问题。在斯宾诺莎之前，经验主义代表人物培根、霍布斯和理性主义代表人物笛卡尔都探讨过这个问题。斯宾诺莎在理智和想象的关系问题上，基本上是继承了笛卡尔的观点，然而他对于理智和想象作为两种认识方式的区别，从哲学上做了更深入、更系统的论述，也更加强调理性和想象的互相排斥和对立，以及想象知识的不可靠性。不过，斯宾诺莎也和笛卡尔一样，并不否认想象对包括文艺在内的某些领域中存在的必要性和特殊作用。从这一点来看，理性主义和经验主义可以说是从不同途径和方式上共同接触到了艺术创造和思维的特点问题。

三　情感的性质、种类及其与审美经验的联系

斯宾诺莎在其早期著作《神、人及其幸福简论》中已经论述了人的情感问题，而在《伦理学》中更用了两个部分专门讨论情感问题，由此可见情感研究在斯宾诺莎的哲学—伦理学中的地位。斯宾诺莎关于情感的理论，主要探讨了人类情感起源和基础、情感的性质和力量、情感的种类和样式、情感与想象以及情感与理性关系等问题，其目的在于找到一条人心能征服自己情感和控制自己行为，以达到人类自由和幸福的正确途径。由于情感问题和审美问题关系十分密切，而且伦理学和美学问题常常是互相联系的，因此，斯宾诺莎的情感理论也具有美学意义。

和讨论想象时一样，斯宾诺莎在讨论情感时，也为它作了一个界说，他说："我把情感理解为身体的感触，这些感触使身体活动的力量增进或减退，顺畅或阻碍，而这些情感或感触的观念同时亦随之增进或减退，顺畅或阻碍。"① 这个界说里，有两点值得注意。第一，情感与人的身体活动的力量增进或减退、顺畅或阻碍直接相关。所谓身体活动的力量，是指人的身体竭力保持自己存在的冲动。斯宾诺莎说："冲动是人的本质自

_____

① 斯宾诺莎：《伦理学》，贺麟译，商务印书馆 1997 年版，第 98 页。

身，就这本质被决定而发出有利于保存自己的行为而言。"① 而当人对它的冲动有了自觉，也就是成了"我们意识着的冲动"，那就是欲望。斯宾诺莎认为，正是这种身体保持自己存在的冲动和欲望，构成情感的基础。第二，情感既包括身体的感触，又包括这些感触的观念。前者属于生理方面，可以说是广延属性的样式；后者属于心理方面，可以说是思想属性的样式。情感的广延样式和思想样式表明了情感具有的双重性质。在斯宾诺莎看来，虽然情感包括生理的感触和心理的观念两重性质，但他认为对于伦理学和心理学来说，应更着重于情感作为感触的观念的心理方面的性质。在《伦理学》中，斯宾诺莎常常称情感为"关于身体感触的观念"，并将情感归属于"思想的各个样式"。②

上述情感的产生过程和性质表明，情感与想象互相联系、互相统一。想象和情感都是由于我们身体受到外界事物的激动所产生的情状而形成的，都是我们凭借自己身体情状而形成的观念，两者的产生过程和性质是基本一致的。所以，斯宾诺莎指出："情感只是一种想象，就想象表示人身体情况而言。"③ 也就是说，就作为表示人身体情况的观念而言，情感和想象是一样的。它们的区别在于，想象是通过人的身体的情状的观念而对于激动我们身体的外界事物的认识，它供给我们以外在世界的知识；而情感乃是通过人的身体的感触的观念而对于激动我们身体的外界事物的反应，它并不供给我们外在世界的知识，而是表现我们对于身体活动的力量的增加或减少、促进或阻碍的态度。

基于情感与想象的一致和联系，斯宾诺莎阐述了与审美经验密切相关的两种情感—想象活动。一种是由类似联想产生的同情作用。如他所说："假如我们想象着某物具有与平常引起心灵快乐或痛苦的对象相似的性质，虽然某物与此对象相似性质，并不是这些情感的致动因，而我们仍然会仅仅由于这些性质相似之故，而对那物发生爱或恨的情感。"④ 也就是说，某物虽然不直接引起我们的快乐或痛苦的情感，但由于我们联想到该物的性质相似于平常引起我们快乐或痛苦的对象，那么心灵受到这种性质的意象的激动，也将立刻发生快乐或痛苦的情感。这显然是由于对两物相

---

① 斯宾诺莎：《伦理学》，贺麟译，商务印书馆1997年版，第151页。
② 同上书，第45页。
③ 同上书，第177页。
④ 同上书，第112页。

似性质的联想产生相似的情感联想，从而引起了相同的情感反应。这种联想与情感相结合的心理活动，在审美经验和文艺创作中，表现相当普遍。文艺创作中常用的比喻、象征、拟人等艺术手法，从心理基础上看都是相似联想及其引发的情感活动。"悲落叶于劲秋，喜柔条于芳春"。这里的悲或喜显然是由于相似联想产生的。如果在对自然对象的审美活动中，对于自然对象的类似联想与其所唤起的情感直接融合为一体，那就极易形成为审美和艺术中常见的移情现象。比斯宾诺莎较晚的经验派美学家哈奇生就是用类似联想及其唤起的情感来解释自然事物何以能象征人的心情的。

另一种是由设身处地的想象产生的同情作用。如斯宾诺莎所说："当一个人想象着他所爱的对象感到快乐或痛苦时，他也将随之感到快乐和愁苦；爱者所感快乐或痛苦之大小和被爱的对象所感到的快乐或痛苦的大小是一样的。"① 这就是一个人通过想象形成所爱对象感到快乐或痛苦的意象，并由此意象引起与所爱对象相同的情感反应，亦即对所爱的对象表示同情，随对象快乐而快乐、痛苦而痛苦。这种想象中的同情作用在文艺创作和欣赏中也极为普遍。如文艺创作中作家随所塑造的心爱人物同悲共喜，文艺欣赏中观赏者为作品中的心爱人物的苦难和不幸流下痛苦的泪水，等等。对于这种审美中的同情作用，经验派美学家最为关注，并作了较多探究。如休谟认为同情是人性中的一个强有力的原则，是人与人之间在感情上的互相感应和传达。大多数种类的美和美感都是由同情作用发生的。斯宾诺莎在他们之前就对同情作用做了论述。他把同情又称为"情感模仿作用"，说："这种情感模仿作用，就其关于痛苦之感而言，便称为'同情'"②，同情和怜悯是同义的，"同情是为我们想象着我们同类中别的人受灾难的观念所伴随的痛苦"。③ 这种将同情与怜悯等同的看法，和霍布斯在《利维坦》中所持看法一致，它们都涉及对于悲剧情感效果的特点的理解问题。

在斯宾诺莎之前，笛卡尔和霍布斯都曾论述过情感的种类问题。斯宾诺莎可能受到他们相关论述的影响，但他对情感的种类另提出自己的看法。在《伦理学》中，他提出三种基本情感作为人类一切情感的原始情感，这就是快乐、痛苦和欲望。他认为，所有其他情感都是从三种原始情

---

① 斯宾诺莎：《伦理学》，贺麟译，商务印书馆 1997 年版，第 116 页。
② 同上书，第 120 页。
③ 同上书，第 156 页。

感派生而来的，同时对于派生出来的各种情感样式都作了考察和界说。他还将情感分为被动的情感和主动的情感。所谓被动的情感，是就人是被动而言的情感。或者说，它们是当人的心灵具有混淆的观念或被外在的原因所决定而引起的情感。与此相反，主动的情感则是就人是主动的而言的情感，就是当人的心灵具有正确的观念、心灵是主动时所产生的情感。主动的情感只是与快乐或欲望相关联，没有痛苦的情绪会与它相关联。正是从这种主动的情感出发，斯宾诺莎充分肯定了包括审美情感在内的快乐情感。他说：

> 没有神或人，除非存心忌妒的人会把人们的软弱无力，烦恼愁苦，引为乐事，或将人们涕泣，叹喟，恐惧以及其他类似之物，即所谓精神薄弱的表征认作德性。反之，我们所感到的快乐越大，则我们所达到的圆满性亦愈大。换言之，吾人必然地参与精神性中亦愈多。所以能以物为己用，且能尽量善自欣赏（只要勿因过度而厌倦，因享受一物而至厌倦，即不能谓为欣赏），实哲人分内之事。如可口之味，醇良之酒，取用有节，以资补养，他如芳草之美，园花之香，可供赏玩。此外举凡服饰，音乐，游艺，戏剧之属，凡足以使自己娱乐，而无损他人之事，也是哲人所正当应做之事。①

这里直接论到对于自然之美和艺术之美的欣赏及所获得的娱乐，在斯宾诺莎著作中是突出的。而他对于包括审美活动在内的快乐情感的充分肯定，则体现出反封建和反宗教迷信的鲜明倾向，而且和他追求人生至善的伦理思想是完全一致的。

在斯宾诺莎列举和界定的情感样式中，还有两种情感样式和审美经验有密切关系。这就是和崇高感相联系的惊异和恐惧，以及和滑稽感相联系的轻蔑和嘲笑。关于惊异，斯宾诺莎认为它是由对象的新奇以及心灵凝注于对象的想象造成的。他说："惊异是心灵凝注于一个对象的想象，因为这个特殊的想象与别的想象没有联系。"② 心灵之所以凝注于一个对象，

---

① 斯宾诺莎：《伦理学》，贺麟译，商务印书馆1997年版，第206页。
② 同上书，第152页。

就是由于想象的对象的新奇和特殊，以致失去了事物形象间的相互联系和排列次序，于是，心灵被决定只能观察那对象。所以，惊异也就是"关于特殊事物的想象"① 或"关于新奇事物的想象"。② 由于引起惊异的对象不同，惊异可以表现为不同的情绪。"如果这种惊异是被我们所畏惧的东西所引起，便叫作惊骇（consternatio）。因为对于祸害之猝然来临的惊异，使我们的心灵完全为这种祸害所占据，不能更想他物，借以避免祸害。反之，假如我们感觉惊异的是人的智慧、勤勉或类似的东西，只要认为具有这种特殊品质的人远远超过了自己，那么这种惊异便叫作敬畏（veneratio）。又如惊异的对象是人的愤怒、忌妒或类似的东西，便叫作恐怖（horror）。"③ 这里提到的惊骇、敬畏和恐怖，就是后来伯克和康德在解释崇高感时都提到的几种情绪因素。值得注意的是，斯宾诺莎也谈到了在想象中恐惧如何会转为快乐。他说："我们每一想象着危险，总是认为祸迫在眉睫，便被决定感到恐惧，但是这种决定能力，却受到脱险观察的所阻碍。我们既已脱险，我们便将危险的观察与脱险的观念连在一起，而这脱险的观念重新使得我们摆脱恐惧，所以我们又感觉到快乐。"④ 这种通过联想作用以摆脱危险从而使恐惧转变为快乐的看法，是颇为新颖独特的。后来伯克指出，崇高的对象虽然引起我们危险的观念，却又并不使人们真正陷入危险，所以才能由恐惧转化为愉快。这和斯宾诺莎的看法是十分相似的。

斯宾诺莎认为，与惊异相反的情绪就是轻蔑。轻蔑的起因大都由于最初惊异、爱慕或畏惧一个对象，或者因为看见别人也惊异、爱慕或畏惧这同一的对象，或者因为初看起来，它与我们所惊异、爱慕或畏惧的别的对象，有相似之处。但是当那物到了眼前，加以仔细观察，使我们不能不否认那物有什么足以引起我们惊异、爱慕或畏惧的原因，于是因那物即在眼前，心灵只得被决定思想它之所无，而不去思想它之所有。所以，斯宾诺莎说："轻蔑是对于心灵上觉得无关轻重之物的想象，当此物呈现在面前时，心灵总是趋于想象此物所缺乏的性质，而不去想象此物所具有的性

① 斯宾诺莎：《伦理学》，贺麟译，商务印书馆 1997 年版，第 141 页。
② 同上书，第 152 页。
③ 同上书，第 141 页。
④ 同上书，第 136—137 页。

质。"① 和轻蔑相结合的情绪就是嘲笑。"嘲笑（irrisio）是由于想象着我
们所恨之物有可以轻视之处而发生的快乐。"② 嘲笑起于对所恨或所惧对
象的轻视。只要我们一轻视所恨对象，则我们便因而否认它的存在，由此
也可感觉快乐。斯宾诺莎还特别指出，嘲笑和笑之间是有很大的区别的。
"因为笑与诙谐都是一种单纯的快乐，只要不过度，本身都是善的。"③ 这
些精当的分析，对于解释滑稽感的性质和成因是很有意义的。在斯宾诺莎
之前，霍布斯也论述过笑的情感。他也认为嘲笑起于对于被嘲笑对象的轻
视和鄙夷，笑的情感就是发现对象弱点、突然想到自己优越时引发的
"突然荣耀感"。斯宾诺莎的见解和霍布斯的见解都对后来关于滑稽感的
研究产生了影响。

（原载《哲学动态》2009 年第 1 期）

---

① 斯宾诺莎：《伦理学》，贺麟译，商务印书馆 1997 年版，第 153 页。
② 同上书，第 154 页。
③ 同上书，第 206 页。

论休谟的美学思想

　　休谟是英国经验论哲学完成者，也是近代欧洲不可知论的创始人。休谟的不可知论具有怀疑论色彩，因此，他也是西方近代怀疑论的主要代表。休谟把自己的哲学称为"人的科学"或"人性科学"，并将逻辑、伦理学、美学和政治学作为人性科学的最基本内容。他不仅发展了经验主义认识论，而且也是经验主义美学的集大成者。

　　17—18世纪西方美学发展的一个显著特点是美学完全摆脱了附庸于文艺学的地位，而成为哲学的一个组成部分。美学问题主要不是由哲学本体论研究，而是由哲学认识论研究。这一特点，在休谟的美学思想中得到最集中的体现。休谟建立的精神哲学体系直接以人性本身为研究对象，不仅包括认识论学说、社会伦理和政治学说，而且包括"研究人类的鉴别力和情绪"的批评学（即后来的美学），所以，他的哲学认识论以及社会政治和伦理思想也都影响着他的美学思想。在《人性论》、《人类理解研究》和《道德原则研究》中，休谟都有关于美学问题的论述，此外，他还写有《论趣味的标准》、《论悲剧》、《论艺术与科学的兴起和发展》等关于美学的论文，从而把英国经验主义美学推向一个高峰。E.卡西勒说："休谟哲学在美学领域也占有重要的地位，而且从方法论观点来看，其贡献完全是有独创性的。"[①] 这一评价是符合实际的。

一　美学对象和研究方法

　　在英国经验论哲学家中，休谟是最关心和热爱文艺和美学的一个。他自称爱好文学的热情是他一生的主要情感和快乐的无尽宝藏。他和同时代

---

　　① E.卡西勒：《启蒙哲学》，顾伟铭等译，山东人民出版社1988年版，第299页。

的英国美学家霍姆、哈奇生在学术上有密切交往。1739 年出版的《人性论》中，休谟就将美学列为他要建立的人的科学中所包括的四门学科之一，并对美学学科的独立性和重要性作了明确论述。他认为，作为人的科学的基础的"人性"本身主要由两个部分构成，即理智和情感，它们应分别由不同学科加以研究。对"理智"的研究属于认识论，而对"情感"的研究则属于伦理学、美学和政治学。他说："逻辑的唯一目的在于说明人类推理能力的原理和作用，以及人类观念的性质；道德学和批评学研究人类的鉴别力和情绪。"① 这里明确指出了美学（批评学）和逻辑（认识论）在研究对象和范围上的区别。在 1748 年出版的《人类理解研究》中，休谟进一步阐明了这一思想。他说：

> 伦理学和美学与其说是理智的对象，不如说是趣味和情感的对象。道德的和自然的美，只会为人所感觉，不会为人所理解的。如果我们企图对这一点有所论证，并且努力地确定它的标准，那么我所关心的则是一种新的事实，即人类一般的趣味。②

休谟提出，伦理学和美学属于情感研究领域，以趣味和情感为对象，而不是以理智为对象。这使人想到舍夫茨别利关于对善和美的判断不是属于事实，而是属于情感的价值判断主张。事实上，休谟曾受到舍夫茨别利思想的影响。他的这一区分，不仅总结和概括了英国经验论美学研究的基本特点，而且对以后美学研究，特别是康德美学产生了重要影响。

休谟虽然认为，美学和哲学认识论是有区别的，但是他却强调要用"哲学的精密性"来指导审美趣味研究。他认为精神哲学或人性科学有两种研究途径：一是把人看作为情趣所影响的行动的东西加以考察；二是把人当作有理性的东西加以考察，前一种是"轻松而明显的哲学"，后一种是"精确而深奥的哲学"。这两种研究、两种哲学各有其特殊优点，前一种较易进入日常生活，指导人的行为；后一种可以精密地考察人性，发现规范我们理解、刺激我们情趣的原则。精确而深奥的哲学对于轻松而明显的哲学具有重要的补益作用。如果没有前一种哲学，则后一种哲学便不能

---

① 休谟：《人性论》上册，关文运译，商务印书馆 1983 年版，第 7 页。
② 北京大学哲学系外国哲学史教研室编译：《十六—十八世纪西欧各国哲学》，商务印书馆 1975 年版，第 670 页。

在理论上达到十分精确完善的地步。按照休谟理解，哲学认识论属于精确深奥的研究，而伦理学和美学则属于轻松明显的研究，后者的研究只有借助于前者的研究，才能摆脱肤浅，走向深刻。这对艺术和审美情趣来说，尤为明显。"一个艺术家，如果除了他的细微的趣味和敏锐的了解以外，还精确地知道人类理解的内部结构和作用，各种情感的活动，以及能分辨善和恶的那种情趣，那他一定更能刺激起我们的各种情趣来。"① 人们要想胜任愉快地描写人生和风俗的外表现象，就不得不从事人的内部的考究。画家要运用丰富的色彩描绘出形象的最优美动人的姿态，就必须同时注意到人体的内在结构、组织和功用。总之，"在任何情形下，精确都是有助于美丽的，正确的推论都是有助于细微的情趣的"。②

休谟认为，人的科学必须建立在经验和观察之上，他的哲学的突出特点就是大量细致的经验心理分析。在美学上，他也主要运用心理分析方法探讨他所关心的基本问题。这不仅表现了他对英国经验派传统的继承，而且也体现了他将哲学的精确性运用于美学的努力。为了对美的本质、审美趣味和艺术问题做出精确心理分析，休谟将他在认识论中提出的观念联想理论和在伦理学中提出的同情说广泛应用于美学中。观念联想理论由霍布斯提出，洛克加以解释，到休谟又将它系统化，并作为其哲学的主要论证依据。按照休谟的解释，观念联想是在想象的基础上从一个观念联系到另一个观念的心理活动，它主要有类似、时空接近和因果关系三种。不但因果必然性需由联想说明，人们关于物体和心灵存在的信念也要用联想加以说明。从某种意义上说，休谟的不可知论就是建立在观念联想分析上的。至于同情说，和他的观念联想理论也是一脉相承的。因为同情就是人和人之间情绪和情感的互相感应和传染，是由心灵联想形成人与人之间情感状态上的同感和联系。从观念联想理论和同情说在美学中的应用，可以清楚地看到休谟的美学思想和他的认识论以及伦理学的联系，也可以清楚地了解休谟的经验论美学注重心理分析的突出特点。

---

① 休谟：《人类理解研究》，关文运译，商务印书馆 1982 年版，第 12—13 页。
② 同上书，第 13 页。

二　美的本质及其成因

尽管休谟认为美是不能下定义的，而只能借着一种鉴别力或感觉被人辨识，但是，他仍然对美的本质和成因问题做了许多思考和阐述，从而成为构成他的美学思想的核心内容。问题在于休谟对于美的本质和成因的论述多数是结合论述情感和伦理问题，从不同角度、不同侧面进行阐明的，不仅强调的重点不同，而且在观点上也不一致，所以，人们在理解他的论述时，容易只见一面，各执一词，形成不同看法。例如有论者认为休谟对美的本质的看法是主观论的，因为他明确指出美只存在于人的主观心灵之中；也有论者认为休谟是美的客观论者，因为他把美看成是对象中能使观赏者产生快感的能力。可见我们要正确、全面地把握休谟对美的本质的看法，就需要对他从不同侧面、不同重点所做的论述进行具体分析。

休谟强调人的科学或精神哲学必须建立在经验和观察之上，他对美、丑问题的研究也是以经验和观察为出发点的。同时，他对美、丑的考察同对人的情感和伦理问题的考察是密切联系在一起的。休谟以感觉论观点考察人的情感，认为情感的本性是关于快乐和痛苦的感觉，德和恶、美和丑都是建立在这些特殊的感觉基础上，因此，快乐和痛苦既是德和恶的本质，也是美和丑的本质。在《人性论》中，休谟写道：

> 如果我们考察一下哲学和常识所提出来用以说明美和丑的差别的一切假设，我们就将发现，这些假设全部归结到这一点上：美是一些部分的那样一个秩序和结构，它们由于我们天性的原始组织，或是由于习惯，或是由于爱好，适于使灵魂发生快乐和满意。这就是美的特征，并构成美与丑的全部差异，丑的自然倾向乃是产生不快。因此，快乐和痛苦不但是美和丑的必然伴随物，而且还构成它们的本质。①

这种看法虽然是休谟归纳哲学或常识的假设而得出的，但他却表示同

---

① 休谟：《人性论》下册，关文运译，商务印书馆1983年版，第333—334页。

意这种意见，并随即按照这个意见做了许多发挥。这段论述值得注意的有两点：第一，明确指出快乐构成美的本质，是美的特征和美和丑的全部差异，这实际上就是把美等同于审美主体的快乐情感，正如吉尔伯特和库恩所说："休谟把美与快感相等同，把快感与我们积极生存的原动力相等同。"① 第二，分析作为美的本质的快乐产生原因，一方面是对象各部分之间的秩序和结构，这是客体方面的条件；另一方面是人的天性的原始组织、习惯、爱好，这是主体方面根源，审美主体的快乐就是由于对象的条件适宜于主体心灵而产生的。

从上述对美的本质的基本观点出发，休谟从不同方面对美做了考察和分析。首先，休谟认为美不是对象的一种性质，它只是对象在人心上所产生的效果，所以只存在于观赏者的心里。最能表达休谟这一观点的，是他在《道德原则研究》中以下这段论述：

> 欧几里得充分解释了圆的所有性质，但是对于圆的美在任何命题中都未置一词。理由是不言而喻的。美不是圆的性质。美不在于圆的线条的任何一部分，圆周各部分到圆心的距离是相等的。美仅仅是这个图形在那个因具备特有组织或结构而容易感受这样一些情感的心灵上所产生的一种效果。你们到圆中去寻找美，或者不是通过感官就是通过数学推理而到这个图形的一切属性中去寻求美，都将是白费心思。②

同一段话也出现在休谟《论怀疑派》中。在那里，休谟还写道："即使只有心灵在起作用，感受到厌恶或喜爱的感情，它也会断定某个对象是丑陋的、可厌的，另一对象是美的、可爱的；我要说，即使在这种场合，这些性质也不是真实存在于对象之中的东西，而只是属于那进行褒贬的心灵感受。"③ 为了说明这种观点，休谟还举过多种例证作具体分析。如关于圆柱的美，他就指出：美不在于圆柱的任何一个部分或部位，而是当这个复杂图形呈现于一个对那些精致感觉比较敏感的理智心灵时从整体中产

---

① K. E. 吉尔伯特、H. 库恩：《美学史》，麦克米伦公司1939年版，第244—245页。
② 休谟：《道德原则研究》，曾晓平译，商务印书馆2001年版，第143页。
③ 休谟：《论怀疑派》，《人性的高贵与卑劣——休谟散文集》，杨适等译，上海三联书店1988年版，第6页。

生的。在观察者出现之前，存在的仅仅是一个具有特定尺寸和比例的图形，"只是从观察者的情感中，它的雅致和美才产生出来"。① 人们还经常提到休谟在《论趣味的标准》中所表述的一个论断："美不是事物本身里的一种性质，它只存在于观赏者的心中。"② 这虽然是休谟在转述一种哲学观点中讲的，但也符合他自己的看法。如果从以上论述看，那么休谟确实是在强调美的主观性，强调具有特殊组织结构的人的心灵对美的产生的决定作用，因而说他是美的主观论者不无一定道理。

不过，休谟上述论述主要是在讨论道德、审美与认识活动区别这一论题时讲的。按照他的理解，审美和道德都依赖情感，而情感问题和认识问题是不同的。认识涉及真假，完全是对于对象的知觉，是由已知的事实或关系推出未知的事实和关系，而情感涉及的是感受，感受不同于对象的认知，它是心灵对完全现成的事实和对象关系而发的。由此，休谟对审美和认识的区别做了以下说明："一切自然的美都依赖于各部分的比例、关系和位置；但是倘若由此而推断，对美的知觉就像对几何学问题中的真理的知觉一样完全在于对关系的知觉，完全是由知性或智性能力所作出的，那将是荒谬的。在一切科学中，我们的心灵都是根据已知的关系探求未知的关系；但是在关于趣味或外在美的一切决定中，所有关系都预先清楚明白地摆在我们眼前，我们由此出发根据对象的性质和我们器官的气质而感受到一种满足或厌恶的情感。"③ 正是为了进一步阐明这一道理，休谟举出圆的美和圆柱的美进行分析。他所强调的是对于对象美的感受和对于对象的真的认知是不同的，并非要完全否定对象的属性在产生美中的作用。在上面所引的这段论述中，就有"一切自然的美都依赖于各部分的比例、关系和位置"的明确论述，而且将"对象的性质"也看作是产生审美满足情感的根据之一。

事实上，休谟在对美的本质的论述中也有侧重另一方面的看法，就是肯定对象的性质是引起审美主体快乐情感的必要条件，甚至认为对象产生快乐的能力便成为美的本质。他说："虽然美和丑比起甜和苦来，可以更加肯定地说不是事物本身的性质，而是完全属于内外感官感觉到的东西，

① 休谟：《道德原则研究》，曾晓平译，商务印书馆2001年版，第144页。

② 休谟：《论趣味的标准》，D. 汤森编：《美学：西方传统经典读本》，琼斯与巴特出版社1996年版，第139页。

③ 休谟：《道德原则研究》，曾晓平译，商务印书馆2001年版，第143页。

不过我们还是应该承认，对象本身必有某种性质，按其本性是适于在我们的感官中引起这些感受的。"① 也就是说，美虽然不是对象的性质，却不能脱离对象的性质。美虽然属于感觉、感受，但这种感觉、感受并不是心灵独自引起的，而必须以对象的某种性质为条件。休谟不但多次提到对象的秩序、结构、形式、比例、关系、位置等，是美的产生所依赖对象的性质和条件，而且认为对象的方便和效用对形成它的美也是必要的。他说："我们所赞赏的动物和其他对象的大部分的美是由方便和效用的观念得来的"，"在一种动物方面产生体力的那个体形是美的；而在另一个动物方面，则表示轻捷的体形是美的。一所宫殿的式样和方便对它的美来说，正像它的单纯的形状和外观同样是必要的。"② 正是根据对上述无数事例的考察，休谟断言："美只是产生快乐的一个形相，正如丑是传来痛苦的物体部分的结构一样；而且产生痛苦和快乐的能力在这种方式下成为美和丑的本质……"③ 所谓有产生快乐的能力，也就是对象适宜于心灵并引起其快乐的某种性质。这里，休谟显然是在强调构成美的本质的客观方面，而这一论断又恰恰是在他关于"快乐和痛苦构成美和丑的本质"的论断之后紧接着出现的，这两个论断互相矛盾是显而易见的。

尽管休谟在美的论述中，既讲到产生美的客观因素，也讲到产生美的主观原因，但他的基本观点是把美的本质看作对象适合于主体心灵而引起的愉快情感，正是审美主体的这种情感和感受决定对象的美与丑。换言之，不是美引起美感，而是美感决定美。正如他在《论怀疑派》里所说：

> 在美丑之类情形之下，人心并不满足于巡视它的对象，按照它们本来的样子去认识它们；而且还要感到欣喜或不安，赞许或斥责的情感，作为巡视的后果，而这种情感就决定人心在对象上贴上"美"或"丑"、"可喜"或"可厌"的字眼。很显然，这种情感必然依存于人心的特殊构造，这种人心的特殊构造才使这些特殊形式依这种方式起作用，造成心与它的对象之间的一种同

---

① 休谟：《论趣味的标准》，D. 汤森编：《美学：西方传统经典读本》，琼斯与巴特出版社1996 年版，第 143 页。

② 休谟：《人性论》下册，关文运译，商务印书馆 1983 年版，第 334 页。

③ 同上。

情或协调。① （着重号为引者所加）

依这段论述，美是由审美主体的情感附加给对象的，而审美主体情感则是依存于人心的特殊结构的。总之，人的心灵、情感、感受才是美的确定者。所以从主导方面来看，休谟还是属于美的主观论者。这和休谟在哲学上主张只有感觉经验（知觉）才具有真实存在性，而感觉经验发生的真正原因却无法知道的怀疑论和不可知论，是有密切关系的。

从快乐的情感构成美的本质这一认识出发，休谟进一步从人心构造和心理功能探讨了快乐情感发生的原因，提出了美和同情作用及对象效用相关的"同情说"和"效用说"。休谟认为，大多数种类的美都是由同情作用这个根源发生的。同情是人性中一个强有力的原则。一切人的心灵在其感觉和作用方面都是类似的，凡能激动一个人的任何感情，也总是别人在某种程度内能感到的，一切感情都可以由一个人传到另一个人，而在每个人心中产生相应的活动。这种人与人之间在感情上的互相感应和传达便是同情作用。同情对于我们的美感有一种巨大的作用，"我们在任何有用的事物方面所发现的那种美，就是由于这个原则发生的。"② "例如一所房屋的舒适，一片田野的肥沃，一匹马的健壮，一艘船的容量、安全性和航行迅速，就构成这些各别对象的主要的美。在这里，被称为美的那个对象只是借其产生某种效果的倾向，使我们感到愉快。那种效果就是某一个其他人的快乐或利益。我们和一个陌生人既然没有友谊，所以他的快乐只是借着同情作用，才使我们感到愉快。"③ 按休谟的解释，同情作用是基于因果关系的观念的联想。当我们看到任何情感的原因时，我们的心灵也立刻被传递到其结果上，并且被同样的情感所激动。看到对象的效用，我们便会联想它可以给其拥有者带来利益和引起快乐的效果，所以借着同情也感到愉快。对此，休谟举例说，房主向我们夸耀其房屋的舒适、位置的优点和各种便利细节。很显然，房屋美的主要部分就在于这些特点。这是为什么呢？休谟对此分析道：

　　一看到舒适，就使人快乐，因为舒适就是一种美。但是舒适

① 休谟：《论怀疑派》，《西方美学家论美和美感》，商务印书馆1980年版，第109页。
② 休谟：《人性论》下册，关文运译，商务印书馆1983年版，第618—619页。
③ 同上书，第618页。

是在什么方式下给人快乐的呢？确实，这与我们的利益丝毫没有关系；而且这种美既然可以说是利益的美，而不是形相的美，所以它之使我们快乐，必然只是由于感情的传达，由于我们对房主的同情。我们借想象之力体会到他的利益，并感觉到那些对象自然地使他产生的那种快乐。①

值得注意的是，休谟认为在同情作用中，虽然涉及对象的效用和对人的利益，但作为审美主体，我们只是借助于想象，设身处地体会到物主的利益，而实际上，对象"与我们的利益丝毫没有关系"，即不涉及我们自己的利益。这种观点既不同于哈奇生的美感不涉及利害计较的主张，也不同于霍布斯的美涉及个人欲望的看法，在经验论美学中是具有独创性的。"这一学说实在是康德的'没有目的观念的合目的性'或他的'不关利害的快感说'的近似的前身"。②

结合论述美与同情作用的关系，休谟还谈到美与效用的关系。如果说前者是从人的心理构造方面立论的，那么后者则是从对象与人的关系方面着眼的。他说："许多工艺品都是依其对人类功用的适合程度的比例，而被人认为是美的，甚至许多自然产品也是由那个根源获得它们的美。"③在分析同情作用时，他也指出，这种作用可以推广到桌子、椅子、写字桌、烟囱、马车、马鞍、犁，可以推广到每一种工艺品，"因为它们的美主要由于它们的效用而发生，由于它们符合于预定的目的而发生"。④休谟还以田地美为例指出，"最能使一块田地显得令人愉快的，就是它的肥沃性，附加的装饰或位置方面的任何优点，都不能和这种美相匹敌"。⑤田地是如此，而在田地上长着的特殊的树木和植物也是如此。"长满金雀花属的一块平原，其本身可能与一座长满葡萄树或橄榄树的山一样的美；但在熟悉两者价值的人看来，却永远不是这样。"⑥他进一步对此分析说："不过这只是一种想象的美，而不以感官所感到的感觉作为根据。肥沃和

---

① 休谟：《人性论》下册，关文运译，商务印书馆 1983 年版，第 401 页。
② 鲍桑葵：《美学史》，张今译，商务印书馆 1985 年版，第 236 页。
③ 休谟：《人性论》下册，关文运译，商务印书馆 1983 年版，第 619 页。
④ 同上书，第 401 页。
⑤ 同上。
⑥ 同上书，第 402 页。

价值显然都与效用有关；而效用也与财富、快乐和丰裕有关；对于这些，我们虽然没有分享的希望，可是我们借着想象的活跃性而在某种程度上与业主分享到它们。"① 可见美和对象的效用固然有关，但这种美却要借助想象、通过同情作用而实现。所以它是一种"想象的美"，而不是仅仅依靠感官的感觉的美。所谓想象的美和感觉的美，也就是前面讲同情作用时提到的利益的美和形象的美，这两种美的区别在于前者要涉及对象的内容意义（效用、对人的利益等），而后者只涉及对象的外在形式。从休谟对于美和同情以及效用相关联的强调看，他显然是把美的内容看得比形式更为重要的。这也有纠正形式主义美学观点的作用。

休谟理解的同情作用并不限于人，也可以推及无生命对象。而且关于构成对象形式美的一些规则，如平衡、对称等，他也认为和同情作用相关。他说："绘画里有一条最为合理的规则，就是：把各形象加以平衡，并且把它们非常精确地置于它们的适当的重心。一个姿势不平衡的形象令人感到不愉快，因为这就传来那个形象的倾倒、伤害和痛苦的观念：这些观念在通过同情作用获得任何程度的强力和活跃性时，便会令人痛苦。"② 他还说："建筑学的规则也要柱顶应比柱基较为尖细，这是因为那样一个形状给我们传来一种令人愉快的安全观念，而相反的形状就使我们顾虑到危险。这种顾虑是令人不快的。"③ 这两个例子都是讲对象（包括无生命的柱子）的不同形状和形体可以使人产生安全观念、危险观念和跌倒观念，通过想象和同情作用，又令观者感到愉快或不快。实际上，这已经接近后来出现的移情说了。总之，休谟的同情说充分体现了经验派美学用心理分析方法探讨美的本质问题的鲜明特点，它对伯克、康德以及后来的许多其他美学家都产生了重要影响。

三　审美趣味特点及其标准

与美的本质问题相关联，休谟还对审美趣味标准问题作了专门探讨。他的论文《论趣味的标准》、《论趣味和激情的敏感性》等便是对这一问

---

① 休谟：《人性论》下册，关文运译，商务印书馆1983年版，第402页。
② 同上。
③ 同上书，第334页。

题的专题论述。所谓"趣味",在休谟著作中就是指鉴赏力、审美力,它是休谟和英国经验论美学考察和阐述美感或审美心理时运用的一个核心概念。按照休谟的理解,人性主要由理智和情感两个部分构成,前者关系知识和认识问题,后者则关系道德和审美问题,所以,趣味不同于理性。他说:

> 这样,理性和趣味的范围和职责就容易确断分明了。前者传达关于真理和谬误的知识;后者产生关于美和丑、德性和恶行的情感。前者按照对象在自然界中的实在情形揭示它们,不增也不减;后者具有一种创造性的能力,当它用借自内在情感的色彩装点或涂抹一切自然对象时,在某种意义上就产生一种新的创造物。①

按照上述论述,趣味具有以下主要特点:第一,情感性。它不是像理性那样,根据已知的或假定的因素和关系,引导我们发现隐藏的和未知的因素和关系,以获得真假的知识,而是在一切因素和关系摆在我们面前之后,使我们从整体感受到一种满足或厌恶、愉快或不愉快的情感。第二,主观性。它不是按照对象在自然界中的实在情形反映它们,而是基于人心特定的组织和结构,用借自内在情感的色彩涂抹一切自然对象。因此,"实存于事物本性中的东西是我们的判断力的标准,每个人在自身中感受到的东西则是我们的情感的标准。"② 第三,创造性。这是和趣味的情感性和主观性密切相关的。正因为趣味不是像理性那样如实认识对象,而是要以主观感情渲染和改造对象,所以它就具有一种创造性的能力,能产生一种新的创造物。这就涉及想象的问题。休谟说:"世上再没有东西比人的想象更为自由;它虽然不能超出内外感官所供给的那些原始观念,可是它有无限的能力可以按照虚构和幻想的各种方式来混杂、组合、分离、分割这些观念。"③ 趣味的创造性正是借助想象和情感的互相作用,按照虚构方式对感觉印象进行加工改造的一种无限能力,实际是形象思维的一种体现。

---

① 休谟:《道德原则研究》,曾晓平译,商务印书馆 2001 年版,第 146 页。
② 同上书,第 23 页。
③ 休谟:《人类理解研究》,关文运译,商务印书馆 1982 年版,第 45 页。

基于以上对趣味和理性不同特点的分析，休谟也肯定了趣味的多样性和相对性。他说："世人的趣味，正像对各种问题的意见，是多种多样的——这是人人都会注意到的明显事实。"① 又说："如果你们是些聪明人，你们每个人就应当承认别人的趣味也可以是正当的。许多趣味不同的事例会使你承认，美和价值这二者都仅仅是相对的，它们存在于一种使人感到满意的感受之中。"② 尽管如此，休谟没有把趣味的多样性和相对性加以绝对化，成为相对主义。恰恰相反，他在承认审美趣味存在差异性和多样性这个客观事实的前提下，却要寻找和探求一种"足以协调人们不同感受"的共同的"趣味的标准"，论证作为一种普遍性褒贬原则的"趣味和美的真实标准"是确实存在的。这也是他的著名论文《论趣味的标准》所要解决和回答的主要问题。

首先，休谟驳斥了把趣味相对性绝对化，不承认有普遍性原则的看法，肯定了趣味具有普遍原则和真正标准。他指出，人们对于艺术和美的感受和判断虽然存在分歧，但不能认为每一种看法都是正确的。例如，谁如果硬把微不足道的英国诗人奥吉尔看成和密尔顿一样有天才，人们就一定会认为他是大发谬论，把丘垤说成和大山一样高。这样的感受是荒唐而不值一笑的。同时，他又指出，创作是有规则的，这些规则的基础就是经验，"它们不过是根据在不同国家不同时代都能给人以快感的作品总结出来的普遍性看法。"③ 尽管人们的趣味存在差异和变化，但是那些伟大作家和优秀作品却能在不同时代、不同地方受到人们的共同赞赏和喜爱。"同一个荷马，两千年前在雅典和罗马受人欢迎；今天在巴黎和伦敦还被人喜爱。地域、政体、宗教和语言各方面所有的变化都不能使他的荣誉受损。"④ 真正的天才，其作品历时越久，传播越广，越能得到人们衷心的敬佩。这说明审美趣味是具有共同性和一致性的。经过这些考察和分析，休谟得出结论：

① 休谟：《论趣味的标准》，《古典文艺理论译丛》（5），人民文学出版社1963年版，第1页。

② 休谟：《论怀疑派》，《人性的高贵与卑劣——休谟散文集》，杨适等译，上海三联书店1988年版，第7页。

③ 休谟：《论趣味的标准》，《古典文艺理论译丛》（5），人民文学出版社1963年版，第4页。

④ 同上书，第6页。

尽管趣味仿佛是变化多端，难以捉摸，终归还是有些普遍性的褒贬原则；这些原则对一切人类的心灵感受所起的作用是经过仔细探索可以找到的。按照人类内心结构的原来条件，某些形式或品质应该引起快感，其他一切引起反感……①

这里，休谟不仅指出趣味的普遍原则是存在的，因而趣味的共同标准是可以找到的，而且认为这些普遍原则和共同标准基于共同的人性，即"人类内心结构"，也可以说是"人同此心，心同此理"。他说："自然本性在心的情感方面比在身体的大多数感觉方面还更趋一致，使人与人在内心部分还比在外在部分显出更接近的类似。"② 这种人性上的普遍一致就是趣味具有普遍性、一致性的根本原因。

在肯定趣味具有普遍原则和真实标准之后，休谟接着探讨了两个问题：第一，为何人们会脱离趣味普遍原则和真实标准，对美做出不同判断和不正确感受？第二，怎样确定和找到趣味的普遍原则和真实标准？

关于第一个问题，即造成离开趣味标准的差异和分歧原因，休谟指出以下几点，并做了详细分析。

第一，器官不健全。"一切动物都有健全和失调两种状态，只有前一种状态能给我们提供一个趣味和感受的真实标准。"③ 在器官健全的前提下，如果人们的感受完全一致和大体相同，我们就可以由此获得完善的美的观念。反之，如果内心器官有毛病或缺陷，那么那些指导我们美丑感受的普遍原则，就会被抑制、被削弱，不能起正常作用。

第二，缺乏趣味敏感性。"多数人所以缺乏对美的正确感受，最显著的原因之一就是想象力不够敏感，而这种敏感正是传达较细致的情绪所必不可少的。"④ 休谟非常重视想象力或趣味敏感在审美中的作用，认为只有具有一种趣味敏感性，才能产生出对于各种美和丑的易感性。"如果你让具有这种能力的人看一首诗或一幅画，那种敏锐精细的感觉力就会把他

---

① 休谟：《论趣味的标准》，《古典文艺理论译丛》（5），人民文学出版社 1963 年版，第 6 页。

② 休谟：《论怀疑派》，转引自朱光潜《西方美学史》，人民出版社 2002 年版，第 227 页。

③ 休谟：《论趣味的标准》，《古典文艺理论译丛》（5），人民文学出版社 1963 年版，第 6 页。

④ 同上书，第 7 页。

领进诗与画的全部情景中去，他不仅能对其中的神来之笔尽情入微地品玩，那些粗疏或谬误之处也逃不脱他的感受，他会感到厌恶不快。"① 然而，人们趣味的敏感性是不同的，高度敏感的趣味能精确感受到最微小的对象，即使对象的各种性质混合在一起，也能准确地将它们分辨出来。反之则表明趣味的迟钝。为说明敏感性的差异，休谟引述了《堂吉诃德》中一段故事：两个善品酒的人品尝一桶酒，一个人说酒虽不错，但有一点皮子味，另一个人说有一股铁味，两个都受到别人嘲笑。可是等把酒桶倒干后，发现桶底果然有一把拴着皮条的旧钥匙。休谟认为，审美趣味和口味很相似，只有趣味敏感的鉴赏者才能辨别出美与丑的精微差别，获得更多美的感受。所以，"对于美与丑有敏捷锐利的知觉，就是我们精神上趣味的完善的标志。"②

尽管人们趣味敏感程度有很大差异，因而趣味有高有低是一个不可抹杀的事实，休谟却指出，趣味的敏感性是可以通过训练得到提高和改善的。首先要在一门特定的艺术领域里不断训练，不断观察和鉴赏一种特定类型的美。在评论任何重要作品之前应对它一读再读，从各种角度对它进行仔细的观察和细心的思考。其次还要常常对不同类型和水平的美进行比较，并评估它们相互的差异。一个人如果没有机会比较不同类型的美，就没有资格对任何对象下断语，也不知道怎样褒贬得恰如其分。而"真正有资格估计眼前对象的优点并在历代天才的产物当中给予它适当位置的，应该只是那些对不同时代不同国家交口赞美的各个作品经常进行观察、研究和比较的人"。③

第三，偏见的影响。休谟认为，批评家要对艺术作品做出真实的、恰如其分的评价，必须摆脱一切偏见，除了研究放在眼前的对象之外，不作任何其他考虑。"一切艺术作品为了产生应有的效果，必须从一定的角度来观察。如果观察者的立足点（实际的或想象的）和作品所要求的不一致，他对作品就无法欣赏。"④ 而听任偏见驱使的人就无法做到这一点，

---

① 休谟：《论趣味和激情的敏感性》，《人性的高贵与卑劣——休谟散文集》，杨适等译，上海三联书店1988年版，第172页。

② 休谟：《论趣味的标准》，D. 汤森编：《美学：西方传统经典读本》，琼斯与巴特出版社1996年版，第153页。

③ 休谟：《论趣味的标准》，《古典文艺理论译丛》（5），人民文学出版社1963年版，第10页。

④ 同上。

他总是死抱住原来的立足点，不肯换到作品所要求的角度。比如，假使作品是为不同时代不同国度的读者写的，而批评家却毫不考虑他们的特殊看法，满脑子装的只是自己时代和国家里的观点，凭这些就贸然谴责原来作品所针对的读者认为是美妙的东西。又比如，假使作品是为公众而写的，批评家阅读它时却怀着对作者的个人恩怨和一己利益，这样他的感受就变质了，他的趣味也就离开了真实的标准。

第四，判断力不强。休谟认为，趣味和理性、鉴赏力和判断虽然有区别，却是互相联系的。"理性尽管不是趣味的基本组成部分，对趣味的正确运用却是不可缺少的指导。"① 在对美的感受和品鉴中，固然主要依靠趣味和鉴赏力，但理性和判断力的作用也是不可忽视的。休谟写道："有许多种美，尤其自然的美，最初一出现就抓住我们的感情、博得我们的赞许；而在人们没有这种效果的地方，任何推理要弥补它们的影响或使它们更好适应于我们的趣味和情感都是不可能的。但是也有许多种美，尤其那些精巧艺术作品的美，为了感受适当的情感，运用大量推理却是不可少的；而且一种不正确的品位往往可以通过论证和反思得到纠正。有正当的根据断定，道德的美带有这后一种美的鲜明的特征，它要求我们的智性能力的帮助，以便赋予它以一种对人类心灵的相应的影响力。"② 这里休谟将美分为自然美、艺术美、道德美三种，分别指出了它们在对人的情感和心灵产生影响时，理性所起的不同程度的作用。就艺术作品的鉴赏而论，他还具体指出，要发现作品整体的一致性和完善性，判断作品采用的手段对达到目标是否合适，推断作品中人物的思考和行动方式是否符合他们的性格和处境，等等，这些细致分析除需要正确趣味外，如果缺乏高明的见识和判断力，也绝不能成功。

以上休谟对趣味产生差异、离开真实标准的种种原因所作的阐述，是建立在对人类审美经验考察和心理分析基础上的，对人们认识审美心理规律，提高审美鉴赏能力，提供了很有价值的见解。"主张正当的审美趣味是培养出来的，这是当时英国整个美学学派的特征。"③ 这些阐述从另一方面来看，也就是回答了具备哪些主观条件，人们对美的感受和判断才能

① 休谟：《论趣味的标准》，《古典文艺理论译丛》（5），人民文学出版社 1963 年版，第 11 页。
② 休谟：《道德原则研究》，曾晓平译，商务印书馆 2001 年版，第 24—25 页。
③ K. E. 吉尔伯特、H. 库恩：《美学史》，麦克米伦公司 1939 年版，第 246 页。

符合趣味的普通原则和真实标准，这也就为确立和寻找趣味的普遍原则和真实标准铺平了道路。但是，休谟认为，完全具备上述条件，真正有资格对任何艺术作品进行判断并且把自己的感受树立为审美标准的人是不多的，所以，他把确立趣味的普遍原则和真实标准的希望寄托在少数杰出批评家身上。他说："即使在风气最优雅的时代能对优美艺术作出正确判断的人也是极少见的：卓越的智力，结合着敏锐的感受，由于训练而得到增进，通过比较而进一步完善，并且还清除了一切偏见，只有具备这些可贵品质才称得上是真正的批评家。这类批评家，不管在哪里找到，如果彼此判断一致，那就是趣味和美的真实标准。"① 至此，休谟对于如何找出和确定趣味的普遍原则和真实标准问题终于做出了明确回答。他认为，依靠这种普遍的、真实的标准，就可以协调趣味的千差万别，肯定一种趣味，否定另一种趣味。但是，休谟又进一步指出，有两种原因所形成的趣味差异是审美中的正常表现，也是无法避免的，因而是不能找到一种共同标准来协调和评判不同的感受的。这两个趣味差异的原因，一个是个人气质的不同；另一个是当代和本国的习俗与看法。

关于因个人气质不同而产生的趣味差异，休谟主要指由于鉴赏者的性格、气质、年龄等方面不同，对不同作家、不同内容、不同类型、不同风格、不同形式的作品所产生的不同的偏好和喜爱。如情绪热烈的青年比较容易受到热恋和柔情等描写的感染，而年长的人则比较喜爱有关持身处世和克制情欲的至理名言。人们总是喜爱选择适合自己性格和气质的作品，且易形成特殊的共鸣。有人喜欢崇高，有人喜欢柔情；有人喜欢喜剧，有人喜欢悲剧；有人偏爱辞藻的华美和雕饰，有人偏爱文句的洗练和朴实。对此，休谟认为，"就一个批评家而言，只称许一个体裁或一种风格，盲目贬斥其他一切是不对的；但对明明适合我们的性格和气质的作品，硬要不感到有所偏好也是几乎不可能的事。这种偏好是无害的，难免；按理说也无须纷争，因为根本没有解决此种纷争的共同标准。"②

关于因受当代和本国习俗影响而产生的趣味差异，休谟主要是指鉴赏者总是更喜爱作品中类似自己时代和国家的描写和人物，并且容易被它们

① 休谟：《论趣味的标准》，D. 汤森编：《美学：西方传统经典读本》，琼斯与巴特出版社1996 年版，第 147—148 页。

② 休谟：《论趣味的标准》，《古典文艺理论译丛》（5），人民文学出版社 1963 年版，第14—15 页。

深深感动，而对于体现不同风俗的描写和人物，对于与他们自己毫无共同之点的场面，则会比较冷淡。对于鉴赏者的这种不同爱好和反应，显然也是无法强求的。

总之，休谟对于审美趣味的研究，既承认趣味的多样性、差异性，又肯定趣味的一致性、普遍性。他虽然承认趣味的多样性、差异性、相对性，却没有走向相对主义，而是努力确立趣味的普遍原则和标准，借以协调趣味的差异，提高人的鉴赏力。他尽管肯定趣味有普遍原则和标准，却也没有把它们绝对化，而是认为有些趣味的差异是正常的、难免的，不能也不必用一种共同标准去协调。这些看法对于解决长期以来在趣味标准问题上的疑难和争论，对于克服在趣味多样性和普遍性问题上各执一端的片面性，都起到了积极而重要的作用。尽管休谟并没有也不可能以辩证的观点去看待趣味的相对与绝对、差异和一致的关系，也没有深刻揭示趣味的普遍原则和标准形成的社会历史原因，但他对审美趣味的研究和观点，却代表了那个时代所达到的最高水平。

四 诗歌、悲剧与艺术发展

休谟对文学有高度修养和浓厚兴趣，他在论述美和审美趣味问题时，也同时论述文学艺术问题。他的文艺理论除见于少数几篇专题论文外，还散见于他的各种著作中，所涉及的方面较广，而较有特色的，主要有关于诗歌、悲剧以及艺术发展等问题的论述。

关于诗歌的作用和创作问题。像其他英国经验主义美学家一样，休谟很重视诗歌和艺术在培养人的优良品性方面所起的特殊作用。他说："对于改进人们的气质和性情来说，没有什么比学习诗歌、雄辩、音乐或绘画中的美更有益的了。它能给人以某些超群出俗的优雅的感受；它所激起的情感是温和柔美的；它使心灵摆脱各种事务和利益的匆忙劳碌；娱悦我们的思考；使我们宁静；产生一种适当的伤感情绪，这种伤感是一切心情中最宜于爱情和友谊的。"[①] 这里讲到诗歌和艺术可以陶冶人的优美的情感，

---

① 休谟：《论趣味和情感的敏感性》，《人性的高贵与卑劣——休谟散文集》，杨适等译，上海三联书店 1988 年版，第 175 页。

并使人得到休息和愉悦，已接触到文艺的审美教育作用的特点。关于诗歌的这种特殊作用，休谟还用不同方式对它加以阐明，例如他认为诗歌和雄辩、历史在作用和目标上是有区别的。"雄辩的目标是说服，历史的目标是教导，诗歌的目标是用移情动魄的手段给人快感。"①

诗歌所以具有移情动魄作用，是和诗歌创作的情感特点紧密相关的。休谟认为，诗歌的突出特点就是以生动形象真实地表现情感。他说："通过生动的形象和表现而使每一种情感贴近于我们，并使它看上去仿佛真实和实在，正是诗的任务；一个确定无疑的证据是，无论哪里发现那种实在，我们的心灵都倾向于被它强烈地影响。"② 诗必须表现强烈的情感，描绘任何冷淡的和漠不相关的事情都是违反诗的创作规律的；同时，诗表现的情感还应当真实和贴近于读者，这种情感应是"人人在自己内心中具有的"，并"与我们每天感受的情感相似"，这样才能得到读者同情和共鸣。对此，休谟以田园诗为例分析说，由于田园诗描绘出一种优雅温柔的宁静意象，它在人物身上表现这种宁静，并给读者传达一种相同的情感，因而成为唤起读者同情和快乐的主要源泉，很少有哪种诗比田园诗更令人愉快。

在诗歌形象表现的各种激情和感情中，休谟特别推崇崇高的激情和温柔的情感。他写道："诗的巨大的魅力在于崇高的激情如恢宏大度、勇敢、藐视命运等的生动的形象，或温柔的感情如爱和友谊等的生动的形象中，这些生动的形象温暖人心，向人心传播类似的情感和情绪。"③ 依他的看法，尽管所有种类的激情当被诗激发出来时，都可以让人得到一种情感满足，然而那些更崇高或更温柔的情感却有一种特殊影响力。唯有它们才能激发我们对诗中人物命运的兴趣，或传达对这些人物的性格的敬重和好感，并由于一个以上的原因而使人快乐。这里值得注意的是，休谟明确提出了"崇高"这一审美范畴，并将它与温柔并列为两种不同的情感形象，这是他把讨论道德美时提出的"崇高"运用到艺术美中来。在英国经验主义美学家中，不少人都关注朗吉努斯早已提出的"崇高"这一审美范畴，休谟是其中之一。后来伯克写了经验派美学论崇高范畴的经典之

---

① 休谟：《论趣味的标准》，《古典文艺理论译丛》（5），人民文学出版社1963年版，第11页。

② 休谟：《道德原则研究》，曾晓平译，商务印书馆2001年版，第73页。

③ 同上书，第112页。

作，不能说和这种不断的关注和探讨没有关系。

休谟还将他的观念联想的理论应用于说明诗歌创作，充分肯定了想象在诗歌创作中的重要作用。按他对观念的解释，观念有记忆观念和想象观念两种，这两种观念的一个明显差别是，想象不受原始印象的次序和形式的束缚，而记忆却完全受这方面束缚。"想象可以自由地移置和改变它的观念。我们在诗歌和小说中所遇到的荒诞故事使这一点成为毫无疑问。"① 诗歌创作中的想象虽然需有相应的印象为它先行开辟道路，但却可以按照虚构和幻想的各种方式来组合、分离、改造这些观念，创造实在中不存在的形象。休谟说："诗歌中甚至雄辩中的美，许多是靠虚构、夸张、比喻，甚至滥用和颠倒词语的本来意义造成。要想制止这种想象力的奔放，叫各种表现手法都合乎几何学那样的真实性和准确性，那是同文艺批评规律完全背道而驰的。"② 这里已涉及诗歌的形象思维和科学的抽象思维的区别问题。

关于悲剧的美感效应问题。在《论悲剧》一文中，休谟试图对悲剧何以能使观众从悲哀、恐惧等不快情感中得到快感这一美学中的老问题作出新解释。他首先检讨了两种解释。一种解释是悲剧的激情可以使人从令人不快的懒散倦怠状态中摆脱出来，因而能使人得到快感。休谟认为这种解释有困难，因为悲剧中令人愉快的那同一个悲痛的对象，如果实际地出现在我们面前，尽管它可以有效治愈懒散和倦闷，但它引起的却是不快。另一种解释是，由于观众相信悲剧的情节是虚构的，所以他们为悲剧人物的不幸而感到的痛苦可以得到缓和，并且由此可得到"自我安慰"，因而能使悲痛转化为快感。休谟认为这种解释也不充分，他举西塞罗在演说中对西西里长官万莱斯肆虐屠杀场面的悲惨描述为例，说明悲剧中即使描写实实在在的悲痛情节，也能使读者从不快里得到愉快。

在批驳以上解释后，休谟对悲剧快感成因提出了自己的解释。他认为雄辩和悲剧的这种奇特效应是来自描述悲惨场面的雄辩和悲剧艺术本身。在雄辩中，以栩栩如生方式描述对象的天才，集中一切动人情景的技巧，安排处理这些对象和情景的判断力，所有这些杰出才能的运用，加上语言文字的表达力量，修辞和韵律之美，就能综合地在读者心中产生极大的满

① 休谟：《人性论》上册，关文运译，商务印书馆1983年版，第21页。

② 休谟：《论趣味的标准》，D. 汤森编：《美学：西方传统经典读本》，琼斯与巴特出版社1996年版，第140页。

足感，激发起无比愉快的活动。这种想象和表达的美如果和激情结合起来，是可以给人心以美的情感享受的。悲伤、怜悯、义愤的冲动和激情，在美的情感引导下，就能朝新的方向发展。这些美的情感由于成为主导的情绪，支配了整个人心，就把悲伤、怜悯、义愤等情感转变为自身，至少给它们以强烈的渲染，从而改变它们原来的性质。心灵由于同时被激情所振奋，为雄辩所陶醉，整个感到一种强烈的运动，并由此产生愉悦之情。休谟认为，上述对雄辩的分析同样适用于悲剧，但还应补允一点，即悲剧是一种模仿，而模仿总是自然而然地使人产生快意。这一特点使悲剧唤起的激情更易得到柔和，并使全部情感转变为一种一致的强烈的愉快享受。总之，休谟认为悲剧的悲伤、愤怒、怜悯之所以能转化为快感，是由于艺术表现的技巧。"想象的生动真切，表达的活泼逼真，韵律的明快有力，模仿得惟妙惟肖，所有这些都自然而然地自发地使人心愉快。"① 如果所表现的对象也具有某种感情，那么借助这种上升为心灵中主导的情绪，仍然会引起快感。"情感，虽然也许自然而然地，以及被一个真实对象的单纯现象刺激起来时，可能是痛苦的，但当它被精湛的技艺所提升，就变得流畅、柔和、平缓了，以致给人以最大的享受。"②

按照休谟解释，悲剧艺术表现技巧所引起的想象活动和愉快感觉必须超过痛苦感情，上升为主导的活动，才能使后者向前者转化，如果相反，想象活动和愉快感受没有居于主导，那就会使前者从属于后者，转化为后者，增加我们所感受到的痛苦。所以，他指出悲剧中描写的某一情节不可过于残忍和凶暴，否则，它可能刺激起强烈的恐怖感情，以致不能柔化为快感。艺术的表现力如果用于描写这类性质的情节上，只能增加不快。

在西方美学史上，对于悲剧快感的探讨始于亚里士多德。在《诗学》中，亚里士多德认为悲剧能给予我们一种它特别能给的快感，"这种快感是由悲剧引起我们的怜悯与恐惧之情，通过诗人的模仿而产生的"。③ 可见，亚里士多德认为悲剧特殊的快感既有形式、手段方面的原因，也有内容、作用方面的原因。就前者而言，悲剧是模仿，而模仿的作品总是能给人快感的。就后者而言，悲剧能使怜悯、恐惧的痛苦情感得到"净化"，这也是它们能统一转为快感的重要原因。休谟虽然也接受了亚里士多德关

---

① 休谟：《论悲剧》，《外国美学》（1），商务印书馆1985年版，第335页。
② 同上。
③ 亚里士多德：《诗学》，罗念生译，《诗学·诗艺》，人民文学出版社1982年版，第43页。

于悲剧模仿引起快感的观点，却只是着眼于形式、技巧方面的考察，而忽视了悲剧内容、作用和悲剧快感形成的关系，因而比较片面，也不够深刻，但他试图从心理过程上说明悲剧唤起的不同性质感情的相互作用和运动，还是有一定新意的。

关于艺术发展的社会政治条件问题。在《论艺术与科学的兴起和发展》一文中，休谟探讨了艺术发展同社会政治状况之间的关系。休谟认为，艺术和科学都是属于靠少数人的事情，它不像那些在大量人群中发生的事件，常常可以找到确定的、可以理解的原因，艺术的兴起和发展在很大程度上是受机遇或难以探明的原因的影响。但也不能把它全部归结为机遇。从事艺术并有杰出成就的人虽然在所有时代和所有国家里总是很少，但他们总不是孤立的现象，而是民族和人民中具有产生他们的土壤。"点燃诗人灵感的火焰不是从天上降下来的，它只是在大地上奔腾的东西，从一个人胸中传到另一个人，当它遇到最有素养的材料和最幸运的安排时，就燃烧得最旺盛明亮。因此，关于艺术和科学的兴起、进步的问题，并非全是少数人的鉴赏力、天才和特殊精神的问题，也是一个涉及整个民族的问题。在某种程度上，我们可以把后者看作是一般的原因和原则。"① 这里，休谟明确肯定艺术发展有其外部的社会原因和历史条件。他就是根据这一原则，对艺术发展的社会政治条件进行了探讨，提出了四点带规律性的认识，其中主要是以下两点：

第一，艺术只有在自由政体下才能得到发展。休谟通过考察历史，论证专制政治都是阻碍艺术发展的。在专制政治下，君主不受任何法律约束，完全按个人意愿主宰社会。他所做的只是委派他下属的全权行政官吏，而这些行政官吏在辖区内也可以没有任何约束为所欲为。这种野蛮政治贬抑人民，扼杀想象和创作的自由。处于这种统治之下的人民不过是奴隶，不会有追求精致趣味的奢望。"所以，要期待艺术和科学能首先从君主政权下产生，等于期待一个不可思议的矛盾。"②

在自由国家，情况就不同了。一个共和国如果没有法律就不能存在。在法律保护下，人们得到生命和财产的安全，从安全产生了对知识和艺术的追求和渴望，这才使艺术的发展有了可能。艺术和科学的发展都需要互

---

① 休谟：《论艺术和科学的兴起与发展》，《人性的高贵与卑劣——休谟散文集》，杨适等译，上海三联书店 1988 年版，第 37 页。

② 同上书，第 40 页。

相学习和竞争以唤起生气勃勃和主动活跃的精神，使人们的天赋和才能有充分施展的天地。这种条件也只有自由政体才能提供。所以自由政体是艺术和科学唯一适宜的摇篮。

第二，虽然艺术适宜于在自由政体下发展，但它们也可以移植到其他政体国家中。共和国对于科学的发展最有利，而开明的君主国对于文艺的发展最有利。休谟的这一观点是承接前一观点而来的。他认为最早由自由国家发明的政治艺术可以由开明的君主国加以保持。在开明的君主国里，行政官吏必须服从治理整个社会的一般法律，必须按照规定的方式行使国王赋予他的权力，因而他能在相当程序上保证人民的安全，为艺术发展提供必要条件。虽然共和国和开明君主国都提供了艺术发展条件，但两种社会制度却造成了不同的社会环境。在共和国，人们想升迁必须眼睛向下，争取人民的选票；在开明君主国，想升迁必须将注意力朝上，讨得君主宠爱。在前者要得到成功，必须靠勤勉、能力和知识，因而最能得到成功的是知识上的天才；在后者则要靠机敏、谦恭和文雅，因而最易得到成功的是趣味优雅之士。这两种社会环境造成了不同结果：共和国比较自然地培育了科学，开明君主国比较自然地培育了文雅的艺术。

除以上两点外，休谟对艺术发展的规律还提出两点看法。一点看法是，一些独立国家彼此为邻、在贸易和政治上保持联系，最有利于艺术的发展。因为这些邻近国家之间自然产生的相互学习和竞争，是促进艺术发展的一个显著动力。另一点看法是，任何国家当文艺发展高峰之后必然趋于衰落，因为艺术得到高度发展的最佳条件不可能保持长久。休谟提出的这些看法，有些带有明显的历史局限性，有些分析也牵强附会，缺乏说服力。但他试图用历史观点观察艺术发展，寻找艺术发展的外部动因，并体现了资产阶级启蒙思想家反对封建专制的精神，在当时具有进步作用。

[原载《华中师范大学学报》（人文社会科学版）2002 年第 6 期]

论康德美学的调和特点及其内在矛盾

西方近代哲学和美学发展到康德，产生了关键性转折。在此之前，近代自培根、笛卡尔以来的西方哲学和美学思想分为经验主义和理性主义两大派。经验主义派别或思潮，在哲学认识论上，强调认识的经验来源，强调感性认识的重要性和实在性，往往以这样或那样方式，贬低乃至否定理性认识的作用和确定性。在美学思想上，则主张从感觉经验出发，通过由下而上的经验归纳，去观察和分析美学问题，强调美的感性基础和经验性质，强调美感或审美趣味的情感性质和心理特点，强调想象、情感、天才在艺术中的特殊地位和作用，较为忽视理性在审美和艺术中的作用。理性主义派别或思潮，在哲学认识论上，强调认识的理性来源，强调理性认识的可靠性和必然性，否定认识起源于感觉经验的原则和感性认识的作用及可靠性。在美学思想上，则主张从既定理性观念和体系出发，通过由上而下的理性思辨，去分析和研究美学问题，强调美的理性基础和超验本质，强调审美的认识性质和功能，强调理性、规则对于艺术的重要性和作用，较为忽视想象、情感在审美和艺术中的特殊地位和作用。经验主义和理性主义这两大派别和思潮的分歧和对立，既代表了西方近代认识论发展的基本走向，也反映了西方近代美学思想发展的基本走向。虽然这两派也存在相互作用和影响，但就总的趋势来说，其分歧和对立却是异常分明的。康德处在经验主义和理性主义两派对立和斗争得到充分发展和展开的时代，他看出两派各有其片面性，又各有其合理性，企图通过批判，在先验唯心主义基础上将两者调和起来，从而形成了他从哲学到美学领域对经验主义和理性主义的综合，推动了近代西方哲学和美学思想产生关键性转变。

一

康德哲学以批判人的认识能力为其主要目的，故称为批判哲学。这种批判哲学是在接受和批判理性主义和经验主义哲学基础上逐渐形成的。他在哲学上曾先后受莱布尼茨—沃尔夫的理性主义哲学和休谟的经验主义哲学的深刻影响，却以批判精神对这两种哲学倾向作了分析。他既不同意像沃尔夫那样，对人的认识能力的可能界限未详加探讨，就断定理性认识的可靠性而否定感性认识；也不同意像休谟那样，对人的认识能力的可能限度未详加探讨，就断定感性认识的确实性而否定理性认识。他把前者称作独断论，把后者称作经验论、怀疑论。与两者不同，康德哲学的目的是对人的认识能力详加探讨，对认识的起源、范围和界限加以规定。于是，他对传统认识论进行了批判与改造，系统提出了他的"先验哲学"，这就是在哲学史上有名的"哥白尼式的革命"。

康德之前，经验主义者只承认来自感性经验的"后天综合判断"的确实性，否定认识的先天能动作用；理性主义者只承认以不矛盾律为依据的"先天分析判断"的可靠性，否定认识的经验基础。康德认为这两方面都没有注意到"先天综合判断"。他提出了这一类判断，并将"先天综合判断如何可能"的问题，作为他的认识论的中心问题。通过考察先天综合判断，康德提出了先验唯心主义。所谓先验唯心主义，认为人的认识能力本身就具有一种认识形式。这些认识形式是先于经验的，不来自经验，不依赖于经验，而一切经验之可能、一切知识的普遍性和必然性，都必须以这种先天的认识形式为条件或依据。康德通过对理性主义和经验主义的批判，认识到知性与感性结合起来的必要性。他认为人的知识是先天的认识形式和后天的感觉表象相结合而成的，这就是他所说的"先天综合判断"。按照康德的看法，知性是"意识从其自身产生观念的能力"。意识自身产生出一些知性范畴，人的认识发挥其主观能动性，用这种范畴把感性知识结合起来，使其具有一定形式，使经验对象的知识成为可能。知性范畴是先天固有的、主观的、和经验无关的思想形式。正是由于我们把这些范畴加在具有时间空间性的感觉上，用它们来整理统一感性经验，才能形成有条有理的知识。知性范畴不仅是构成知识本身的条件，也是构成知识对象的条件。康德把知性的作用称为"先验统觉"，认为这种"先验自我"的能动的统觉能力，就是感性和知性能够结合成为知识的根本保证。康德强调了认识的主动性和范畴的作用，但他把构成知识和知识对象条件的范畴说成是先验的，否认它是事物的反映，使认识失去了客观基础。著名哲学家罗素说，康德的先验唯心主义认识论"把始于笛卡尔的主观主义倾向带到了一个新的极端"。①

康德的美学是其哲学体系的一个组成部分。康德哲学既批评了经验主义，也批评了理性主义，力图将它们妥协或结合到一个体系。他在美学上的基本立场也是要求达到经验主义和理性主义的调和。英国经验主义美学强调美和审美的感性性质，认为美感就是感性的快感，快感就是美的本质；德国理性主义美学强调美和审美的理性基础，认为美感是对完善的含混认识，完善就是美的本质。康德认为这两派都把美和美感与相关概念混淆起来，没有揭示美和美感本身特质。他认为，审美判断不是单纯感官的快感，而是属于先天的综合判断；同时又认为，审美判断不同于目的论的判断，"完善"的概念是属于目的论判断力，而不属于审美判断力。这就既批判了经验主义美学，也批判了理性主义美学。他把经验主义美学的快感论和理性主义美学的目的论结合起来，提出审美判断既同愉快和不愉快的情感相联系，又符合"主观的合目的性"；既是个体对于个别事物的判断，又具有普遍性和必然性。他看出经验主义美学片面强调美和审美的感性性质，理性主义美学片面强调美和审美的理性基础，都无法合理解释美和审美的本质问题，试图通过批判和纠正二者的片面性，将它们调和/或综合起来，提出美的理想和审美理念是感性与理性、特殊与普遍相结合的观点，使长期分歧中的理性主义和经验主义两派美学达到汇合。这一基本立场在"审美判断力批判"中表现非常明显，并且贯穿始终。

经验主义美学和理性主义美学在分别强调美和审美感性性质与强调美和审美理性基础上，互相分歧和对立，使美和审美中感性和理性关系问题凸显出来，而解决这一问题自然成为康德美学的基本任务。正如鲍桑葵所说，康德所继承的美学问题包含在这样一个问题中："一种愉快的感觉怎么也能具有理性的性质？"② 这也是在经验主义美学和理性主义美学两种

---

① 罗素：《西方哲学史》下卷，马元德译，商务印书馆1982年版，第246页。
② 鲍桑葵：《美学史》，张今译，商务印书馆1985年版，第369页。

美学思潮汇合中，摆在近代美学思想界面前的问题。这个问题和摆在近代思想界面前的普遍哲学问题——"怎样才能使感官世界和理想世界调和起来"是一致的。在"美的分析论"中，康德通过对鉴赏判断中包含的各种矛盾的分析和综合，指出美感虽是一种感性经验，却有理性基础，对美和审美中感性和理性的关系问题作出了初步的回答。

在"美的分析论"中，康德从四个方面对鉴赏判断作了分析，指出鉴赏判断是不带任何利害的愉快；是没有概念而普遍令人愉快的；是无目的的形式的主观的合目的性；是没有概念而具有普遍必然性的。这四个方面规定，既包括审美鉴赏力消极方面的规定，即审美愉快是无利害的、非概念的、不具客观合目的性的；又包括审美鉴赏力积极方面的规定，即审美愉快具有主观形式的合目的性和基于共通感的主观普遍性和必然性。总的来说，康德认为，审美判断是对象的形式适应人的认识功能，使想象力和知性协和一致和自由活动，从而引起的一种自由的愉快情感，它是以人类本性中某种共同的、普遍性的东西为基础的。康德说：

> 在一个鉴赏判断中表象方式的主观普遍可传达性由于应当不以某个确定概念为前提而发生，所以它无非是在想象力和知性的自由游戏中的内心状态（只要它们如同趋向某种一般认识所要求的那样相互协和一致），因为我们意识到这种适合于某个一般认识的主观关系正和每一种确定的认识的情况一样必定对于每个人都有效，因而必定是普遍可传达的。①

根据康德的解释，鉴赏判断不是像逻辑判断那样，用确定的知性范畴束缚想象，使它符合于一定的概念，而是让想象力与知性处于相互协调的自由运动中。由于各种认识能力（主要是想象力和知性）的相互协调、自由活动，所以就产生了审美的愉快。这种主观的内心状态就是鉴赏判断的主要内容。由于一切人对认识功能的互相协调和自由活动都有共同感觉，所以这种主观的内心状态也就是鉴赏判断具有普遍传达性的根本原因。这里，康德不仅突出提出了美和审美的本质或特性问题，而且对这一问题作出了既不同于经验主义美学也不同于理性主义美学的深刻回答。

---

①　康德：《判断力批判》，邓晓芒译，人民出版社 2002 年版，第 53 页。

康德在"美的分析论"中，对经验主义美学和理性主义美学既有批判，也有吸收。他一方面批判了英国经验主义美学将美和审美等同于感官上快适的愉快的看法，指出这种快适的愉快不仅是和利害结合着的，而且不具有鉴赏判断所要求的普遍性和必然性；另一方面也批判了德国理性主义美学将美和审美等同于对象完善性和"完善被含混的思维"的看法，指出完善性依赖于对象的概念和目的，而鉴赏判断的规定根据不可能是概念，也不可能是某种规定了的目的，所以完全不依赖于完善性概念。在纠正经验主义美学和理性主义美学各自片面性的同时，康德也吸收了两派中一些合理成分。实际上，"美的分析论"中的许多个别论点都是经验主义美学家已经提到过的。如审美判断只与主体的愉快或不愉快的情感相联系，不涉及对于对象的认识，不带任何利害，没有概念等论点，在英国经验主义美学家舍夫茨别利、哈奇生、休谟、伯克等人的论述中就有同样的看法。又如审美判断是对象形式适合主体认识能力（想象力和知性）的和谐自由活动，具有主观合目的性的观点，同德国理性主义美学家莱布尼茨的美在"前定和谐"说和目的论也是一脉相承的。至于审美判断具有主观的普遍必然性以及作为其先天条件的共通感，不仅和经验主义美学家有关审美趣味的普遍共同标准看法相关，也与理性主义美学家关于先天理性和普遍人性信条合拍。这些都可以看到康德美学与经验主义和理性主义美学的继承关系。不过，康德把这些分散的甚至对立的观点调和起来综合成了一个整体，并将其纳入先验唯心主义哲学体系之中，形成了一套自成系统的新的美学理论，这就使人们对于美和审美本质的认识达到一个新境界，从而显示出康德美学的独创性。

二

在"崇高的分析论"中，康德对美和审美中感性与理性关系问题的回答又作了进一步发展。康德认为，崇高和美、崇高感和美感作为审美判断的两个方面是具有一致性的。它们都是以反思性的判断为前提的，其愉快依赖于想象力与知性或理性的概念能力协和一致，具有主观合目的性。这两种判断都是单一的，却具有普遍有效性。不过两者之间却有显著区别。在"崇高的分析论"中，康德着重考察和论述了崇高与美的区别，并由此对崇高和崇高感的本质和来源作了深刻分析。他指出，崇高与美的最重要的和内在区别在于：在美的审美判断中，对象的形式对于我们判断力仿佛是预先规定的，带有某种合目的性，它恰好适应人的想象力和知性的和谐自由活动，从而自身构成一个愉快的对象；相反，在崇高的审美判断中，对象按其形式则显得对我们的判断力而言是违反目的的，与我们的表现能力是不相适合的，仿佛对人的想象力是强暴性的。正是这种对于想象力的不适合性，却激起了人们内心中的理性理念，从而将崇高感赋于对象。这种想象力的不合目的性对于理性理念和唤起这些理念来说被表现为合目的性，因而是愉快的。由于崇高和美的这种内在区别，所以两者在判断者的内心状态上是不同的。康德说：

> 正如同审美的判断力在评判美时将想象力在其自由游戏中与知性联系起来，以便和一般知性概念（无须规定这些概念）协调一致；同样，审美判断力也在把一物评判为崇高时将同一种能力与理性联系起，以便主观上和理性的理念（不规定是哪些理念）协和一致，亦即产生出一种内心情调，这种情调是和确定的理念（实践的理念）对情感施加影响将会导致的那种内心情调是相称的和与之相贴近的。①

这就是说，在对美的审美判断中，想象力与知性相联系，以便和不确定的知性概念协调一致；而在对崇高审美判断中，想象力与理性相联系，以便和不确定的理性的理念协和一致。这两者都是感性和理性的结合，可是结合的具体内容是不一样的，产生的愉快的性质也有区别的。可以说，从"美的分析论"到"崇高的分析论"，康德从不同方面考察和论述了审美中感性和理性关系问题，试图以不同的方式将两者调和起来，回答审美中愉快的情感何以具有理性的性质的问题。

我们知道，英国经验主义美学家对于崇高的审美现象曾有许多单纯经验性的考察和说明。尤其是伯克首先将崇高和美作为并列的两个重要美学范畴，对两者的特点从对象性质到生理、心理基础都作了充分论述。康德对伯克的论述作了研究，并在"崇高的分析论"中对其作了批判的分析。

---

① 康德：《判断力批判》，邓晓芒译，人民出版社 2002 年版、第 95 页。

他指出，伯克对崇高和美的经验性的说明，尽管可以为某种更高的研究提供素材，却不足以构成对于鉴赏力的批判，因为它缺乏对于这种能力的一个先验的探讨。康德对崇高的分析，在一些方面也受到伯克的影响。例如，伯克认为崇高产生的快感是由痛感转化而来的，这种愉快的产生，和人在观照恐怖的对象而又不感到真正危险时，引起的自豪感和胜利感有关。康德接受了这种看法。不过，他对崇高的分析却比伯克或任何经验主义美学家要深刻得多。伯克主要是从生理学和心理学角度说明崇高感，着重于对崇高和崇高感的感性方面的描述，过分强调人的生理本能以及感性活动在崇高感中的作用，却忽略了它们的理性内容和基础。康德纠正了伯克的经验性说明的片面性，以先天原则作基础，对崇高作出先验的说明，强调理性的理念在崇高感中的所起的重要作用，肯定道德观念是形成崇高的主要基础，这就与伯克具有了本质的区别，使人们对崇高的审美判断中所包含的感性和理性的特殊关系的认识达到一个更高的层次，从而成为后来西方美学中一切关于崇高讨论的基础。席勒、黑格尔以及新黑格尔派的布拉德雷对崇高的看法，无不受到康德的影响。

在"美的分析论"中，康德结合美的合目的性以及自由美和依附美的区分，论述了"美的理想"问题。在"崇高的分析论"中，康德在"纯粹审美判断的演绎"部分，结合艺术和天才，论述了"审美理念"问题。这两个问题，一个是从审美鉴赏方面谈的，一个是从艺术创造方面谈的，但两个问题都集中涉及审美判断力和感性与理性、个别与普遍的关系问题，而且表现着康德美学思想的矛盾和发展，是值得特别重视的。

"美的理想"就是"美的普遍标准"或"鉴赏的最高典范"。康德指出，审美的规定根据不是客体的概念，因此，"要寻求一条通过确定的概念指出美的普遍标准的鉴赏原则是劳而无功的"。① 但他认为，感觉（愉悦和不悦）的普遍可传达性，亦即这样一个无概念而发生的可传达性，一切时代和民族在某些对象的表象中对于这种情感尽可能的一致性，却提供了一种经验性标准，"即一个由这实例所证实了的鉴赏从那个深深隐藏着的一致性根据中发源的标准"。② 它对一切人都是共同的。每个人必须根据它来评判一切作为鉴赏的客体，甚至评判每个人的鉴赏本身，所以它

① 康德：《判断力批判》，邓晓芒译，人民出版社 2002 年版，第 67 页。
② 同上书，第 68 页。

是"鉴赏的原型"。这鉴赏原型便是"美的理想"。康德说：

> 　　理念意味着一个理性概念，而理想则意味着一个单一存在
> 物、作为符合某个理念的存在物的表象。因此那个鉴赏原型固然
> 是基于理性有关一个最大值的不确定的理念之上的，但毕竟不能
> 通过概念、而只能在个别的描绘中表现出来，它是更能被称为美
> 的理想的，这类东西我们虽然并不占有它，但却努力在我们心中
> 把它创造出来。但它将只是想象力的一个理想，这正是因为它不
> 是基于概念之上，而是基于描绘之上的；但描绘能力就是想
> 象力。①

　　由此可见，美的理想一方面基于理性，涉及有关一个最大值（最高
度）的不确定理念；另一方面又不能通过概念，而只能在个别的描绘
（形象）中表现出来，这种个别形象的描绘能力就是想象力。这种理性和
想象力、不确定的理念和个别形象的结合，就在我们心中形成美的理想。
通过美的理想，康德对审美判断中感性与理性、个别与普遍的关系作了最
明确的揭示。但他又认为理想的美并非"作出了一个纯粹的鉴赏判断"
的自由美，而是"由一个有关客观合目的性的概念固定了"的依附美，
所以，"按照一个美的理想所作的评判不是什么单纯的鉴赏判断"。②

　　康德认为，评判美的对象要求有鉴赏力，创造美的艺术则要求有天
才。在分析构成天才的各种内心能力时，他提出并论述了"审美理念"
问题。"审美理念"和"美的理想"在基本含义和内容上大致一致，但前
者比后者在看法上更为成熟、论述上更为充分。按照康德理解，审美理念
是想象力的一种表象，"它引起很多的思考，却没有任何一个确定的观
念、也就是概念能够适合于它，因而没有任何言说能够完全达到它并使它
完全得到理解"。③换句话说，这种想象力的表象加入到给予的概念之中，
却"找不到任何一种标志着一个确定概念的表达，所以它让人对一个概
念联想到许多不可言说的东西"。④由此可知，审美理念一方面不同于理

---

①　康德：《判断力批判》，邓晓芒译，人民出版社2002年版，第68页。
②　同上书，第72页。
③　同上书，第158页。
④　同上书，第161页。

性理念，因为理性理念是一个不能有任何直观（想象力的表象）与之相适应的概念，而审美理念则是想象力的表象；另一方面审美理念也不同于单纯表象，因为想象力的表象要根据理性理念，它从属于一个不确定的概念，让人对一个概念联想到许多不可言说的东西，引起很多的思考。在审美理念中，理性理念已经转化为感性形象，思想和概念已经渗透在个别表象中，普遍性、概括性是通过个别性、具体性得到表现的。也就是说，理性与感性、思想与形象、普遍与个别、内容与形式，在审美理念中是互相结合和统一的。概括地说，审美理念就是理性理念的感性表现，是理性理念与感性形象的统一。从艺术美的创作过程看，审美理念就是形象思维，从艺术美的形象塑造看，审美理念就是艺术典型。显然，康德对审美理念所作的分析和说明，已经包含了后来黑格尔提出的"美是理念的感性显现"说的雏形。通过对审美理念内涵的揭示，康德对审美意识的本质和特征作了最充分概括，也对审美意识中感性与理性相统一关系问题作了最深刻的回答。由此，各持一端的经验主义和理性主义两种美学思潮终于在康德美学中达到了汇合。后来，歌德、席勒、谢林、黑格尔等人的美学思想都是沿着康德开辟的这一美学方向继续向前发展的。

三

康德美学虽然突出提出了审美中感性与理性、个别与普遍、形式与内容之间的矛盾问题，并试图将矛盾双方调和或结合起来，但他的看法前后颇不一致，许多观点甚至互相矛盾和对立。总的看来，他只是努力将矛盾双方加以调和或综合，而对二者如何实现辩证的、有机的统一却始终没有真正解决。在"美的分析论"中，康德从分析鉴赏判断的四个契机，得出美和审美只和对象的形式有关，不涉及对象的内容、意义（利害、概念、目的）的结论，明显地表现出形式主义倾向，似乎肯定了美在形式的观点。但是，他在分析鉴赏判断的合目的性时，又提出存在有自由美和依附美这两种不同的美，"前者不以任何有关对象应当是什么的概念为前提；后者则以这样一个概念及按照这个概念的对象完善性为前提。"[1] 符

---

[1]　康德：《判断力批判》，邓晓芒译，人民出版社2002年版，第65页。

合他所提出的"纯粹的鉴赏判断"的只有自由美，而符合他所提出的"美的理想"的却又是依附美，这两者显然是分裂的、对立的。在纯粹鉴赏判断中，康德肯定美不涉及概念、不依赖完善性概念，而在依附美中，却又肯定它以概念和对象的完善性为前提，也就是回到他所批判的看法。从"美的分析论"到"崇高的分析论"，问题越是深入，康德美学思想的矛盾也就暴露得更加突出。如果说，在"美的分析论"中，康德侧重从审美判断的形式分析美，倾向于美在形式的看法，那么，在"崇高的分析论"中，他却侧重从内容意义方面分析崇高和艺术创造，不仅认为"真正的崇高不能包含在任何感性的形式中，而只针对理性的理念"①，而且认为艺术要以目的、概念为基础，以理性理念、道德观念为内容，虽然它的形式必须是审美的。在"崇高的分析论"的"对审美的反思判断力的说明的总注释"中，康德详细探讨了崇高与道德的密切关系，指出"对自然界的崇高的情感没有一种内心的与道德情感类似的情绪与之相结合，是不太能够设想的"。② 而在"审美判断力的辩证论"中，康德进一步发展了他的思想，明确提出"美是德性—善的象征"③ 的看法，肯定了美和审美与道德理念和善的内容的联系。这与他在"美的分析"中侧重从形式上分析美、倾向于美在形式的看法完全不同，也是互相矛盾的。可以说，从形式主义（美在形式）到表现主义（美是道德的象征），形成了"审美判断力批判"中无法统一的两极。这种前后互相矛盾对立的观点，固然也反映出康德美学思想的变化，但更根本地在于他的美学思想中存在的内在矛盾，表明他对美和审美中感性与理性、形式与内容、个别与普遍如何达到辩证的、有机的统一的问题，并没有真正得到解决。可以说，康德美学思想的内在矛盾，是其调和特点及局限性的必然反映。

康德美学思想中的矛盾以及他无力解决审美中感性和理性的有机统一问题，其原因是多方面的。其中根本的一点就是他基本上沿用了理性主义的形而上学的方法，从先验的概念出发，侧重从分析理性概念来解释审美现象。康德在哲学上虽然试图调和理性主义和经验主义，但它的重点仍然放在理性主义方面。他从理性主义所接受过来的东西远比从经验主义接受过来得多。他提出的先验唯心主义学说，认为人的认识能力本身就具有一

---

① 康德:《判断力批判》，邓晓芒译，人民出版社2002年版，第83页。
② 同上书，第108页。
③ 同上书，第200页。

种认识形式，这些认识形式不是来自经验，而是先于经验，是先天的意识形式，而一切知识之构成都必须以这种先天认识形式为依据或条件。这和笛卡尔的先验论是一脉相承的。他用形而上学的观点看待认识问题，将"自在之物"与"现象界"、主体与客体、认识内容与认识形式、感性认识与理性认识割裂开来，把这些本来是联系起来的东西看成对立的，只是形而上学地把它们拼凑在一起。康德就是运用这种先验的、形而上学的观点和方法分析美和审美问题的。他经常将美和审美意识中本来互相联系的东西割裂开来，绝对化地把它们对立起来，抽象地去考虑它们的对立关系，然后再机械地将它们加以拼凑和调和。对于美的内容与形式、感性与理性、个别与普遍的关系问题，对于自由美与依附美、自然美与艺术美、鉴赏力与天才、美与崇高、美与善的关系等问题，康德都是用这种方法来认识和处理的。这就是康德对审美中的诸多矛盾只能加以调和而不能达到真正统一的基本原因。

黑格尔是德国古典美学集大成者。经验主义和理性主义两大美学思潮在德国古典主义美学中的合流，最终是在黑格尔美学中完成的。黑格尔为了建立他的哲学体系，吸收、批判和总结了以前各派思想成果，把它们融合为一个庞大的体系。他的美学思想作为其哲学体系构成部分，自然也是对包括理性派、经验派在内的各派美学思想批判的总结。和康德基本立场一致，黑格尔也批判了经验主义和理性主义两派美学各自的片面性，主张将两派调和及统一起来。在《美学》全书绪论中，黑格尔指出，对美和艺术的研究存在两种相反的方式：一种方式是把经验作为研究的出发点，紧紧围绕着实际艺术作品的外表进行活动；另一种方式是把理念作为研究出发点，完全运用理论思考方式去认识美本身。他认为这两种研究方式都有片面性，真正的美学研究必须将两种研究方式结合起来，达到"经验观点和理念观点的统一"。[①] 我们知道，经验派美学就是主张从经验出发，着重个别感性现象而忽视普遍概念的；而理性派美学则主张从逻辑概念出发，着重普遍概念而忽视个别感性现象，它们就是黑格尔所批评的两种片面方式。黑格尔明确指出："必须把美的哲学概念看成上述两个对立面的统一，即形而上学的普遍性和现实事物的特殊定性的统一。"[②] 这也是他

---

① 黑格尔：《美学》第一卷，朱光潜译，商务印书馆 1979 年版，第 28 页。
② 同上书，第 28 页。

在美学上的基本立场。黑格尔的全部美学思想都是以他所提出的美的定义为中心而展开的。他给美下的定义是："美就是理念的感性显现。"① 这个定义可以从三个层次来理解。第一是理念，这是"内容、目的、意蕴"；第二是感性显现，这是外在表现，即上述"内容的现象与实在"；第三是这两方面的互相融贯、互相统一，也就是理性与感性、内容与形式、普遍性和个别性的有机统一。这个美的定义是建立在客观唯心主义哲学基础上的，却蕴藏着丰富的辩证法。围绕这一定义，黑格尔反复论证美和艺术必须把理性与感性、理念与形象、内容与形式、心灵与实在统一起来，既反对忽视美和艺术的理性内容的片面性，也反对忽视美和艺术的感性形式的片面性。在美和艺术的理性内容与感性形式的统一中，黑格尔又强调理性内容是起主要作用的，因为正是理性内容才能对美的对象起灌注生气作用并使之达到观念性统一。黑格尔关于美的论述既是对康德在美学中调和感性与理性矛盾思想的继承，也是对它的超越。康德的美学扬弃了理性派美学和经验派美学的片面性，使人认识到感性与理性这两种"在意识中是彼此分明独立的东西其实有一种不可分裂性"。② 黑格尔肯定了康德的学说对于了解美的概念"确是一个出发点"。同时，他也指出康德的不足，因为"这种象是完全的和解，无论就判断来说，还是就创造来说，都还只是主观的，本身还不是自在自为的真实"。③ 也就是说，在康德那里，上述对立面的统一还只是在思想中完成的，所以纯粹是主观的。黑格尔克服了康德的缺点，进一步证明这种统一不仅在人的思想中进行着，而且在现实世界中也一直在进行着，所以主观的也是客观的。这就使这种统一"得到更高的了解"。康德美学充满了内在矛盾，美的感性形式与理性内容如何达到真正的统一的问题，在康德美学中始终没有完全解决。到了黑格尔，将辩证的历史观点运用于美学研究，明确提出美是理念内容与感性显现的统一，并且充分论证了二者达到统一的内在根据，才使由经验派和理性派分歧而引发的摆在近代美学思想界面前的根本问题获得基本解决。

（原载《广东社会科学》2013 年第 2 期）

---

① 黑格尔：《美学》第一卷，朱光潜译，商务印书馆 1979 年版，第 142 页。
② 同上书，第 75 页。
③ 同上书，第 75—76 页。

从笛卡尔到胡塞尔：
现象学美学方法论转型

胡塞尔在《〈笛卡尔的沉思〉引论》中明确指出："法兰西最伟大的思想家勒内·笛卡尔（René Descartes）曾通过他的沉思，给先验现象学以新的推动。这些沉思的研究就直接把发展着的现象学改造为先验哲学。因此，人们几乎可以把现象学称为新笛卡尔主义。"① 这充分表明了现象学哲学对笛卡尔哲学的继承与发展的关系。笛卡尔哲学是胡塞尔现象学的重要的思想来源，这也从一个方面显示出近代理性主义哲学对现代西方哲学的影响。但胡塞尔却通过对笛卡尔的批判，在思维方式上实现了对近代西方哲学的超越。在哲学上如此，在美学上同样如此。

一　从经验自我到先验自我

由胡塞尔开创的现象学哲学是 20 世纪欧洲大陆最重要、最有影响的哲学思潮之一。一般认为，在现代西方哲学中，实证主义和分析哲学与近代哲学中的经验主义传统关系密切，而现象学则与近代欧洲大陆思辨哲学和理性主义传统关系密切。有的研究者甚至认为"现象学是极端唯理主义的产物"。② 胡塞尔自己明确阐述过他运用的现象学方法与理性主义的关系："这是一种方法，我想用这种方法来反对神秘主义与非理性主义，以建立一种超理性主义（Ueberrationalismus），这种超理性主义胜过已不

---

① 倪梁康主编：《胡塞尔选集》（下），上海三联书店 1997 年版，第 870 页。
② 李幼蒸：《〈纯粹现象学通论〉中译者序》，胡塞尔：《纯粹现象学通论》，商务印书馆 1996 年版，第 2 页。

适合的旧理性主义，却又维护它最内在的目的。"① 从胡塞尔哲学思想形成看，它和笛卡尔哲学、康德哲学的关系非常密切。

尽管在胡塞尔思想发展的各个时期，他对"现象学"概念的内涵和外延有不同的理解，但从最一般的意义上看，现象学可以定义为是一门关于"意识现象"的学说，更明确地说，它是一门"意识本质论"。按照胡塞尔在完成向先验现象学的转变之后对现象学所做的新的规定：现象学"可以被称为关于意识一般、关于纯粹意识本身的科学"。这里所说的"意识一般"或"纯粹意识本身"不仅仅指意识中的意识活动，而且还包括作为意识活动之结果的意识对象。胡塞尔现象学的主要部分是先验现象学。所谓先验现象学，从方法论说，它通过"先验的还原"引导人们从"自然态度"进入"哲学观点"，通过"本质的还原"引导人们从经验事实进入本质领域；而从对象上说，它所提供的不是实在的、经验的意识现象，而是先验的、本质的意识现象。② "纯粹的或先验的现象学将不是作为事实的科学，而是作为本质的科学（作为'艾多斯'科学）被确立；作为这样一门科学，它将专门确立无关于'事实'的本质知识。这种从心理学现象向纯粹'本质'的还原，或就判断思想来说，从事实的（'经验的'）一般性向'本质的'一般性的有关还原就是本质的还原。"③ 胡塞尔认为，普遍、理性认识世界是哲学永远不可丢弃的任务，他终生的努力就是要发现一种完善的方法，建立一个理性的、统一的知识体系。他的现象学方法，包括本质还原和先验还原，都是为了用理性的思维方法认识世界的本质和结构，这和笛卡尔所开创的近代理性主义哲学传统是一脉相承的。

胡塞尔在建构其现象学观点和方法时，无疑是自觉地把笛卡尔的理性主义哲学看作其思想的一个重要理论源头。他一生为数不多的几部完成了的著作中有一部以《笛卡尔的沉思》命名，在《欧洲科学危机和超验现象学》和《纯粹现象学通论》中也反复提及笛卡尔。胡塞尔高度评价笛卡尔哲学的开创意义。他说："《沉思集》是在一个完全独一无二的意义上，而且恰好是通过返回到纯粹的自我我思活动，开辟了哲学的新时代。

①　胡塞尔 1935 年 3 月 11 日致列维—布留尔信，转引自施皮格伯格《现象学运动》，商务印书馆 1995 年版，第 132 页。

②　参见倪梁康主编《胡塞尔选集》（上），上海三联书店 1997 年版，第 13 页。

③　胡塞尔：《纯粹现象学通论》，李幼蒸译，商务印书馆 1996 年版，第 45 页。

事实上，笛卡尔开创了一种全新的哲学。由于改变了哲学的整个外观，所以它呈现出一个根本性转变——从朴素的客观主义到先验的主观主义。"① 笛卡尔将哲学转回到主体自身，转移到主观领域中来，表明了认识论的转向即是主体的转向、主观的转向。他从怀疑一切出发，然后寻找到不能再被怀疑的我思，并严格地将"我思"作为一切知识信念的前提和基础，表明他是一个严格意义上的主体主义者。胡塞尔肯定笛卡尔通过普遍怀疑建立"我思故我在"命题的历史意义，认为它确立了我的思（意识活动）和思的我（意识活动的执行者）的绝对自明性，找到了认识有效性的最终源泉，包含着一个伟大的发现。"这里所谓的发现也即对先验纯粹的、绝对自足的主体性的揭示，这种绝对无可置疑的主体性无论何时都是它本身所能认识的。"② 胡塞尔坚持"我思"的逻辑先在性以及绝对自明性原则，并且把主体的绝对先在性原则发挥到了极致。他所说的现象学的还原，即先验的还原，就是还原到纯粹的主体性上，而通过笛卡尔道路来达到纯粹主体性，则是胡塞尔的先验还原的道路之一。在《现象学》一文中，胡塞尔这样概括阐明了现象学的先验还原和笛卡尔的"我思"关系：

> 在笛卡尔的《沉思录》中，如下的思想已经成为一门第一哲学的指导思想：所有实体之物包括整个世界是为我们存在的并且只是作为我们自己的表象的表象内容，作为我们自己的体验生活的合乎判断地被意识之物、在最好条件下证明地被证实之物而如此存在着。这是对所有的、无论是真正的、还是非真正的先验问题的动机说明。笛卡尔的怀疑方法是揭示"先验主体性"的第一个方法，他的"我思"导向对先验主体性的第一次抽象把握。③

胡塞尔的先验还原是一条通向先验的主观性道路。它是要把那种有关世界是自在、客观存在的观点还原为世界是相对于先验的主体而存在、世界是由先验的主体构成的观点。为此，必须进行普遍的悬置和彻底的中止

---

① 倪梁康主编：《胡塞尔选集》（下），上海三联书店1997年版，第873页。
② 同上书，第1133页。
③ 胡塞尔：《现象学》，《面对实事本身——现象学经典文选》，东方出版社2000年版，第92页。

判断，对传统的和自然的信念加以排除，"将这整个自然世界置入括号中"。在这一点上，胡塞尔也无疑受到笛卡尔的极大启发。他高度评价了笛卡尔的普遍怀疑精神，指出："笛卡尔以及任何一个立志于成为严肃认真的哲学家的人，都不可避免地会以一种彻底怀疑的终止判断为开端……从笛卡尔的终止判断出发，一切建筑在经验基础上的意义和有效性的成就都被质以疑问。的确，正如我们已经说过的，这是一种'认识批判史的开端'，而且是一种对客观的认识进行彻底批判的历史的开端。"① 可以说，普遍怀疑和中止判断是胡塞尔现象学与笛卡尔哲学的一个共同逻辑起点，正如胡塞尔所说："我们现在可以让普遍的悬置概念在我们明确、新颖的意义上，取代笛卡尔的普遍怀疑设想。"② 但笛卡尔的普遍怀疑止步于"我思"实体的寻得，却未进一步对"我思"的实体性进行悬置和中止判断。笛卡尔将自我看作是与物质的实体相对的心灵的实体，从而导致主客分立的二元论。胡塞尔批判笛卡尔的主观主义立场不彻底，批评他的心物二元论。他认为通过笛卡尔的怀疑途径所得出的不应是笛卡尔意义上的、还没有完全摆脱经验特性的"我"和"我思"，而应是先验的自我和先验的意识，即经过现象学的彻底中止判断而剩下来的纯粹的自我和纯粹的意识。因此，胡塞尔说"笛卡尔把到手的伟大发现滑掉了"③，他"不向自己提出系统地研究纯粹自我的任务"。④

胡塞尔认为，经由笛卡尔式的怀疑途径，通过彻底的中止判断和先验的还原之后，作为"现象学剩余物"的就是"纯粹意识"或"先验意识"。这种纯粹意识即现象学所要研究的对象。在《纯粹现象学通论》中，胡塞尔分析和论证了纯粹意识的一般结构，认为纯粹意识具有一个意识活动（Noesis）和意识对象（Noema）互相关联的意向性结构，而纯粹自我或先验自我则是作为意识活动的执行者而存在。按照胡塞尔现象学还原思路，他首先肯定意识活动、意向性结构以及作为意识活动执行者的自我的自明性，然后说明意识活动如何构成意识内容即意识活动的对象。这样一来，传统认识论中的"事物与知性的一致性"问题便转变成"意识

---

①　胡塞尔：《欧洲科学危机和超验现象学》，张庆熊译，上海译文出版社 2005 年版，第101—102 页。

②　胡塞尔：《纯粹现象学通论》，李幼蒸译，商务印书馆 1996 年版，第 97 页。

③　同上书，第 100 页。

④　同上书，第 110 页。

活动"与"意识对象"关系问题；传统本体论中的"精神"与"物质"的对立便转变为"意识活动"与它所构造出的"意识对象"的对立。①胡塞尔的现象学研究是在纯粹意识的领域之内进行的，它把认识对象是否客观存在的问题悬置起来，着重研究意识的对象如何向意向的意识显现，意向的意识如何构成意识的对象。其研究的最终结果是否定对象在意识之外作为自在之物独立存在，认为一切对象归根结底都是由意识活动构成的。这样，胡塞尔便批评和超越了由笛卡尔开创的近代认识论设立的主客、思有、心物相分立的二元论，走向了世界是由先验的主体构成的先验唯心论的一元论。这便为现象学美学的方法论转型奠定了哲学基础。

二 意向结构与审美对象

意向性问题是现象学所关注的核心问题。胡塞尔将"意向性"作为"现象学首要主题"，"把意向性作为无处不在的包括全部现象学结构的名称来探讨"。② 他所创立的意向性理论既是现象学哲学的核心理论，也是现象学美学的理论基石。

胡塞尔提出"意向性"概念，显然是受到他的老师布伦塔诺的影响，但他将这一概念追溯到笛卡尔，认为在笛卡尔的"我思"中已经明确地突出了意向性的因素。"意向性的另一种表达方式为'思的活动'（Cogitatio），例如在经验、思想、情感、意愿等中意识地对某种东西的拥有（etwas Bewußthaben），因为每一个思的活动都有它的所思（Cogitatum）。"③ 按照胡塞尔理解，所有意识都是"对某物的意识"，朝向对象是意识的根本特性，因此，意向性代表着意识的最普遍结构。不过，由于胡塞尔在《逻辑研究》和《纯粹现象学通论》中哲学观点和立场有较大变化，所以，他的意向性理论也经历了一个发展过程。在《逻辑研究》中，胡塞尔是从表达入手探讨意向性问题的。他认为表达是有意义的记

---

① 参见倪梁康主编《胡塞尔选集》（上），上海三联书店1997年版，第14页。

② 胡塞尔：《纯粹现象学通论》，李幼蒸译，商务印书馆1996年版，第210页。

③ 胡塞尔：《欧洲科学危机和超验现象学》，张庆熊译，上海译文出版社2005年版，第112页。

号。"表达通过意义表示（指称）对象。"① 如果从语言学角度看，表达是借助意义与对象相关联；那么，从意识角度看，意向行为则通过意向内容（意义）指向对象。胡塞尔承认有的意向活动并不直接指向对象，如某些情感的意向活动。但他强调一切意向活动都以对象化的意向活动为基础。情感的意向活动是以理智的意向活动为基础。意向行为分为意义赋予的行为和意义充实的行为，前者仅能获得抽象的意识内容，后者可在想象中使对象形象化地呈现出来。这些论述不仅是对意识结构的分析，对美学也具有重要意义。

随着胡塞尔从《逻辑研究》时期的"本质现象学"向《纯粹现象学通论》时期的"先验现象学"的转变，他的意向性理论也有新的发展，重要一点是对意向对象内容结构的分析和意识对象领域的扩展。他认为不仅意向活动有一个结构，即意向行为（Noesis）—意向对象（Noema），意向对象也有一个结构。"完全的意向对象是由诸意向对象因素的复合体组成的，在该复合体中特定的意义因素只形成一种必不可少的核心层，其他因素本质上基于此核心层之上，因此这些因素同样可被称为意义因素，不过是在一种扩大的意义上。"②

按照胡塞尔的分析，意向对象的结构是由意向对象的核心、边缘域和"对象本身"三者构成的。意向对象的核心相当于《逻辑研究》中所说的意义；"对象本身"指被进行综合的意向行为所发现的、在一系列相关意向内容间的一致性的极；意向对象的边缘域指被意向行为附带以为的、规定性尚未明确显示出来的东西。在《逻辑研究》中，胡塞尔主张意向行为是通过意向内容（意义）指向对象的，对象外在于意识活动；而在《纯粹现象学通论》中，意义和对象已经合为一体，共同组成意向对象，对象成为意识的一部分。意识活动是由意向行为和意向对象构成的。所谓意向性理论就是研究意识如何通过意向行为而构成意识对象。这些论述成为现象学的审美对象和审美经验学说的理论基础。

现象学美学对审美对象的理解和分析，与传统美学对于事物美、丑价值或审美价值的认识和美的本质的探讨，在方法论上完全不同。传统美学对于事物审美价值的认识和美的本质的探讨，是以主客、思有、心物分立

---

① 胡塞尔：《逻辑研究》第二卷，转引自刘放桐等编著《新编现代西方哲学》，人民出版社 2000 年版，第 308 页。

② 胡塞尔：《纯粹现象学通论》，李幼蒸译，商务印书馆 1992 年版，第 227 页。

的二元论作为基础的。二元论把主体与客体、精神与物质、思维与存在两者区分开来后，看不到两者之间相互依存和转化的关系，而将它们分裂和对立起来。笛卡尔把心物当作两个相互独立的实体，就是这种二元论的最典型形式。以主客二元对立的方法论为基础的传统美学，要么主张美在主观，要么主张美在客观，有的虽然主张美在主客观的关系，但由于不了解主客观是对立的统一，因而两者仍然是一种外在的协调关系，主客仍然互相分离。笛卡尔同样把美定义为主客观之间的一种关系。他明确指出："一般地说，所谓美和愉快所指的都不过是我们的判断和对象之间的一种关系。"① 这种主客观关系既指对象的刺激与外在感官之间关系的适合或协调，也指对象的性质与内在心灵之间关系的符合或对应。这种美的定义和笛卡尔心物对立的二元论是相一致的。胡塞尔反对笛卡尔的二元论，他的现象学还原一开始就排除了主客二元对立的存在，并且将这种对立看作是"自然态度"的产物，力图通过悬置或中止判断加以消除。现象学还原不仅要求把有关认识对象的存在的信念放在括号里，而且要求把作为经验主体的人的存在的信念悬置起来，因为这样才能从自然态度转变到现象学态度，作出无任何预先假设的论证。其结果就是排除了自然态度的世界而转向先验纯粹的一般意识，同时也排除了属于自然世界的物的性质和价值特性，包括美与丑、令人愉快和令人不快、可爱和不可爱等。"由于排除了自然界，即心理的和心理物理的世界，因而也排除了由价值的和实践的意识功能所构成的一切个别对象，各种各样的文化构成物，各种技术的和艺术的作品，科学作品（就其作为文化事实而非作为公认的有效性统一体被考虑而言），各种形式的审美价值和实践价值。"② 由此可见，传统美学中关于美的本质和审美价值的问题，是被胡塞尔排除在现象学还原范围之外的。

现象学美学是在胡塞尔创立的意向性理论基础上重新构建审美对象学说的。胡塞尔本人虽然没有对审美对象问题做过系统论述，但他分析意向行为—意向对象结构时，却涉及审美观察的对象问题，从而为如何考察审美对象指出了方向。胡塞尔认为，在呈现和再现领域中的意向对象具有不同的变样。"变样一词一方面涉及现象的可能变换，因此涉及可能的实显

---

① 笛卡尔：《答麦尔生神父的信》，《西方美学家论美和美感》，商务印书馆1980年版，第78—79页。

② 胡塞尔：《纯粹现象学通论》，李幼蒸译，商务印书馆1996年版，第150页。

运作；另一方面，它涉及重要得多的意向作用或意向对象的本质独特性，这种独特性即指向某种其他未变样之物"。① 在分析意向对象的"中性变样"时，胡塞尔以考察杜勒的铜版画"骑士，死和魔鬼"为例加以阐述。他说：

> 我们在此首先区分出正常的知觉，它的相关项是"铜版画"物品，即框架中的这块版画。
>
> 其次，我们区分出此知觉意识，在其中对我们呈现着用黑色线条表现的无色的图像："马上骑士"，"死亡"和"魔鬼"。我们并不在审美观察中把它们作为对象加以注视；我们毋宁是注意"在图像中"呈现的这些现实，更准确些说，注意"被映像的现实"，即有血肉之躯的骑士等。②

在这段论述中，胡塞尔明确指出，正常的知觉所感知的作为物品的"铜版画"，以及知觉意识中对我们呈现出的黑色线条和无色图像，都不是我们在审美观察中加以注视的对象。只有"被映像的现实"，即能够传达和形成这一映象表现的"图像"意识或"图像客体"——有血肉之躯的骑士，才是我们的审美对象。胡塞尔进而指出，作为审美对象的图像意识或图像客体，是"正常知觉的中性变样"，是"中性的形象客体意识"。所谓"中性变样"，"它是一切实行行为的在意识上的对立物：它的中性化。"它被包括在如中止实行、使失去作用、"置入括号"、想象实行等形式中，而对对象存在不予设定。所以，胡塞尔说："这个进行映像表现的图像客体，对我们来说既不是存在的又不是非存在的，也不是在任何其他的设定样态中；不如说，它被意识作存在的，但在存在的中性变样中被意识作准存在的（gleichsam–seiend）。"③ 这就是说，作为审美对象的图像客体，不是正常知觉和知觉意识的对象，而是一种要对对象存在与否不做设定的知觉的中性变样形式。按照胡塞尔对图像意识的意向性分析，图像客体不过是一种通过图像意识的意向作用而产生的特殊的意向对象。因而审美对象也就是一种由图像意识活动而产生的

---

① 胡塞尔：《纯粹现象学通论》，李幼蒸译，商务印书馆1996年版，第264页。
② 同上书，第270页。
③ 同上书，第270—271页。

特殊的意向对象。

胡塞尔之后，现象学美学家对审美对象问题做了更深入、更系统探讨。尽管他们在具体观点上有分歧，但基本都是以胡塞尔的意向性理论为基础，沿着胡塞尔开辟的方向，对审美对象进行意向性分析。现象学美学的代表人物英加登认为，审美对象和审美经验是互相关联的，作为审美对象的艺术作品，既非实在客体，亦非观念客体，而是一种"意向性客体"。他强调审美经验的对象和一般认识活动的对象是不同的。审美经验的对象不是一般知觉的实在对象，"对象的实在对审美经验的实感并不是必要的，在审美经验中，喜不喜欢一件东西也并不取决于这种实在，因为这种实在作为感觉对象某个时刻的存在根本不影响我们的审美愉快或审美反感"。① 在审美经验中，我们并不指向对象的实在本身，而是指向在直接经验中呈现的并具有审美价值的特性。所以，审美对象只有在审美经验中才能形成。另一位现象学美学代表人物杜弗莱纳也强调审美对象和审美知觉是互相关联、不可分割的，审美对象必须依凭审美经验才能界定自己。他说，"审美知觉是审美对象的基础"②，"审美对象只有在审美知觉中才能完成"。③ 不管英加登，还是杜弗莱纳，都把弄清审美对象和艺术作品的区别作为界定审美对象的关键问题。英加登虽然承认艺术作品是界定审美对象的基础，但是他强调审美对象只能在观赏者审美经验中才能形成，所以离不开主体的审美感知和审美态度。他说："艺术作品可能被人感知的方式有两种：感知的行为可以发生在寻求审美经验时审美态度的关联中，也可以进入某种超审美的全神贯注中，在沉入科学研究或某种单纯消费的关系中"④；只有当对艺术品的感知发生在审美态度、审美经验之中时，艺术作品才能作为审美对象呈现在观赏者审美活动中。杜弗莱纳也指出："审美对象是审美地被感知的客体，亦即作为审美物被感知的客体。"⑤ 艺术作品作为一种存在物，当它非审美地被感知时还不能成为审

① R. 英加登：《审美经验与审美对象》，《哲学和现象学研究》第 11 卷第 3 期（1961 年 3 月），第 291 页。

② M. 杜弗莱纳：《审美经验现象学》，《美学文艺学方法论》（下），文化艺术出版社 1985 年版，第 619 页。

③ M. 杜弗莱纳：《美学与哲学》，孙非译，中国社会科学出版社 1985 年版，第 67 页。

④ R. 英加登：《艺术价值和审美价值》，《英加登美学文选》，华盛顿 1985 年版，第 92 页。

⑤ M. 杜弗莱纳：《审美经验现象学》，《美学文艺学方法论》（下），文化艺术出版社 1985 年版，第 605 页。

美对象。只有当艺术作品被审美地感知时，才能呈现为"审美要素"，"审美要素的呈现使我们可以把艺术作品理解为审美对象"。① 所以，审美对象只能是被审美感知的艺术作品。"审美对象和艺术作品的区别表现在这里：必须在艺术作品上面增加审美知觉，才能出现审美对象。"② 这样，现象学美学通过分析审美对象与艺术作品的联系和区别，赋予审美对象以严格定义。

现象学美学以胡塞尔的意向性理论为基础，对审美对象与审美经验、审美对象与审美知觉、审美对象与艺术作品、审美对象与审美要素等相互关系做了全面阐述，形成了一套逻辑严密、自成一体的审美对象的学说。其主要特点是强调审美对象与审美意识活动的不可分性，主张只有在审美意识活动——审美经验的作用中，艺术作品才能转变为审美对象。这显然是把审美对象看作由审美意识活动指向和构成的对象，亦即英加登所说的"纯意向对象"。这种学说和建立在主客二元对立基础上的传统美的本质学说具有明显区别，对于如何在主客体统一中探讨美的本质和阐明审美对象也具有启发作用。但由于其立足点是意识构成对象、主体创造客体的先验唯心论，所以，仍然无法真正摆脱以审美主体去规定审美客体的唯心主义美学的旧路数。

三　本质直观与审美经验

按照胡塞尔对意识活动的分析，意向行为和意向对象（意向内容）两者是互相联系、不可分割的。意向行为指向意向对象，意向对象由意向行为构成。与此相应，现象学美学对审美意识活动的分析，也将审美行为（审美经验）和审美对象看作是互相联系、不可分割的。既然现象学美学把审美对象看作是由审美经验的意向作用所构成的特殊的意向对象，那么，要把握审美对象，就必须对审美经验做进一步研究。

胡塞尔对审美对象问题虽然未留下完整理论表述，但他对审美经验问题却留下了一篇完整的论述文字。这就是1907年胡塞尔致德国文学家胡

---

① M. 杜弗莱纳：《审美经验现象学》，《美学文艺学方法论》（下），文化艺术出版社1985年版，第631页。

② 同上书，第618页。

戈·冯·霍夫曼斯塔尔的一封信，也是目前唯一发表出来的胡塞尔关于"美学与现象学"问题的手稿。在这封信中，胡塞尔是结合艺术创造和欣赏来论述审美经验的。他指出，现象学的方法和态度，要求我们对所有的客观性持一种与"自然"态度根本不同的态度，这种态度与我们在欣赏纯粹美学的艺术时对被描述的客体与周围世界所持的态度是相近的。在具体分析欣赏和创造艺术的"纯粹美学直观"时，胡塞尔写道：

> 对于一个纯粹美学的艺术作品的直观是在严格排除任何智慧的存在性表态和任何感情、意愿的表态的情况下进行的，后一种表态是以前一种表态为前提的。或者说，艺术作品将我们置身于一种纯粹美学的、排除了任何表态的直观之中。存在性的世界显露得越多或被利用得越多，一部艺术作品从自身出发对存在性表态要求得越多（例如，艺术作品甚至作为自然主义的感官假象：摄影的自然真实性），这部作品在美学上便越不纯。①

这里所说的"纯粹美学的艺术作品的直观"或"纯粹美学的、排除了任何表态的直观"，就是胡塞尔对于审美经验的基本要求和特点的概括。胡塞尔的意思是，审美经验——"纯粹美学直观"和自然的精神态度、现实生活的精神态度是不同的。自然的精神态度、现实生活的精神态度完全是"存在性的"，即将那些感性地摆在我们面前的事物看作是现实；而纯粹美学直观则是在严格排除任何存在性表态情况下进行的。艺术作品对存在性表态要求得越多，越是接近"自然真实性"，在美学上便越是不纯。这种纯粹美学直观的精神态度，从另一方面来说，与纯粹现象学的精神态度却是相近的。因为现象学的方法也要求严格地排除所有存在性的状态。据此，胡塞尔得出的结论是："现象学的直观与'纯粹'艺术中的美学直观是相近的。"②

所谓"现象学的直观"，即现象学本质还原方法的"本质直观"。胡塞尔认为，不仅个别的东西，而且像逻辑规律那样本质的东西都可以被直观。最基本的逻辑规律是直接被直觉到的，是非经验的、先天的，它不以

---

①　倪梁康主编：《胡塞尔选集》（下），上海三联书店1997年版，第1202页。
②　同上。

任何其他东西为前提。推而广之，一切本质的东西都可以被直观到。这种通过直观以获得非经验的、无预先假定的本质的认识方法，就是本质直观方法。本质直观的方法把"直接的给予"或这个意义上的直观看作是一切认识的来源，并要求通过直观来获取本质洞察。正如胡塞尔所说："每一种原初地给予的直观是认识的正当的源泉，一切在直觉中原初地（在某种程度上可以说，在活生生的呈现中）提供给我们的东西，都应干脆地接受为自身呈现的东西，而这仅仅是就在它自身呈现的范围内而言的。"① 为了做到本质直观，首先要求把有关认识对象的存在的信念悬置起来，通过中止判断，使我们的目光集中于事物向我们直接显现的方面，以达到纯粹现象，然后在对个别东西的直观的基础上使共相清楚地呈现在我们的意识面前。胡塞尔指出，本质直观与经验直观或个别直观是本质上不同的。经验直观或个别直观是对个别对象的意识，而"本质直观是对某物、对某一对象的意识，这个某物是直接目光所朝向的，而且是在直观中'自身所与的'……它就是一种原初给予的直观，这个直观在其'机体的'自性中把握着本质。"②

胡塞尔将本质直观"作为把握先天的真正方法"，它是对先天、对一个纯粹本质进行直观，"本质真理是先天的，在其有效性中先于所有事实性，先于所有出自经验的确定。"③ 因此，他又将本质直观称作"先天直观"、"理念直观"。这使我们想到笛卡尔对于"直觉"作用的阐述。笛卡尔认为，要获得真理性认识，除了通过自明性的直觉和必然性的演绎以外，人类没有其他途径。何谓"直觉"？笛卡尔说："我所了解的直觉，不是感官所提供的恍惚不定的证据，也不是幻想所产生的错误的判断，而是由澄清而专一的心灵所产生的概念。"④ 直觉知识是一种不证自明的知识，它不是来自感性经验，而是来自先天的观念。由此可见，胡塞尔的"理念直观"和笛卡尔的理性直觉，在某种意义上是有联系的。

尽管胡塞尔认为，纯粹美学直观或审美经验与现象学的直观是相近的，艺术家对待世界的态度与现象学家对待世界的态度是相似的，但是他却又明确地指出了纯粹美学直观与现象学直观、艺术家与哲学家的区别。

---

① 《胡塞尔全集》第三卷，德文，1976年版，第51页。
② 胡塞尔：《纯粹现象学通论》，李幼蒸译，商务印书馆1996年版，第52页。
③ 倪梁康主编：《胡塞尔选集》（上），上海三联书店1997年版，第494页。
④ 《笛卡尔哲学著作》第1卷，英国剑桥大学1911年版，第7页。

他说：

> 艺术家与哲学家不同的地方只是在于，前者的目的不是为了
> 论证和在概念中把握这个世界现象的"意义"，而是在于直觉地
> 占有这个现象，以便从中为美学的创造性刻画收集丰富的形象和
> 材料。①

可见纯粹美学直观与现象学直观、艺术家与哲学家在把握现象目的和
方式上是不同的。现象学直观要在纯粹直观分析和抽象中，以论证和概念
方式，阐明内在于现象之中的意义；而纯粹美学直观则恰恰相反，它要直
接保留现象的直觉性、形象性和丰富性，以进行审美的或艺术的创造。按
照胡塞尔的理解，直观行为是由感知和想象这两种意识行为共同构成的。
"艾多斯，纯粹本质，可以在经验所与物中，在知觉、记忆等的所与物中
被直观地例示，但它也可以在纯想象的所与物中被例示。"② 对感知表象、
感知立义与想象表象、想象立义的细致分析和区别，是胡塞尔关于现象学
直观研究中的重要内容。值得注意的是，胡塞尔特别强调想象表象在艺术
和审美中的作用。他指出，想象表象或想象体验作为意向的体验，显然属
于客体化体验的领域；客体性在想象中得以显现并且在可能的情况下被意
指以及被相信。这种客体性本身不是现象学的对象，但客体化的体验，即
想象体验、想象表象，则是一个现象学的材料。在审美直观中，想象表
象、想象体验异常明显。"例如，艺术家在直观他的艺术造型时所具有的
那种体验，也就是那些特殊的内在直观本身，或者是那些与外在直观、感
知直观相对的对半人半马、史诗中的英雄形象、风景等的直观化。在这
里，与外在的、作为当下的显现相对立的是内在的当下化，是'在想象
中的浮现'。"③ 这种对审美和艺术直观中想象的作用的强调，我们在笛卡
尔的相关论述中同样可以找到。尽管笛卡尔主张想象和理性各自具有不同
的性质和功能，并否认想象可以作为认识事物的依据，但他却肯定了想象
作为一种特殊思想方式在把握事物上的特点以及它在艺术和审美中的独特
作用。他说："在我们身上，就像在打火石上一样拥有知识的火花，哲学

①　倪梁康主编：《胡塞尔选集》（下），上海三联书店1997年版，第1204页。
②　胡塞尔：《纯粹现象学通论》，李幼蒸译，商务印书馆1996年版，第53页。
③　倪梁康主编：《胡塞尔选集》（下），上海三联书店1997年版，第722页。

家把它们从理性中抽象出来，但诗人则是从想象的迸发中提炼，所以他们闪烁得更加灿烂。"① 这与上述胡塞尔对艺术家与哲学家的不同所作的论述，有异曲同工之妙。

胡塞尔之后的现象学美学家在现象学直观理论基础上，通过对知觉和想象的现象学分析，对审美经验做了更为系统和深入的探讨。英加登认为，在审美经验中我们中断了关于周围物质世界的事物中的"正常的"经验和活动，改变了我们的态度，亦即从日常生活中采取的实际态度、从探究态度转变成特殊的审美态度，使注意力从这种或那种性质的真实存在转移到特质本身上面。在我们对这些特质的直观中，对于感觉到的事物的存在的信念失去了它的约束力，用胡塞尔的话说，它就是被"还原"了。在审美直观中，许多特质互相协调形成一个整体，它们互相影响并赋予整体一种性质特征，即"和谐质"。"我们必须掌握那些具有审美价值的特质，并将其综合起来，以求把握所有这些特质的和谐。只有在这种时候，在一种特殊的情感观照中，我们才能沉醉于构成'审美对象'的美的魅力之中。"② 在现象学美学家中，有的将审美经验归结为想象活动，如萨特说："审美对象是由将它假设为非现实的一种想象性意识所构成和把握的。"③ 也有的将审美经验归结为知觉活动，如杜弗莱纳主张"审美知觉是审美对象的基础"④，"审美对象只有在审美知觉中才能完成"。⑤ 但不管是强调知觉活动，还是强调想象活动，现象学美学家在审美经验是一种直观行为这一点上却是基本一致的，也就是和胡塞尔的纯粹美学直观理论是一脉相承的。显然，这种对审美经验的分析，和建立在主客二元对立思维方式基础上的传统的审美经验理论是不一样的。传统美学研究往往是从对象所唤起的主体心理体验的构成因素和性质特点上来把握审美经验，而现象学美学则将主体和对象看作是互相依存、互相作用的不可分割的整体，把审美经验看作是一种在纯粹意识中进行的直观行为，并从这种直观行为（而非心理体验）的构成和特点上来把握审美经验。这无疑为审美

① 《笛卡尔选集》第10卷，巴黎，1902年版，第217页。
② R. 英加登：《审美经验与审美对象》，《哲学和现象学研究》第11卷第3期（1961年3月），第294页。
③ 萨特：《想象心理学》，褚朔维译，光明日报出版社1988年版，第288页。
④ M. 杜弗莱纳：《审美经验现象学》，韩树站译，文化艺术出版社1996年版，第604页。
⑤ 同上书，第67页。

经验的研究、为分析审美经验的性质和特点，开辟了一个新的途径。同时，也从哲学基础、审美对象到审美经验全面完成了现象学美学的方法论转型。

（原载《美学》第二卷，南京出版社 2008 年版）

海德格尔存在主义哲学和
美学的认识与评价问题

近年来，在我国美学界围绕"实践存在论美学"展开的争论中，涉及对海德格尔存在主义哲学和美学究竟应当如何认识及评价问题。主张实践存在论美学的论者认为，海德格尔的存在论和马克思的实践论具有一致性和相通性，通过打通二者之间的"理论视域关联"，可以用海德格尔的存在论"来发展、深化和丰富马克思的实践观"，实现海德格尔的存在论哲学和美学与马克思的实践论哲学和美学的"融合"。反对实践存在论美学的论者则强调，海德格尔的存在论哲学"是一种主观唯心论的生存本体论"，执意寻找马克思与海德格尔存在观上的一致性，必然在哲学和美学研究上，模糊马克思主义实践观与海德格尔存在论的界限。① 这些分歧看法，说明我们对于海德格尔存在主义哲学和美学思想的内涵和性质，以及其与马克思实践论哲学和美学思想的关系等问题，需要重新加以探明。

一

在当代西方哲学家中，海德格尔无疑是最富争议的人物。西方当代哲学界和思想界对他的哲学著作和思想的认识和评价一直存在分歧巨大的两级。这除了哲学立场和观点不同原因外，海德格尔特立独行的思辨方式和生僻艰涩的文字表达，使他的著作难读难懂，也是一个重要原因。连海德格尔同时代与之亲近的西方哲学家，也有人认同海德格尔所谈的那个"存在"是没人能够懂得的。但是，要理解和评价海德格尔的哲学和美学，存在的问题是绝对绕不开的一道坎儿。在《存在与时间》这部奠基

---

① 参见宋伟、朱立元、王昌树、董学文等关于实践存在论美学的争论文章。

之作中，海德格尔明确说："具体而微地把'存在'问题梳理清楚，这就是本书的意图。"① 可以说，海德格尔全部哲学就是从重新提出存在的意义问题开始的。因此，我们仍然必须把海德格尔所谈的那个存在，作为我们理解他的思想的基础和出发点。

海德格尔认为，西方传统形而上学仅仅将目光聚焦于存在者，从而遗忘了存在是什么，致使存在的意义仍然隐藏在晦暗中。而存在论的基本任务，就是要澄清存在的意义。因为"使存在者之被规定为存在者的就是这个存在"。② 但是，存在又总是意味着存在者的存在，要掇取存在的意义，还要从存在者出发。那么，应当把哪种存在者作为出发点，好让存在的意义开展出来呢？海德格尔回答说："这种存在者，就是我们自己向来所是的存在者，就是除了其他可能的存在方式以外还能够对存在发问的存在者。我们用此在［Dasein］这个术语来称呼这种存在者。"③ "此在"是海德格尔存在主义哲学的独特的、关键的术语，它其实指的就是"人"这种存在者。为什么此在能够成为领会和解释存在的出发点呢？海德格尔的解释是："此在在他的存在中总以某种方式、某种明确性对自身有所领会。""对存在的领会本身就是此在的存在的规定。此在在存在者层次上的与众不同之处在于：它在存在论层次上存在。"④ 由此，海德格尔确立了此在具有的"优先地位"，也确定了通过对此在特加阐释这样一条途径突入存在概念的基本思路。

《存在与时间》这本书可以说基本就是围绕对此在的阐释展开的。海德格尔把此在的存在称为生存（Existenz），着重分析了此在的基本建构。为此，他提出了"在世界之中存在"即"在世"这一术语。"在之中"意指此在的一种存在建构，是此在存在形式的生存论术语。此在本质上包含着在世，"因为此在本质上是以'在之中'这种方式存在的。"⑤ 此在不是孤立的存在，它总是处于其世界中，与其世界同时在此。所以，"在世界之中"构成了此在的基本建构。此在的在世意味着此在与世界处于

---

① 海德格尔：《存在与时间》，陈嘉映、王庆节合译，熊伟校，生活·读书·新知三联书店2000 年版，第 1 页。
② 同上书，第 8 页。
③ 同上书，第 9 页。
④ 同上书，第 14 页。
⑤ 同上书，第 68 页。

不可分割的联系之中，按照海德格尔的理解，此在与世界的这种联系不是日常经验中的空间关系，也不是主体和客体之间的关系，而是浑然一体的、更为原始的关系。

通过对此在在世的分析，海德格尔对世界提出了一种新的解释。他认为，世界不是指世内各种事物，不是存在于世界之内的存在者总体。世界总是和此在不可分的连在一起的。既然此在从生存论上被规定为"在世界之中的存在"，而世界是"在世界之中存在"的一个组建环节，那么世界本身也就是一个生存论环节。所以，世界不是被了解为本质上非此在的存在者，而是被了解为一个实际的此在作为此在"生活""在其中"的东西。"'世界'在存在论上绝非那种在本质上并不是此在的存在者的规定，而是此在本身的一种性质。"①

海德格尔提出的此在以及对此在在世的分析，对以主客二分为基本特征的西方传统形而上学作了批判。它试图寻找一种先于主客体分野的现象，以克服传统哲学分裂主客体的倾向。这种对传统形而上学的超越，代表了西方现代哲学的一种主要趋势。海德格尔的此在不是传统哲学中的人和主体概念，而是先于主客之分的、现象学本体论意义上的人的存在。他认为此在与世界不可分割，此在只能在世界之中存在，反对设定一个撇开世界的主体；此在的世界是共同世界，"在之中"就是与他人共同存在；此在首先在从周围世界上手的东西中发现自己本身，这些看法都不同于主体性形而上学。但是，海德格尔提出的此在以及对此在的生存论分析，是以人的存在作为中心和出发点的。他强调"此在具有优先地位"②，认为"世界本质上是随着此在的存在展开的"③，世界只是"此在本身的一种性质"④，没有此在，就没有世界。按照他的解释，存在者分为此在式的存在者和非此在式的存在者，后者被称为世内存在者。世界本身并不是世内存在者，因为世内存在者必须通过此在在世才能呈现出来。也就是说，一切其他存在者和世界的存在完全依赖于人的存在，这就陷入了主观唯心主义。对于《存在与时间》中的以人为中心的倾向，海德格尔的老师胡塞

---

① 海德格尔：《存在与时间》，陈嘉映、王庆节合译，熊伟校，生活·读书·新知三联书店2000年版，第76页。

② 同上书，第10页。

③ 同上书，第233页。

④ 同上书，第76页。

尔就曾表示过担忧，而对于其主观主义倾向的批评，自该书问世后也不绝于耳。

海德格尔以此在分析为基础的存在论，和马克思创立的科学的实践观不可同日而语。马克思说："通过实践创造对象世界，改造无机界，人证明自己是有意识的类存在物。"① 实践作为人特有的存在方式，是人能动改造世界的物质活动，是主体对于客体的改造，是一种对象性的、具有客观实在性的活动。它和海德格尔的所谓此在，在内涵上是完全不同的。按照海德格尔的解释，此在是先于主客分化、没有规定性的原始状态中的人的存在，"此在总是我的存在"，根本不是主体对于客体的改造的客观物质活动。科学的实践观批判了旧唯物主义"对对象、现实、感性，只是从客体的或者直观的形式去理解，而不是把它们当作感性的人的活动，当作实践去理解"②，要求以人的实践作为出发点去认识和把握世界，从而第一次科学地解决了人与世界的关系问题。人的实践活动将世界分化为属人世界与自在世界。属人世界是被人的实践改造过并打上人的目的和意志烙印的世界，是与人的活动不可分离的；自在世界是人类存在之前和人类活动尚未涉及的自然界，独立于人的活动。这和海德格尔主张没有人的存在就没有世界是完全不一样的。自在世界和属人世界都具有客观实在性，都属于不以人的意志为转移的客观世界。而在海德格尔的此在在世的分析中，却根本否认除了此在所领悟和揭示的世界之外，有独立于人的意识而存在的客观世界。他说："到底有没有一个世界？这个世界的存在能不能被证明？若由在世界之中的此在来提这个问题——此外还有谁会提这个问题呢？——这个问题就毫无意义。"③ 这实际上就是拒绝承认独立存在的客观世界，这种观点与马克思科学的实践观怎么能实现"融合"并使后者得到"发展"呢？

---

① 《马克思恩格斯选集》第一卷，人民出版社 1995 年版，第 46 页。
② 同上书，第 54 页。
③ 海德格尔：《存在与时间》，陈嘉映、王庆节合译，熊伟校，生活·读书·新知商务印书馆 1987 年版，第 233 页。

二

在海德格尔对此在在世的生存论分析中，对于此在的展开状态和此在的结构整体分析是其重点所在。海德格尔认为，此在就是它的展开状态，展开状态意味着"开敞"和"敞开状态"。通过展开状态，此在就能同世界的在此一道，为它自己而在"此"。他指出，此在的源始的展开状态有三种，即情绪或现身、领会、言谈。虽然三种方式是互相联系的，但情绪无疑居于首要地位。领会也总是带有情绪的领会。正是在情绪这一展开样式中，此在的存在才能够作为赤裸裸的"它在且不得不在"绽露出来。情绪是此在的源始存在方式，先于一切认识和意志。此在在情绪中现身，"现身的有情绪从存在论上组建着此在的世界的敞开状态。"① 在《时间与存在》中，海德格尔分析到的此在的基本情绪是畏、烦、死。他认为，畏是此在的基本现身情态，是此在别具一格的展开状态。畏与怕是有别的。怕之所怕者是对人有害之事。而畏之所畏者却不是有害事物，而是完全不确定的。"畏之所畏者就是在世本身。"② 畏之所畏者是被抛的在世，所以，畏的整个现象就把此在显示为实际生存在世的存在。畏连同在畏中展开的此在本身一道，为把握此在源始存在的整体性提供了现象基地。以此为基础，海德格尔提出了表示此在源始的结构整体性基本概念——烦（Sorge，又译操心）。

按照海德格尔解释，此在的存在有不同的表现形式或环节，它们构成一个统一的结构整体，这个结构整体即是烦。"烦"这个术语指的是一种生存论存在的基本现象，此在的基本存在结构是在世，而在世的存在状态是烦。烦作为源始的结构整体性在生存论上先天处于此在的任何实际行为与状况之前。也就是说，已经处于它们之中了。海德格尔说："我们把烦

---

① 海德格尔：《存在与时间》，陈嘉映、王庆节合译，熊伟校，三联书店2000年版，第160页。

② 同上书，第215页。

提出来作为此在之存在"①，"在世本质上就是烦"②，"只要这一存在者'在世'，它就离不开这一源头，而是由这源头保持、确定和始终统治着的。'在世'的存在，就存在而言刻有'烦'的印记。"③

海德格尔将烦分为烦忙（Besorgen，又译操劳）和烦神（Fuersorge，又译操持）。烦忙指"寓于上手事物的存在"④，即此在与世内上手事物产生关系的存在状态。上手事物不是现存事物，是指首先与此在来照面的世内存在者。这种在烦忙活动中照面的存在者称为用具，用具的存在方式是"上手状态"，即处于此在手头。用具本质上是一种"为了作……的东西"。有用、有益、合用、方便等都是"为了作……之用"的方式。在这种"为了作"的结构中有着从某种东西指向某种东西的指引，不仅指向它的合用性的何所用、它的成分的何所来，同时还指向承用者和利用者。例如，鞋是一种用具，作为用具，它包含"为了作某某之用"，即指向穿鞋。同时，用具中还包含有指向其质料来源的指引，如鞋被指向毛皮、线、钉子等等，毛皮又指向生皮、兽类，乃至整个"处在自然产品的光照中的'自然'"。⑤ 这样，通过烦忙活动中对用具的使用，不仅揭示了用具的存在，也揭示了与此在相关的他物以致世界的存在。就是说，正是烦这种此在在世的活动，赋予了其他存在者和世界以意义。

烦神指"与他人的在世内照面的共同此在共在"⑥，即此在与他人产生关系的存在状态。烦神和烦忙既有联系又有区别。烦忙中此在使用用具，既要与用具打交道，也要与相关他人打交道。此在的存在不只是孤独的个人的在世，而是与他人一道在世，即共在。此在与他人的共在关系不同于烦忙中此在与用具的关系，因为在这种共同来照面的方式中，与此在发生关系的不是非此在的存在者，而是与此在本身的存在方式一样的他人。"他人并不等于说在我之外的全体余数……他人倒是我们本身多半与

---

① 海德格尔：《存在与时间》，陈嘉映、王庆节合译，熊伟校，商务印书馆1987年版，第238页。
② 同上书，第233页。
③ 同上书，第240页。
④ 同上书，第222页。
⑤ 同上书，第83页。
⑥ 同上书，第222页。

之无别、我们也在其中的那些人。"① 在烦神中，在世就是与他人共同
在世。

　　海德格尔用烦、畏和死（畏死）等情绪揭示此在的源始存在及源始
存在的结构整体性，以求揭示此在生存即人的存在的意义。这种理论从一
个方面反映了现代西方社会中一部分人对人的本质、意义、价值及人所处
环境的思考，值得我们认真研究。海德格尔认为："人的'本质'，就是
人的生存"②，但他将人的生存解释成非理性的源始情绪活动，由此规定
人的本质，必然陷入历史唯心主义。有的论者将海德格尔的"此在生存"
和马克思的"人的感性活动"进行类比，力求将两者混为一谈。③ 这是没
有根据的。我们知道，马克思讲"人的感性活动"，指的是人的实践，是
主体改造客体的客观物质活动；而海德格尔的"此在生存"是指主客不
分的原始存在的情绪活动，这两者具有完全不同的性质。马克思在《关
于费尔巴哈的提纲》中，从人的实践出发来规定人的本质，指出："人的
本质不是单个人所固有的抽象物，在其现实性上，它是一切社会关系的总
和。"④ 同时，批判了费尔巴哈脱离人的实践和社会关系，从抽象的宗教
感情去理解人的本质的历史唯心主义观点。而海德格尔同样是抛离人的社
会实践和社会关系，从抽象的烦、畏、死等情绪去揭示人的生存即人的本
质，这怎么能同马克思科学的实践观相类比呢？

　　固然，海德格尔在论述烦忙中此在与上手事物关系时，谈到上手事物
即用具的使用和制作，其中，也包括某些合理的观点，如认为揭示上手事
物不能只对物做"观察"，而是要通过使用行动做"寻视"，等等。有的
论者据此认为这些论述接近马克思的实践观点。不过，我们要明白，海德
格尔所说的用具的"制作"，并不是指对象性的对事物的加工制作；所论
此在与用具的关系，并不是主体与客体的关系，更不是主体改造客体的客
观物质活动。此在和用具的联系不是通过生产活动，而是通过指引联络形
成的"因缘结构"。按照海德格尔说法，用具因效用的何所用，通过指引

　　① 海德格尔：《存在与时间》，陈嘉映、王庆节合译，熊伟校，生活·读书·新知三联书店
2000 年版，第 137 页。
　　② 孙周兴选编：《海德格尔选集》（上），生活·读书·新知三联书店 1996 年版，第 369
页。
　　③ 宋伟：《马克思美学的哲学基础及其当代理解——关于"实践存在论美学"论争的论
争》，《上海大学学报》2010 年第 1 期。
　　④ 《马克思恩格斯选集》第一卷，人民出版社 1995 年版，第 56 页。

互相联系，形成因缘关系。例如，锤子因其自身同捶打有缘；因捶打，又同修固有缘；因修固，又同防风避雨之所有缘；这个防风避雨之所为此在能避居其下之故而"存在"。这种因缘结构导向此在存在本身，世内事物就是在这因缘整体中上手的。海德格尔又把这种因缘整体和指引关联称为"意蕴"，即此在赋予世内存在者以含义，使之以因缘（上手状态）的存在方式来照面。说穿了，所谓烦忙，所谓此在与用具的关系，其实，都是源于此在的揭示活动。这和马克思科学实践观所讲的实践——人能动地改造世界的物质活动具有天渊之别，两者是完全不能等同的。

<h1 style="text-align:center">三</h1>

大约在1930年以后，海德格尔的哲学思想产生了转折，从而使他的思想分为前后两个时期。对于这种转折的真实含义，研究者有各种解释。一种较流行的看法，是认为海德格尔前期强调此在，而后期则强调存在，前期是从此在揭示存在，后期则着眼于存在本身。但对于将这一转折解释为从主体主义转向非主体主义，海德格尔本人则予以否认。① 不过，从1930年发表《论真理的本质》开始，海德格尔一直将"存在之真理"问题作为他哲学探讨的主题，围绕存在的真理，艺术、诗、语言等问题也成为海德格尔的研究课题。这些论述，包括了海德格尔的美学思想。

1935年完成的《艺术作品的本源》是海德格尔美学思想代表作。它清楚表明，艺术的本质问题是海德格尔在美学上思考的核心问题。由于海德格尔对艺术问题的思考是以对真理问题的思考为基础的，所以，要理解他对艺术本质的看法，需要先对他关于真理的观点有所了解。海德格尔所说的真理，不是传统认识论意义上的真理，而是本体论意义上的真理。他的真理论不属于认识论，而属于存在论。传统的真理观把真理理解为认识与现实相符合，或者说主观与客观相符合。而这恰恰是海德格尔批判的。海德格尔是在源自希腊的词语"无蔽"（Aletheia）的意义上思考真理的。他认为"真理是存在者之为存在者的无蔽状态"②，是存在本身的澄明。

---

① 谢地坤主编：《西方哲学史》（学术版）第七卷《现代欧洲大陆哲学》（上），凤凰出版社、江苏人民出版社2005年版，第545页。

② 孙周兴选编：《海德格尔选集》（上），上海三联书店1996年版，第302页。

所以在他看来，真理本质上是存在的真理，对真理的揭示就是对存在的揭示。存在是一种绽出自身的力量，因而存在即是自由。既然真理是存在的真理，因此真理的本质就是自由。

海德格尔研究艺术，是因为在他看来，艺术是"存在之真理"发生的原始性、根本性方式之一。在《艺术作品的本源》中，他对艺术本质和本源问题做出了完全不同于西方传统美学的思考和解答。究竟如何才能找到艺术本质呢？海德格尔先做了一番绕圈子的思考。他说，艺术家和艺术作品互为本源，这两者都通过一个第一位的第三者而存在，这个第三者就是艺术。但艺术和艺术作品，两者又互为答案。最终，海德格尔认为，艺术在艺术作品中成就本质，为了找到艺术的本质，还是要探究现实的作品，追问艺术作品是什么。

作品是什么，它如何称其为作品？为回答这个问题，海德格尔首先分析了艺术作品与物的关系。他认为，所有艺术作品都具有物因素。在建筑作品中有石质，在绘画中有色彩，在语言作品中有语音，在音乐作品中有声响。这种物因素是艺术作品中本真的东西筑居于其上的基础。我们知道，海德格尔在《存在与时间》中认为，世内存在者包括上手事物和现存事物，但他说这两者都不是物。这里，他对物的观点有了显著变化，认为"自然物和用具"就是物。海德格尔考察了历来哲学对物的解释，把它归纳为三种，即把物理解为特性的载体，感觉多样性的统一体和具有形式的质料。他认为，这些关于物的概念阻碍了人们去发现物之物因素、器具之器具因素，当然也就阻碍了人们对作品之作品因素的探究。海德格尔将物分为三类：纯然物、器具和艺术作品，认为器具在物与作品之间具有一种独特的中间地位，所以首先要找出器具之器具因素，以启发我们去认识作品之作品因素。于是他选了一个普通器具农鞋为例。但它却不是实物，而是凡高的一幅著名油画中画的鞋。通过分析，海德格尔描述道："在这鞋具里，回响着大地无声的召唤，显示着大地对成熟的谷物的宁静的馈赠……这器具属于大地，它在农妇的世界里得到保存。"① 在这里，器具的有用性本身植根于器具之本质存在的充实即可靠性之中，器具的器具存在才专门露出了真相。凡高的油画揭开了器具即一双农鞋真正是什么，这个存在者进入它的存在之无蔽中。在作品中，存在者是什么和存在

_____

① 孙周兴选编：《海德格尔选集》（上），上海三联书店1996年版，第254页。

者如何被开启出来，这种开启也即解蔽，亦即存在者之真理。所以，在艺术作品中，存在者的真理已被设置于其中了。由此，海德格尔认为："艺术的本质就应该是：'存在者的真理自行设置入作品'。"①

艺术就是自行设置入作品的真理，那么，这种在作品中发生的真理本身又是什么呢？为此，海德格尔选择了一件建筑作品——希腊神庙来分析说明。通过分析，他说："神庙作品阒然无声地开启着世界。同时把这世界重又置回到大地之中。"② "世界"和"大地"是海德格尔用于说明艺术中真理发生的两个具有特殊含义的概念。"世界是在一个历史性民族的命运中单朴而本质性的决断的宽阔道路的自行公开的敞开状态（Offenheit）。大地是那永远自行锁闭者和如此这般的庇护者的无所促迫的涌现。"③ 世界具有敞开性和历史性；大地具有遮蔽性和庇护性。建立一个世界和制造大地，乃是作品之作品存在的两个基本特征。世界和大地虽然本质有别，却相依为命。世界建基于大地，大地穿过世界而涌现出来。两者共处于作品存在的统一体中。世界与大地的对立是一种争执，在争执中，一方超出自身包含着另一方。作品建立一个世界并制造大地，同时就完成了这种争执。作品因之是这种争执的实现过程，在这种争执中，存在者整体之无蔽亦即真理被争得了。"在神庙的矗立中发生着真理。这并不是说，在这里某种东西被正确地表现和描绘出来了，而是说，存在者整体被带入无蔽并保持于无蔽之中。"④ 按照海德格尔的理解，所谓存在者整体，就是在冲突中的世界和大地。世界和大地的争执就是澄明与遮蔽的争执，而真理之本质，即是澄明与遮蔽的原始争执。"真理唯作为在世界与大地的对抗中的澄明与遮蔽之间的争执而现身。真理作为这种世界与大地的争执被置入作品中。"⑤

结合对艺术的探讨，海德格尔论述了美。他说，在作品中发挥作用的是真理，而不只是一种真实。作品不只显示个别存在是什么，而是将存在的整体带入无蔽之中，于是，自行遮蔽着的存在便被澄亮了。如此这般形成的光亮，把它的闪耀嵌入作品之中。这种被嵌入作品之中的闪耀就是

---

① 孙周兴选编：《海德格尔选集》（上），上海三联书店1996年版，第256页。
② 同上书，第263页。
③ 同上书，第269页。
④ 同上书，第276页。
⑤ 同上书，第283页。

美。所以，"美是作为无蔽的真理的一种现身方式"①，"美属于真理的自行发生（Sichereignen）。"②

海德格尔是从存在问题出发思考艺术问题的，他对艺术本质和美的解释迥异于西方传统美学和艺术理论。对于各种传统的艺术本质论，如认为艺术是对现实的模仿和反映，是与事物的普遍本质相符合；认为艺术是与美相关，而与真理毫不相关等，海德格尔都做了批判。这有助于克服某些片面认识。他认为，艺术作品的直接现实性存在于物中，艺术作品建立的世界是历史性民族的世界，美和真是一致的，等等，这些观点颇具启发性。但是他在《艺术作品的本源》中，对艺术作品和艺术本质的一些推论显得较为勉强，结论也缺乏充分说服力。按海德格尔说法，艺术是真理把自己设立于存在者之中的一种根本方式，而真理设立自身或发生的基本方式还有建立国家、本真生活、牺牲（宗教）、思的追问（哲学）。既然如此，仅仅靠"艺术是真理之自行设置入作品"这一艺术本质的规定，并没有说明艺术与其他不同真理设立自身或发生方式具有什么区别。海德格尔批评那种认为艺术只与美有关、与真理无关的观点是对的；但否认艺术与美有关、以真代美，是否就是艺术呢？更为令人困惑的是，真理究竟是如何自行设置入作品而成为艺术本质的呢？海德格尔的回答是："由于真理的本质在于把自身设立于存在者之中从而成其为真理，所以在真理之本质中包含着那种与作品的牵连（Zug zum Werk），后者乃是真理本身得以在存在者中间存在的一种突出的可能性。"③ 也就是说，真理把自身设立于存在者是真理的本质，真理的本质中有着一种"冲行"，冲向作品，而作品恰恰是真理本质得于实现的一种突出可能性，于是两者一拍即合，创造出艺术。如此说来，似乎真理先已存在于某处，然后冲向作品与作品牵连。然而，海德格尔又否认真理事先在某处现存着，而是说通过艺术作品，真理才得以生成。这不是自相矛盾吗？海德格尔自己也感到他的结论"模棱两可"，认为"谁或者以何种方式'设置'"始终未曾规定，并不得不承认"艺术是什么的问题，是本文中没有给出答案的问题之一"。④

海德格尔这种存在主义美学观点和马克思的实践论美学观点是否具有

---

① 孙周兴选编：《海德格尔选集》（上），上海三联书店1996年版，第276页。

② 同上书，第302页。

③ 同上书，第283页。

④ 同上书，第306页。

"一致性"呢? 通观《艺术作品的本源》, 海德格尔始终都限于探讨艺术与物、存在、真理、世界、大地等之间的关系, 并没有涉及艺术和美与人的实践的关系问题。按照马克思关于在生产实践中"人却懂得按照任何一个种的尺度来进行生产, 并且懂得处处都把固有的尺度运用于对象; 因此, 人也按照美的规律来构造"① 的论述, 艺术和美的创造不仅根源于人类改造世界的实践, 而且, 艺术作品的创造和生产本身就是人的实践活动的基本类型之一。艺术作品是人的本质力量的对象化产物。研究艺术本质, 焉能不谈艺术来源及其与人实践的关系? 海德格尔确实谈到艺术作品的创作问题, 可是他却拒绝把创作与人的实践联系起来。在他看来, 艺术作品是"被创作存在", "作品的被创作存在意味着: 真理之被固定于形态中"②, 形态是世界和大地争执的裂隙自行嵌合而成的构造。被创作存在和艺术家是没有关系的。"正是在艺术家和这作品问世的过程、条件都尚无人知晓的时候, 这一冲力, 被创作存在的这个'此一'(Dass), 就已从作品中最纯粹地出现了。"③ 虽然海德格尔一开始说过, 艺术家和艺术作品相辅相成, 彼此不可或缺。但他只从艺术作品去谈艺术本质, 创作的本质也是由作品决定的, 以致认为"正是在伟大的艺术作品中(本文只谈论这种艺术), 艺术家与作品相比才是无足轻重的"。④ 这种排斥艺术家作用的艺术创作, 还能和人的实践有关系吗? 我们知道, 马克思、恩格斯从人的实践出发, 区分出社会存在和社会意识, 提出社会存在决定社会意识的原理, 并把艺术看作是社会意识形态之一。在《政治经济学批判导言》中, 马克思还将艺术看作是人的头脑掌握世界的一种独特方式。这都是从不同方面论述艺术性质和本质问题。而海德格尔既然割断了艺术与人实践的联系, 排斥了作家在艺术创作中的作用, 当然也就要一口否定艺术是一种"文化成就"和"精神现象", 这实际上也就是否定了艺术的意识形态性和审美性。这与马克思奠立于科学实践观和历史唯物主义基础之上的艺术本质论有什么"一致性"? 两者又如何能实现"融合"?

海德格尔的存在主义哲学以新的思考方式和话语方式, 超越了西方传统形而上学, 对于西方现代哲学的发展产生了广泛而巨大的影响。对于内

---

① 《马克思恩格斯文集》第一卷, 人民出版社 2009 年版, 第 163 页。
② 孙周兴选编:《海德格尔选集》(上), 上海三联书店 1996 年版, 第 285 页。
③ 同上书, 第 286 页。
④ 同上书, 第 260 页。

容如此丰富和复杂的哲学思想，我们绝不可以简单地拒斥和否定，而应当以马克思主义为指导，对它进行科学的分析和批判，分清良莠，有所扬弃，有所吸收。这对科学认识马克思主义哲学与西方现代哲学关系是必需的。但是，必须清醒地看到，海德格尔的存在主义与马克思主义的科学实践观属于两种完全不同的思想体系，在世界观上存在原则区别。忽视这种原则区别，把海德格尔的存在主义和马克思的实践观混为一谈，片面强调两者的"一致性"并牵强寻求两者的互相"融合"，这是非科学的、不可取的。如果在"发展、深化和丰富马克思的实践观"名义下，用海德格尔存在主义改造和曲解马克思主义实践观，并以此为基础去构建所谓"马克思主义美学"，那么，由此提出的各种理论必然是建筑在沙滩上的。

（原载《学术研究》2014 年第 1 期）

后现代主义与美学的范式转换

　　从 20 世纪 60 年代中期开始猛烈冲击着西方思想文化界的后现代主义思潮，以及持续了将近 20 年的关于"后现代"大论战早已偃旗息鼓。但是，后现代主义所带来的影响以及学者们研究后现代主义的兴趣似乎并未随之消失。现在，由于有了一定的距离感，我们可以比较冷静地对后现代主义思潮和理论进行再审视、再思考，对它的积极影响和消极作用作出比较清楚和符合实际的估价和说明。其中，需要重新理清和思考的一个重要问题便是，后现代主义对当代美学的发展究竟产生了什么影响，如何正确认识后现代主义在美学领域所产生的正面作用和负面作用。我想，科学回答这一问题，无论是对于正确评价后现代主义美学思潮，还是推进当代美学的发展与变革，都是很有意义的。

　　有学者认为，后现代主义所指涉的思潮"已具有世纪性思想运动的规模"。从一定意义上说，这一评价并不过分。因为后现代主义思潮不仅以其向西方传统思想文化进行全面挑战并对其进行重新整合和改写的鲜明倾向震动了整个西方思想文化界，而且它的波及和影响范围之广也是 20 世纪以来其他许多思潮难以相比的。作为一个范围广泛的思想文化运动，后现代主义在包括哲学、美学、神学、史学、社会学、政治学、语言学以及文学理论在内的众多人文社会学科中都产生了重要影响，而且它对各人文社会学科的影响又是互相作用、互相联系的。因此，在考察后现代主义在美学中的作用和影响时，不仅要分析后现代主义学者和著作中某些具体的美学观点，而且要分析后现代主义思潮所体现的主要倾向、主要特征及其对美学的影响，才能得出全面的结论。

一

　　尽管人们认为后现代主义思潮包含着极其复杂而且往往相互冲突的立场，乃至对后现代主义定义、后现代主义特点，至今也无法作出确切回答，但是综观后现代主义思潮中的各种流派、各种主张，在批判和否定西方传统思想文化这一基本点上，却大都达成共识。后现代主义者把批判的矛头直指自启蒙运动以来直到20世纪现代主义的思想文化成果，倡导与现代性理论、话语和价值观决裂。雅克·德里达认为，从柏拉图到黑格尔和列维·斯特劳斯的整个西方形而上学的传统，都是他所谓的"逻各斯中心主义"的传统。在这种传统中，人们认为语言受非语言实体的真实本性所支配，并且能够反映这种真实本性，因而总要认定某种由语言表达的最终的真实，一种语言文字与其语意最终合一而不可再分的"逻各斯"（Logos）。而这种"逻各斯中心主义"恰恰是西方形而上学传统的一个致命的矛盾，因而也是解构主义所要摧毁的主要目标。利奥塔认为，在西方传统思想文化中，话语活动都是在某个"宏大叙述"（grand narrative）制约下，或参照某"宏大叙述"而构建起一套自圆其说的元话语，形成诸如精神辩证法、意义阐释学、理性主体或劳动主体的解放、财富增长之类的宏大的理论体系。而后现代主义就是对一切"宏大叙述"或"元叙述"表示怀疑。在后现代主义思潮中，反"逻各斯中心主义"、反本质主义、怀疑一切"元叙述"、向所有的统一性开战等等，可说是最具有标志性和导向性的主张，其矛头所向，都是要否定、反叛作为现代性传统的西方思想文化及其话语和理论体系，首当其冲的便是长期在西方奉为圭臬的传统哲学、传统美学和传统文学艺术。

　　后现代主义对传统美学的否定性批判，首先表现在对于传统美学基本理论命题以及由此构建的整个理论体系的消解。西方美学自柏拉图、亚里士多德到康德、黑格尔，都是把"美是什么"、"美感是什么"、"艺术是什么"等作为基本理论命题，试图建立一套关于美的本质和艺术本质的理论和概念体系。进入20世纪以后，各种现代主义美学流派虽然把研究重点从美的本质转向艺术和审美经验，但仍然沿着西方美学形而上学的传统，试图建立各种具有普遍性的美学概念，以求解审美和艺术的本质。例如存在主义哲学和美学的代表者海德格尔从他的存在本体论出发，对文艺的本质作了别具一格的探讨，认为文艺的本质是"存在之真理的自行发生"，是"真正的存在之思"，因而是构成创造性生存的一种至关重要的活动。但是，后现代主义者对于传统美学的上述基本命题和概念却采取了拒斥的态度。米歇尔·福柯有一篇题为《一种存在的美学》访谈录，实际通篇都没有具体涉及美学问题。在被问及美的问题时，他的回答是："我对美是不敏感的。"① 这种回避美学基本问题的态度是很容易理解的。因为既然后现代主义以反中心化、反本质主义、反元叙述、反体系性为其特征，当然就不会同意有一个普遍性的美的本质和艺术本质的概念和定义存在。德里达从一种反形而上学的立场出发，把原理、原则、本质、本源、存在、真理等形而上学概念都看作"逻各斯中心主义"予以否定，那么传统美学中以美和艺术的本质、本源研究为基础而建立的美学概念和理论体系，当然也就应当予以消解。解构主义文学理论家保罗·德·曼说："美学自从它刚好在康德以前以及与康德同时得到发展以来，事实上是意义和理解过程的一种现象论，它（如其名称所示）假设了一种很可能是悬而未决的文学艺术的现象学，这也许是十分天真幼稚的。"② 这就否定了传统美学中关于美和艺术研究的客观真理性和认识价值，导向了对传统美学理论体系的全面怀疑。

后现代主义对传统美学的否定性批判，还表现在对于传统美学中设置的审美与非审美、艺术与非艺术界限的消除。西方传统美学以对艺术本体论理解为基础，对艺术和非艺术作了严格区分。从黑格尔到克罗齐，从克乃夫·贝尔到苏珊·朗格，传统美学中各种关于艺术的定义虽然出发点和角度不同，但其所指都是以审美为其本质特点的所谓"纯艺术"，由此也就形成了艺术不同于非艺术、审美有别于非审美的传统看法。而后现代主义的文化和艺术的新形态，却不断向这种传统见解发起冲击。高雅文化和通俗文化、纯艺术和俗艺术界限的基本消失，文化、艺术走向大众化、商品化，构成了后现代文化艺术的一大景观。弗·詹明信把它称为"审美通俗化"或"审美民本主义"（aesthetic populism），认为它是后现代主义文化和艺术的一个基本特色。他说："今天的后现代主义（理所当然地）

---

① 《权力的眼睛——福柯访谈录》，严锋译，上海人民出版社1987年版，第10页。
② 保罗·德·曼：《对理论的抵制》，王逢振等编：《最新西方文论选》，漓江出版社1991年版，第215页。

正是民本精神在审美形式（包括建筑及其他艺术）上的具体呈现。"① 又说："在现代主义的巅峰时期，高等文化跟大众文化（或称商业文化）分别属于两个截然不同的美感经验范畴，今天，后现代主义把两者之间的界限彻底取消了。"② 让·波德里亚也指出，在古典和现代文化中，雅文化和俗文化属于不同阵营，各自有自身逻辑和运作规则，两者的对立是显而易见的。但是，在后现代条件下，两者的对立被同一取代，界线的丧失使得文化趋于庸俗。现代主义文化所追求的那种艺术的自律和独立，在后现代文化中被有力地消解了。据此，他提出要建立一种"超美学"（transaesthetics）观，使美学不仅仅局限于传统的艺术领域，而是向经济、政治、文化和日常生活等各个方面广泛渗透，以便使审美和艺术获得广泛的扩张或泛化。有的美学家也试图为审美和艺术提供一种具有广泛包容性的定义，如后分析美学家迪基的"习俗"论认为，要确定一对象究竟是否艺术作品，要看作为习俗的艺术世界是否授予其作为艺术品的地位。这样一来，几乎没有什么东西不能成为艺术品，只要被授予"艺术品"地位的话。这实际上是彻底混淆以至取消了艺术与非艺术的界限，也抹杀了审美和艺术的基本标准，可以说是对传统美学进行了重新改写。

后现代主义对从古典到现代的传统美学的否定性批判和重新改写，对美学的发展既可能产生某些积极影响，也会发生消极作用。从积极影响方面说，后现代主义向"美学霸权主义"发起挑战，敢于质疑和否定长期以来人们认为是天经地义的西方传统美学概念和理论体系，试图消解传统美学人为设置的形形色色框框和界限，这对于美学领域冲破不符合时代要求和实践发展的条条框框的束缚，对于重新审视传统美学中的理论、概念、范畴的合理性和适用性，应该是有推动作用的。实际上，某些后现代主义美学家已经对许多传统美学概念作了细致分析和清理工作，这对于廓清一些美学概念的含混和语言的混乱，确实是有益的。同时，后现代主义美学十分注重对于当代新出现的文化艺术形态的考察和研究，呼唤美学和艺术走出"象牙塔"，去关注范围更为广泛、与大众关系更密切的文化和生活中的审美现象，从纯美学走向"超美学"，这对于推动美学研究现实的实际问题，拓展美学的研究视野，也具有一定的积极意义。实际上，这

① 詹明信：《晚期资本主义的文化逻辑》，陈清侨等译，生活·读书·新知三联书店1997年版，第423页。

② 同上书，第424页。

种发展趋向也反映了时代生活以及文化艺术变革向美学提出的要求。近20年来，在国际美学界应用美学受到前所未有的重视和发展，正说明这一趋向具有历史必然性。总的说来，后现代主义对传统美学的否定性批判，给人带来一个重要信息，即传统美学必须与时俱进，根据时代需要进行变革。

但是，后现代主义对美学产生的消极作用也不容忽视。在批判传统美学时，后现代主义采用的是摧毁性的否定思维方式，即根本上否定传统美学概念和理论体系存在的价值和意义，把美学与非美学、审美与非审美、艺术与非艺术等基本界限不加区别当作人为设置的框框而加以抛弃，甚至提出"反美学"（anti – aesthetic），怀疑一切美学范畴的有效性，这就导向了美学的取消主义。后现代主义者完全摒弃传统美学概念和理论，一味标新立异，这只能割断美学发展的历史联系，使美学发展失去历史继承性，因而也不可能在吸收传统美学的精华的基础上真正做到适应时代和实际发展的创新。一部美学史，就是传统和创新辩证统一的互动过程，传统必须在不断创新中获得新的生命，创新必须在发掘传统中获得必要前提。后现代主义对传统美学命题和概念进行了消解，却并没有为新的美学建设贡献出多少很有价值的科学的理论，这就说明违背美学自身发展的客观规律，是不可能真正实现适应时代需要和实际发展的美学变革的。

二

后现代主义既然否定了传统美学的基本理论命题的意义，否定了对美、审美和艺术本质作哲学思考的价值，否定了审美与非审美、艺术与非艺术作区分和界定的可能性，那么，在美学领域中所能做的，恐怕也就只剩下和后现代主义集中研究对象相一致的作品的文本研究了。在这方面，后现代主义一反传统美学和批评理论，提出作品文本意义的不确定和阐释的无限"延宕"主张，这可以说是后现代主义美学中最具突破性和代表性的一种理论了。

后现代主义文论家伊·哈桑在列举现代主义和后现代主义的区别时，认为二者在主要倾向上，前者为确定性，后者为不确定性。他并且引用了解构主义批评家杰弗里·哈特曼的断言："当代批评旨在一种不确定性的阐释学。"① 如果从西方文学和文学批评发展过程看，他们这种说法大体是能够成立的。在以后结构主义为代表的后现代主义思潮形成之前，西方美学和文学批评在论述作品的文本时，对如何确定文本的意义，在方式、方法上尽管有各种不同见解和主张，但在确定文本所表现的意义这一点上却是基本一致的。西方从古典到近代的批评理论固然如此，就是现代主义批评理论也不例外。如一度在英美文坛成为批评的基本范式的新批评，主张不考虑作品的外在因素，而集中探讨文本的结构，特别是探讨作品中的词语与语境的关系，力图通过对单个文本的细读，具体说明作品微妙复杂的意义。后起的结构主义不满足于为单个文本提供解释，而向当时居于统治地位的新批评发起挑战。它不但挑战传统的人文主义，而力图将科学的严密性和客观性引入文学领域，而且把实际的作品和作者都抛在一边，而力求找出在作品差异下面存在着的一些永恒普遍的结构，并认为正是这些普遍结构模式赋予作品以意义。尽管结构主义注意内在结构而排除其他方面，但它仍然没有超出确定文本意义的范畴，因为对于结构主义文论来说，结构和意义同为作品潜在的属性，作品的可理解性是不应置疑的。

在确定文本意义上，真正实现突破性转变的是后结构主义。后结构主义对结构主义的批判建立于语言学基础之上。结构主义语言学认为，语言（Langue）指语言系统，它作为言语（Parole）的基础结构发生作用；语言是一个符号系统，由能指和所指两部分构成；能指和所指的联系是任意的，但一个所指有寻求其能指并与之构成一个确定单位的自然倾向，因而字义是具有某种稳定性的。但是，后结构主义却认为，字义并不像结构主义所说的那样具有稳定性，它基本是不稳定的。语言不是一个能指与所指对应统一、规定明确的结构，而是像一张漫无头绪、错综复杂的网，其中各种因素相互作用而不断变化，每个因素都无法绝对限定。由此推断，以语言为载体的文学作品便很难确切表现作者想要表达的意义。于是，一些批评家宣称文本不表示任何意义，而另一些批评家则认为读者对文本的解释因人而异，文本可表示任何意义。这两种偏激看法，都表现出后结构主义基本观点，从而突破了确定文本意义的西方批评传统。

雅克·德里达出版于 1967 年的《论文字学》，被公认为解构主义的

① 伊·哈桑：《后现代主义概念初探》，《后现代主义》，赵一凡等译，社会科学文献出版社 1999 年版，第 126 页。

经典之作。这本著作的目标就是要颠覆以"逻各斯中心主义"为别名的西方理性主义的读解传统。德里达指出，根据逻各斯中心主义，对存在、本质、真实的信念，乃是一切思想、语言和经验的基础。这种信念极想找到能够赋予其他一切符号以意义的符号，也极想找到固定的、可以表明一切符号的意义。但是，德里达认为，任何符号本身都不能充分存在，所以，这种逻各斯中心主义只不过是一种幻想。为了说明符号不能充分存在及其分裂性，德里达创造了"延异"（différance）这个术语。在法语中这个新词与"差异"只有第七个字母 a 和 e 有差别，只听不写无从分辨。德里达解释说，"差异"是个空间概念，只指符号空间上的判别，而"延异"不仅是个空间概念，还是个时间概念，它包含有"能指"无限地推迟它的"存在"、意义在时间上向后延宕的意思。通过这个新造的术语，德里达想要说明的意思是：语言的意义取决于符号的"差异"，同时，意义必将向外"撒播"，永无止境的"延宕"，所以，意义最终是无法获得的。对于读解来说，这一术语意味着文本的意义没有得到确证的可能。

如果说德里达是从语言、符号本身否定了文本意义的确定性，那么，罗兰·巴尔特则从读者对文本的参与得出同样的结论。1970 年出版的《S/Z》，是巴尔特最具代表性的后结构主义著作。在这本著作中，巴尔特否定了结构主义叙事理论，转而突出强调读者对于文本的作用。他认为，由于读者处于历史发展中，所以文本的结构和意义也就处于历史性的变化和开放之中，解构应成为一切文本的属性。巴尔特将文本分为两种：第一种称作"阅读性文本"，第二种称作"创造性文本"；第一种文本是使读者成为某种固定意义的"消费者"，第二种文本则使读者成为意义的"生产者"。创造性文本处于动态之中，能指和所指之间没有固定关系，其意义是无限多元和蔓延扩张的，读者对于文本的关系不是被动地接受，而是能动的创造。读者在阅读中自己也形成一个文本，成为其他文本的一个复数，通过把阅读的文本与读者的文本或增加的复数相联系，读者便拥有生产意义的巨大自由。巴尔特认为，创造性文本即现代主义作品才是真正文本，而阅读性文本如现实主义作品则是过时的。但他通过对巴尔扎克的小说《萨拉辛》的分析，证明即使是后一种文本也是具有可写性并能解构的。总之，在巴尔特看来，读者的阅读对于创造性文本具有决定性的作用。这种文本可以用多种方式理解，无一可以作为权威；由于读者观点不同，文本的意义便会以大量片断的形式表现出来，而这些片断也不会有任何内在的统一性。所以，文本不可能有确定的意义。

美国解构主义批评家保罗·德·曼将解构主义应用于文学批评，发展为一种修辞学阅读理论。他说："修辞在本质上悬置了逻辑，并打开了指涉偏差的多变的可能性。尽管修辞或许在某种程度上距离日常用法较远，我却会毫不犹豫地将语言的修辞及比喻的潜在可能与文学本身等同起来。"[①] 在《阅读的寓言》（1979）这部集中反映德·曼修辞的解构主义观点的著作中，他对语言的修辞性特征进行了分析，指出"修辞手段"（转义）可以使作者言此而意彼，可以用一个符号代替另一个符号，形成隐喻，也可以使意义从一个符号转移到另一个符号，形成转喻。"转义"在语言里是普遍现象，它产生一种破坏逻辑的力量，因而否定语言的指称性。德·曼把修辞性视为语言固有的根本特性，这就否定了语言与其指称或意义相一致的传统语言观。他进而认为文学语言的决定特征实际是修辞性，或者说文学文本的修辞性更为突出。既然文学是修辞性的，"转义"不可避免地介入批评和文学文本之间，进行某种程度的"干预"。所以阅读必然总是"误读"。如果排除或拒绝"误读"，它就不可能是文学的文本。因此，任何批评或阅读理论要想得到文本的"正确"解释，都是自欺欺人的。总之，在德·曼看来，语言的修辞性造成一切文学文本的自行解构。批评阅读面对的是变化莫测的语言，语言的指称意义因受到修辞的破坏而形成不确定性，这就必然导致文本意义的不确定性和阅读理解的不可能性。

后结构主义或解构主义关于文本意义及阐释的理论，以反叛姿态对传统的美学和文学批评观发起挑战，确实令人感到不同凡响，而且也的确包含有一些发人深思的深刻见解。首先，后结构主义文本观突破了将作品文本看作一个封闭的独立的单体的传统观点，强调了文本的无限开放性以及文本之间的相互依存性。"延异"不仅是一个空间概念，更是一个时间概念，这就把一切文本，包括文学文本都看成一个无限开放和不断变化的过程。"互文性"不是把文本看作孤立的单元，而是强调文本之间的影响和转化。这些见解都具有辩证法的因素。实际上，一个文学文本的意义是与该文本所处的语境相关的，读者或批评家将文本置于不同的阐释语境，文

---

① 拉曼·塞尔登编：《文学批评理论——从柏拉图到现在》，刘象愚、陈永国等译，北京大学出版社2000年版，第424页。

本的意义也就随之发生变化。同时，任何一个文本都是处于一定文化系统网络运动之中，其意义要置于各种文本交织的文化网络中才能被深刻理解。其次，后结构主义文本观改写了文本意义决定于作者意图的传统观点，突出强调了读者的能动性和阅读的创造性，认为读者在阅读文本中不仅是"消费者"，而且是"生产者"，具有生产意义的作用，这种看法也包含有一定的合理性，和德国接受美学的观点可以说是不谋而合。

但是，后结构主义文本观存在的问题也是显而易见的。首先，它抛弃了"语言总有所指"这一使语言之所以是语言的根本属性，肆意割裂语言的能指与所指的联系，否认语言有特定的指涉性，使文本完全与意义本源相脱节，文本读解也因此变成了能指符号互相置换的游戏。如果后结构主义这种观点能够成立，那么，语言将丧失它作为表达思想和进行交际的基本功能，人类历史与文化传承和交流也都将成为不可能，这显然是违背常理和常识的。其次，它否定文学文本表示任何确定的意义，这和文学性质、文学历史也极不相符。正如美国当代著名文论家艾伯拉姆斯在批评解构主义时所指出，文学从来就是人写的、写人的、为人而写的，而解构主义理论和批评却全然把"人"抽掉了。文学是人学，如果否定了文学文本表情达意的功能，使之失去了任何意义，那么，文学对人也将不再有存在的价值。承认文学文本意义的确定性，并不等于承认一个文学文本只有一个明确的意义，对它只能作一种阐释。文学文本自身特性及其读解活动都表明，作品的意义既有确定性，又有不确定性。对文本的不同阐释，只是对文本意义的不断丰富，而不是文本意义的不可理解。最后，它根本否认文学文本的意义和作者有关，认为文本的意义只能由读者的创造来决定。这也未免失之片面。把读者在阅读中的自由创造夸大到无限程度，把一切"误读"都当作必然现象，甚至否认对作品有正确阐释的可能性和判断阐释正确与否的标准，这就走向了相对主义，使阅读和批评陷入无所适从的困境。这当然不能说是一种科学的阐释和批评理论。

三

有学者认为，后现代主义从根本上说来，是一种作为文化代码"语言"层面上的话语解构和建构活动，一种话语的"解码"和"再编码"

活动。① 这个概括，准确道出了后现代主义思潮在认知范式和方法论上的特点。而这一特点的形成，与当代西方哲学中的"语言的转向"（the linguistic turn）紧密相关。包括解构主义、新历史主义、后殖民主义等在内的诸多后现代主义思潮，之所以把注意力和兴趣都集中在对文本和话语的研究上，就是哲学中"语言的转向"所直接形成的结果。

所谓"语言的转向"，是指当代哲学从认识论研究到语言哲学研究的转变。这种转变被看作哲学中的一场伟大革命。它的过程可以上溯到19世纪末至20世纪初，而在20世纪60年代以后，由于结构语言学对哲学的影响，而形成一个转折点。现代英美分析哲学家如罗素、维特根斯坦、石里克等都不同程度把全部哲学问题归结为语言问题，认为语言是哲学的首要的甚至唯一的研究对象，并把语言哲学看作其他哲学学科的基础，认为只有通过语言分析，才能澄清或解决哲学问题。现代欧洲大陆各个哲学学派也从不同角度强调语言研究在哲学中的重要地位。卡西勒的"符号形式哲学"、胡塞尔的现象学、海德格尔的存在主义以及伽达默尔的哲学释义学等，都在不同程度把语言问题置于哲学的核心地位。正如伽达默尔所说："毫无疑问，语言问题已在本世纪的哲学中处于中心地位。"②

20世纪60年代初兴起的结构语言学，其发展和传播对欧洲大陆语言哲学的发展起了巨大推动作用。索绪尔创立的结构语言学，由于提出了与西方传统的语言观相左的独创性的语言理论，而被誉为语言学中的一次"哥白尼式的革命"。在结构主义语言学的影响下，结构主义和后结构主义都把语言问题作为研究的中心问题，并且把语言学作为一切思考的出发点，甚至直接把结构语言学的某些原理和方法应用于哲学、人类学、社会学、心理学乃至美学、文艺学等方面的研究。如米歇尔·福柯提出用"考古学"的理论和方法来研究人文科学，他所谓的考古学就是排斥主体性，而把语言作为研究的线索，去寻找历史变迁的谱系。因为语言排除主体，是唯一客观的、被结构化的现实，所以考古学也就是一种关于话语（discourse）的理论。在《词与物》（1966）、《知识考古学》（1969）这些代表性著作中，福柯认为，任何事物都依赖于语言，作为内在结构的词与外在现象的物之间存在着不可分的联结。他力图揭示隐藏在语言深处秩序

① 参见盛宁《人文困惑与反思——西方后现代主义思潮批判》，生活·读书·新知三联书店1997年版，第37页。

② 伽达默尔：《科学时代的理性》，《哲学译丛》1986年第3期，第7页。

的形式或知识的信码（code），认为正是这些形式或信码把词与物结合在一起，并且构成了文化和知识的潜在的统一性。与此相连，福柯认为，现代思想的任务不再是找出概念的连续性和根源性，而是去描述使得概念得以可能的"知识型"，而后者与话语秩序本身是有联系的，甚至就是一回事。因此，现代思想的任务就是描述话语得以可能的条件以及话语的全部层次。可以把人文科学看作独立自主的话语体系，把人文科学中所说的一切当作一种"话语—对象"对待。福柯这种看法，正是道出了后现代主义对人文科学领域所带来的认识范式和方法论上的根本变革。20世纪六七十年代以后的西方人文社会科学，如果说与以前相比有一个最突出的变化，那就是明显地增加了一种"话语意识"。由于这种话语意识，各门学科及其所探讨的问题，都被看成是一种语言象征层面上的运思和话语层面上的建构，这不能不说是一次大规模的后现代的学术转向。

这种变化和转向对美学范式转换所产生的影响不容置疑。上面评述过的德里达、巴尔特和德·曼关于文学文本意义不确定和阅读批评即文本自行消解的观点，都是建立在他们对语言特别是文学语言的研究的基础之上的。德·曼明确指出，正是文学语言的特性导致对作品的"误读"，正是语言的不确定性导致文学文本解构自身。解构主义文学批评的理论和实践都可以说是在语言层面上的运思和建构。这一点从耶鲁学派另一位解构主义批评家 J. 希利斯·米勒的修辞批评的观点中可以看得更为清楚。米勒认为，"文学研究绝不应想当然地承认文学的模仿参照性。这样一种真正的文学学科，将再也不只是由思想、主题和种种人类的心理组成。它将再次成为哲学、修辞学以及对转义的认识论的研究。"① 这就是说，对于文学的研究主要不是涉及社会思想内容的，它是属于修辞学研究。米勒甚至认为，文学与社会历史语境的关系也是一种文本关系或符号对符号的关系。而且，这种关系是比喻和转义性的，从不是直接的指称参照。这就是说，文本与语境的关系只能以比喻的修辞方式思考，对文学与历史关系的研究，依赖于对这些潜在的修辞手段的认识和比喻含义的把握。这样一来，对文学与历史和社会关系的研究，也成了修辞学的研究。

----

① 希利斯·米勒：《自然和语言的时刻》，转引自郭宏安等《二十世纪西方文论研究》，中国社会科学出版社1997年版，第437页。

由此可见，在"语言的转向"特别是结构主义语言学影响下，后现代主义人文社会科学，包括美学和文学批评，对语言问题给予了越来越大的关注。从哲学到史学，从政治学到社会学，从美学到文学批评，众多问题的讨论被转移到了"语言"这个层面上来，而哲学思考和人文科学过去一向所关心的那个客观存在的世界已不再是主要的关注对象，甚至完全被撇到了一边。这种研究范式的转变，使人们的注意力完全转移到语言世界、符号世界、文本世界，而不再是那个完全独立于语言世界以外的客观存在的世界。这种转变所产生的作用是双方面的。一方面，它显示出对于语言的自觉和重视，使人们对语言的性质、特征、意义、指称等问题获得了新的认识，因而有利于从语言层面深化对所研究的问题的思考；另一方面，这种转变又是建立在对传统语言观和语言的"表征"能力的质疑的基础之上的。传统语言观把"语言"看成是对世界的再现，是状物表意、可在人际间交流的符号象征，这就是语言的"表征"功能。而后结构主义者、解构主义者由于否定了关于语言与其所指最终合一的传统语言观，从而也就否定了语言作为世界的表征的可能。他们将语言看成与世隔绝的独立的符号世界，完全抛弃了"语言总有所指"这一语言的根本属性，使语言表征与其所指相分裂，能指与其意义相脱节，对语言的实指（reference）完全不予考虑，认为语言的意义在"延异"中都是相对的、相互消解的，都是能指符号的置换运作，可以无休止被阐释下去。这样一来，他们的语言表述和话语建构也就成为一种"语言游戏"，与实际存在及其意义并无多少联系，也可能并不相符。因此，这也就不能不使人们对他们的话语建构的价值问题产生怀疑。查尔斯·纽曼把"话语的通货膨胀"（inflation of discourse）看作是后现代主义的一大特征，而波德里亚则明确指出，后现代的危机实际上是"表征危机"（the crisis of representation）。他甚至认为，在"后现代"，符号已经取代了现实，因此，一切依据理性和表征而进行的判断都消失了，审美判断也不复存在。这些后现代主义思想家的忧虑之言是颇为发人深思的，后现代主义思潮及其美学所以只能轰动一时，与它的价值问题不是没有关系的。当然，对于它在思想文化和美学发展中所产生的影响也不能忽视。

（原载《文艺研究》2001 年第 5 期）

第三篇　论审美文化和文艺美学

后现代性与中国当代审美文化

一

后现代性及其与现代性的关系，是20世纪末叶以来西方文化思想界讨论的热点问题。在盛行于20世纪70—90年代的后现代主义文化研究中，后现代性可以说是一个关键的概念和范畴。后现代主义的代表人物，从利奥塔、哈桑、詹明信、罗蒂到德勒兹、波德里亚、凡蒂莫和鲍曼等，都积极参加了后现代性的讨论，并发表了各自见解。特别是利奥塔《后现代状态》一书的出版，引发了一场围绕后现代性问题的哈贝马斯—利奥塔之争，从而使后现代性概念在西方广泛传播开来。西方有学者认为，文化研究中出现的富有戏剧性的变化，即"现代性问题和后现代性问题代替了更为熟悉的意识形态概念和霸权概念"，标志着一个文化研究中的"新时代"。① 可见，后现代性问题在西方当代文化研究中的重要意义。

像后现代主义本身一样，后现代性也是一个歧义颇多的不确定概念。一方面，后现代性广泛涉及哲学、经济学、政治学、社会学、美学、文化学、语言学、心理学、教育学、历史学、各类文学艺术以及科学技术等众多学科和领域，本身带有学科整合性，内容庞杂；另一方面，西方一批著名的思想家和文化学者对后现代性存在各种不同看法，甚至发表了针锋相对的观点，最终也没有形成大致统一的认识，这也很符合后现代主义强调"差异"和"多元"的主张，因而其内涵就显得较为模糊。不过，归纳一下后现代主义代表人物对后现代性的理解，大致可以区分出两个不同向

---

① 安吉拉·默克罗比：《后现代主义与大众文化》，田晓菲译，中央编译出版社2001年版，第38页。

度。一是历史向度，主要是把后现代性理解为一个时间的概念，认为现代性和后现代性分属于西方社会和文化发展的不同时期或阶段。如詹明信就表明，他所理解的后现代主义或后现代性，"乃是从历史的角度出发，而非把它纯粹作为一种风格潮流来描述"。① 他认为，资本主义发展可分为三个主要阶段，即市场资本主义、垄断资本主义和跨国资本主义，与此相适应，文化发展也可分为三个时期，即现实主义、现代主义、后现代主义。如此看来，后现代性即是与晚期资本主义相适应的一个文化时期的历史性标志。二是思想向度，主要是把后现代性理解为一个文化性质变化的概念，认为现代性和后现代性分别为两种性质不同的文化认知、思维和体验方式。如利奥塔指出："后现代主义的问题，首先是一个思想的表达法的问题：在艺术上、在文学上、在哲学上、在政治上。"② 凡蒂莫和鲍曼都认为后现代性不是一个不同的或更新的历史时期本身的出现，而是对现代性"历史终结"的一种体验。不能用区分工业社会/后工业社会、资本主义/后资本主义的方式来理解现代和后现代性。现代性和后现代性可以而且必须在相同的概念空间和历史空间中共存。在鲍曼看来，现代性和后现代性这两个术语之间的对立，意味着在理解世界，特别是社会生活方面的差异。"从现代性观点来看，知识的相对主义是一个必须加以反对并最终在理论和实践中加以克服的问题；那么，从后现代性观点来看，知识的相对性却是世界的一个永久性特征。"③

理解后现代性的两个向度各有其合理性，一定意义上也是可以互相包容的。对后现代性这一概念或范畴，我们既应作历史的考察，也应作逻辑的分析，即从历史与逻辑的统一中来加以理解。只有既弄清后现代性形成的历史条件和历史过程，又把握后现代性的思想内涵和基本特点，我们才能对关于后现代性的众说纷纭加以辨析，对后现代性概念获得较为全面和确切的理解。

---

① 詹明信：《晚期资本主义的文化逻辑》，陈清侨等译，生活·读书·新知三联书店 1997 年版，第 500 页。

② 《后现代性与公正游戏——利奥塔访谈、书信录》，谈瀛洲译，上海人民出版社 1997 年版，第 145 页。

③ 蒋孔阳、朱立元主编：《西方美学通史》第七卷，上海文艺出版社 1999 年版，第 896 页。

二

　　后现代性虽然是在现代性的基础上产生的，但是，它却是对现代性反思和批判的结果，是对现代性的反叛和超越。正如后现代主义理论建构者詹明信所说："不论从美学观点或从意识形态角度来看，后现代主义表现了我们跟现代主义文明彻底决裂的结果。"① 从现代性到后现代性，是西方文化在理论基础、思维方式、价值取向、话语体系乃至整个文化形态上的一次大转变，这就使后现代性具有了迥异于现代性的诸多特质或特点。

　　首先，以多元性和异质性拒斥总体性和统一性。西方现代主义文化观念是建立在理性主义精神之上的，它坚信人的理性可以认识外部世界，获得真实知识。通过用理性框架一切、整合一切，西方现代文化构建了以总体化、统一性为特征的主体性形而上学和各种理论体系，从而使人类的一切努力都集中到某一个目标上。这就是后现代主义理论家利奥塔所说的"宏大叙事"和"元叙事"。对于这些以总体性、统一性为特点的"宏大叙事"和"元叙事"，后现代主义表示出根本的怀疑和拒斥。利奥塔说："我们可以把对元叙事的怀疑看作是'后现代'。"② 后现代思想强调差别以及对不可测量东西的经验，而在所有关于统一性的观念中，是没有差别和不可测量的东西的地位的。因此，利奥塔明确指出：让我们向总体性宣战，让我们激活差别。后现代思想认为差别的不可还原性是根本的，统一性伴随的是强制和独断，重视差别以及异质性和多元性，应当成为新方向的基本特点。后现代主义哲学家德勒兹用游牧范式和城邦范式的对立，来说明后现代性和现代性的区别。所谓城邦范式，代表着总体性、同一性、控制、封闭和无差异，长期主导西方文化的形而上学就是城邦范式的典范。而所谓游牧范式，则代表着单一性、多样性、自由放任、开放、差异和重复，是创造性和生成，是反传统和反因袭的象征。"城邦范式的形而上学同一性哲学就像被分割成无数条块的平原，沟壑纵横，河流交错。人

---

　　① 詹明信：《晚期资本主义的文化逻辑》，陈清侨等译，生活·读书·新知三联书店1997年版，第421页。

　　② 让-弗朗索瓦·利奥塔：《后现代状态：关于知识的报告》，车槿山译，生活·读书·新知三联书店1997年版，第2页。

们住在这平原上，老死不相往来，过着封闭单调的生活。而游牧范式则好比一望无际、坦坦荡荡的高原，人们可以自由迁徙，过着无拘无束、四处流动的游牧生活。这种游牧生活积极向上，崇尚多样性，差异性和重复，反对同一性和一致性，信奉自由放任、发散和无中心，而不是体系和规则。"① 这一比喻，充分说明了后现代性和现代性在思维方式上的巨大区别。

其次，以意义的消解和不确定性代替意义的确定性和深度感。后现代主义文论家伊·哈桑在列举现代主义和后现代主义区别时，认为二者在主要倾向上，前者为确定性，后者为不确定性。在西方现代文化理论和文化批评中，尽管对于如何确定文本的意义，在方式、方法上有各种不同见解和主张，但是在确定文本表现的意义这一点上是基本一致的。解构主义创始人德里达把这种西方理性主义的读解传统称为"逻各斯中心主义"。他指出，根据逻各斯中心主义，对存在、本质、真实的信念，乃是一切思想、语言和经验的基础。这种信念极想找到能够赋予其他一切符号意义的符号，也极想找到固定的、可以表明一切符号的意义。但是，德里达认为，任何符号本身都不能充分存在，所以，这种逻各斯中心主义也不过是一种幻想。在以逻各斯为中心的结构中，最基本的结构成分是说话的声音（能指）与所指称的对象（所指）的对立，在形而上学传统中，声音与对象（存在、思想、真理、意义等）具有内在联系。德里达通过消解结构，使声音与对象的对立不复存在。他所倡导的解构方法，就是要把代表观念的概念打上引号，把它们仅仅当作符号，将符号所代表的思想含义悬隔出去。在这样的解构方式中，"思想"意味着虚无。德里达还创造了"延异"（différence）这个新术语，以说明语言的意义取决于符号的"差异"，同时，意义必将向外"撒播"，永无止境"延宕"，所以，意义最终无法获得。解构主义关于意义消解和不确定性的观点，被后现代主义者奉为圭臬，在哲学、美学、文艺创作和欣赏批评中产生了很大影响，从而导致后现代主义文化的"平面化"和"无深度感"。詹明信在《后现代主义，或晚期资本主义的文化逻辑》中，将凡高的现代主义经典作品《农民的鞋》和后现代主义画家华荷的《钻石灰尘鞋》加以比较，认为前者提供了通

① 叶秀山、王树人总主编：《西方哲学史》第七卷（下），凤凰出版社2005年版，第985—986页。

向某种更广阔现实的征兆，具有深刻的含义；而后者则只是一堆随意凑合起来的死物，完全失去了解释的必要性。詹明信由此切入，进一步分析了后现代文化艺术对表达人们认识深度的种种模式的消解，并概括地指出："一种崭新的平面而无深度的感觉，正是后现代文化第一个也是最明显的特征。说穿了，这种全新的表面感，也就给人那样的感觉——表面、缺乏内涵、无深度。这几乎可以说是一切后现代主义文化形式最基本的特征。"① 这也表现出后现代性与现代性在文化价值取向的根本不同。

再次，以大众文化、商业文化消弭高雅文化与通俗文化、艺术与非艺术的界限。西方传统美学以对艺术本体论的理解为基础，对艺术与非艺术作了严格区分，形成了艺术不同于非艺术的传统看法。在现代主义文化中，高雅文化和大众文化，纯艺术和俗艺术属于两个截然不同的审美经验范畴。作为现代主义典范的先锋派艺术，就是以追求纯艺术为目的，而明确要求与当时商业文化相决裂的。和大众文化、商业文化相联系的"文化产业"（culture industry）在它刚出现时，便受到以捍卫现代性为己任的法兰克福学派的抨击。然而，后现代主义文化却不断向传统见解发起冲击。高雅文化和通俗文化、纯艺术和俗艺术的界限的彻底消失，文化、艺术走向大众化、商业化，构成了后现代文化艺术的一大景观。"在如此这般的一幅后现代'堕落'风情画里，举目便是下九流拙劣次货（包装着价廉物亦廉的诗情画意）。矫揉造作成为文化的特征。周遭环顾，尽是电视剧集的情态，《读者文摘》的景物，而商品广告、汽车旅店、午夜影院，还有好莱坞的B级影片，再加上每家机场书店都必备的平装本惊险刺激、风流浪漫、名人传奇、离奇凶杀以及科幻诡怪的所谓'副文学'产品，联手构成了后现代社会的文化世界。"② 詹明信把这种大众文化、商业文化的泛滥，称之为"审美民本主义"（aesthetic populism），认为它也是后现代文化和艺术的一个基本特色。由于后现代大众文化的盛行是同所谓消费社会、信息社会、传媒社会相适应、相结合的，所以，这种大众文化就同消费文化、传媒文化、网络文化结下了不解之缘。波德里亚从消费、信息、传媒和技术的角度分析当代流行文化和艺术，认为后现代社会文化是一个由通信网络、信息技术、传播媒介和广告艺术制造出来的各种

---

① 詹明信：《晚期资本主义的文化逻辑》，陈清侨等译，生活·读书·新知三联书店1997年版，第440页。

② 同上书，第424页。

各样的模型所构成的虚幻世界，是一个纯粹的"仿真"秩序。艺术和其他商品一样，被纳入消费系统。在这个消费系统中，消费主体被作为消费客体的商品所组成的消费客体系统所控制、吸引、蛊惑，甚至个人的认知、思想和行为也被这种客体左右。在流行模式中，美和丑相沟通；在媒体传播中，真和假相沟通。所有崇高的人文价值标准，所有道德、美学和实践教育的整个文明的标准，都将会从我们的影像和符号体系中死亡。波德里亚认为，后现代文化的上述种种特征，表明西方文化已经步入"伪病态"时期。这些分析，足以使我们认识后现代性和现代性在文化形态和文化生态上显示的重大差别。

三

后现代主义文化思潮在 20 世纪 80 年代后期被介绍到中国，并迅速在文化思想领域产生广泛影响。一方面，许多学者开展了对后现代主义思想的评介和研究，一时间形成所谓"后学"热，使后现代主义的思想观点在社会上传播开来，特别是在大学生和青年中有较大影响；另一方面，一些文化和文学艺术工作者也各自从不同方面吸收和借鉴后现代主义的文化观点和创作思想，进行了一些新的探索和试验。这些，都对中国当代审美文化的发展和走向发生了影响。

我们所理解的审美文化，是指与审美活动和审美经验相联系的文化。它既可以说是从审美角度看文化，也可以说是从文化角度看审美。这种审美与文化的结合和交融，恰恰是后现代文化的一种自觉倾向，也是后现代主义文化研究的一种独特角度。这也是在当代审美文化中后现代主义影响特别明显的一个重要原因。

在后现代主义影响下，基于中国改革开放以来特殊的经济、社会和文化背景，特别是向市场经济以及信息社会、消费社会的转型，中国当代审美文化发生了一些显著变化，在一些方面表现出后现代性的趋向。以下从三个方面做一些探索和分析。

如前所述，詹明信认为，高雅文化和大众文化界限的消失，是后现代主义的特点之一。另一位后现代主义文化研究者费瑟斯通也说："如果我们来检讨后现代主义的定义，我们就会发现，它强调了艺术与日常生活之间界限的消解、高雅文化与大众通俗文化之间界限的消失。"① 可以说，大众文化、商业文化主导着后现代社会的文化世界，成为现代性转向后现代性的一个突出标志。中国改革开放后，西方具有后现代性的大众文化很快传播到我国。从风靡世界的流行音乐，到好莱坞商业大片，从欧美畅销小说和书刊，到迪士尼卡通音像产品及其衍生制造物，等等，逐步进入中国文化市场，进入大众的文化消费，迅速在大众中流行开来。这直接影响和推动了我国大众文化的发展。改革开放以来，中国市场经济的发展，大众传播媒介的发达，文化与经济的融合，以及大众文化消费需求的扩大和审美趣味的变化，等等，也为大众文化的发展提供了各种条件。在最近20多年的时间里，伴随着新时期改革开放而发展起来的当代中国大众文化，作为一种新的文化形态，已经从审美文化的边缘逐步走向中心，大举进入中国人的文化视野和文化生活，成为新时期中国当代文化发展和建设中最值得注意的现象之一。

中国大众文化作为审美文化的一种新形态，不同于传统意义上的民间文化。民间文化是人民群众自生自发的创作，是民众自然而然的经验表达，是为了满足民众自享自娱的需要，具有集体性、口语性以及传承变异性等特点，传播交流范围受到局限。而当代大众文化则是在大工业生产、市场经济和现代科技基础上发展起来的，是通过市场机制有意识的运作，使文化和经济结合的产物。大众文化的创造者并非一定就是大众本身；相反，大众主要是大众文化被动的消费者。由于借助大众传播媒介的力量，并进行批量性生产和复制，当代大众文化流传范围可以不受任何地域的限制。当然，当代大众文化和传统民间文化，在通俗易懂、符合大众审美趣味以及为群众所喜闻乐见等方面，也有许多类似之处。

中国当代大众文化是在西方后现代、后工业社会形成的大众文化影响下发展起来的，与西方当代大众文化具有明显借鉴关系。因而两者在文化形态、形式、手段、载体，乃至某些内容方面具有相同或相似之处。但是，我们也不能将中国当代大众文化和西方后现代大众文化加以等同。中国当代大众文化发展的社会背景和文化语境与西方大众文化是不同的。在立足中国当代国情和群众文化需求，实现本土化的发展中，中国当代大众

---

① 迈克·费瑟斯通：《消费文化与后现代主义》，刘精明译，译林出版社2000年版，第94页。

文化的时代特征和民族特征日益显现。以影视和动漫的大众文化产品为例，一方面在形式、手段上与国际接轨的程度越来越高；另一方面在性质、内容上的中国特色也越来越鲜明。

当代中国大众文化几乎包括所有文化艺术形式，与文化产业的多个门类直接结合在一起。特别是在影视、音乐、演艺、文学、出版、动漫游戏、娱乐休闲、广告、旅游等类文化产业和文化形式中，大众文化已经形成了一定规模。从贺岁片到商业大片，从家庭题材电视剧到历史题材电视剧，从流行歌曲到卡拉OK，从曲艺演出到标准舞比赛，从通俗杂志到畅销小说，从动漫产品到网络游戏，从歌舞厅表演到旅游景区文娱活动，各种大众文化产品和文化服务以前所未有的广度进入大众的日常审美活动和文化生活，在广大群众中产生了很大影响。只要看看《甲方乙方》、《不见不散》、《手机》等贺岁片上映时的高票房价值，看看电视连续剧《渴望》播放时许多地方万人空巷的效果，看看港台和内地歌星流行歌曲演唱会的盛况，看看电视超女大赛时的热捧，等等，就会对大众文化在群众审美文化中的重要地位和作用深信不疑。

詹明信在比较现代主义与后现代主义差别时指出，前者的特征是乌托邦式的设想，而后者却是和商品化紧紧联系在一起的。后现代大众文化就是一种和商品化紧密相连的文化。它是借助于市场的作用，通过文化产业而发展起来的。作为商业文化，大众文化的消费功能和娱乐功能显得较为突出。从《超级女声》到《我型我秀》、《舞林大会》等真人秀节目的热烈反响，从上海"新天地"娱乐圈到深圳"世界之窗"艺术表演的火爆场景，等等，表明我国当代大众文化的商业性、消费性、娱乐性、消遣性得到充分展现。在充分肯定大众文化对满足人民群众文化需求发挥重要作用的同时，如何引导大众文化在发展中处理好意识形态属性与商品属性、社会效益与经济效益、教育作用与娱乐作用的关系，是一个值得注意的问题。

四

从哲学上说，德里达的解构主义是后现代主义的真正灵魂，是颠覆西方整个形而上学传统的最锐利武器。所谓解构，它所针对的就是传统哲学主体—客体、形式—内容、现象—本质、偶然—必然、能指（语言）—所指（说话的对象）之类两极对立的"概念"结构。按照解构主义的观点，上述每一个对立结构中的前者都达不到后者，后者不是前者的源头和原本。因此，解构的结果必然是对内容、本质、真理、意义的质疑。正如德里达所说，解构除了消解之外，别无其他。如果从创作思想上看后现代主义对中国当代审美文化和文学艺术的影响，那么由解构主义引发的消解意义、消解理想、消解崇高、消解价值标准，就是一个带有倾向性的问题。

文学创作中的消解之风，当然不仅是对于西方后现代解构思想的移置，而是有着自身历史原因和现实原因。它既是对以往文学审美中存在的廉价的说教、虚假的理想以及伪崇高、伪宏大之类的一种反拨，也是新时期以来在社会转型中部分人价值观念迷茫以致精神滑坡的一种曲折反映。自 20 世纪 80 年代末以来，这种消解之风在当代小说创作中不断蔓延。"一段时间以来，思想启蒙的声音在部分作家中日渐衰弱和边缘化，他们的小说告别了思想启蒙，走向解构和逍遥之途如新写实小说。"① 从 20 世纪 80 年代末到 90 年代盛行于当代文坛的新写实小说，虽然不乏成功之作，但在创作思想总体倾向上，却与解构思潮有着密切关系。新写实小说告别了艺术真实需要透过生活现象以揭示生活本质的现实主义文学观念，热衷于表现生活的"原生形态"和"纯态事实"，强调使生活现象本身成为写作对象，而不再追问生活有什么意义，并且通过瓦解文学的典型性，以消解强加在生活现象之上的所谓"本质"。其中有的作品关注于消除了人性中精神因素的原始纯粹的本能世界，有的作品则醉心于日常生活中平庸琐细的生活过程。同时，这些作品采取纯客观创作态度，以"零度情感"来反映现实，取消作家情感介入，消解了激情和价值判断，以致形成主体意识的弱化及现实批判立场的缺席。作品中对所描绘的那样平庸无奈的现实生存状况逐渐丧失了批判能力，所有改变现实的理想因素都被消解。这一切，很容易使我们想到詹明信对后现代文化的"无深度感"、"情感消逝"以及"主体性瓦解"等特征的分析。

如果说在新写实小说中看到了对于生活的本质、意义以及价值判断的消解，那么，在另一种所谓身体写作中，则看到自然主义的人欲放纵、精

---

① 雷达：《当前文学创作症候分析》，《光明日报》2006 年 7 月 5 日。

神因素的缺席以及价值标准的失范。这是意义消解向另一个向度的发展。身体写作论者强调身体是写作的起点，作品的思想、意蕴、语言，无不带有作者身体的温度。他们认为，从身体出发的写作与从精神出发的写作是不同的。如果传统作家注重的是"精神"，新生代作家注重的便是"身体"，而"身体"不可避免地与欲望联系在一起。由于将"身体"与"精神"对立起来，那么剩余的当然就是描写身体的本能欲望，而从"身体写作"滑向"下半身写作"也就是必然之途。于是看到，对于身体的欲望性的展示，对于"性"事的大量感官化描绘，在一些作品中大肆泛滥，到了让人熟视无睹、麻木不仁、完全消解了意义的地步。有人称这是"以身体的名义所进行的一系列还原或者解构活动"。而这些作品所展现的"对即兴的疯狂不作抵抗，对各种欲望顶礼膜拜"（卫慧语），不可避免地会导致对价值标准的消解和颠覆。从卫慧的《上海宝贝》到木子美的《性爱日记》，所谓"后现代身体写作"终于以人欲放纵走完解构人文精神之途。

解构思想对于中国当代审美文化的影响是多方面的，其表现形式也是多种多样的，例如，王朔小说中对于一切既定秩序和准则的嘲弄、调侃和颠覆；历史题材电视、电影中对于历史真实的消解；描写偷情故事的作品的低水平重复和感性化、平面化；毫无内容乃至失去解读必要的废话诗；充满恐怖和扭曲的行为艺术，还有解构红色经典，亵渎英雄人物；等等，无不是解构思潮的产物。尽管解构思想具有打破既定模式的积极意义，但是它也具有消解意义并导致多元放任的消极作用。当它被不加分析运用时，其负面影响就需要加以认真注意和分析批判了。

五

法国当代著名哲学家波德里亚在其后现代理论中着重考察了媒体、信息技术和消费社会对后现代文化带来的变化。他认为，后现代文化的一个基本特征就是"模拟"（simulation，或译"类象"）。在他看来，当代发达资本主义社会作为新型消费社会，都已进入一个新的模拟时代。计算机、信息技术、广播传媒、自动控制系统、移动通讯、网络媒体以及按照符号和模型而形成的社会组织结构，已经取代了工业社会化的大生产地位，成为信息社会的统治结构。现代性是一个由工业资产阶级统治的工业生产的时代，而后现代的模拟时代则是一个由各种模型、数字和控制论支配的信息与符号的时代。在这个令人眼花缭乱的信息时代里，人们生活在由各种模型、数字、符号构筑的环境里。后现代文化就是一个由通信网络、信息技术、传播媒介和广告艺术制造出来的各种各样模型构成的虚幻世界，是一个纯粹的仿真秩序。这种虚拟现实或超现实（hyperreality），即由模型和符号构造的经验结构，销蚀了模型和真实之间的差别。模型取代了真实并成为真实的决定因素。"模型、数字和符号构成了真实，真实变成了模型、数字和符号，模仿和真实之间的界限已经彻底消融，从内部发生了爆炸，即内爆。内爆所带来的是人们对真实的那种切肤的体验以及真实本身的基础的消失殆尽。"① 对此，波德里亚举例说，80 年代的美国电视节目就直接模拟出真实的生活情境。而在"电视世界"里，医生的形象或模型（模拟医生）就经常被当成真正的医生，如此等等。

　　波德里亚所描绘的以传播媒介和信息网络所形成的"模拟"为特征的后现代文化，其实也正是我们在中国当代审美文化中所看到的一种新景观。随着文化与高科技的结合以及文化进入大众消费系统，传媒文化、网络文化、广告文化等在当代审美文化中的地位和作用越来越突出。电子媒体和信息网络的强大覆盖力和广泛的亲和力，使电影、电视、电脑、网络，以及它们的延伸物如 VCD、DVD、游戏软件、网络多媒体艺术、数码摄影、超文本作品等在审美文化中大行其道，电视、广告、电子和数字媒体的渗透在整个社会达到了迄今为止空前的程度。电子传媒和数字媒体长于筑构视觉文化，而视觉文化长于打造"图像文本"，于是，有人将数字媒体时代称为"读图时代"。在这个时代，电子媒介无所不在，图像符号广泛渗透在人们的日常生活和文化生活中。大众传媒用电子科技手段每天都把难以计数的图像（包括视像、影像等）呈现在人们的眼前，形塑了对于世界的新的观看方式、把握方式和理解方式。在很大程度上，当代审美文化可以说正在变成一种图像文化，这也就是波德里亚所说的由模型和符号所形成的"模拟"社会。

　　这种由电影、电视、网络、电子游戏、音像制品、广告和图文版本书刊等所创造的图像，都是电子科技和数字科技的产物，它们和以往时代艺

---

① 让·波德里亚：《模仿》，纽约，1983 年版，第23页。

术家创作出来的视觉艺术作品相比，具有后者所无法取代的直观性、虚拟性和仿真性，能够产生虚拟的超真实感，往往使我们置身其间，而忘却真正的现实世界的存在。这便是波德里亚所说的"超现实"："影像不再能让人想象现实，因为它就是现实。影像也不再能让人幻想实在的东西，因为它就是其虚拟的实在。"①　不仅如此，数字媒体还可以在似乎非常真实的空间中构造出任何的图像，使文学中那种超越现实的幻想直接地呈现在人们眼前，而且"真实"得天衣无缝，如好莱坞大片所创造的影像空间。这一切使图像文化能给人以特殊的感官感受和审美享受，使人沉迷其中，乐此不疲。这就使对于图像的审美，在当代审美文化活动中成为最普遍的选择。比如，人们往往是通过欣赏根据同名作品创作的电影和电视而去了解长篇文学名著，通过观看历史题材的影视作品而去认识历史。

图像文化的普泛化，在相当大程度上消解了纯粹的审美和日常生活的界限，这也是后现代主义重要特征之一。在消费性社会中，人们除了物质商品的消费外，还出现了对符号和图像的消费，重视商品符号和象征价值（如品牌）的消费主义文化盛行。各种符号和图像通过传媒文化、网络文化、广告文化等充斥于日常生活之中，使得今天的生活环境越来越符号化、图像化。这种与人们的日常生活和消费文化相关的图像，往往既是艺术的、审美的，又是消费的、生活的。如妇女杂志或生活杂志中鼓吹的理想家居，广告或时尚电视剧中宣传的理想服饰，等等。总之，图像文化在人们日常生活中无处不在，与之并行的"日常生活审美化"成为当代审美文化的普遍特征。

由传媒、网络创造的图像文化，给人们带来新的审美经验，也为当代审美文化注入了新的活力。但是，图像文化具有感官性和瞬间性的特点，而且往往带着消费时代无法规避的商业气息。如何克服图像文化的平面化以及抵制具有感官刺激的图像被纯粹用于商业化目的而产生的消极影响，也是当代审美文化建设的一个不可忽视的问题。

（原载《学术研究》2007 年第 9 期）

① 让·波德里亚：《完美的罪行》，王为民译，商务印书馆 2000 年版，第 8 页。

论后现代主义文化思潮的若干倾向性特征

后现代主义是20世纪六七十年代以来，伴随着西方国家在经济、科技、社会、政治、文化诸方面的新变化所形成的一种新的社会文化思潮和理论，这种思潮和理论虽脱胎于西方现代主义，却具有反叛和批判现代主义的鲜明倾向，它通过对西方现代人文传统的质疑和改写而形成一些倾向性特征。我们必须深入分析这些倾向性特征，才能对它做出恰如其分的评价。

一　对西方现代人文传统的否定性批判

后现代主义理论家弗·詹明信说："不论从美学观点或从意识形态角度来看，后现代主义表现了我们跟现代主义文明彻底决裂的结果。"[1] 尽管人们认为后现代主义思潮包含着极其复杂而且往往相互冲突的立场，乃至对后现代主义的定义、后现代主义的特点，至今也无法作出确切的回答，但是综观后现代主义思潮中的各种流派、各种主张，在批判和否定西方传统思想、文化这一基本点上，却大都达成共识。后现代主义者大都把批判的矛头直指自启蒙运动以来直到20世纪现代主义的思想文化成果，力图"摆脱"笼罩在现代主义身上的"假象"，积极倡导与现代性理论、话语和价值观决裂。

西方现代主义文化观念体现着所谓理性主义精神，认为人的理性可以认识外部世界，获取真实知识，并以此为人服务，改善人类社会。而后现代主义的批判矛头，首先就是针对这种用理性框架一切、整合一切的形而

---

① 弗·詹明信：《晚期资本主义的文化逻辑》，陈清侨等译，生活·读书·新知三联书店1997年版，第421页。

上学观念。雅克·德里达认为，从柏拉图到黑格尔和列维·斯特劳斯的整个西方形而上学的传统，都是他所谓的"逻各斯中心主义"的传统。"而逻各斯中心主义也不过是一种言语中心主义（Phonocentrisme）：它主张言语与存在绝对贴近，言语与存在的意义绝对贴近，言语与意义的理想性绝对贴近。"① 在这种传统中，人们认为语言受非语言实体的真实本性支配，并且能够反映这种真实本性，因而总要认定某种由语言表达的最终的真实，一种语言文字与其语意最终合一而不可再分的"逻各斯"（Logos），试图从意指活动中窃取意义、真理、显现、存在等。在德里达看来，这种"逻各斯中心主义"恰恰是西方形而上学传统的一个致命的矛盾，因而也是解构主义所要摧毁的主要目标。

在否定和摧毁作为理性精神体现的西方形而上学传统上，利奥塔似乎比德里达态度更为鲜明。利奥塔的名著《后现代状态：关于知识的报告》，通过对后现代知识状况的考察和对知识合理性的探讨，把批判矛头直指西方近代以来以总体化、统一性为特征的主体性形而上学和整个现代认识论。他认为，在西方传统思想文化中，话语活动都是在某个"宏大叙事"（grand narrative）的制约下，或参照某"宏大叙事"而构建起一套自圆其说的元话语，并依靠元话语使自身合法化。这些"宏大叙事"便是诸如精神辩证法、意义阐释学、人类解放学说、财富增长学说等启蒙运动以来形成的理论体系。利奥塔认为，这些宏大叙事或元叙事之所以有合法化的功能，是因为它们把自己的合法性建立在"有待实现的理念上面"，而这只不过是一厢情愿的设想，并不拥有任何历史必然性，也不真正具有合法化的能力。利奥塔把它称为合法化危机。他明确指出："我们可以把对元叙事的怀疑看作是'后现代'。"② 换句话说，后现代主义就是对一切"宏大叙事"或"元叙事"表示怀疑。在后现代主义思潮中，反"逻各斯中心主义"、反本质主义、怀疑一切"元叙事"、向所有的统一性开战等，可说是最具有标志性和导向性的主张，其矛头所向，都是要否定、反叛作为现代性传统的西方思想文化及其话语和理论体系。

后现代主义对西方现代人文传统的否定性批判，虽然涉及的主要是观念层面、文化层面，却反映出了西方思想文化界面对当代资本主义种种新

---

① 雅克·德里达：《论文字学》，汪堂家译，上海译文出版社 1999 年版，第 15 页。

② 让－弗朗索瓦·利奥塔：《后现代状态：关于知识的报告》，车槿山译，生活·读书·新知三联书店 1997 年版，第 2 页。

变化所产生的困惑，以及对当代资本主义的某些最新认识。资本主义实现"现代化"的过程，同时也是一个在文化和观念上进行自我证明，使自己的全部活动"合理化"的过程。但是，随着"现代化"的实现，资本主义社会弊病丛生，使人们对原先的种种"合理性"不得不产生怀疑。这就出现了利奥塔所说的"知识的合法化问题"以及"叙事危机"，"大叙事失去了可信性，不论它采用什么统一方式：思辨的叙事或解放的叙事。"① 后现代主义思想家从不同观点、不同角度质疑和否定长期以来人们认为是天经地义的西方现代人文传统及其概念和理论体系，其矛头所向，直指资本主义主流文化或专制性权威，这反映了当代资本主义的文化矛盾和信仰危机，为认识当代资本主义社会和文化提供了一面镜子。但是，后现代主义在批判西方现代人文思想传统时，采用的是破坏性的否定思维方式，即根本上否定传统人文思想概念和理论体系存在的价值和意义，这就导向了虚无主义和取消主义。同时，由于后现代主义思潮主要流派具有过于强烈的否定和破坏色彩，重视解构，而轻视建构，提出了问题，而没有解决问题，所以在轰动效应之后，又不免令人感到大为失望。

后现代主义对现代人文传统的否定，不仅表现在哲学和理论层面，而且表现在文化和艺术层面。后现代主义文化在与西方现代文化传统决裂中，形成了新的倾向、新的特点。后现代主义理论家将这些倾向、特点加以概括，提出了审美通俗化、文化大众化等美学和文化理论，这同西方传统美学和文化观点是大相径庭的。西方传统美学从本质主义出发，建构了以美和艺术本质为核心的美学和艺术理论，同时也以对美和艺术本质的理解为基础，对艺术和非艺术、审美和非审美做了严格的区分，形成了艺术不同于非艺术、审美有别于非审美的传统看法。后现代主义理论家既然摒弃了本质主义，当然也就打破了传统美学为艺术和审美设定的框框，主张对后现代文化艺术产生的新变化重新进行文化的理论概括。而后现代主义的文化和艺术的新形态，也不断向这种传统见解发起冲击。高雅文化和通俗文化、纯艺术和俗艺术界限的基本消失，文化、艺术走向大众化、商品化，构成了后现代文化艺术的一大景观。弗·詹明信把这种现象称之"审美民本主义"（aesthetic populism），认为它是后现代主义文化和艺术

---

① 让 - 弗朗索瓦·利奥塔：《后现代状态：关于知识的报告》，车槿山译，生活·读书·新知三联书店 1997 年版，第 80 页。

的一个基本特色。他说："今天的后现代主义（理所当然地）正是民本精神在审美形式（包括建筑及其他艺术）上的具体呈现。"① 又说："在现代主义的巅峰时期，高等文化跟大众文化（或称商业文化）分别属于两个截然不同的美感经验范畴，今天，后现代主义把两者之间的界限彻底取消了。"② 让·波德里亚也指出，在古典和现代文化中，雅文化和俗文化属于不同阵营，各自有自身的逻辑和运作规则，两者的对立是显而易见的。但是，在后现代条件下，两者的对立被同一所取代，界限的丧失使得文化趋于庸俗。现代主义文化所追求的那种艺术的自律和独立，在后现代文化中被有力地消解了。据此，他提出要建立一种"超美学"（transaesthetics）观，使美学不仅仅局限于传统的艺术领域，而是向经济、政治、文化和日常生活等各个方面广泛渗透，以便使审美和艺术获得广泛的扩张或泛化。这些异于传统美学的见解对推动文化和美学研究面向现实，拓展视野，关注大众文化和审美活动，具有一定积极意义，但是，由于它混淆了艺术与非艺术，审美与非审美界限，否定了传统文化、美学和艺术理论的合理性和有效性，甚至导向"反文化"、"反美学"、"反艺术"，对文化艺术的健康发展，也产生了消极影响。

二　对文本意义确定性的消解

在后现代主义哲学和文化思潮中，德里达创立的后结构主义被西方学者公认为是最具代表性的学说和理论。德里达提出著名的解构战略，并对西方文化中的许多经典文本进行了解构性的读解。所谓"解构"（déconstruction），就是消除和分解结构，实际上是对概念（语言符号）和文本的意义进行批判性解释。它从揭露文本本身的矛盾出发，消解、颠覆文本原有结构，发掘那些普遍的、确定的意义之外的意义，强调意义的多向性和不确定性。由此可见，后现代主义一反传统批评理论关于文本意义可确定看法，提出文本意义的不确定和阐释的无限"延宕"观点，从而成为后现代主义思潮中最具突破性和代表性的一种理论。后现代主义文

---

① 詹明信：《晚期资本主义的文化逻辑》，陈清侨等译，生活·读书·新知三联书店1997年版，第423页。

② 同上书，第424页。

论家伊·哈桑在列举现代主义和后现代主义的区别时，认为二者在主要倾向上，前者为确定性，后者为不确定性。他并且引用了解构主义批评家杰弗里·哈特曼的断言："当代批评旨在一种不确定性的阐释学。"①

在以后结构主义为代表的后现代主义思潮形成之前，西方批评对如何确定文本的意义，在方式、方法上尽管有各种不同见解和主张，但在确定文本表现的意义上却基本一致。西方从古典到近代的批评理论固然如此，就是现代主义批评理论也不例外。如一度在英美文坛成为批评的基本范式的新批评，主张不考虑作品的外在因素，而集中探讨文本的结构，特别是探讨作品中的词语与语境的关系，力图通过对单个文本的细读，具体说明作品微妙复杂的意义。在确定文本意义上，真正实现突破性转变的是后结构主义。后结构主义对结构主义的批判是建立于语言学基础之上的。结构主义语言学认为，语言（Langue）指语言系统，它作为言语（Parole）的基础结构发生作用；语言是一个符号系统，由能指和所指两部分构成；能指和所指的联系是任意的，但一个所指有寻求其能指并与之构成一个确定单位的自然倾向，因而字义是具有某种稳定性的。但是，后结构主义认为，字义并不像结构主义所说的那样具有稳定性，它基本上是不稳定的。语言不是一个能指与所指对应统一、规定明确的结构，而是像一张漫无头绪、错综复杂的网，各种因素相互作用而不断变化，每个因素都无法绝对限定。由此推断，以语言为载体的文化文本便很难确切表现作者想要表达的意义。于是，一些批评家宣称文本不表示任何意义，而另一些批评家则认为读者对文本的解释因人而异，文本可表示任何意义。两种偏激看法，都表现出后结构主义基本观点，从而突破了确定文本意义的西方批评传统。

被公认为解构主义的经典之作的雅克·德里的《论文字学》，集中体现了反对逻各斯中心主义和言语中心主义的基本精神。这本著作的目标就是要颠覆以"逻各斯中心主义"为别名的西方理性主义的读解传统。德里达指出，根据逻各斯中心主义，对存在、本质、真实的信念乃是一切思想、语言和经验的基础。这种信念极想找到能够赋予其他一切符号以意义的符号，也极想找到固定的、可以表明一切符号的意义。但是，德里达认

① 伊·哈桑：《后现代主义概念初探》，《后现代主义》，赵一凡等译，社会科学文献出版社1999年版，第126页。

为，任何符号本身都不能充分存在，所以，这种逻各斯中心主义只不过是一种幻想。为了说明符号不能充分存在及其分裂性，德里达创造了"延异"（différance）这个新术语。在法语中这个新词与"差异"（différence）只有第七个字母 a 和 e 有差别。différance 有多种含义，但有两个源于拉丁文 differre 的主要意义，一为延缓；二为差别。德里达解释说，"差异"是个空间概念，只指符号空间上的差别，而"延异"不仅是个空间概念，还是个时间概念，包含有"能指"无限地推迟它的"存在"、意义在时间上向后延宕的意思。通过这个新造的术语，德里达想要说明的意思是：语言的意义取决于符号的差异，同时，意义必将向外"撒播"，永无止境地"延宕"。撒播在本质上与延异相联系，撒播将自身置入延异的开放的链条中。德里达说："撒播意味着空无（nothing），它不能被定义。""虽然它产生了无限的语义结果，但是它却不能还原到一种简单起源的现存性上……也不能归结为一种终端的在场。它表示一种不可简约的和'有生殖力的'多元性。"① 撒播象征着文字相互派生、界限消失、飘忽不定、绵延不断，语言的意义被分配、扩散到整个语言系统，产生无限和多元的语义结果，永无最后的终结。所以，对于读解来说，延异和撒播意味着文本的意义没有得到确证的可能，意义最终是无法获得的。

　　如果说德里达是从语言、符号本身否定了文本意义的确定性，那么，罗兰·巴尔特则从读者对文本的参与得出了同样结论。1970 年出版的《S/Z》，是巴尔特最具代表性的后结构主义著作。在这本著作中，巴尔特否定了结构主义叙事理论，转而突出强调读者对于文本的作用。他认为由于读者处于历史发展中，所以文本的结构和意义也就处于历史性的变化和开放之中，解构应成为一切文本的属性。巴尔特将文本分为两种：第一种称作"阅读性文本"，第二种称作"创造性文本"。第一种文本是使读者成为某种固定意义的"消费者"，第二种文本则使读者成为意义的"生产者"。创造性文本处于动态之中，能指和所指之间没有固定关系，其意义是无限多元和蔓延扩张的，读者对于文本的关系不是被动地接受，而是能动地创造。读者在阅读中自己也形成一个文本，成为其他文本的一个复数，通过把阅读的文本与读者的文本或增加的复数相联系，读者便拥有生

① 德里达：《立场》，《二十世纪西方哲学经典文本·欧洲大陆哲学卷》，复旦大学出版社1999 年版，第 850—851 页。

产意义的巨大自由。巴尔特认为，创造性文本即现代主义作品才是真正的文本，而阅读性文本如现实主义作品则是过时的。但他又指出，即使是后一种文本也是具有可写性并能够解构的。总之，在巴尔特看来，在创造性文本中，"作者已经死了"①，只有读者的阅读对于创造性文本才具有决定性的作用。这种文本可以用多种方式理解，无一可以作为权威；由于读者观点不同，文本的意义便会以大量片断的形式表现出来，而这些片断也不会有任何内在的统一性。所以，文本意义的确定性是不可能存在的。

后结构主义文本观突破了将作品文本看作一个封闭的独立单体的传统观点，强调了文本的无限开放性以及文本之间的相互依存性。"延异"不仅是一个空间概念，更是一个时间概念，这就把一切文本、包括文学文本都看成一个无限开放和不断变化的过程。"互文性"不是把文本看作孤立的单元，而是强调文本之间的影响和转化。这些见解具有辩证法因素。此外，后结构主义文本观改写了文本意义决定于作者意图的传统观点，突出强调了读者的能动性和阅读的创造性，认为读者在阅读文本中不仅是"消费者"而且是"生产者"，具有生产意义的作用，这种看法也包含有一定的合理性。

但是，后结构主义文本观抛弃了"语言总有所指"这一使语言之所以是语言的根本属性，肆意割裂语言的能指与所指联系，否认语言有特定的指涉性，使文本完全与意义本源相脱节，文本读解也因此变成了能指符号互相置换的游戏。如果后结构主义这种观点能够成立，那么，语言将丧失它作为表达思想和进行交际的基本功能，人类历史和文化传承、交流也都将成为不可能，这显然是违背常理和常识的。再者，它根本否认文本的意义和作者有关，认为文本的意义只能由读者的创造来决定。这也未免失之片面。把读者在阅读中的自由创造夸大到无限程度，把一切"误读"都当作必然现象，甚至否认对作品有正确阐释的可能性和判断阐释正确与否的标准，这就走向了相对主义，使阅读和批评陷入无所适从的困境。

---

① 罗兰·巴尔特：《阅读的快乐》，《二十世纪西方美学经典文本·第3卷，结构与解放》，复旦大学出版社2001年版，第448页。

三 对话语探究和语言游戏的推崇

后现代主义思潮包括解构主义、新历史主义、后殖民主义等，之所以把注意力和兴趣都集中在对文本和话语的研究上，这和当代西方哲学中的"语言的转向"（the linguistic turn）是紧密相关的。所谓"语言的转向"是指当代哲学从认识论研究到语言哲学研究的转变。这种转变被看作哲学中的一场伟大革命。它的过程可以上溯到19世纪末至20世纪初，而在20世纪60年代以后，由于结构语言学对哲学的影响，而形成一个转换点。现代英美分析哲学家如罗素、维特根斯坦、石里克等，都不同程度把全部哲学问题归结为语言问题，认为语言是哲学的首要的甚至是唯一的研究对象，并把语言哲学看作其他哲学学科的基础，认为只有通过语言分析，才能澄清或解决哲学问题。现代欧洲大陆各个哲学学派也从不同角度强调语言研究在哲学中的重要地位。卡西勒的"符号形式哲学"、胡塞尔的现象学、海德格尔的存在主义以及伽达默尔的哲学释义学等，都不同程度地把语言问题置于哲学的核心地位。正如伽达默尔所说："毫无疑问，语言问题已在本世纪的哲学中处于中心地位。"①

20世纪60年代初兴起的结构语言学，其发展和传播对欧洲大陆语言哲学的发展起了巨大的推动作用。索绪尔创立的结构语言学，由于提出了与西方传统的语言观相左的独创性的语言理论，而被誉为语言学中的一次"哥白尼式的革命"。在结构主义语言学的影响下，结构主义和后结构主义都把语言问题作为研究的中心问题，并且把语言学作为一切思考的出发点，甚至直接把结构语言学的某些原理和方法应用于哲学、人类学、社会学、心理学乃至美学、文艺学等方面的研究。这对后现代主义文化思潮的特征的形成产生了很大影响。

后结构主义哲学家米歇尔·福柯提出用"考古学"理论和方法来研究历史和人文科学，他所谓的考古学就是排斥主体性，而把语言作为研究的线索，去寻找历史变迁的谱系。因为语言排除主体，是唯一客观的、被结构化的现实，所以考古学也就是一种关于话语（discourse）的理论。正

---

① 伽达默尔：《科学时代的理性》，《哲学译丛》1986年第3期，第7页。

如福柯所说："考古学所要确定的不是思维、描述、形象、主题，萦绕在话语中的暗藏或明露的东西，而是话语本身，即服从于某些规律的实践。"① 他的知识考古学的一个主要特点，就是将历史视为话语的构造，是许多不连贯的话语实践的排列。从考古学到谱系学，福柯始终将话语实践作为考察和研究对象。考古学集中研究支配话语实践的推理理性被"组装"起来的各种规则；谱系学则将话语与权利运作联系起来，揭示其中的权力机制。在《词与物》（1966）、《知识考古学》（1969）这些代表性著作中，福柯认为，任何事物都依赖于语言，作为内在结构的词与外在现象的物之间存在不可分的联结。他力图揭示隐藏在语言深处的秩序的形式或知识的信码（code），认为正是这些形式或信码把词与物结合在一起，并且构成了文化和知识的潜在统一性。与此相连，福柯认为，现代思想的任务不再是找出概念的连续性和根源性，而是去描述使得概念得以可能的"知识型"，而后者与话语秩序本身是有联系的，甚至就是一回事。因此，现代思想的任务就是去描述话语得以可能的条件以及话语的全部层次。可以把人文科学看作独立自主的话语体系，把人文科学中所说的一切当作一种"话语—对象"来对待。福柯这种看法，正是道出了后现代主义对人文科学领域所带来的认识范式和方法论上的根本变革。20 世纪六七十年代以后的西方人文社会科学，与以前相比所发生的一个最重要的变化，就是明显地增加了一种"话语意识"。由于这种话语意识，各门学科及其所探讨的问题，都被看成是一种语言象征层面上的运思和话语层面上的建构，这不能不说是一次大规模的后现代的学术转向。

　　在"语言的转向"特别是结构主义语言学影响下，后现代主义哲学和人文社会科学对语言和话语问题给予了越来越大的关注。利奥塔在《后现代状况》一书中提出"科学知识是一种话语"②，强调话语在知识建构中的作用。他从反对同质性、一致性、共识性而强调异质性、多元性、差异性的后现代认识论出发，推崇维特根斯坦提出的语言游戏说，主张语言游戏的异质性、多样性和不可通约性。语言游戏说认为，语言的使用并不具有某种普遍的确定规则，只能由参与语言游戏的人彼此约定，并

---

　　①　米歇尔·福柯：《知识考古学》，谢强、马月译，生活·读书·新知三联书店 2003 年版，第 152 页。

　　②　让－弗朗索瓦·利奥塔：《后现代状态》，车槿山译，生活·读书·新知三联书店 1997 年版，第 1 页。

且只在参与语言使用的人中有效。各个游戏使用的语言及其意义之间不可通约。利奥塔说："我们没有任何理由认为可以找到全部这些语言游戏共有的元规定，没有任何理由认为一种可检验的共识……能够包容全部元规定，这些元规定的作用是调节在集体中流传的全部陈述。"① 由于语言游戏没有普遍的确定规则，因而人们在游戏中可以自由思考、自由想象，不能允许存在任何元叙事式的形而上学偏见。这就进一步否定了元叙事、元语言以及一切具有"现代性"特征的哲学和文化的合法性。

在文学领域，解构主义文学批评的理论和实践将文学批评完全变成一种在语言层面上的运思和建构。这一点从耶鲁学派解构主义批评家 J. 希利斯·米勒的修辞批评的观点中可以看得更为清楚。米勒认为，"文学研究绝不应想当然地承认文学的模仿参照性。这样一种真正的文学学科，将再也不只是由思想、主题和种种人类的心理组成。它将再次成为哲学、修辞学以及对转义的认识论的研究。"② 这就是说，对于文学的研究主要不是涉及社会思想内容的，它是属于修辞学的研究。米勒甚至认为，文学与社会历史语境的关系也是一种文本关系或符号对符号的关系。而且，这种关系是比喻和转义性的，而不是直接的指称参照。这就是说，文本与语境的关系只能以比喻的修辞方式思考，对文学与历史关系的研究，依赖于对这些潜在的修辞手段的认识和比喻含义的把握。这样一来，对文学与历史和社会关系的研究，也成了修辞学的研究。

后现代主义人文社会科学把众多问题的讨论都转移到"语言"这个层面上，而使过去一向关心的那个客观存在的世界不再是主要的关注对象，甚至完全被撇到了一边。这种研究范式的转变，使人们的注意力完全转移到了语言的世界、符号的世界、文本的世界，而不再是那个完全独立于语言世界以外的客观存在的世界。这种转变显示出对于语言的自觉和重视，使人们对语言的性质、特征、意义、指称等问题获得了新的认识，因而有利于从语言层面深化对所研究问题的思考。但是这种转变又是建立在对传统语言观和语言的"表征"能力的质疑的基础之上的。传统语言观把"语言"看成是对世界的再现，是状物表意、可在人际间交流的符号

① 让－弗朗索瓦·利奥塔：《后现代状态》，车槿山译，生活·读书·新知三联书店1997年版，第137页。

② 希利斯·米勒：《自然和语言的时刻》，转引自郭宏安等《二十世纪西方文论研究》，中国社会科学出版社1997年版，第434页。

象征，这就是语言的"表征"功能。而后结构主义者/解构主义者由于否定了关于语言与其所指最终合一的传统语言观，从而也就否定了语言作为世界的表征的可能。他们将语言看成与世隔绝的独立的符号世界，完全抛弃了"语言总有所指"这一语言的根本属性，使语言表征与其所指相分裂，能指与其意义相脱节；认为语言的意义在"延异"中都是相对的、相互消解的，都是能指符号的置换运作，可以无休止地被阐释下去。这样一来，他们的语言表述和话语建构也就成了"语言游戏"，与实际存在及其意义并无多少联系，也可能并不相符。这个被后现代主义者称之为"表征危机"的问题，对人文科学发展和学术建构所产生的负面影响，是不应当低估的。

（原载《开放时代》2003 年增刊）

美学的批评与批评的美学

别林斯基将文艺批评称作"行动的美学",这有两方面的含义。一方面,说明文艺批评需以美学理论为基础和指导,从美学的观点来分析和评价文艺作品;另一方面,说明美学应当介入文艺批评,与文艺批评实践相结合,通过批评实践发展美学理论。这两方面含义,对当前文艺批评和美学研究都有很强的现实意义。推动美学和文艺批评互相结合,一方面有助于克服当前文艺批评有数量缺质量、有介绍缺分析、肤浅平庸、缺乏深度等问题;另一方面,也有助于解决美学研究从抽象理论到抽象理论、不食人间烟火、与文艺创作和批评实践严重脱节的弊端。

美学批评与历史批评

恩格斯在谈到文艺批评时,不止一次提出要"从美学观点和历史观点"衡量、分析和评价作家和作品,认为这是批评和衡量作家作品的"最高的标准"。从美学观点批评衡量作品与从历史观点批评衡量作品在着眼点上有区别。前者着眼于艺术的特殊规律和作品的审美价值;后者着眼于艺术的普遍规律和社会意义。但艺术的普遍规律寓于特殊规律之中,作品的社会意义需通过审美价值来体现,所以,美学的批评和历史的批评不是相互分离的,而是密不可分的。美学的批评需要通过分析艺术作品的审美特点和审美价值,深刻揭示蕴含于艺术形象之中的历史内涵和社会意义;历史的批评也要将发掘艺术作品的历史内涵和社会意义寓于对艺术形象的审美分析和判断之中。别林斯基说:"不涉及美学的历史的批评,以及反之,不涉及历史的美学的批评,都将是片面的,因而也是错误的。批评应该只有一个,它的多方面的看法应该渊源于同一个源泉,同一个体系，同一个对艺术的观照。"① 这不仅说明美学的批评和历史的批评相互依托、融为一体，而且指出两者的结合与统一根源于对同一个艺术形象体系的审美观照。也就是说，只有将美学的批评与历史的批评有机结合起来，融合为一个统一体，才能对作为审美对象的艺术作品做出全面的、科学的、深刻的分析和评价。

将美学的批评和历史的批评机械地分割开来，甚至对立起来，不仅会导致理论上的片面性，而且会导致文艺批评实践中的种种偏颇。以往曾经流行一时的教条化、简单化乃至庸俗社会学的批评，就是忽视甚至抛弃美学的批评，而将社会历史的批评教条式地变成给作家作品和艺术形象贴上阶级的、政治的、道德的标签，使文艺批评蜕变为公式化、概念化的说教。这是严重违背艺术的特点和审美规律的。恩格斯两次提到从美学观点和历史观点评论作家作品，都是将美学观点置于历史观点之前的。这绝不是无意为之，而是基于对文艺价值和批评职能的深刻理解。别林斯基说："确定一部作品的美学优点的程度，应该是批评的第一要务。当一部作品经受不住美学的评论时，它就不值得加以历史的批评了。"② 文艺作品作为审美对象，首先需要从美学上去感受、衡量、评价，从对艺术形象的审美分析中揭示其蕴含的历史内涵和社会意义。如果缺乏对于艺术形象的审美把握和分析，那么，所谓历史的、社会的、思想的分析就会落空。现在，文艺批评中教条化、庸俗化的社会批评几乎很少了，但从美学观点和历史观点结合上，能够对作家作品抓住实质做出准确深刻剖析、提出真知灼见的批评却仍然不足，这也是我们期盼文艺批评进一步提高水平的一个重要原因。

另一方面也要看到，在克服教条化、简单化、庸俗社会学的批评之后，也有的批评家走向另一个极端，对于历史的、社会的、思想的、道德的批评缺乏应有的重视和必要的努力，显出肤浅和疏漏。有的批评对于反映重大题材、具有时代精神的作品轻描淡写，对于其深刻的社会、思想意义缺乏深入的探索和发掘；有的批评就事论事、浮光掠影，对于作品的思想内涵和形象的历史意蕴缺乏准确的深刻的理解和剖析；也有的批评对于文艺作品在反映社会历史方面出现的一些倾向性问题缺乏辨别能力和批评

---

① 《别林斯基选集》第三卷，上海译文出版社1980年版，第595页。
② 同上。

勇气，这必然影响到批评对创作和欣赏的引导和帮助作用。卢卡奇说："文学的起源和发展是社会的总的历史过程的一部分。文学作品的美学本质和美学价值以及与之有关的它们的影响是那个普遍的和有连贯性的社会过程的一个部分。"① 文学的美学价值必然蕴含着历史内涵和社会意义，美学的批评总要通向历史的批评。西方当代文艺批评中某些流派倡导批评"向内转"，用所谓文学的"内在研究"取代"外在研究"，将文本看作"是一个独立自治的、非历史的客体"，把文学作品产生的社会历史因素和蕴含的社会历史内涵等都排斥在文学批评之外，仅仅着眼于文本形式、结构、词语、手法等的考究和分析，这实际是唯美主义、形式主义文论的另一种表现，它和文艺作为审美意识形态的本质和特点是背道而驰的，当然不应当成为我们模仿、追随和倡导的批评理论和模式。

审美经验与美学分析

坚持美学批评与历史批评的统一，就是坚持文艺批评的最高标准，它不仅对文艺作品提出了很高的要求，同时也对文艺批评家提出了很高的要求。就美学的批评来说，它要求批评家以正确的美学观点为指导，遵循艺术的审美特点和创作的审美规律，精通艺术美的构成法则和审美经验的心理结构，总之，需要具有一定的美学理论素养和对作品进行美学分析的能力；同时，它还要求批评家对于具体作品的艺术形象和艺术美具有敏锐的感受力和鉴赏力，能够对作为审美对象的具体作品有深切的审美感受、体验，产生独特的审美经验。以上两个方面，美学理论素养和审美感受能力，美学分析和审美经验，都是进行美学批评不可缺少的支撑。感想式的批评缺乏坚实的理论支持和深刻的美学分析；学理化的批评缺乏对具体作品的深入的审美体验和独特的审美感悟，这两者都不符合美学的批评的要求，从而极大地制约了美学批评的水平和质量的提高。

文学批评需要以文艺欣赏为基础。审美主体对于作为审美对象的具体审美经验是进行审美分析和判断的前提。没有对于作品的审美体验，没有被艺术形象引起审美的感动和愉悦，是很难对作品做出准确的审美判断和

---

① 《卢卡奇文学论文集》（一），中国社会科学出版社1980年，第275页。

评价的。鲁迅说："诗歌不能凭仗着哲学和智力来认识，所以感情已经冰结的思想家，即对于诗人往往有谬误的判断和隔膜的揶揄。"① 讲的正是以感情为核心的审美体验对于审美判断的重要性。现象学美学家强调审美对象和审美经验的互相关联和相互作用，认为艺术作品虽是界定审美对象的基础，但它只有在欣赏者的审美经验中才能形成审美对象，艺术作品的审美价值也只有在欣赏者的审美经验中才能获得实现。这种理论具有一定合理性，它正确指出了审美主体的审美经验对于感受、认识、评价艺术作品的审美特质和价值的重要作用，说明美学的批评必须建立在批评家对于作品的深入的审美体验的基础之上。作为文艺批评的基础的审美经验应当是对于整个艺术作品的完整的经验，对作品的审美判断和评价必须始于对完整的审美经验的回顾。如果批评家仅仅阅读和欣赏了一部分作品或作品的局部，便以此作为判断和评价整个作品审美价值的根据，便会以偏概全，丧失评价准确性。不幸的是，现在不少批评家常常并无认真阅读整个作品，获得完整的审美经验，便匆匆作出判断和评价，这就难免产生批评判断与作品价值的错位。

作品欣赏的审美经验固然是美学的批评基础，但文艺欣赏和美学批评，审美经验和美学分析，并不能等同。文艺欣赏的审美经验是感受审美对象的心理体验，是感知的理解和理解的感知的形象思维活动。在审美经验中，审美主体调动自己的人生经验、情感想象、审美趣味等参与对于艺术形象的体验，必然会形成一定的主观性和差异性。而文艺批评则不能仅仅依靠感性和直觉，不能局限于形象思维，它主要是依靠理性和概念的抽象思维。别林斯基说："进行批评——这就意味着要在局部现象中探寻和揭露现象所据以显现的普遍的理性法则，并断定局部现象与其理想典范之间的生动的、有机的相互关系的程度。"② 这只有通过理性和抽象思维才能达到。如果说，欣赏的审美经验只是让人感受到美丑与好坏，获得感动和愉悦；那么，批评则要回答作品的美丑、好坏的道理究竟何在？让人感动和愉悦的原因究竟是什么？在这个意义上，"批评是哲学的认识"（别林斯基）。再者，欣赏的审美经验可以因个人审美爱好不同而带有主观差异，但是，对于作品的美学分析和审美评价却必须根据艺术作品本身具有

---

① 《鲁迅全集》第7卷，人民出版社1956年版，第235页。

② 《别林斯基选集》第三卷，上海译文出版社1980年版，第574页。

的审美特质和价值，符合作品的客观实际。

批评家对作品进行美学分析的准确、深刻和新颖程度决定美学批评的质量和水平，是美学批评的关键所在。准确而深入地把握和揭示出艺术作品的审美特质和艺术形象的审美特点，发掘它们所具有的独特的审美价值，是美学分析的目标和追求。无论是对于作品审美意境、人物形象的分析，还是对于作品结构、语言、手法的分析，乃至对于作品创作方法、艺术风格的分析，等等，都需要从整体着眼于它们的独特性和创新性。尤其是对创作中出现的与时俱进、具有时代特征的审美趋向，批评家更应及时发现并做出理论阐明。在这方面，别林斯基对俄国 19 世纪新出现的现实主义小说所做的美学分析，堪称美学批评的典范。在《论俄国中篇小说和果戈里君的中篇小说》中，别林斯基用"从平凡的生活中汲取诗意，用对生活的真实描绘来震撼心灵"、"被悲哀和忧郁之感所压倒的喜剧性兴奋"等来概括和分析果戈里小说的美学特点，充分肯定了果戈里所代表的现实主义创作倾向，令俄国文坛耳目一新。新时期以来，我们的文艺批评对作家作品的美学分析有了很大进展，对于一些作家作品美学特色的开掘也取得一定成绩，但像别林斯基那样对作家作品做出准确、深刻而又富于独创性的美学分析的批评却不多见。批评要对创作产生重大影响和作用，必须在这方面有新的突破。

批评实践与批评美学

美学批评需要美学理论的指导，建构批评美学是美学与批评实践结合的需要。批评美学从美学高度研究文艺批评的基本原理，是沟通美学和文艺批评不可少的桥梁。但是，我们的美学理论研究却长期疏远文艺批评实践，批评美学在美学理论中也没有自己应有的地位。我国当代美学研究中普遍流行的一种看法，是将美学对象和范围界定为美的哲学、审美心理学和艺术社会学三部分。这就没有将批评美学包括在内。事实上，中外美学史一直都有关于批评美学的研究。古希腊罗马代表美学著作《诗学》和《诗艺》中就有关于批评原则的论述；中国古代美学思想主要就在文艺批评著作中，成体系的美学著作《文心雕龙》有专章论述文艺鉴赏和批评。西方近代以来，许多著名美学家都是文艺批评家。布瓦洛、休谟、狄德罗、莱辛等的美学著作中都包括有批评美学的内容。进入 20 世纪，西方美学中各种批评美学流派和学说不断涌现，美学研究也正式将批评美学列为美学组成部分。分析美学家乔治·迪基认为当代美学是由审美哲学、艺术哲学和批评哲学三个大部分构成的。奥尔德里奇的美学专著《艺术哲学》就是分别探讨审美经验、艺术作品、各种艺术和艺术谈论的逻辑，艺术谈论的逻辑就是批评哲学。应该说，我们在批评美学建设方面是远远落后于国外，也远远落后于我国文艺批评发展实践需要的。

新时期以来，各种西方现代批评美学学说和流派对我们的文艺批评产生了很大的影响，马克思主义美学的批评理论受到严重挑战。20 世纪以来的西方现代批评理论经过数次理论转向，从新批评、神话—原型批评到俄国形式主义、结构主义和读者反应批评，再到后结构主义和各种后现代主义等，学说众多，取向多元，鱼龙混杂。其中，某些批评理论和方法，具有一定合理性，是可以作为参考借鉴的。特别在文学作品的语言、结构、技巧等形式分析方面，提出了一些新的概念和方法，有助于拓宽文学批评的视野。但其片面性十分突出，而从根本文学观念上看，则与科学的马克思主义文学观念有着本质区别。尤其是其中所包含的非历史主义、非理性主义观点以及形式主义、主观主义观点等，如果不加分析的照搬，就会把文艺批评引向歧途。因此，在社会主义文艺实践的基础上，构建中国特色的马克思主义批评美学，是推动中国当代文艺批评发展和繁荣的迫切任务。

建构中国特色马克思主义批评美学需要着重解决两个问题。其一，是结合新的时代条件传承和弘扬中国传统文艺批评理论。中国传统美学是和文艺批评紧密结合的，在众多文论、诗论、画论、乐论、曲论中，都有极丰富的批评美学思想。它们提出的许多文艺批评观念、命题、概念、范畴，反映了文艺的本质、特点和规律，在价值取向上和我们倡导的当代文艺批评具有一致性，其当代价值不容忽视。应从新时代高度，结合当代文艺理论和批评实践，给予新的理论阐释，推动其实现创造性转化，使其融入中国特色现代文艺批评的理论和话语体系。这也是传承和弘扬中华美学精神的一个重要内容。其二，是结合社会主义文艺的新实践创新和发展马克思主义文艺批评理论。马克思主义文艺批评的基本原理，是对文艺本质规律的理论概括，具有科学性和真理性，必须坚持。但真理也要随着实践发展而发展。社会生活的变革和群众审美需求的发展，新媒体的广泛运用和审美文化的蓬勃兴起，使文艺批评的对象、主体和方式都发生了变化。文艺批评理论也要不断发展和创新。最近，习近平同志在文艺工作座谈会上发表的讲话中，针对社会主义文艺发展的新情况新问题，对文艺评论提出了新的要求，强调要"把人民作为文艺审美的鉴赏家和评判者"，要"运用历史的、人民的、艺术的、美学的观点评判和鉴赏作品"等，这是对马克思主义批评美学的新发展，是对于用美学观点和历史观点作为标准衡量作品的论述的创新，是崭新的社会主义文艺批评理论。这也为构建中国特色马克思主义批评美学奠定了新的理论基石。

（原载 2015 年 8 月 3 日《文艺报》）

文艺理论与文艺批评的互动和互进

读了《文艺报》刊发的王元骧和董学文关于文艺理论研究的两封通信，也唤起了我对文艺理论研究现状的一些同感。当前我国文艺理论研究的确存在理论思考不深，理论创新不足，理论对文艺实践指导作用不强等问题，需要重视和加强。但文艺理论研究的羸弱问题，原因比较复杂，并非是"完全以评论（文艺批评）来排斥、取代理论"所致。加强文艺理论研究和加强文艺批评，两者不仅不矛盾，而且相互联系、相互促进。现在正在开展的如何增强文艺批评的有效性的讨论，其实也不应该只是囿于文艺批评自身，而是应当和加强文艺理论对文艺批评的指导作用问题结合起来探讨，才会更加深入，更有成效。

文艺理论和文艺批评，本来就是互相联系、互相结合、互相促进的。文艺理论作为文艺的本质、特点以及创作、欣赏、批评、发展的普遍规律的科学概括，它本来就是来自文艺实践的，这既包括文艺创作实践，也包括文艺批评实践。另外，从文艺理论的功能、价值和作用看，它不仅表现在对文艺创作的指导作用上，也表现在对文艺批评的指导作用上。从直接性来看，文艺理论对文艺创作的作用，也往往是通过文艺批评产生的。在美学和文艺理论批评史上，同为文艺理论著作和文艺批评著作的名作，同为文艺理论流派和文艺批评流派的派别，同为文艺理论家和文艺批评家的学者，比比皆是。甚至可以说，在文艺繁荣发展的时代，都离不开文艺理论和文艺批评的协同发展、互相促进和共同繁荣。

当代极盛一时、影响广泛的新批评派，其理论倾向另当别论，但在实践文学理论和文学批评结合上却值得借鉴。该派的一些主要人物既是文学批评家，又是文学理论家。他们既注重文学批评实践，又注重文学理论建设。在文学理论上，他们提倡"有机的"形式主义，主张文学作品是独立的自足的有机体，作品或文本作为文学本体，是文学研究的唯一对象。在文学批评上，他们把文本作为出发点和归宿，以细读文本和字义分析作为进行批评的具体方法，以考察和分析文本诸因素组成的统一结构作为批评的目的。该派的文学理论观点的提出都是以文学批评实践为基础的，而文学批评实践则是其文学理论观念的具体运用，充分表现出文艺理论和文艺批评相互推动和相互促进的关系。

文艺理论和文艺批评的互动和互进，首先表现于文艺理论对文艺批评的指导和促进作用。文艺理论为文艺批评提供观察、分析、鉴别和评判文艺现象、文艺思潮、文艺作品的视角、理念、范畴、概念、标准和方法。不管批评者是否自觉和愿意，他在从事批评活动时，总是在一定的理论、观点、标准和方法影响下进行的。诚如鲁迅所说，没有一定的圈子，不受任何观点、标准影响的批评家，在文艺批评史上从未见过。实践证明，只有在正确的、科学的文艺理论指导和帮助下，文艺批评才能健康的发展并发挥有效的作用。我国社会主义文艺批评，是以马克思主义文艺理论为指导的文艺批评。长期以来，马克思主义文艺理论及其研究成果，在文艺批评实践中，发挥了重要作用。新中国成立以后，许多卓有成绩的文艺批评家都是在马克思主义文艺理论和毛泽东文艺思想指导下，对推进和发展文艺评论做出了重要贡献。一些著名文艺评论家，同时也是著名文艺理论家。他们将建设中国化的马克思主义文艺理论与开展文艺论争和文艺批评紧密结合起来，对文艺创作的新经验和复杂的文艺问题，进行深入细致的分析探讨，写出大量对文艺创作影响较大的文艺批评论文，较为充分地发挥了文艺批评对文艺创作的有效作用。在改革开放的新时期，我国马克思主义美学和文艺理论研究有了新的发展，许多重要文艺理论问题结合新的创作实践有了新的探讨，中国特色社会主义文艺理论建设不断向前推进。这一切都为发挥文艺理论对文艺批评的指导作用提供了更好的条件。事实上，一些文艺批评家在运用马克思主义文艺理论研究新成果，对新时期许多重要文艺现象和文艺作品开展批评方面，已经取得了显著成绩，并对推动文艺创作健康发展产生了重要作用。

但是，从我国文艺事业发展的全局来看，文艺理论建设仍然是较为薄弱的一环。文艺理论研究滞后于文艺实践，文艺理论对文艺创作和文艺批评指导性不强，应有的功能和作用没有得到充分发挥。造成这种状况，固然也有文艺实践发展变化太快不易把握，文艺批评太过于经验化、实用化等因素影响，但主要原因还是在文艺理论研究自身。

首先，文艺理论研究未能很好地与变化的文艺实践与时俱进，观念和

理论创新不足。当代文艺实践在时代和社会急剧发展变化中不断创变，新
的文艺领域、文艺形态层出不穷，新的文艺现象、文艺经验接连呈现，文
艺创作和文艺批评都不断面临许多新的情况、新的问题。面对这些文艺新
变，文艺理论反应较为迟缓，研究深度明显不够，很少提出能够有效解释
和说明新的文艺实践的新思想、新观点、新学说，使文艺理论对文艺创作
和文艺批评的作用大受局限。可以说，理论的创新已成为当代文艺理论发
展的首要问题。正如文艺理论家钱中文所说："文学理论学科的现代性问
题，与文化理论一样，存在着积极适应当前实践急速发生变化了的迫切要
求。今天的文学艺术已非昔比，文学艺术部分地改变了自己的面貌，而大
众文化、通俗文化、媒介文化、网络文化的传播，或者说大众审美文化的
出现，极大地改变了原有文化和文学艺术的格局，于是理论的现代性问
题、创新问题就变得极为迫切了。"①

　　其次，文艺理论研究没有很好立足于我国文艺的实际，而是照抄照搬
西方文艺理论，致使理论研究出现严重西化倾向。新时期以来，伴随着对
外开放，在西方流行过或正流行的形形色色的现代美学和文艺理论，几乎
都被介绍到我国来，形成一股西方文论热。如果我们能对之采取正确态
度，立足于中国文艺实践需要，处理好学习与批判、借鉴与创新的关系，
现代西方文论中的合理因素，本来可以成为推进文艺理论现代化和创新的
重要资源。可是，许多人却对现代西方文论采取顶礼膜拜的态度，生吞活
剥地将其全部吸收到文艺理论研究中来，以至形成西方文论话语的复制，
造成有学者指出的中国文论的"失语"问题。这样西化的文艺理论，严
重脱离中国当代社会主义文艺发展的实际需要，是不可能在文艺创作和文
艺批评中发挥正确的指导作用的。

　　形成文艺理论和文艺批评良性互动和互进，除了要加强文艺理论对文
艺批评实践的指导作用外，还要加强文艺批评对文艺理论建设和发展的促
进作用。这是问题的另一个方面。文艺批评虽然以文艺现象和文艺作品为
对象，是对具体文艺现象和作品的分析、评论，但不能仅仅停留在感性观
察和体验的层面，而是要对感性认识进一步作理性思考，对感性经验作深
入理性总结，从而使对具体文艺现象和作品的分析评论，上升到对文艺普
遍规律的认识和时代精神的把握，在文艺批评文本中体现出理论色彩和理

---

① 《钱中文文集》第四卷，黑龙江教育出版 2008 年版，第 211 页。

论光芒。我们读别林斯基的评论当时俄国文学的著名文艺批评著作，像《论俄国中篇小说和果戈理君的中篇小说》、《1846 年俄国文学一瞥》、《1847 年俄国文学一瞥》等，一方面看到他对果戈理和以果戈里为代表的"自然派"，从作品的创作倾向到思想艺术特征，从派别形成的社会原因到所具有历史地位，都作了细致精确的分析和评价；另一方面也看到他结合对作品的评论，提出并深刻论述了一系列现实主义美学和文艺理论重要问题，对文学的真实性、典型性、独创性、人民性、民族性等理论命题和概念，都有深刻的理解和哲理的思考，达到了美学理论同文学批评的有机结合。这些文艺批评史上的经典范例告诉我们，具有深刻理性思考和真知灼见的文艺批评，可以通过探讨文艺创作中出现的新情况、新问题，总结文艺发展的新经验、新教训，反映时代对文艺的新要求、新期待，提出新的文艺思想、观点、概念、命题，丰富和发展文艺理论，对推动文艺理论建设起到重要作用。

现在讨论如何增强文艺批评的有效性，主要集中在文艺批评如何才能有效地帮助、促进和引导文艺创作实践方面，这是很自然的。但是，文艺批评对文艺理论建设的推动作用，也是文艺批评能否充分发挥促进文艺发展的有效作用的一个重要方面。而且，文艺批评对文艺创作的引导作用和对文艺理论的推动作用，两者是有联系的。如果文艺批评能对文艺理论起到推动作用，那它对文艺创作的指导作用会更大。实际上，现在我们有些文艺批评之所以对文艺创作缺乏有效性，和它对文艺理论建设缺乏有效性，在许多原因上是一致的。例如文艺批评的主观化、经验化、实用化，使主观感想式批评、感觉印象式批评、人情捧场式批评广为流行。对于批评对象，不作全面了解，不做深入探究，瞎子摸象，浅尝辄止；对于所论作品，不是实事求是，好处说好，坏处说坏，而是一味吹捧，或一味棒杀。这样的批评，既缺乏科学态度，又缺少理性思考，当然既不能指导文艺创作实践，也不能推动文艺理论发展。

和上述文艺批评实践的偏颇相联系，在文艺批评理念上也存在一些误区。有人认为，文艺批评表达的是批评家对作品的主观印象、个人偏好和评价，不具有客观性和科学性。也有人认为，文艺批评和欣赏同属于审美的感性和直觉活动，不需要深刻的理性的思考和分析。这和西方文学批评理论中出现的"主观式批评"和"印象式批评"在认识上大体有些相似。在文艺批评中，批评家对作品的感受和评价，不可避免要打上个人主观和个性化的印记，但是，这应该是建立在依据科学的批评标准对于作品的正确认识之上的。对于作品的正确判断和评价，只能建立在主观与客观、评价与认识相统一的基础上。一味强调批评的主观性、个人性，会导致批评的价值和准衡的丧失。正如别林斯基所指出，在文艺批评中"根据个人的遐思怪想、直接感受或者个人的信念，是既不能肯定任何东西也不能否定任何东西的"。① 文艺批评虽然需以审美欣赏为基础，但它却不能完全等同于欣赏活动。批评是对欣赏的反省和提升，需要将欣赏中的感性认识提高到理性认识，对作品进行深入的思考，使感性体验与理性思考达到统一。别林斯基说，"进行批评——这就是意味着要在局部现象中探寻和揭露现象所据以显现的普遍的理性法则"，所以，"批评应该听命于理性"。② 克服批评中的浮浅和平庸现象，提高评论水平和质量，必须从加强批评家的理性思维入手。所以，我认为提高批评家的美学和文艺理论素养，以及从美学观点和历史观点进行批评的能力，是增强文艺批评的有效性的关键所在。

（原载 2012 年 8 月 31 日《文艺报》）

---

① 《别林斯基选集》第三卷，满涛译，上海译文出版社 1980 年版，第 573 页。
② 同上书，第 574 页。

论余光中的诗歌美学思想

　　余光中不仅是台湾现代著名诗人，而且是台湾现代重要诗歌评论家。从 20 世纪 50 年代到 90 年代，在长达半个世纪的写作生涯中，余光中结合诗歌创作、品评、研究和教学，写下了大量诗歌理论文章。它们或评论台湾现代诗的得失，或论述中国现代诗的发展，或研究英美现代大诗人佳作，或探讨中国古代大诗人名篇，或进行中西文学及诗歌特色之比较，或从事诗与散文、诗与音乐关系之探索。其所论话题颇为广泛，内容颇为丰富，几乎涉及诗歌的价值和功能、诗歌创作的内容和心理、诗歌的形式和手法、诗歌的声调和音律等诗歌美学问题各个方面，同时也触及中国现代诗歌理论争鸣和实践探索的诸多焦点问题，如现代与传统、中国与西方、吸收世界潮流与保持民族本色、主知与重情、意识与潜意识、表现自我与反映时代、整齐与变化、自由与格律等。无论从研究的广度、深度和创造性来看，余光中的诗歌理论文章都是独树一帜的。它对中国现代诗歌理论建设以及诗歌美学探讨所作的重要贡献是不容置疑的。

一

　　中国现代诗发端于 20 世纪"五四"新文化运动以后，虽多有探索，但创作成就并不明显，理论建设更显薄弱。进入 50 年代，台湾诗人纪弦等延续大陆 30 年代现代派诗作余波，推行新诗现代化，并倡导"横的移植"等主张，在台湾引发了对现代诗的新的争鸣与探索。除现代诗社外，蓝星诗社、创世纪诗社等诗歌团体、流派，也从不同角度提出了现代诗的主张并进行了各自的实践，从而推动了台湾诗坛的现代化运动。从现代诗在台湾的发展来看，不仅在创作上或理论上理解不同，解释互异，而且作家辈出，历经变迁，其间既有成功的探索，也有不成功的试验。因此，如何对台湾现代诗创作探索上的成败得失给予科学分析和总结，对现代诗理论争论上的是非功过给予正确的判断和评估，就成为台湾新诗理论建设乃至中国新诗理论建设的一个相当重要的问题。

余光中是台湾现代诗理论建设和创作实践积极参与者和促进者，而且他在理论上和创作上对现代诗都有自己独立的认识和见解。在谈到为"现代诗"正名时，余光中主张"现代诗"有狭、广二义。狭义的"现代诗"应遵循所谓现代主义的原则，而广义的"现代诗"则不需拘于这些条件。这样区分，既可避免将许多现代诗的创作探索强行排除于"现代诗"之外，又可防止用所谓现代主义的原则去硬套一切现代诗创作。而余光中本人在理论研究和建设上的着眼点则是在于广义的现代诗，因而使他能从一个更为广泛，也更为全面的视点审视现代诗的问题。

无论从"五四"以来中国新诗的发展看，还是从 20 世纪 50 年代以来台湾现代诗的发展看，贯穿于理论和创作上的一个根本问题，便是如何看待和处理诗歌的现代与传统的关系问题。从 50 年代到 60 年代，台湾现代诗的理论争论，主要也是围绕这一问题而展开的，因而形成了所谓"现代主义"与"传统主义"两种各有侧重的诗歌主张和精神。面对抛弃传统和保持传统两个极端主张，余光中自有他的观点。他说："浪子们高呼反叛传统，孝子们竭力维持传统。事实上，传统既不能反叛，也不能维持的。传统是活的，譬如河水，无论想使河水倒流，或是静止不动，都是不可能的。孝子和浪子的共同错误，都以为传统是死的堆积，不是活的生长。死守传统，非但不能超越传统，抑且会致传统的死命。相反地，彻底抛弃传统，无异自绝于民族想象的背景，割断同情的媒介。"① 显而易见，这里阐述的对待传统的观点，是全面的、辩证的，也是非常符合包括诗歌在内的全部文学发展史实际的。在分析了中西诗歌史上许多倡导反叛传统的流派和诗人，特别是一些现代大诗人的创作之后，余光中得出结论："西洋很少有现代诗人不曾出于古典的传统，很少有现代诗人不曾浸淫于《圣经》、希腊神话、莎士比亚、中世纪传奇。""在一些顶尖儿的现代诗人作品中，我们也可以摸到传统不朽的脉搏。"因此，一部诗歌史就是既继承传统又超越传统的历史，把诗歌的现代化和继承传统绝对对立起来，实际上也是阻绝了诗歌现代化吸收营养、开拓创造之路。

---

① 《余光中选集》第三卷，安徽教育出版社 1999 年版，第 9—10 页。以下引文均见此书。

现代与传统的关系问题，换一个角度来看，也就是西方与中国的关系问题。有些现代诗的提倡者，认为现代诗乃是"横的移植"而非"纵的继承"，这说明他们所谓的新诗现代化，既是一味排斥中国诗歌传统的，又是全盘照搬西方现代主义诗歌创作思想和形式的。于是，在西方盛行一时的达达主义、存在主义、超现实主义等，便被某些现代诗的作者奉若神明。他们轮流模仿西洋现代主义诸流派，似乎患了一种"主义狂"（Ismania）。从达达主义、存在主义，他们学到了虚无主义和人生无意义；从超现实主义，又学到潜意识真实和"自动语言"。对西方现代主义的亦步亦趋，终于导致了现代诗的两大危机——内容的虚无和形式的晦涩，把台湾的现代诗引向"并无出口的黑隧道之中"。针对这种偏向，余光中大声疾呼"我们必须创造'中国的'现代文学，'中国的'现代诗。我们要求中国现代诗人再认识中国的古典传统，俾能承先启后，于中国诗的现代化之后，进入现代诗的中国化，而共同促成中国的文艺复兴。否则中国诗的现代化实际上只是中国诗的西化，只是为西洋现代诗开辟殖民地而已。"这些话多么尖锐、鲜明，而又多么触及中国新诗发展的要害。

反对把中国诗现代化等同于中国诗的西化，并不是反对新诗要向西方诗包括西方现代诗学习和借鉴。正如余光中所指出："对西方深刻的了解仍是创造中国现代诗的条件之一。"这里的关键是新诗究竟向西方学些什么，以及究竟如何学习西方。也就是说，学习西方既要有所取舍（而不是全盘照搬），又要从生活实际出发（而不是生搬硬套）。而一些现代诗的作者却缺少学习和借鉴西方的正确态度和方法。例如，言必存在主义，却未真正了解存在主义的要义，而是生吞活剥，"将西方哲人对于存在所体验出来的结论或提炼出来的本质，强加于东方人的存在经验之上"。余光中说得好："身为东方作家的他们，不但接受了西方对存在的诠释，而且把它当作一把标准尺，来量东方人的存在经验，遇见不合西方尺寸的，便颦起眉，摇起头来。"这实在是"从'观念'出发"，与创作规律大相径庭了。

在检讨了台湾现代诗的发展及其成败得失之后，余光中深思熟虑，极富理性地提出了对中国现代诗发展方向和建设目标的总体看法。他说："我们的最终目的是中国化的现代诗。这种诗是中国的，但不是古董，我们志在役古，不在复古；同时它是现代的，但不应该是洋货，我们志在现代化，不在西化。这样子的诗歌是属于中国的，现代中国，现代中国的年青一代的。"这就是要把现代和传统、西化和中化结合起来，融为一体，最终为创造中国化的现代诗服务。由于正确处理了上述关系问题，那么，中国化的现代诗必然既具民族性，又具时代性的。"在空间上，我们强调民族性。我们认为一首诗也好，一位诗人也好，唯有成为中国的，始能成为世界的"；"在时间上，我们强调时代性。我们认为唯时代的始能成为永恒的，也只有如此，它才不至沦为时髦"。余光中这些论述虽然主要是从台湾新诗创作实践中总结、升华出来的认识，同时也包括了他对"五四"以来中国新诗发展道路和创作实践的深刻的反思，因此，它必然成为中国新诗理论建设上的一笔重要财富。

二

　　理智与情感、知性与感性关系问题，似乎是诗歌创作的一个永恒话题。由于诗歌创作主张和流派各自侧重点的不同，而形成了"主知"和"重情"的不同倾向。在中国古代，有"诗言志"与"诗缘情"之分，在西方，也有主知的古典主义与重情的浪漫主义之别。在台湾现代诗运动的初期，有人输入西方现代诗人艾略特一派的"主知"的观念，以纠正"抒情"的横流。对此，余光中给予了积极的评价。他分析道："18世纪，诗人抑激情而扬理性；19世纪的诗人则反过来，抑知而纵情。于是作者的感情便分裂而不得调和。在20世纪初的反浪漫主义运动之中，艾略特和其他作家遂自然而然提出'主知'，以纠正浪漫主义的'纵情'，因为浪漫主义的末流往往沦为'感伤主义'。"这段论述，高度简练概括了近代以来西方诗歌创作中主知与重情相嬗变的历史过程，颇为精辟。同时，它也显示了西方现代艾略特一派诗人和台湾现代诗运动初期一些诗人提出"主知"的诗歌创作观念，是有其合理性的。正如余光中所指出："所谓'主知'应该是指作者之着重观察与思考，而不仅仅（像偏激的浪漫主义者那样）凭借感情与想象。""观察所以辨认，思考所以了解；有了这样的条件，一个作家才能知世而且自知。"

　　肯定"主知"诗歌创作思想的合理性，也就是肯定知性、理性在诗歌创作中的作用，这也是对台湾现代诗创作中出现的反理性倾向以及意象上混乱、模糊、晦涩等弊病的一种反拨。曾几何时，台湾现代诗坛一些人大力张扬超现实主义，强调诗歌创作的无意识和无理性。对此，余光中立即予以批评。他明确表示："我们不能否认，超现实主义在表现内在的现实和解放想象力上的或正或反的作用，可是我们也无法否认，它是功过参半，甚或过多于功的，因为它要推翻意识在创作时的作用，和任何理性的约束。"接着，余光中又对意识和理性在诗歌创作中的作用做了科学分析，指出在诗人创作中，意识和无意识、理性和非理性是不可能在想象和意象创造中截然分离的。他形象地比喻道："事实上，诗人于创作时有如巫师：巫师来往于阴阳二界，而诗人则出入于意识与潜意识之间。在不创作时，诗人亦遵守理性与非理性间的界限，到创作时，他不时突破此一界线而已。潜意识必须恰如其分地臣伏于意识，否则潜水的诗人采到的珍珠，只是一把冥钞，不能在阳间通用。"这些科学的结论，不仅来自余光中个人诗歌创作的成功经验，而且也来自他对中外大诗人创作经验的总结，来自他深厚的文学学养和理论功底。

除了超现实主义的所谓"无意识"之说外，在台湾诗坛上，还曾出现过所谓"纯粹经验"之说。"他们认定，诗人创作时追求的对象，应该是未经知性介入毫无概念作用的纯粹经验"。对于此说，余光中认为，"在本质上说来，实在是超现实主义衍生出来的另一支流"，因为"这种狭隘的论调，整个推翻了知性在诗中的功用"。在批驳这一论调的同时，余光中还分析、评论了台湾70年代新现代诗的开拓者、青年诗人罗青的诗作，称道"罗青诗中的世界，既非纯粹的感性，也非纯粹的知性。他的创作手法，可以说，是在知性的轨道上驶行感性，说得玄一点，他的诗，正如17世纪玄学诗派那样，是'感性的思索'"。这就把诗歌创作中感性和知性关系讲得更为全面了，不仅讲了知性对感性的作用——"在知的轨道上驶行感性"，而且讲了知性依赖感性的特点——"感性的思索"。可以说，这是对诗歌创作规律的准确把握和深刻揭示。

"主知"和"重情"虽然在诗歌史上曾表现为侧重点不同的两种诗歌创作思想，但两者却是可能而且应该结合的。余光中说："主知的古典，重情的浪漫，原是'艺术人格'两大倾向。抑知纵情，固然导致感伤。过分压抑情感，也会导致枯涩与呆板，终至了无生趣。"这是极有见地之说。想象和抒情毕竟是诗歌创作的主要特点，"抒情，而不流于纵情"应该是任何诗人的基本权利。对于谙熟于中国古典诗歌和英美现代诗歌的余光中来说，他从两者之中领会和学习的最理想的诗歌境界，就是将思想与想象、理性与抒情互相统一和结合起来。他在比较中西文学和诗歌的差异和特点之后说："由于对超自然的观念互异，中国文学似乎敏于观察，富于感情，但在驰骋想象，运用思想两方面，似乎不及西方文学；是以中国古典文学长于短篇的抒情诗和小品文，但除了少数的例外，并未产生若何宏大的史诗或叙事诗。"这是从创作的审美心理特点去考察中西文学和诗歌创作的各自所长及不足，同时，也就启示我们，中国的新诗创作既要发扬中国文学之优势，又要吸纳西方文学之所长，将观察与想象、思想与情感结合起来。余光中认为，这也正是西方现代一些大诗人创作成功的奥秘。例如，他评论被批评家、文学史家和同行的诗人公认为20世纪前半期的大诗人之一的叶慈，便指出叶慈中年以后作品之所以变得那么坚实、充沛、繁富、新鲜且具活力，就是得益于诗人思想的深化和想象的丰盛。"最为奇妙的是：他竟然越老越正视现实，把握现实，而并不丧失鲜活的想象。"余光中这样称道叶慈，同时他把叶慈晚年的创作经验概括为"冷眼观世，热心写诗"，"唯其冷，所以能超然，能客观；唯其热心，所以能将他的时代变成有血有肉的个人经验"。这一"冷"一"热"，不正是对诗歌创作中理性与情感、观察与想象、客观与主观、时代精神与个人经验互相结合的美学规律的生动概括吗？

三

诗歌形式问题是中国新诗在创作和理论上无法回避的一个问题。所谓"自由诗"与"格律诗"之争，便是这一问题的集中表现。在台湾现代诗坛，一些诗人鼓吹自由诗，强调用散文做写诗的工具。这种主张对于少数杰出的诗人，确曾起了解除格律束缚的功效；但对于多数作者，本来就不知诗律之深浅，却要尽抛格律去追求空洞的自由，其效果往往是负面的。许多现代诗作者误认为"自由诗"的特质就是不要韵，不要音律，不必讲究行与节的多寡与长短。他们把"自由诗"当作"形式的租界"，逃到那里面写一些既无节奏又无结构的东西，结果使泛滥成灾的散文化，成为台湾现代诗的一大病态。余光中痛感到台湾现代诗坛误解自由，不讲诗歌形式所带来的不良影响和严重后果。他指出："所谓自由，如果只是消极地逃避形式的要求，秩序的挑战，那只能带来混乱。"因此，他深入、详细研究了诗歌形式美及其构成规律，并对中国现代诗的新形式从创作到理论做了创造性的探索，从而为中国新诗的形式创新作出了极有价值的贡献。

余光中认为，要纠正现代诗坛忽视形式和诗歌散文化之偏颇，必须纠正对"自由诗"的误解。所谓"自由诗"原是惠特曼创始，并经意象派诗人们鼓吹的一种"没有诗体的诗体"。意象派兴起于本世纪初英美诗坛，以僵化的诗体为革新对象，并试用口语的新节奏来写自由诗。当初意象派的诗人，虽然鼓励大家试验自由诗，同时也曾强调其目的是在创造新节奏。所以，余光中说得好："自由诗反叛的是僵化的形式，却要为新的形式或旧形式的新生铺路。"自由诗不是抛弃诗歌形式的创造，自由也并非绝对的自由。余光中一针见血地指出："一位诗人有自由不遵守前人的任何形式，但是，如果他不能自创形式并完善的遵循它，那他便失败了。""严格地说来，所谓'自由诗'并不自由，也不容易，因为创造一种新形式来让自己遵守，比仅仅遵守前人已有的形式，是困难得多了。"这些观点，既符合诗歌形式变迁的历史，也充分体现了辩证的思想，极有助于形成对"自由诗"的科学认识。

自由诗与格律诗常被人们看作是两种完全不同形式的诗体，因而导致人们往往把诗歌形式中"自由"与"格律"看成是两种互相排斥、互不相容的东西。余光中认为，这也是一种误解。他指出：从诗歌形式变迁看，"'自由'一词，原来是指摆脱前人固定的格律，而不是指从此可以任意乱写，不必努力去自创新的节奏，成就新的格律。"这就是说，从诗歌形式创造看，自由和格律并不是完全对立的。只讲格律，不讲自由，会导致追求整齐而无力变化；只讲自由，不讲格律，又会导致变化太多而欠整齐。前者单调，后者混乱，这都是违背诗歌形式美的规律的。余光中认为"五四"以来的中国新诗打破了格律的限制，却不知如何善用自由，句法既无约束，方法亦趋散文化，不讲格律、声调，结果阻塞了新诗的语言，读来毫无诗意。这种教训是值得认真总结的。他又进一步指出："其实西方不少较佳的自由诗，往往只是几种格律的自由配合，或是自由出入于某种格律，而非将格律一概摒除。"如果真能辩证地理解诗歌形式中自由与格律的关系，我们就不至于再像以前那样只知走"自由诗"和"格律诗"两个极端，而会按照整齐与变化的美学规律，去创造适合新诗内容与表现的新形式。这也许就是余光中诗论给予我们的一个新的启示。

在新诗形式创造中，余光中特别注意研究诗歌声调之美。他说："一首诗的生命至少有一半在其声调。"又说："诗不能没有意象，也不能没有声调，两者融为诗的感性，主题或内容正赖此以传。缺乏意象则诗盲，不成音调则诗哑；诗盲诗哑，就不成其为诗了。"这是讲得何等精辟啊。声调是诗之所以为诗的必备要素，是诗的生命的一半，可见声调在构成诗歌形式美中的重要地位。可是，正如余光中指出，台湾40年来的现代诗坛，虽重视了意象的经营，却忽视了声调的掌握，导致现代诗在音调上的乱象，"读者排斥现代诗的原因不一，但是声调的毛病应该是一大原因"。现代诗要能赢得读者，受到读者喜爱，必须纠正忽视声调的偏颇。

余光中说："音调之道，在于能整齐而知变化。"为了深入探讨诗歌声调美及其构成规律，余光中对诗和散文两种文学形式进行了比较研究，又对诗和音乐的关系进行了全面考察，同时，还对中西诗歌音律构成之区别作了科学分析，这使他对中国现代诗如何形成声调美的问题，有了非常深刻的理论认识。在考察诗与音乐的密切关系时，余光中认为诗兼通于画和音乐，乃是一种综合艺术，不仅"诗中有画"而且"诗中有乐"。诗"把字句安排成节奏，激荡起韵律，诗也能产生音乐的感性，而且象乐曲一样，能够循序把我们带进它的世界"。在研究诗和散文形式差异时，余光中认为诗在句法、分行分段和音律上都有不同于散文的独特性。如中国古典诗，诗句讲究整齐，形成奇偶对照，从而构成诗的节奏；再通过音律上平仄的协调，控制节奏的轻重舒疾，使之变化有度，等等。在分析中西诗音律之别时，余光中认为："中国诗和西洋诗，在音律上最大的不同，是前者恒唱，后者亦唱亦说，寓说于唱"，"中国古典诗节奏，有两个因素：一是平仄的交错，一是句法的对照"，而"在西洋诗中，节奏的形成，或赖重音，或赖长短音，或赖定量之音节"。所有这些研究、比较、分析，对于我们认识和掌握诗歌的声调之美及其规律，对于我们创造与中国语言文字特点相结合的民族化的诗歌声调美，都是大有裨益的。

（原载《世界华文文学论坛》2001 年第 1 期）

生态美学：人与环境关系的审美视角

　　随着当代人类环境意识、生态意识的觉醒以及生态环境、生态文明建设的发展，环境和生态问题研究不仅在自然科学领域占据重要地位，而且在社会科学、人文科学中也受到极大重视。更值得注意的是，为了深入探讨并解决人类生态和环境问题，自然科学和人文社会科学互相结合起来，形成了许多综合学科、交叉学科、新兴学科，如生态人类学、生态经济学、生态伦理学、生态社会学、生态心理学、城市生态学、文化生态学等。其中，正在形成中的生态美学可说是新秀。

　　顾名思义，生态美学应是生态学和美学相交叉而形成的一门新型学科。生态学是研究生物（包括人类）与其生存环境相互关系的一门自然科学学科，美学是研究人与现实审美关系的一门哲学学科，然而这两门学科在研究人与自然、人与环境相互关系的问题上却找到了特殊的结合点。生态美学就是生长在这个结合点上。作为一门形成中的学科，它可能向两个不同侧重面发展，一是对人类生存发展问题进行哲学美学的思考，二是对人类生态环境进行经验美学的探讨。但无论侧重面如何，作为一个美学的分支学科，它都应以人与自然、人与环境之间的生态审美关系作为研究对象。

　　生态美学研究人与自然、人与环境关系，首先是把它作为一个生态系统整体来看待。生态学认为，一定空间中的生物群落与其环境相互依赖、相互作用，形成一个有组织的功能复合体，即生态系统。系统中各生物因素（包括人、动物、植物、微生物）和环境因素按一定规律相联系，形成有机的自然整体。正是这种作为有机自然整体的生态系统，构成了生态学的特殊研究对象。生态学关于世界是"人—社会—自然"复合生态系统的观点，形成生态学世界观。它推动了人认识世界的思维方式的变革，把有机整体论带到各门学科研究中。这一点对于确定生态美学的研究对象十分重要。生态美学按照生态学世界观，把人与自然、人与环境关系作为一个生态系统和有机整体来研究，既不是脱离自然与环境去研究孤立的人，也不是脱离人去研究纯客观的自然与环境。

美学不能脱离人。美学研究所涉及的基本问题总是这样或那样与人相关。生态美学把人与自然、人与环境关系作为研究对象，这表明它所研究的不是由生物群落与环境相互联系形成的一般生态系统，而是由人与环境相互联系形成的人类生态系统。人类生态系统是以人类为主体的生态系统。以人类为主体的生态环境比以生物为主体的生态环境要复杂得多，它既包括自然环境（生物的或非生物的），也包括人工环境和社会环境。所以，生态美学不限于研究人与自然环境的关系，而应包括研究人与整个生态环境的关系。人类生态环境问题，应是生态美学研究的中心问题。

当然，由人与环境相互作用构成的人类生态系统以及人类生态环境，不仅是生态美学研究对象，也是各种以人类生态问题为中心的生态学科（如生态经济学、生态伦理学等）的研究对象。所以，要确定生态美学的研究对象，还需要再作区分。生态美学毕竟是美学，它对生态问题的审视角度应当是美学的。它不是从一般的观点，而是从人与现实审美关系这个独特的角度，去审视、探讨人类生态系统以及人类生态环境问题。从美学观点看，人与现实的审美关系具有特定的内涵，它是作为主体的人与作为客体的对象以审美经验为纽带相结合、相统一形成的关系。就作为审美客体的对象说，它必须对人具有审美价值；就作为审美主体的人说，它必须对对象具有审美感受能力。审美经验就是由对象的审美价值和主体审美能力相结合、相统一而产生的审美情感体验。生态美学需以审美经验为基础，以人与现实的审美关系为中心，去审视和探讨处于生态系统中的人与自然、人与环境的相互关系，去研究和解决人类生态环境的保护和建设问题。其研究的主要内容应包括人与自然关系的美学意义、生态现象的审美价值和生态美、生态环境的审美感受和审美心理、人类生态环境建设中的美学问题、艺术与人类生态环境、生态审美观与生态审美教育等。

生态美学和环境美学有密切关系。这两门新兴交叉学科都是从人与现实审美关系角度研究人与自然、人与环境的关系，都以"人与环境结合的审美领域"作为研究对象。但环境美学侧重在环境（自然环境、人工环境等）本身的研究，而生态美学则更强调人与环境作为生态系统的有机整体性。生态美学把生态学理论和生态价值观引入美学领域，深化了人们对人与环境互相依存、和谐共生关系的认识，形成了生态美、生态审美、生态艺术等新概念，进一步拓展了美学研究范围。

生态美学研究对生态文明建设具有深远的意义。生态文明建设要求实施可持续发展战略，正确处理经济发展同人口、资源、环境的关系，不是以牺牲自然环境为代价去换取经济和社会的发展，而是经济和社会的发展同自然环境的保护互相结合起来，以促进人和自然的协调与和谐，使人们在优美的生态环境中工作和生活，努力开创生产发展、生活富裕和生态良好的文明发展之路。生态文明建设既是物质文明建设，也是精神文明建设。在这两方面，生态美学研究都可以对生态文明建设发挥重要作用。

首先，生态美学研究可以帮助人们形成正确的生态审美观，进而促使人们形成正确的生态价值观。生态审美观是人们对于生态现象的审美价值和生态环境的认识、感受与理解，它决定着人们对于生态现象、生态环境的审美评价、审美态度。在中西优秀的文化传统和美学传统中，都把人与自然的和谐统一作为一种审美理想。中国古代哲学和美学中的"天人合一"、"道法自然"等命题，西方哲学和美学中的"宇宙和谐"、"外在自然与内在自然统一"、"人与大自然共鸣"等提法，以及中外文学和艺术中表现的人对大自然的热爱和向往，都从不同方面反映了生态审美观的形成和发展过程。而贯穿其中的一条红线，就是追求人与自然的协调、和谐和统一。马克思在《1844年经济学哲学手稿》中，对人与自然的辩证统一关系作了全面阐述，提出自然主义和人本主义互相结合的重要思想。这是对人与自然和谐共生的哲学观、生态观、美学观的深刻揭示，意义十分深远。人与自然的和谐统一，既是生态美形成的前提和基础，也是对生态环境进行审美评价的最基本标准。这也是建立正确的生态审美观所要解决的最基本问题。

生态审美观和生态伦理观一样，都是生态价值观的构成部分。生态价值观反映着人对生态现象、生态问题的价值认识和评价。现代西方生态价值观，既有肯定人类的价值高于自然的价值、部分承认自然的内在价值的现代"人类中心论"；也有强调人与自然价值平等、充分肯定自然具有"内在价值"的"非人类中心论"。后者包括"生物中心论"和"生态中心论"。后起的生态学继承和发展了生物中心论、生态中心论一些重要思想，又吸收现代人类中心论的一些观念，以生态系统中一切事物互相联系的整体主义思想，强调人与自然统一、"人与自然和谐相处"的基本价值观念。可持续发展伦理观在此基础上，进一步把影响当代环境问题的两大重要关系，即人与人之间的关系（人际公平、代际公平）和人与自然的关系结合起来考虑，以促进人类之间和谐及人与自然的和谐为共同目标，从而形成为一种更为全面的生态价值观。生态美学对生态审美价值和生态美的研究，将会对树立正确的生态价值观起到促进作用，从而引导人们形成一种适合人类生态发展的健康文明的行为方式和生活方式。

其次，生态美学研究在生态环境建设中可以起到指导作用。人类生态环境是一个由自然环境、人工环境、社会环境共同组成的复合系统。生态环境建设既包括自然环境保护，也包括人工环境营造以及社会环境改善，还有自然环境与人工环境如何实现协调和统一等问题。但不论如何复杂，建设一个适宜于人居住、生活、工作的优美的环境，始终是生态环境建设追求的目标。因而，环境的美化也就必然成为环境建设的一个重要内容和重要方面。在这方面生态美学大有用武之地。不仅生态审美观所体现的人与自然和谐统一的理念，应成为整个生态环境建设的指导原则，而且可以通过对生态美和生态审美心理的研究，深入探讨生态环境建设的美的规律，以便对生态环境建设进行具体指导。

在人类生态环境建设中，城市生态环境建设无疑是一个特别重要、特别复杂的问题。城市是人口、设施、财富、活动高度集中的地方，是最典型的人类生态系统，同时也是最主要的人工生态系统。城市既有社会属性，又有自然属性；既有经济功能，又有生态功能，如何使两个属性、两种功能互相结合、协调统一，是城市生态建设需要研究和解决的基本问题。作为现代城市建设新思潮的"生态城市"建设思想的提出，是人们反思现代化城市建设的经验和教训，针对城市存在的生态问题，在城市建设观念上实现的一个重大变革。它将城市建设由片面强调其经济功能转向经济功能与生态功能的协调，由片面强调以人为中心转向人与自然和环境的统一，为将城市建设成环境优美、生态平衡、可持续发展的人类聚集地提供了新的思路。生态城市建设无疑将成为生态文明建设的重点工程，并将城市生态环境建设提升到一个新的水平。城市生态环境建设离不开对城市生态环境美的研究和认识。城市生态环境美的创造涉及人工环境与自然环境的协调统一、人工环境中建筑、园林、雕塑、小品相互之间的协调统一、城市的绿化和自然环境保护、城市景观的营造、城市文明环境的建设等问题，而所有这些问题也都是生态美学应当研究的内容，因而也是生态美学可以充分发挥作用的地方。

（原载 2002 年 2 月 19 日《光明日报》）

建筑艺术的文化内涵与审美特点

在由各门类艺术组成的艺术大家族中，建筑是与人的实际生活具有最直接联系的一种艺术类型。正如英国建筑史研究学者帕瑞克·纽金斯所说："无论我们是否意识到这一点，建筑艺术的确是每个人生命史中不可分的一部分。"[①] 建筑，这一被黑格尔称为"最早诞生的艺术"，它一出现就与"实用"结下不解之缘。然而，几乎与此同时，建筑也不同程度地体现着人对于美的追求。"事实上，只要洞穴一旦换上茅屋或像北美印第安人那样的小屋，建筑作为一种艺术也就开始了。与此同时，美的观念也就牵涉其中了。"[②] 自从世界上有了第一幢具有雏形的"房屋"，建筑就表现出使用和审美的双重功能。正是这双重功能和价值的结合和统一，形成了建筑艺术的最基本的特点，也显示出它与其他艺术的主要区别。尽管在不同的建筑对象中，建筑的使用功能与审美功能可以有所侧重，但是，从总体说来，建筑仍然是一种实用与审美结合的艺术。

一 建筑意蕴的象征性和历史性

黑格尔在《美学》中指出："建筑无论在内容上还是在表现方式上都是地道的象征型艺术。"[③] "建筑一般只能用外在环境中的东西去暗示移植到它里面去的意义"，"创造出一种外在形状只能以象征方式去暗示意义

① 帕瑞克·纽金斯：《世界建筑艺术史》，顾孟潮、张百平译，安徽科学技术出版社1990年版，第1页。

② 威廉·奈德：《美的哲学》，转引自朱狄《艺术的起源》，中国社会科学出版社1982年版，第199页。

③ 黑格尔：《美学》，朱光潜译，商务印书馆1979年版，第30页。

的作品"。① 建筑以象征方式暗示的意义，就是建筑的内在意蕴。建筑不仅具有外在形式美，而且具有蕴含内容美。建筑艺术作为现实反映，同一定时代和社会的经济、政治、文化、宗教以及生活习俗等密切相关，直接体现一定时代和社会的理想、观念、审美情趣和爱好。建筑的象征意义因而具有深刻的历史内涵，是一定的历史文化和时代精神的折射和反映。例如，始建于明代永乐年间的北京紫禁城宫殿，是明、清两朝的皇宫。它的巨大的建筑规模和体量，有等差、有节奏的空间安排，中轴对称的院落式布局，以及黄瓦、红墙、白色台基等庄重色调，无不体现着封建宗法礼制精神，象征着封建帝王至高无上的地位和权威。从天安门的高大辉煌，到午门的巍峨雄壮；从太和殿广场的雍容尊贵，到太和殿的庄重稳定，都渗透着皇权至上、唯我独尊的封建帝王意识。从某种意义说，紫禁城宫殿就是中国封建社会政治文化和审美意识的结晶，是一部凝固化的历史巨著。

建筑的象征性是建筑艺术追求的深层次境界，成功的象征可以产生强大的精神感染作用，从而使建筑达到物质和精神、实用和审美、形式和内容的高度统一。建筑的象征意义是通过建筑的多种外在形态和形式综合显示出来的。建筑的造型、序列、环境，附属于建筑的雕刻、绘画、工艺美术，以至建筑中使用的形状、色彩、数字等，都是用于体现建筑象征含义的各种外在形态和形式因素。不论通过何种外在形态和形式，只有当建筑的形象与其所象征的意义有机联系在一起，达到建筑艺术形式与内容的高度统一，建筑的象征性才具有审美意义，并能为人所普遍认同。例如，埃及金字塔采用极为巨大的建筑体量，造成一座座简单古朴的四方锥体，使之稳固地屹立于大漠荒野之上，象征着法老的至高无上和生命的永恒。哥特式建筑的代表作巴黎圣母院以它那宽敞高大、升腾向上的中殿空间，两端昂然耸立、直冲云霄的高塔，细长俏丽、大大小小的连续尖券，建筑内外立面上的各种具有宗教内容的雕像、绘画，以及形式优美的图案装饰和迷离变幻的色彩光影，造成宗教世界的神秘气氛，给人以超越尘世、向往天国的暗示。由于建筑的象征性是以建筑特定的外在形象去暗示某种抽象的观念、思想和精神，所以对其象征意义的认识，需要在充分感知建筑形象基础上，展开联想和想象，并与理性思维相结合才能获得。

建筑各种造型是由各式各样的平面、立面、结构、装饰等组成的，而

① 黑格尔：《美学》，朱光潜译，商务印书馆1979年版，第30页。

点、线、面和结构等形式的运用，主要服从建筑本身的特定目的，并通过空间结构和形态，以形成抽象的形式美的构图效果，进而赋予建筑以精神的内涵和艺术的感染力。因此，建筑的象征性是和建筑形式的"抽象性"及"抽象美"相结合的。建筑和雕塑虽然都属于"造型艺术"，但建筑在造型上却不像雕塑那样可以具体地再现特定的对象，不直接模仿人体或自然事物的形状，而是要做艺术的"抽象化"处理，使造型和形式上具有"抽象性"。所以，建筑的象征性不是通过直接模仿事物形象表现的，而是通过抽象化的建筑造型表现的，即达到"使抽象物富有表现性的趋势"。①如贝聿铭设计的香港中国银行大厦，建筑造型十分陡峭，形体从下而上逐渐收束，节节升高，顶部以三角形立方体直插蓝天。不但具有抽象的形式美，也象征了金融事业的繁荣昌盛，是建筑的抽象性和象征性有机统一的又一杰作。即使有的成功建筑在造型上具有"拟物化"的趋向，那也不是某一具体实物的模拟，而是经过抽象处理的象征符号。如世界驰名的悉尼歌剧院的九片"风帆"式的造型，就可以引起观赏者的多种揣猜和联想，并和建筑结构和空间形态达到了浑然一体，仍然是象征性和抽象美的巧妙结合。

建筑的象征性在不同类型建筑中，其体现程度不同。一般来说，宫殿建筑、宗教性建筑、纪念性建筑以及大型公共建筑等，其象征性较为显著，而居住建筑、工业建筑、农业生产建筑等，其象征性则较为薄弱。由于建筑艺术不能直接地再现或描绘现实事物，也不能细致地表现或抒写内心情感，而只能通过"抽象化"的空间形体间接地暗示某种精神意蕴，所以，建筑的象征意义具有较大的概括和宽泛的性质，因而人们在审美中对它的联想和理解往往是多重的、朦胧的，这反而使建筑能带给人们更多的审美享受。

二　建筑风格的时代性和民族性

建筑风格是建筑作品在整体上呈现出的代表性的独特面貌，是由作品的独特内容与形式相统一而形成的外部风貌和格调。它最直接、最显著体

---

① W. 沃林格：《抽象与移情》，王才勇译，辽宁人民出版社 1987 年版，第117页。

现了建筑艺术的美学追求，也是建筑艺术审美鉴赏中最为引人注目和感兴趣的对象。建筑风格的形成，既有主观原因，也有客观原因；既受自然条件的制约，也受社会历史条件的影响；既包括时代的审美要求，也包括民族的审美要素。代表一定历史时代和一定民族的建筑艺术的基本风格，以独特的外在风貌深刻反映着一定时代和民族的经济、政治、文化和生活习俗，内在地体现着一定时代和民族的思想观念、审美理想和精神气质，因而具有鲜明的时代性和民族性，称为建筑的时代风格和民族风格。不同时代风格和民族风格的建筑艺术，在建筑的造型式样上具有各不相同的鲜明的特征。

在世界建筑史上，以欧美为中心的西方建筑和以中国为中心的东方建筑形成两大体系，各自涌现出众多建筑风格。在欧洲建筑艺术中，20 世纪以前，曾先后出现过希腊式、罗马式、拜占庭式、哥特式、文艺复兴式、巴洛克式、古典主义以及洛可可等各种具有代表性的建筑风格。各种建筑风格的时代特色非常突出，是特定时代精神在建筑艺术中的鲜明体现。古希腊建筑开欧洲建筑先河，造型主要特征是矩形建筑绕以开敞的列柱围廊，柱式定型化。其中，爱奥尼柱式建筑，风格端庄秀雅；多立克柱式建筑，风格雄健有力。两者均体现着古代希腊追求和谐完美的文化精神。典型代表是雅典卫城建筑群和其中的帕提农神庙。古罗马建筑在希腊建筑基础上又有重要发展，它发展了古希腊柱式构图，同时发明了拱券结构，形成柱式同拱券的组合，创造出拱券覆盖下的体量巨大、复杂多变的内部空间。大型建筑物雄浑凝重，气势恢宏，充分反映出古罗马帝国的国力强盛和雄厚。如罗马大斗兽场、万神庙等。中世纪欧洲基督教占统治地位，建筑风格主要表现在教堂建筑上。拜占庭风格建筑如圣·索菲亚大教堂既继承了罗马建筑的一些要素，又吸取了东方建筑传统，创造出利用帆拱（1/4 球面拱）在方形平面上安置大穹隆顶的结构体系，立体轮廓参差多变，内部装饰富丽堂皇，风格独特。哥特式是欧洲中世纪建筑的典型风格。其造型特征是采用尖券、尖拱和飞扶壁，形成高旷巨大的内部空间，外观突出高耸的钟楼和大大小小的尖塔和尖顶，形成向上的动势，雕刻丰富，色彩绚丽，具有体态空灵、动感强烈、富于象征性特点。代表作品有巴黎圣母院、科隆主教堂等。文艺复兴建筑以人文主义为基础，扬弃中世纪哥特式建筑风格，重新采用古希腊罗马建筑的构图要素，大胆创新，突出象征独创精神的穹顶，注重体积感和整体效果，形式风格多样。著名建筑有佛罗伦萨大教堂、圣彼得教堂等。此后，又相继出现了自由奔放、富丽堂皇的巴洛克风格，纤巧烦琐、娇柔妩媚的洛可可风格，以理性主义为基础、强调规则逻辑、造型严谨的古典主义建筑风格，等等。

19世纪20世纪之交，欧美由产业革命引起的建筑革命猛烈冲击着传统的建筑审美观念和流行的古典主义风格，以新的审美观念和新材料、新手法创造出的现代建筑形式和风格逐渐风靡全球。现代主义建筑的基本特点是强调建筑实用功能，建筑美必须首先功能合理、技术先进，表现手法和建造手段需统一，建筑形体和内部功能配合，因而被称为"功能主义"。从20世纪60年代后期起，又出现了怀疑和批评现代主义的后现代主义建筑思潮。

中国建筑艺术风格具有鲜明民族特色。经过2000多年的发展演变，中国古代建筑形成了和欧洲古代建筑不同的特征。它注重环境营造和群体组合，主要靠群体序列取得艺术效果；重视表现建筑性格和象征意义；构造技术和艺术形象统一，形成形象突出的曲线屋顶；具有绚丽的色彩。总的说来，西方建筑较重视建筑单体和造型，而中国建筑较重视建筑群体与整体和谐统一。

建筑风格的时代性和民族性是相互联系的。不同时代风格的建筑艺术，在不同民族、不同国家，其具体表现仍然带有各自的特点。各个民族的建筑艺术风格，随着历史的变化，也会带有不同的时代特色。但相对而言，建筑风格的时代性较多变化性和创新性，而建筑风格的民族性则较多稳定性和继承性，如何将二者巧妙地结合和统一起来，是建筑艺术创作的重大课题。

三　建筑形式的和谐美与个性美

建筑形式包括环境、序列、造型以及结构、色彩、质地等，是构成完整建筑艺术形象的基本因素。它们直接作用于人的视知觉，是形成建筑艺术美感的客观基础。建筑艺术的形式美是建筑艺术美的重要组成部分。黑格尔把建筑称为"外在的艺术"，足见外在形式美对于建筑的重要性。

建筑艺术的形式美，首先是和谐美。和谐美是形成建筑形式美的最基本原则。建筑的和谐美是通过建筑内部各部分之间、建筑与建筑之间以及建筑与环境之间构成空间的有机组合体现的。它贯穿了形式美法则，如变化和统一、均衡和对称、对比和微差、比例和尺度、节奏和韵律等。其中，变化而又统一，尤其是形成建筑形式和谐美的关键。从平面到立面、从内部到外观、从细部到体量、从个体到群组，正是依靠变化和统一才能形成有机协调的空间构成和体量组合。如美国杰出现代建筑师 F. 赖特设计的"流水别墅"，坐落于风景优美的山涧溪谷，建筑造型由竖直的烟囱、墙壁及水平的跳台等几何形体构成，参差俯仰，高低错落，对比强烈，相互照应。建筑依山就势，凌空飞跃，与自然环境融为一体。当代意大利建筑理论家 B. 泽维认为，"流水别墅"达到了建筑空间的形成和体量的组合两全其美，是建筑形式和谐的高度体现。

城市建筑艺术是由城市地形地貌、园林绿化和建筑群体共同组成的空间形态，它以创造和谐优美的城市空间环境为目的。因此，统一、变化和协调是城市建筑艺术必须遵循的美学规律。城市建筑之美不应仅仅着眼于建筑个体，更应着眼于建筑群体和空间组合。现代建筑家伊·沙里宁在仔细考察和分析了欧洲中世纪著名城镇建筑设计之后得出结论：这些城镇之所以能形成如此生动美好的面貌，不是光靠多建漂亮的房屋，而是得益于这些房屋在形式上的相互协调。据此，他指出："一个城镇之所以成为真正的美的奇迹，就是因为它的房屋能够恰当地相互协调。如果没有这种相互协调，那么无论有多么美丽的房屋，城镇的面貌仍旧会变得散漫杂乱。"① 现代建筑的整体观念，不光求得建筑个体形象尽善尽美，而且要求建筑与建筑之间、建筑与整体环境之间和谐统一。城市建筑设计要按照城市景观的总体要求，仔细推敲城市空间的比例、尺度、序列和建筑群的高低、体量、色彩、质地以及韵律节奏等，遵循统一、变化和协调的美学规律，形成既统一有序又变化多样的城市建筑艺术的整体美与和谐美。

建筑艺术形式美的另一个重要表现是个性美。个性是人和事物特殊品格的形象体现，所以个性美也就是特色美。建筑学家 M. B. 波索欣说："城市美观是无数特点，其中主要是建筑面貌上的个性和特殊性构成的。"② 可见，建筑形式和形象是否具有个性和特色，对于形成建筑美和

---

① 伊·沙里宁：《城市：它的发展、衰败与未来》，顾启源译，中国建筑工业出版社1986年版，第46页。

② M. B. 波索欣：《建筑·环境与城市建设》，冯文炯译，中国建筑工业出版社1988年版，第34页。

城市美来说至关重要。建筑形式和形象上的个性和特点，既反映着建筑文化的地方特色、民族特色和时代特色，也体现着设计者、建造者的个人创造性和独特构思。它主要表现为有特色的建筑物和建筑群。如巴黎埃菲尔铁塔，悉尼歌剧院，均因为其建筑造型具有极为独特的个性美，而成为一座城市的特殊标志。又如威尼斯的圣马可广场，是由不同时期、不同风格建筑组成的建筑群。其中的教堂、钟塔、总督宫及新老市政厅等建筑，分别建造于 12 世纪至 17 世纪的不同年代，各自采用罗马式、拜占庭式、哥特式、文艺复兴式等不同时代的建筑形式。各个建筑都具有鲜明的时代特点和地方特点，造型十分独特。如圣马可教堂融罗马式和拜占庭式为一体，被称为"世界上最美的教堂"。同时，不同个性和特色的建筑又相互映衬，在蓝天绿水烘托下，整体上显得十分协调，组成一个极富特色的广场建筑群。传说拿破仑进入威尼斯城后，曾赞叹圣马可广场"是世界上最美的广场"。这当然是由圣马可广场建筑艺术形式的个性美与和谐美导致的必然结论。

（原载《城市发展研究》2005 年第 6 期）

从中西比较看中国园林艺术的
审美特点及生态美学价值

　　园林是人类生活环境的组成部分，具有美化环境、改善生态，供人游憩、休闲、观赏、审美等功能。因此，园林艺术和建筑艺术一样，是一种实用和审美相结合的艺术。中西园林艺术都具有悠久历史，并逐步形成大致相同的园林类型。但由于社会历史、生活环境和文化思想等方面的不同，中西园林艺术在造园思想、艺术风格和审美特点上具有明显的差异。近年来，对中西园林艺术的比较研究取得很大进展，但对中西园林艺术的基本差异和中国园林艺术的审美本质特征如何加以准确概括和深入认识，仍然有待探讨。同时，在当代生态美学建设中，如何从中国园林艺术和美学思想中汲取有价值的思想资源，也是一个有待进一步研究的问题。

一

　　关于中西园林艺术的基本差异和特点，多数研究者认为在于西方园林艺术较重视人工美，而中国园林艺术则较重视自然美，但也有学者认为"西方园林更重自然，而中国园林更重人为"。[①] 产生不同看法，可能是研究者观察角度不一样。但我认为，如果从艺术风格上来看，说西方园林更强调人工美，中国园林更崇尚自然美，还是较为恰切的。因为艺术风格是艺术在总体上呈现出的独特风貌。如果从造园指导思想、园林布局和构图以及造园要素的利用和处理等综合来看，那么，西方园林的典型形态整体上呈现为人为状态的建筑风景园林，而中国园林的典型状态整体上则呈现为天然状态的自然山水园林。

---

① 杜书瀛：《论李渔的园林美学思想》，《陕西师范大学学报》2010 年第 2 期。

　　首先，从造园指导思想看，西方园林强调自然的人工化，使自然服从人为规则、秩序和安排，看重的是由人工雕琢的美。17 世纪上半叶，由法国园林艺术家布阿依索所写的《论造园艺术》是西方最早的园林专著。它强调："如果不加以条理化和安排整齐，那么，人们所能找到的最完美的东西都是有缺陷的。"① 所谓"条理化"就是人工化。之后，法国古典主义著名园林艺术家勒诺特尔更明确指出，在造园中要"强迫自然接受匀称的法则"。② 其将人工美凌驾于自然美之上的倾向十分明显。

　　反观中国园林，在造园指导思想上强调顺应和利用自然之性，使人工服从自然的天然形态和存在规律，崇尚天然之趣和自然之美。魏晋南北朝是中国古典园林发展的重要转折期，这一时期产生的自然山水园林，就是在追求"野致"、"有若自然"造园指导思想下形成的。明清时期，中国园林美学思想趋于成熟，计成所著《园冶》总结造园指导思想，提出"虽由人作，宛自天开"的著名主张，强调人工须与自然协调，以创造天然形态的自然之美为目标。他说："园地惟山林最胜，有高有凹，有曲有深，有峻而悬，有平而坦，自成天然之趣，不烦人事之工。"③ 这显然是将天然之趣放在人事之工之上，与勒诺特尔的主张形成鲜明对比。

　　其次，从园林布局和构图看，西方园林的突出特点是以人工成分最重的建筑为主导，其他景物部分安排都由建筑引导而展开和设置，整体上呈园林建筑化的态势。这就是黑格尔在论园林艺术时所讲的"把自然风景纳入建筑的构图设计里，作为建筑物的环境来加以建筑的处理"。④ 特别是由主体建筑引申的中轴线成为整个园林布局的关键。全部结构都沿着中轴线有规则地形成和展开，基本上呈现为整齐、对称的几何构图。整个园林景观布局既清晰又开敞，从中轴线望去，给人以一览无余的感觉。从意大利台地园林到法国古典主义园林，基本都具有这样的布局和构图特点。尤其是由勒诺尔特先后主持设计和建造的沃·勒·维贡特庄园和凡尔赛宫苑，堪称典范。凡尔赛宫苑整体布局，以坐西朝东的宫殿建筑为中心，中轴线向东、西两边延展。园林布置沿宫殿西面的中轴线依次展开，中轴线和两边的次轴线，道路均呈对称的放射状，平面构图为规则的几何式图

① 《中国大百科全书·建筑园林》，中国大百科全书出版社 1988 年版，第 11 页。
② 同上书，第 12 页。
③ 计成：《园冶》卷一。
④ 黑格尔：《美学》，朱光潜译，商务印书馆 1979 年版，第 103 页。

案。在中轴线上，整齐有序地安排着花坛群、水池、喷泉、雕像、草坪、林荫道和大运河。宏伟壮观的中轴线和层层有序的布局，充分表达了赞颂中央集权的君主专制制度和"太阳王"路易十四的艺术主题。

中国园林在布局和构图上和西方园林的差别十分明显，其鲜明特点是以山水自然景物为主导，楼台亭榭等建筑则依循山水自然景物而布置，"宜亭斯亭，宜榭斯榭"①；"亭宇台榭，值景而造"②，使建筑巧妙地融入自然景物之中，也就是从整体上呈建筑园林化的态势。从园林整个布局来看，中国园林没有西方园林那样的中轴线设置。虽然园林中某些建筑群也会有中轴线出现，但整个园林构图则是依照自然地形和山水林木，曲折多变，呈不规则的自然形式，即《园冶》中所说："相地合宜，构园得体。"西方园林依照规则式、几何式布局，园路设置呈直线和正交；中国园林伴随自由式、自然式布局，园路设置则呈曲线，多迂回。和西方园林的清晰开敞、一览无余恰恰相反，中国园林独具曲径通幽、步移景换之妙。无论江南私家园林如拙政园，还是北方皇家园林如颐和园，在布局构图上都具有上述特点。尤其颐和园，整个布局以大面积山水——万寿山和昆明湖为主体和基本构架，形成山嵌水抱的大格局。主要建筑大都布置在前山前湖开阔景区，依山傍水而建。前山中央地区建置由佛寺殿宇组成的主体建筑群，规模庞大，耸立在高台上的佛香阁尤为壮观。建筑依山势层层而上，和山体融为一体，更显雄伟壮丽的皇家气派。其余分散建筑，则因地制宜，依地势高低自由合宜布局。前山南麓沿湖滨设置长廊，亭轩堂馆皆临水而建，与湖光山色互相融合，相得益彰。水面广阔的昆明湖虽然按传统仙境模式形成"一湖三山"构图，但由水面、堤岸、岛屿、石桥等构成的全部湖区景色则呈现为天成的自然风光。沿着蜿蜒曲折、绿树成荫的湖堤走去，一种"纳千顷之汪洋，收四时之烂漫"的天然之趣油然而生。

最后，从造园要素利用和处理看，西方园林都采用规整式、几何式、图案式等方式，对地形、水体、花草、树木等造园要素进行人工化处理或再造，并不注意利用它们的天然形态和自然条件。如花木经过人工处理，建成整齐的花坛、绿篱、草坪和林荫大道；水体经过人工再造，构成规则的水池、喷泉、瀑布和大运河。和此相匹配，各种雕像层出不穷，也是西

---

① 计成：《园冶》卷一。
② 《吴群图经纪南园》。

方园林的重要景观。与此不同，中国园林利用和处理各种造园要素非常注重原有自然条件，并竭力保持景物的天然形态。人对各种造园要素的加工改造，都是对其自然条件和天然形态的提升和完善。计成在《园冶》中一再强调造园要充分利用各种自然因素，因地成形，就地取材，使一切景物皆成自然天成之态。如花树虽经培植，却以自然生长状态散置建筑旁和山水间，罕见修饰整齐的花坛和笔直的林荫道；水体虽经疏导，却似天然状态的湖、池和溪流，少有规整化的水池、喷泉和运河。与西方园林多置雕像不同，中国园林重视掇山叠石，使假山、湖石的设置成为独特景观。计成的《园冶》设专节论"掇山"和"选石"；李渔的《闲情偶寄》也有专节论"山石"，可见假山、湖石在中国园林构成要素中的特殊地位。假山、湖石在江南园林中运用十分广泛，苏州留园中的冠云峰堪称一绝。"片山块石，似有野致"[①]，巧夺天工的假山湖石以其天然之趣，凸显中国园林崇尚自然之美的特点。

二

尽管对自然美与人工美的不同强调形成了中西园林艺术的基本差别，但仅就这一方面还不能完全概括中国园林艺术的精髓和本质特点。关于中国园林艺术的本质和精髓，学界有两种相反看法。一种意见认为，"追求意境是中国古典园林的本质特征"[②]；另一种意见认为，"追寻自然之本质恰好是中国园林艺术的精髓所在"。[③] 我认为，这两种概括都不够全面。因为在中国园林艺术中，崇尚自然美和追求意境美，两者不是分割和对立的，而是结合和统一的。如果说，西方园林艺术审美上的本质特点是人工美和形式美的统一，那么，中国园林艺术审美上的本质特点就在于自然美和意境美的统一。

西方园林艺术将人工美与形式美结合起来的特点，比较容易认识和把握。因为西方园林布局和要素的一切人为加工和创造，都是在传统的形式

① 计成：《园冶》卷三。
② 刘海燕：《中外造园艺术》，中国建筑工业出版社 2009 年版，第 87 页。
③ 周武忠：《寻求伊甸园——中西古典园林艺术之比较》，东南大学出版社 2001 年版，第184 页。

美原则的指导下进行的。可以说，各种人为加工再造的手段，都是为了实现创造形式美的目的。对于形式美的追求是西方美学思想最重要的一种传统。从古希腊的毕达哥拉斯学派，经过文艺复兴艺术家，到近代经验主义和理性主义美学家，对形式美法则的探求连绵不断。比例、对称、均衡、和谐、秩序、变化、多样、统一等形式法则，成为西方艺术家永恒不变的审美追求。在园林艺术创造中，尤为如此。黑格尔在《美学》中指出，西方园林是用建筑艺术的秩序安排，整齐一律和平衡对称方式来安排自然事物。也就是说，要用形式美的法则改造自然事物，以创造园林形式美为目的。他说："最彻底地运用建筑原则于园林艺术的是法国的园子，他们照例接近高大的宫殿，树木是栽成有规律的行列，形成林荫大道，修剪得很整齐，围墙也是用修剪整齐的篱笆来造成的，这样就把大自然改造成为一座露天的广厦。"[①] 这就是人工美和形式美结合的典型成果。

对于中国园林将自然美与意境美统一起来的特点，许多人往往感到不易理解。因为自然美侧重在客体自然事物的形式外貌，而意境美则要求主体内在情思的参与，是主体和客体、情与物、思与境的融合与统一，两者差别似乎很大。实际并非如此。我们知道，意境作为中国传统美学的一个基本范畴，来源于先秦哲学的"意"、"象"和佛教术语的"意"、"境"。南朝时代的刘勰在《文心雕龙》中集中论到文学创作中主观情思与客观物象的关系，提出"物以貌求，心以理应"的构思理论，为"意境"说奠定了基础。至唐代诗论，便正式提出"意境"范畴，发展为要求"思与境偕"、"意与境合"的"意境"说。宋至明清"意境"说进一步发展，王夫之从情景交融上阐明意境，提出"景以情合，情以景生"、"情中景"、"景中情"的精辟论述。意境范畴在发展中被广泛运用到文学、绘画等艺术形象的创造中，形成中国艺术特有的意境美。中国园林意境美的追求，和文学、绘画密切相关。它是由园林的自然景观与创作者、欣赏者的情感、想象互相交融而产生的一种艺术境界。因此，它和自然美不是分割的、对立的，而是结合的、统一的。在园林艺术意境美的创造中，创作者和欣赏者须以自然美为基础和重要来源，在自然景物中寻求能与人的审美情趣和感情相共鸣、相契合之点，将特定感情和趣味寄寓于自然景物之中。可见，园林意境美始终不能脱离自然美。另一方面，中国园林艺术

---

① 黑格尔:《美学》，朱光潜译，商务印书馆1979年版，第105页。

又不是单纯的描摹自然，而是要在对自然进行选择和加工中，融入人的审美情趣和理想，将自然美提升为意境美。所以，追求自然美和意境美的和谐统一，是中国园林美学的核心思想。计成论造园之道，既讲客观自然条件，又讲主观设计精妙；既讲选景、造景、借景，又讲寓情于景、触景生情；既强调天然之趣，又推崇神游之乐。所谓"因借无由，触情俱是……物情所逗，目寄心期"①，"触景生奇，含情多致"②，等等，就是对园林意境美的创造及其与自然美相统一关系所作的精辟概括。西方近代出现的英国自然风景园，由于深受中国园林艺术西传的影响，采用自由式布置方式，注重模仿自然，但它对中国园林的仿效，仅得其形，未得其神，故无法理解和实现自然美与意境美统一这一精髓。

为了创造园林意境美，实现自然美和意境美的统一，中国园林艺术在造园思想、原则、手法上都有许多创造。其中，特别独特并值得称道的有"巧于因借"、虚实相生以及诗文入景等。

"巧于因借，精在体宜"是计成在《园冶》中提出的重要造园原则和手段。按照他的解释，"因"主要指如何顺应自然条件，置景造景；"借"主要指如何利用自然环境，得景借景。两者都要做到"得体合宜"，方能达到精妙。这里既涉及营造自然美的问题，也涉及创造意境美的问题。特别是"借景"一说，具有丰富的美学内涵。计成说："夫借景，林园之最要者也。"③ 借景有远借、邻借、仰借、俯借、应时而借等各种方式，既有园内各种景物的互相借资，更有园内外景物的互相借衬。诚如计成所言："借者，园虽别内外，得景则无拘远近。晴峦耸秀，绀宇凌空，极目所至，俗则屏之，嘉则收之，不分町疃，尽为烟景。"④ 借景虽然需要巧妙利用园内外自然景物，却不是对自然景物的被动接受，而是在设计者审美意识和情感主导下，对于自然景物的再选择、再组合。计成说："因借无由，触情俱是。"⑤ 也就是说，借景的根据是要能触景生情，情景交融。只要能"触情"，无不可借。所以，通过借景，既可扩大和丰富园林自然景观，形成景物之间的关联，为观赏者提供丰富的想象空间，又可寄情于

① 计成：《园冶》卷三。
② 同上。
③ 同上。
④ 计成：《园冶》卷一。
⑤ 计成：《园冶》卷三。

自然景物及其综合关系之中，达到"物情所逗，目寄心期"，由此进而实现自然美和意境美的统一。颐和园借玉泉山，避暑山庄借磬锤峰，寄畅园借锡山之塔等，都是借景成功的范例。

虚实结合、虚实相生是中国古代美学的一个重要思想，也是创造艺术意境的一个重要方法。它和意境、情景、形神、疏密、显隐等范畴交织在一起。深受文学、绘画影响的中国园林艺术，在创造园林意境中广泛运用了这些手法。在园林意境创造中，"实"指实体景物，"虚"指风景空间。景物亦有虚实之分，山石、湖池、花木、建筑等为实景，旭日、夜月、朝晖、晚霞等为虚景，水面倒影、镜中映相也是一种虚景。泛言之，近景为实，远景为虚；密景为实，疏景为虚；显露之景为实，隐藏之景为虚；山景为实，水景为虚，等等。虚实也包括形神、景情的关系，即所谓"以景为实，以意为虚"。①"虚"、"实"是对立统一、相依相生关系。通过虚实结合、虚实互用、虚实相生，不仅可以形成变化多样、气象万千的自然之美，而且可以形成"象外之象，景外之景"②，营造含蓄蕴藉、激发想象的审美空间，以有限的园林实体景象表现无限的意象和情思，创造出深远、隽永的意境之美。西湖之平湖秋月、断桥残雪、雷峰夕照等景观，就是虚实结合形成的、引发无穷联想和想象的审美佳境。

诗文入景是中国园林意境创造的独特手法。中国园林艺术和诗歌、文学、绘画等艺术有着深刻联系。许多文学家、诗人、画家也是造园家。所以，追求"诗情画意"成为造园的优秀传统。诗画创作中的比、兴、移情、拟人等表现手法也被运用到园林意境创造中来。如被文人称为岁寒三友的松、竹、梅便格外受到造园家的青睐。以诗文意趣融入园景，更是形成诗情画意的巧妙方法。作为景点题名的匾额和常与匾额匹配的楹联，往往体现着造园者或园主的构思和情趣，它们和景物融为一体，相互映衬，彼此烘托，既丰富和扩大了景观，唤起了联想和想象，又深化和延伸了意念，引发兴致和情感，对创造园林意境起到画龙点睛作用。如拙政园中面对荷池而建的"远香堂"，题名采自宋代周敦颐《爱莲说》"香远益清，亭亭净植"句，匾额将景物和情思融为一体，意境顿出。

①　黄宗羲：《景州诗集序》，《中国美学史资料选编》下册，中华书局1981年版，第209页。

②　司空图：《诗品集解》，郭绍虞集解，人民文学出版社1981年版，第52页。

三

中西园林艺术在艺术风格和审美特点上的差异，是在中西不同传统文化思想影响下形成的。两种不同的造园体系，体现着两种不同文化精神。

首先，中西文化思想对人与自然关系有着不同的理解和态度，这是形成中西园林艺术差异的主要哲学思想基础。中国传统文化思想的主要特点是比较重视人与自然的统一与和谐的关系，强调人对自然的顺应和利用；而西方文化思想则比较重视人与自然的对立和斗争的关系，强调人对自然的控制和征服。在西方古希腊哲学中，普罗泰戈拉提出了"人是万物的尺度"的著名命题，显示了对人的主体地位和作用的高度重视和强调。到了近代，随着自然科学发展和科学技术进步，人类改造和征服自然的作用和力量，在哲学和文化思想上，得到空前的强调和张扬。培根的"知识就是力量"的论断，肯定人类发展科学技术就是要提高征服自然的能力。笛卡尔明确提出"借助实践使自己成为自然的主人和统治者"的观点，康德也提出"人是自然的立法者"的重要命题，都是将人置于自然之上，突出人的主体性和作用。尽管这些思想在当时具有进步意义，但也片面强调了人对自然的统治和征服，强化了人与自然的对立和斗争关系。在这种文化思想背景和影响下，西方园林艺术必然会将人为因素置于自然因素之上，让自然服从人的安排，突出人工雕琢之美，以人工化的建筑和景观代替天成自然之美。

关于人与自然的关系，中国古代虽然也有强调"天人之分"的观点，但占主导地位的是"天人合一"思想。天人合一作为中国传统哲学的基本观念，发源于先秦，历经演变，到宋代达到成熟。这一思想包括复杂内容，按照我国著名哲学家张岱年先生的归纳，其合理的、有价值的重要思想，主要是肯定人与自然的统一关系，认为人是自然界的一部分，人应该服从自然界的普遍规律，人类的生活理想是天人的调谐。《周易大传》说："先天而天弗违，后天而奉天时"，"财成天地之道，辅相天地之宜"，就是讲人与自然要达到相协调的境界。宋代张载明确提出"天人合一"的命题，认为人是天地即自然的产物，人与自然都具有客观实在性，彼此合成一个整体。庄子的天人合一思想属于另一种类型。他认为天是自然，人是自然的一部分,"人与天一也"。但他又强调以自然反对人为,主张人完全顺应自然。这固然有消极思想,但强调人要遵循自然规律则是合理的。这种天人合一思想对中国传统美学思想和文学艺术创作,产生了直接而深远影响,形成了中国传统美学和艺术强调自然和谐的天成之美,以及崇尚情景交融的意境之美的特点。自魏晋以来,在日益成熟的中国山水诗、画和散文中,山水自然美成为自觉的审美对象,对自然美和意境美的创造和融合,都达到极高的成就。这一切也都极大地影响着中国园林艺术特点的形成,使崇尚天成自然之美和追求自然美与意境美的统一,成为中国园林艺术区别于西方园林艺术的独特标志。

其次,中西文化的差异还突出表现在思维方式的区别,这是形成中西园林艺术不同本质特点的更深刻的原因。按照我国著名学者季羡林和张岱年两位先生的概括,西方哲学和文化以形而上学思维方式为主,其特点是注重分析,是分析思维方式;中国哲学和文化以辩证思维方式为主,其特点是注意综合,是综合思维方式。这种认识也得到西方学者认同。如美国著名文化心理学家尼斯比特认为,西方思维方式以逻辑和分析思维为特征,中国和东方思维方式以辩证和整体思维为主要特征。西方分析思维方式往往用孤立的、分割的观点看事物,注重一分为二,比较强调对立面的互相排斥和斗争;中国综合思维方式则用联系的、整体的观点看事物,注重合二而一,比较强调对立面的互相联系和统一。西方哲学从古希腊开始,就非常重视形式逻辑,辩证思维也很丰富。赫拉克利特最早在西方提出对立面统一和斗争的辩证法思想,但他更强调对立面之间的斗争。到了近代初期,分解的研究方法占据主导地位,导致形而上学的思维方式。近代西方哲学家主张主客、心物、思有对立二分的二元论,将主体和客体、人和自然、现象和本质等都看成是二元对立的、分割的。这种思维方式对西方美学思想和艺术发展影响非常大,致使对于美和艺术中主体与客体、人与自然、普遍与特殊、感性与理性、内容与形式等关系,往往形成片面化的理解,对于形式美及其构成原则也往往形成孤立的、绝对的、片面的看法。这也是西方园林艺术片面强调人工美,过分看重几何式、规则式的形式美的一个重要思想原因。

中国传统哲学的辩证思维起源甚早,先秦老子就十分重视事物的矛盾性,强调对立面的相互联系和转化。宋代张载提出"一物两体",认为任何事物都有对立两个方面,对立面既对立又统一;事物之间不是孤立的，而是处在一定联系之中的。明代王夫之发展了张载的思想，认为对立面有机结合于一个整体之中，不能互相分离。这种注重事物普遍联系和整体的思想，深深印刻在中国传统美学思想和艺术之中，致使中国美学的基本范畴表现为多方面规定的综合，或两个对立规定的结合。如意境，就是形与神、思与物、情与景、实与虚以及人与自然等多个对立面规定的结合，是综合思维的产物。中国园林艺术不是将人工美与自然美、自然美与意境美看成为互相排斥和对立的，而是看作为互相联系和统一的。它将人工美融化于自然美，又将自然美提升为意境美，追求自然美和意境美的统一，从深层思想上看，正是得力于综合思维。

四

中国园林艺术崇尚自然美，追求自然美与意境美相统一的本质特点，以及由此体现的人与自然和谐统一、和谐共生的哲学理念，充分表现了中国传统文化的生态审美智慧，为当代生态美学的建设提供了一份难得的重要思想资源。

生态美学是在当代人类生存环境急剧恶化和生态文明建设日益迫切的时代条件下，应运而生的一门新的交叉学科。它和生态学、生态哲学、生态伦理学、美学、文艺学等都有密切关系。关于它的研究对象和范围，目前还处于探讨之中。较有影响的表述有"人与自然的生态审美关系"、"人与自然、人与环境之间的生态审美关系"、"人与自然、社会以及自身的生态审美关系"等。不论哪种表述和理解，有一点是共同的，就是认为人与自然的生态审美关系是生态美学研究基础和出发点。生态美学按照生态学世界观，把人与自然和环境的关系作为一个复合生态系统和有机整体，并从人与自然和环境的审美关系的视角来审视其价值和特性。[①] 所谓人与自然的生态审美关系，实质就是人与自然在生态系统中的和谐统一、和谐共生的关系。失去了生态系统中人与自然的和谐统一，就无法形成人与自然的生态审美关系。海德格尔提出的"诗意的栖居"的美学命题，被人们看作是对于人和自然的生态审美关系的哲学的诗意的表达，而人要

———————

① 参见彭立勋《生态美学：人与环境关系的审美视角》，《光明日报》2002 年 2 月 19 日。

达到这样一种生存境界，就必须与自然形成亲和友好的关系。所以，海德格尔才一反西方传统思想，提出人类要"拯救大地"，"并不控制大地、并不征服大地"①，从而美好的生存在大地之上。中国园林艺术所体现的人与自然和谐统一的理念，同"诗意的栖居"的理想是一致的。在"虽由人作，宛自天开"、"巧于因借，精在体宜"等造园思想和原则指导下，中国园林艺术从构思布局到要素处理，都强调顺应自然条件，遵循自然规律，保护自然环境，利用自然形态，崇尚自然天成之美，这对维护人与自然和谐共生的生态系统，构建人与自然生态审美关系，都是具有重要启发意义的。

由人与自然环境组成的复合生态系统是人的因素与自然环境因素相互影响、相互作用形成的有机整体，而人与自然的生态审美关系，也是在人与自然互相影响、互相作用、互相交融中形成的。人类实践活动是人与自然互相作用的过程。马克思指出，人在实践中，"把整个自然界——首先作为人的直接的生活资料，其次作为人的生命活动的对象（材料）和工具——变成人的无机的身体。"② 在人与自然"持续不断地交互作用"中，"人却懂得按照任何一个种的尺度来进行生产，并且懂得处处都把固有的尺度运用于对象；因此，人也按照美的规律来构造。"③ 正是在人与自然交互作用中，自然因满足人的生存需要和审美需要，而对人展现出生态价值和审美价值。同时，也正是在人与自然的相互作用中，人才形成了感悟和体认自然的生态审美价值的能力。所以，人与自然的生态审美关系是人与自然、审美主体与审美客体互相作用、互相交融的结果。这种互相作用和交融既是人类长期的历史过程，也体现在人对自然的审美欣赏和艺术创造中。宗白华先生说："艺术意境的创造，是使客观景物做我主观情思的象征。我人心中情思起伏，波澜变化，仪态万千，不是一个固定的物象轮廓能够如量表出，只有大自然的全幅生动的山川草木，云烟明晦，才足于表象我们胸襟里蓬勃无尽的灵感气韵。"④ 这是对艺术创造中人与自然、审美主体与审美客体相互交融生态审美关系的生动描述。中国园林艺术的

---

①　孙周兴选编：《海德格尔选集》（下），生活·读书·新知三联书店1996年版，第1193页。

②　《马克思恩格斯文集》第一卷，人民出版社2009年版，第161页。

③　同上书，163页。

④　宗白华：《艺境》，安徽教育出版社2000年版，第5页。

创造和欣赏非常注意人与自然、审美主体与审美客体的互动交融。通过运用因借体宜、虚实相生、显隐互现、曲折婉转等造园原则和手法，一方面，充分展现大自然的盎然生机、万千气象和生动形象，"纳千顷之汪洋，收四时之烂漫"，尽显自然景观的"自成天然之趣"，使自然的生态审美价值得到无限释放；另一方面，深切融入和引发创作者和欣赏者的审美感受和情感体验，使自然景物的"因借"与审美主体的"触情"互相交融，"似多幽曲，更入深情"，"触景生奇，含情多致"，从而达到"物情所逗，目寄心期"，使自然天成之美升华为意境灵动之美。可以说，通过主客、物我互动交融，构建体现人与自然生态审美关系的园林意境，这是中国园林艺术的一个独特贡献。

作为一门正在形成中的学科，生态美学可以有两个发展方向。一是从哲学美学角度对人类生存状态进行思考，构建生态审美观和生态价值观；二是从经验美学的角度对生态环境建设进行探讨，促进生态保护和环境美化。这两方面的研究都可以对形成人与自然的生态审美关系，推动生态文明建设发挥积极作用。在生态美学的应用研究方面，生态城市、生态景观、生态设计、生态园林等理念的提出及实践，成为生态环境建设的新思潮，正在受到人们重视。美国生态美学家保罗·戈比斯特将生态美学应用于景观感知和评价的研究，对生态审美景观的营造，提出了一些很有价值的思想。他认为传统的风景美学将对景色的主观审美感受作为景观评估的唯一标准，可能会导致"审美—生态冲突"，因为"审美价值与生态价值之间具有潜在矛盾，即在生态上有重要性的景观可能由于它们在视觉上没有吸引力而不能得到保护"。据此，他提出要重视"生态审美在景观感知和评估中的作用"，使"景观的审美价值与生态价值相结合"。他说："生态美学主张审美价值和生态价值不可分割，并把这种关系的实现看作是首要的、更好的。"① 中国园林艺术早就注重景观的审美价值与生态价值的结合与统一。计成提出"虽由人作，宛自天开"的造园原则，主张"相地合宜，构园得体"，"涉门成趣，得景随形"，追求园林景观的"野致"和"自成天然之趣"等，都是强调在园林景观选择和营造中，要充分依据和利用自然条件和生态环境，使自然景观的审美价值和生态价值达到统

① 保罗·戈比斯特：《西方生态美学的进展：从景观感知与评估的视角看》，《学术研究》2010 年第 4 期。

一。正如保罗·戈比斯特所说："中国文化中环境美学所产生的影响可能会为审美价值与生态价值的更好结合提供一个机遇。"① 从当代生态美学新思潮反观中国园林艺术和美学思想，它所具有的生命力和价值，更加显得弥足珍贵。

（原载《艺术百家》2012 年第 6 期）

---

① 保罗·戈比斯特：《西方生态美学的进展：从景观感知与评估的视角看》，《学术研究》2010 年第 4 期。

附　录

彭立勋谈构建中国特色现代审美学

李明军①

推动审美学学科建设和体系创新

李明军：在中国当代美学界，你不仅研究审美活动和审美经验见长并形成鲜明的特色，而且是比较唯物的。你的代表作《美感心理研究》和《审美经验论》在美学界和文艺界都产生了较大影响，对中国当代美学在注重美的本质探讨的同时也关注审美和艺术问题研究起到推动作用。你是怎样选择和坚持这一研究方向的？

彭立勋：1980 年春，我赴北京筹建全国马列文论研究会，拜访了周扬、朱光潜、蔡仪等美学前辈，向他们请教了一些美学问题。同年 6 月，参加了在昆明召开的第一次全国美学会议，在大会上就马克思主义美学研究问题作了发言。接着，北京师范大学举办全国高校美学教师进修班，我在那里听了朱光潜、王朝闻、蔡仪、宗白华、李泽厚等著名美学家的讲课。在此期间，我主要学习和研究了马克思《1844 年经济学哲学手稿》。经过学习和思考，我觉得当代中国各派美学对于美的本质的主张，各有优长，也各有缺陷，都难以完全令人信服。沿着旧的思路，难以获得突破。美固然具有客观性，却不能脱离人的审美活动而存在。因为只有通过人的审美活动，客观对象才对人显现出美的价值。但长期以来，我国美学界对审美活动和审美经验的研究严重不足。而现代西方美学却越来越重视审美经验的研究，实现了从美的本质到审美经验的研究重点的转移。这一切，

---

① 李明军，内蒙古民族大学文学院教授，文学博士，从事中国现当代文艺思潮研究。

都使我感到把审美经验作为研究重点，是大有可为的。于是，我将对于审美活动和审美经验的研究作为主攻方向。

1985 年，我的新著《美感心理研究》出版，这是新时期我国最早出版的审美心理研究专著之一。在书中，我将美学和心理学、社会学、文艺学等多种学科结合起来，对美感心理的性质、特点、要素、结构、过程、形态等作了比较全面、系统的研究和论述，对美感的心理结构和功能特性，以及美感发生的心理机制作了一些新的探索。此书出版后，反响较大，多次再版，获得了全国优秀畅销书奖。但我意犹未尽，继续研读了国内外一些相关研究成果，感到有许多问题有待深入探索。1987 年，国家教委选派我去剑桥大学做访问学者，利用这个难得的机会，我在国外阅读和收集了许多新资料，形成了一些新思想。回国后，撰写和出版了《审美经验论》。相对于《美感心理研究》，本书更加注重审美经验的复杂性和特殊性的考察，也更加注重对于审美心理特殊结构方式的研究，同时，在运用当代新学科、新方法和借鉴当代西方审美经验研究新成果方面，也作了更多新的尝试。书中以现代科学方法论为基础，以分析审美心理特殊结构方式为中心，构建了一个较完整的审美经验的理论体系。此书获得了广东省优秀社会科学研究成果专著一等奖。

除了审美经验研究之外，西方美学研究也是我着力较多的一个领域。我在英国考察和研究西方当代美学发展情况时，对重视审美经验研究的英国经验主义美学产生了浓厚兴趣，并且依凭剑桥大学得天独厚的图书资料优势，收集了较丰富的研究资料。后来，以此为基础，我将经验主义和理性主义两大美学派别单独列为一个研究课题，对其作全面、系统、综合、比较研究，撰写和出版了《趣味与理性：西方近代两大美学思潮》。这本书虽然是对西方近代两大美学思潮和派别的历史研究，但几乎涵盖了西方美学发展中产生的各种基本理论、学说、概念、范畴的探讨。其中，有关审美经验研究的历史梳理则是一个重点。

通过对审美活动和审美经验的理论研究和研究历史梳理，我觉得有必要提升到学科建设上加以推进。这促使我在原有研究成果的基础上再加发展，撰写和出版了《审美学现代建构论》，试图对审美学的学科体系建构、审美经验研究方式、理论观点创新以及构建中国特色现代审美学等做一些新的探索。这本书也是我长期从事审美学研究的心得和思想成果的一个小结。

李明军：你提出要把审美学作为一门独立的综合性的学科来建设，这对推进我国当代美学创新发展具有怎样的意义？

彭立勋：首先，这是美学本身转型发展的要求。西方美学的研究重点从美的本体、美的本质向审美主体、审美经验转移，是 20 世纪美学转型发展的重要表现。心理学美学的异军突起使审美经验独立成为美学的研究对象。从哲学、心理学、艺术学各种不同角度研究审美经验的学说和派别层出不穷。以致西方美学家不约而同地指出，审美经验以及与此相联系的各种艺术问题的研究已成为当代美学研究的重点。这种变革被公认为是当代美学区别于传统美学的一个主要标志。美学的这种变革必然推动学科的转型发展。在研究对象重点转移的同时，美学的学科体系和研究方法也产生了重要变化。许多当代有影响的美学家往往以审美经验作为构造全部美学体系的出发点，或作为研究所有美学问题的基础。这极大推动了审美学的建设和发展。我国 20 世纪 50 年代以后的美学大讨论，基本集中在美的本质问题上，造成审美经验研究的长期缺失。改革开放以来，追赶世界美学转型发展的趋势，对审美经验的研究有了长足发展，推进审美学学科建设和创新发展已成推进我国当代美学研究的必然之举。

其次，这也是美学回应艺术实践和现实生活的要求。美学研究本来是出于解释和指导艺术实践的需要，艺术向来是美学的主要研究对象。黑格尔认为美学的正当名称是"艺术哲学"。他说："我们真正研究对象是艺术美，只有艺术美才符合美的理念的实在。"可是，我们的许多美学研究几乎和艺术实际无关，美学研究和艺术研究成为不搭界的两大块。朱光潜先生说过，把美学和文艺创作实践割裂开来，悬空的孤立研究抽象的理论，就会成为"空头美学家"。要解决这个问题，就必须重视审美经验研究。因为审美经验研究是联结美和艺术研究的一座桥梁。从美的本质到艺术创造、艺术欣赏和批评，需要依靠审美经验来贯通。以艺术为中心研究审美经验和结合审美经验探讨艺术问题，将两者统一起来，已成为当代西方美学发展的重要趋势。这既是美学研究范式的转变，也是艺术研究范式的转变，极大地拉近了美学研究和艺术研究以及艺术创造和欣赏实践之间的距离。20 世纪末以来，随着审美文化研究、日常生活美学、环境美学、生态美学等陆续走向美学前沿，开始了美学面向现实生活的全方位转型。与这些领域相关的不同于艺术的审美经验成为美学家关注的新热点。这也对审美学研究提出了新的要求，并且成为推动审美学发展的新动力。

李明军：正如你所说，在西方现代美学中，对审美经验和相关艺术问题的研究已经有丰富的成果，审美学的各种形态都有发展。比较而言，我国的审美学建设还存在不足，你认为推进审美学建设要解决的主要问题是什么？

彭立勋：推进审美学学科建设，首先需要拓展和深化关于审美活动和审美经验的研究领域和问题，完善和创新审美学学科体系。审美活动和审美经验是审美学的研究对象，也是构建审美学学科体系的出发点。但是，什么是审美经验？应当从哪些方面进行深入研究？包括哪些需要研究和解决的课题，等等，都是需要进一步探讨的问题。目前，人们普遍认为审美经验主要是指人在欣赏和创造美和艺术时发生的心理活动，因此将审美心理活动研究作为审美学的研究重点。这是有一定道理的。审美心理是审美经验产生的出发点，是一切审美意识形成的基础，因而审美心理研究也应成为审美学的主体构成部分。但如果因此将审美学和审美心理学完全等同起来，就忽视了审美经验的丰富内涵，把审美经验狭窄化了。

审美的意识活动表现为心理活动，但又不限于心理活动。审美意识作为审美主体对于审美对象的反映和反应，具有复杂的结构和不同的水平、不同的层次，包括不同的形式，既包括审美心理，也包括审美心理之外的其他各种审美意识形式。审美心理活动是审美意识的不够自觉的、不够定型的形式。除此之外，包括审美观念、审美趣味、审美理想、审美标准等在内的审美意识形式，是审美意识中的自觉的、定型化的形式。审美心理和其他审美意识形式是互相关联、互相作用的。审美观念、审美理想、审美标准等意识形式是在审美心理活动的基础上形成的，但它是对于审美心理的提炼和升华，是通过自觉活动形成的定型化的思想观念。审美心理活动总是在一定审美观念、审美理想、审美标准影响下发生的，是受这些审美意识形式制约的。此外，在审美心理活动基础上，在审美观念和审美标准制约下，审美主体对于审美对象的审美价值所产生的审美判断和审美评价，也是审美意识的一种重要形式。以上所述，都是审美活动和审美经验相关的内容，也都是审美学需要研究的对象，当然是审美学的学科体系建设必须包含的各个组成部分。

从当前情况看，审美心理部分的研究比较受重视，成果也比较丰富。相对而言，对于审美意识的历史起源、社会本质和发展规律的研究，对于审美理想、审美趣味、审美标准、审美价值、审美判断、审美评价等问题的研究，则显得较为不足。虽然在西方审美学研究中，关于这些问题也有一些较为深刻的论述，但总的来看，成果并不理想。由于受到哲学观点的局限和存在问题的影响，许多西方美学家对于上述各种问题的看法仍较缺乏全面性、科学性。以艺术为主体的审美经验，既是一种心理现象，也是一种社会现象。对审美经验的考察和研究，不能仅仅停留在心理学层面，还必须从审美经验与人类社会实践关系深入揭示其社会历史本质和规律性。在这方面，普列汉诺夫在《没有地址的信》中运用唯物史观，从社会学角度，对原始民族审美感觉、审美趣味、审美观念与社会生活条件关系所作的精辟分析和论述，仍然是我们学习的典范。可惜在当代美学研究中，很少再能见到这方面具有丰富考察资料、富有真知灼见和说服力的成果。因此，如何在正确的哲学观点和方法指导下，将美学和价值论、心理学、社会学、文化人类学、艺术史和艺术批评等学科结合起来，对审美经验进行全方位研究，做出深入的分析和科学地阐明，是完善和创新审美学学科体系的一项重要任务。

更新审美经验研究的思维方式

李明军：你在《审美经验论》和《审美学现代建构论》中，都提出要更新审美经验研究思维方式，并倡导运用现代科学方法论于审美经验研究，这是出于怎样的考虑？

彭立勋：审美经验性质和特点是什么，审美经验的心理结构和发生机制怎样？这是审美学要解决的核心问题，是美学家长期以来要揭示的审美之谜。要在这些重要问题上得到突破，必须从更新思维方式入手。传统思维方式的一个根本特点，就是按照"孤立的因果链的模式"思考对象，把一切事物都看作由分立的、离散的部分或因素所构成，试图用孤立的组成部分去解释复杂系统的整体。这种思维方式在以往的审美经验研究中一直有很大影响。西方许多审美经验理论和学说的一大弊病，就在于脱离整体去孤立地分析其各个构成要素，乃至简单地把某种构成要素的性质和特性当作审美经验整体的性质和特性。这就容易造成一叶障目，不见泰山，难免对审美经验做出种种片面解释。从康德审美判断说、克罗齐的审美直觉说到弗洛伊德的审美无意识说等，无不存在同样的片面性。现代系统科学方法论突破了传统的思维方式,它把事物看作是由各部分、各要素在动态中相互作用、相互联系而形成的系统,要求从整体性出发,把对象始终作为一个有机的整体,从系统与要素、整体与部分、结构与功能的辩证关系上去把握对象。由于审美经验是一种包含许多异质要素的多方面的复合过程,是多种异质要素共同整合的结果,它的特性和规律只有在各种异质要素的整合中才能体现出来,因此,应用系统方法论这种新的思维方式或哲学方法论,对于纠正历来对于审美经验的一些片面理解,全面地、整体地认识审美经验的性质、特性和规律,就显得特别适合和重要。

按照系统论观点,系统整体水平上的性质和功能,不是由其构成要素孤立状态时的性质和功能或它们的叠加所形成的,而是由系统内各个要素相互联系和作用的内部方式即结构所决定的。审美经验和认知、道德及其他日常经验的区别主要不在于其构成要素的多寡,它的整体特性也不能由它的构成要素的孤立的特性或其相加的总和来解释,而是要由它的全部心理构成要素相互联系、相互作用所形成的特殊结构方式来说明。如果不认真研究在审美经验中感知和理解、知觉和情感、情感和理性、想象和思维、意识和无意识等各种异质要素是以何种特殊方式相互联系和作用的,不去认真分析美感中的特殊的认识结构、情感结构以及二者之间的相互关系,我们就无法从整体上去认识和把握审美经验的特性和功能。对于人们常常遇到的特殊的审美心理现象以及常常用于描述审美经验的特殊概念和范畴,如直觉性、愉悦性、形式感、移情作用、同情作用、非确定性、非功利性、不可言说性、意象、趣味,等等,也就不能从整体上给予科学的阐明。

李明军: 你以现代系统科学方法论为基础,通过分析审美心理的特殊结构方式,构建了独特的审美经验理论体系,受到同行专家高度评价。在这方面你获得了哪些新的认识和新的成果?

彭立勋: 我在《审美经验论》和《审美学现代建构论》等著作中,以系统科学方法论为基础,从审美经验特别是艺术创作和欣赏的经验出发,提出了审美心理系统整体论、审美认识结构方式论、审美情感结构方式论、美感发生中介机制论以及审美生成主客体互动论等理论观点,形成了一个较为完整的、独特的审美经验的理论体系。通过深入分析和探讨审美经验的特殊心理结构方式以及美感发生的中介机制,我确信审美经验的整体性质和特点不是由心理构成因素的孤立性质或各种心理因素相加的总和所决定的，而是由它的特殊心理结构方式决定的。审美中各种感性认识因素和理性认识因素以特殊方式相互联系、相互作用，形成感性与理性相统一的审美认识结构（形象观念、意象、形象思维等）；审美中情感因素和不同认识因素以特殊方式相互联系、相互作用，形成情感与认识相交融的多层次审美情感结构（情景互生、移情作用、同情共鸣、人物内心体验等）；审美认识结构和审美情感结构以特殊方式交互作用、相互协调，导致合规律性与合目的性相统一的自由和谐的心理活动，最终形成以情感愉悦和心灵感动为特点的审美总体体验。审美经验表现出的特殊心理现象如直觉性、形式感、愉悦性等，都是由于审美心理的特殊结构方式以及美的观念的中介作用所形成的整体效应。因此，发现并科学地解释审美心理的特殊结构方式，是揭示审美经验特殊规律的关键所在。

在审美经验形成中，美的观念的中介作用非常重要。康德在《判断力批判》中阐明的"美的理想"、"审美理念"就是一种美的观念。他说："我把审美理念理解为想象力的那样一种表象，它引起很多的思考，却没有任何一个确定的观念、也就是概念能够适合它，因而没有任何言说能够完全达到它并使它完全得到理解。"美的观念是审美心理特殊结构方式的产物和体现，是感性与理性、认识与情感、特殊与普遍、主观与客观、合规律性与合目的性的统一，集中表现着审美经验的系统整体性。美的观念的中介作用，既可以从皮亚杰的发生认识论关于同化和顺应理论得到科学说明，也可以从现代控制论关于大脑活动受非约束性信息与约束性信息双重决定作用理论得到有力支撑。弄清美的观念在美感发生中的中介作用及其形成心理机制，是揭示审美心理奥秘的重要突破口。

如果我们能从审美经验的特殊结构方式去认识和把握审美经验的整体性质和特性，那么对美学中长期争议的审美非功利问题就可以有新的认识。人们在获得审美愉快时，确实没有自觉的个人利害考虑，但这种愉快是审美中各种心理要素以特殊方式相互作用、共同整合的结果，其中已渗透着想象、理解、情感、意愿等心理要素，而人的这些心理要素及其形成的整体意识总是自觉不自觉地受到一定的社会生活条件制约的。所以，审美愉悦的个人主观形式中必然蕴含着客观社会功利内容，是非功利性与功利性的统一。这就是为什么艺术的审美愉悦功能和教育感化功能总不能偏废的原因。

推进中国特色现代审美学建设

李明军：你在《审美学现代建构论》中认为，对百年中国现代审美学发展进行系统的科学分析和总结，是推进中国特色现代审美学建设的重要前提。你对王国维、朱光潜、宗白华审美学研究的比较分析相当精确，对中西结合探索经验的总结也非常深刻。

彭立勋：百年中国现代审美学是在不断探索西方美学和中国美学及文艺传统相结合中向前发展的。如何接受西方美学影响并使之与中国传统美学相交融，是中国现代审美学建设需要解决的一个主要问题。由于中、西美学在理论形态和范畴、话语及表达方式上都存在明显的差异，因此，在两者的结合中，如何使双方互相沟通，在观点、概念、范畴上产生彼此关联，同时又保持各自的特色和优点，在融合、互补中进行新的理论创造，成为实践中一个难题。在解决这个难题中，20 世纪前期在审美学研究中进行的中西结合的探索，有过多种多样的尝试，提供了许多好的经验。从王国维、朱光潜到宗白华，既能准确地把握中西美学的融通之点，又能充分展示中西美学各自的特色，做到异中有同，同中有异，在比较、融合、互补中实现观点和理论的创新。

值得注意的是，在实现这一目标中，王国维、朱光潜、宗白华都发挥了个人的独创性，采用了各自不同方式。如王国维主要是运用西方美学的新理论、新观念和新方法，研究中国古典文艺作品和审美经验，对中国传统审美学思想范畴进行新的阐发。他的"境界"说堪称运用西方美学观念和方法阐释中国传统审美学范畴的经典成果。朱光潜则以西方美学理论特别是各种现代心理学美学的理论为骨干，补之于中国传统美学思想和概念，试图建构一个中西结合的心理学美学体系。《文艺心理学》从体系上看，基本是以西方审美学理论和范畴为框架的，但具体论述中，却处处结合着中国传统审美学观念和文艺创作的经验，两者互相印证，达到"移西方文化之花接中国文化传统之木"。至于宗白华，则以中国艺术的审美经验以及中国传统美学思想为本位，着重于中西艺术审美经验和美学思想的比较研究，在比较中探寻中国艺术创造和审美心理的特色，发掘中国艺术和传统美学思想的精微奥妙。他对于中西艺术不同审美特点和表现形式的分析，对于中国艺术意境的"特构"和深层创构的发掘，至今无人企及。尽管他们各自探索中西美学结合方式不同，但着眼点却都是要通过吸收、借鉴西方美学和继承、改造传统美学，形成独特的见解，创造新鲜的理论。这一成功经验对于我们推进中国特色现代审美学建设具有重要意义。

虽然百年来中国审美学建设沿着中西结合之路，获得了丰硕成果，但仍然存在一些问题。由于盲目崇拜，自觉或不自觉地把形成于西方文化土壤、哲学基础及文艺传统之中的西方美学理论、概念、范畴，无限扩大为一种普泛性的范式和标准，试图用它去套中国文艺创作实践和传统美学思想，结果就出现了"以西格中"、生搬硬套的现象。这就使中国现代审美学建设在民族化、本土化方面存在严重不足。这个问题如不解决，势必影响中国特色现代审美学的建设。鉴于此，我们必须调整中西美学结合研究的思维方式和方法，改变以西方美学为本位和普遍原则，简单接受移植的研究方式，倡导中西美学之间的文化对话，把中西美学的结合看作是对话式的、多声道的，而不是单向或单声道的，使中西美学结合真正成为一种跨文化的互动，在真正平等而有效的对话的基础上，达到中西美学的互识、互鉴、互补。

李明军：你将推动中国传统审美学思想创造性转化，使其与中国当代审美和文艺实践相结合，作为建设中国特色现代审美学的关键问题，很有见地。那么，究竟应当如何推动中国传统审美学思想的创造性转化，传统审美学思想对构建中国特色现代审美学具有怎样的价值？

彭立勋：建设中国特色现代审美学需要对中国优秀的传统审美学思想进行创造性转化。实现这一目标，应从两方面努力。首先要进一步深入研究和揭示中国传统审美学思想特点。尽管 20 世纪以来，对中国古代审美学思想的研究已有重要进展，中国传统审美学思想的一些重要概念和范畴正在逐步得到较深入的阐释，中西审美学思想的不同特点也在比较中逐步得到较明晰的揭示，但是对中国古代审美学思想进行全面清理和系统研究仍嫌不足，对中国特有的审美学的范畴、概念和命题进行深刻挖掘和创造性阐发仍需加强。中国传统审美学思想不仅有其独特观念、命题和概念范畴，而且有其独特的理论形态和思维方式，而这些又是同中国传统文化和艺术审美经验的特点相联系的。在中国传统哲学辩证思维方式影响下，中国传统审美学思想强调审美中主客体的辩证统一和二者的相互作用，强调审美中情感因素和理性因素的互相渗透和有机融合，张调审美的愉悦性与陶冶性相结合和相统一，视审美观照和审美经验为一种超越性人生境界。它所形成的一系列基本学说和范畴，和西方美学的基本理论和范畴，构成具有不同内涵、优势和特点的两大美学体系，不仅具有鲜明的民族特色，也为世界美学作出了独特贡献。从中国哲学特有的思维方式和传统文化的独特语境出发，全面、系统分析其形成和演变，准确、科学地揭示和把握其内涵和特点，使其成为具有中国民族特色的传统审美学思想理论体系，是在新的现实条件下对其加以继承和发展的基础和前提。中西比较研究对于揭示中国审美学思想的特点不失为一种好方法，而且可以在比较中看出中西美学思想各自的优势和互补性。新时期以来这种比较研究有了较大进展，但要注意避免比较中的生拉硬扯、以偏概全及主观臆断等现象，使比较研究真正建立在对中西美学思想的科学分析和真知灼见的基础上。

其次，要从现实生活以及审美和艺术实践需要出发，从新时代高度，对传统审美学思想进行新的审视和创造性阐释，使其与当代审美观念与艺术实践相结合，成为构建中国特色现代审美学的有机组成部分。近年来，美学界和文艺理论界讨论的中国古典美学和文论的现代转型或现代转换问题，对促进中国特色现代审美学和文艺学建设十分有益。我们所理解的"现代转型"和"现代转换"，就是从新的时代和历史高度，用当代的眼光对传统美学和文艺理论中的命题、学说、概念、范畴和话语体系进行新的阐述和创造性发挥，以展示其在今天所具有的价值和意义，从而使其与当代美学和文艺观念相交织、相融合，共同形成中国特色现代美学和文艺学的新的理论形态和话语体系。中国传统诗文理论中一直贯穿着"心物感应"说、"情景交融"说，既肯定审美活动和文艺创作的客观来源，又强调主客、心物、情景之间的互相联系、互相作用、互相交融；也一直倡导"情志一体"说、"情理交至"说，既肯定审美活动和文艺创作的情感特点，又强调情感和理性的互相渗透、互相制约、互相交织，这些充满唯物辩证的审美学思想，是中国传统美学思想的精华，经过创造性转化，和中国特色现代审美学和文艺理论的观点和话语体系是完全相融合的，对中国特色现代审美学和文艺理论建设具有极其重要的理论价值。

推动中国传统审美学和文艺理论的创造性转化，需要研究者既有对中国古典美学和文论的透彻理解，又有对符合时代要求的当代审美意识和文艺观念的准确把握；既要回到原点，从中国文化特定语境中深入理解传统美学与文艺理论观念和范畴的历史本来含义，又要立足当代，对传统美学与文艺理论观念和范畴的时代价值和当代意义重新发现和创造性转化，使两者真正达到融会贯通、水乳交融。这是一项具有探索性和开拓性的工作，应当提倡和鼓励探索多种多样的研究途径、研究方法，创造多种多样的理论形态和理论体系。我们应在过去研究成绩的基础上，更自觉地推动这项工作，使研究更加深刻化、系统化，更具有完整性和创新性，从而推动中国特色现代审美学建设。

李明军：美学研究与哲学研究密切相关，美学思想总是以一定哲学方法论为基础建立起来的。你提出建设中国特色现代审美学必须确立正确的、科学的方法论，这是一个带方向性的问题，对当前美学和文艺研究具有很强的现实意义。

彭立勋：20 世纪以来，中国审美学发展历程和当代美学论争都表明，要建立科学的现代审美学体系，必须使审美活动和审美经验研究建立在正确的、科学的方法论的基础之上。方法论有不同层次，最高层次的就是哲学方法论。审美学研究要沿着正确的方向前进，必须有科学的哲学方法论作指导。审美学中的一些根本问题，本来就同哲学的基本问题密切联系，何况美学本身就属于哲学的领域。审美学研究只有在正确的哲学方法论指导下，才能取得真正科学的成果。它从经验或实验以及其他相关学科中获取的大量资料，更需要进行哲学的综合。如果没有哲学的帮助，要形成、解释、阐述审美学的概念、范畴、理论并形成体系，将是不可能的。建构有中国特色的现代审美学体系所需要的哲学方法论，既不是否定审美经验具有客观来源和社会制约性的主观唯心主义，也不是否定审美主体在审美经验中具有能动作用的机械唯物主义，而只能是辩证唯物主义和历史唯物主义。马克思主义的实践论和辩证唯物主义的能动反映论，应当是科学的审美学的方法论基础。哲学方法论的区别，不仅可以使我们能站在一个理论制高点上去审视、鉴别西方各种现代审美学流派和思潮，真正从中吸取科学的、合理的成果，避免生吞活剥、亦步亦趋，而且将使我们建构的科学的、现代的审美学体系真正具有不同于西方审美学的理论特色。

现在，美学界、文艺界思想活跃，学术观点越来越向多元化发展。这就更加需要强调确立正确的、科学的哲学方法论。当前在美学和文艺领域产生的许多理论分歧和争论，归根结底还是哲学方法论上的分歧所引起的。有的人在美学和文艺理论研究中，不加分析地搬用某些现代西方哲学理论作为基础，或者用某些现代西方哲学理论来改造马克思主义的哲学观点。这就在哲学方法论上产生了问题。以此作为研究美学和文艺问题的出发点，在观点上难免不出现偏颇。这也从另一方面说明确立正确的哲学方法论对于美学和文艺研究沿着正确方向前进是至关重要的。

哲学的方法论只能包括而不能代替具体学科的方法论。审美学与其密切相关的心理学一样，还是一门正在走向成熟的学科，它的具体的研究方法还处在发展和更新之中。当前西方心理学美学的发展趋势是越来越重视多种研究方法的综合运用，可供我们借鉴。审美学要形成独立的学科并取得科学的成果，绝不能简单地套用一般心理学的方法，而必须形成适合本身研究对象和内容的独特的方法。一般心理学研究方法的发展趋势将是越来越自然科学化，越来越强调定量分析的重要性。而审美心理研究则由于其研究对象本身具有更为复杂的社会人文内涵，具有社会性精神现象的微妙难测的特点，因此，要达到完全自然科学化和定量分析，肯定是难以实现的。这就使审美学的特殊方法成为审美学发展中不能不引起高度重视的一个问题。对审美经验的研究不仅要借助心理学，也要借助社会学、文化人类学、文艺学、符号学等，这就必然使审美学的研究方法具有综合性和多学科性。我们应当在推进审美学学科建设中，继续探索符合学科研究对象和内容的特殊研究方法，这也是推动中国特色现代审美学建设和创新发展的一个重要方面。

（原载王文革、李明军、熊元义

主编《当代文艺理论家如是说》，中国文联出版社 2015 年版）

审美学的理论创新与学科建构

——美学家彭立勋先生访谈录

章 辉[①]

摘要： 彭立勋教授是我国新时期审美经验研究领域代表性美学家之一，他提出了更新审美经验研究思维方式、创新审美经验研究理论框架、建构审美学完整学科体系、推动中西审美学融合创新发展、建设中国特色现代审美学等学术观点，对审美学学科性质和研究领域、审美经验特殊心理结构方式和发生机制、西方审美学发展演变和评价、中国传统审美学思想特点和创造性转化等问题提出了一系列独特见解，为审美学的理论创新和学科建构做出了贡献。

关键词： 审美经验；审美学；理论体系；学科建设；中国特色

创新审美经验研究理论体系

章辉： 你从 20 世纪 80 年代初开始，长期从事美学研究，在审美学、西方美学、比较美学、文艺美学等领域建树颇丰，并形成自己鲜明的学术特色，被同行称为我国新时期审美经验研究领域代表性美学家之一。你在《审美经验论》一书中提出要更新审美经验研究的思维方式，并倡导运用现代科学方法论于审美经验研究，这对于审美学的理论创新有何重要意义？

---

① 章辉，三峡大学文学与传媒学院"楚天学者"特聘教授，文学博士，从事美学和文艺理论研究。

彭立勋：虽然对审美经验的研究，早已引起众多美学家的重视和兴趣，但是，人们至今对其规律的认识还是有限的。有的当代西方美学家甚至认为，迄今为止对于审美经验的主要内容进行透彻研究的人寥寥无几。这可能是对已有研究成果估计不足，但也反映出美学界对现有的研究水平的不满。如何在更高水平上对审美经验进行全面、透彻的研究，以求得对于它的特殊性质和规律有更深入、更切实的认识，是摆在当代美学家面前的一项艰巨任务。我认为，要在现代水平上对审美经验做出新的、深入的分析，必须借鉴现代科学方法论，在更新思维方式上做出更大的努力。传统思维方式的一个根本特点，就是按照"孤立的因果链的模式"思考对象，把一切事物都看作由分立的、离散的部分或因素构成。这种思维方式在审美经验的分析中一直很有影响。其结果就形成偏重于对审美经验的各个构成要素、各个组成部分、各种表现形式进行分离的、孤立的分析，或者简单地把某种构成要素的性质当作审美经验整体的性质，或者孤立地将某种表现形式的现象当作审美经验的全部规律。这就难以避免对审美经验做出种种片面的解释。当代科学技术已经由分化转向整合，由研究简单性现象发展到关注对象的复杂性，这就必然引起方法论基础的更新。适应这种变化，一种新的思维方法形成并发展起来，这就是系统方法。系统方法突破了习惯的思维方式，它把事物看作是由各部分、各要素在动态中相互作用、相互联系而形成的系统，要求从整体出发，把对象始终作为一个有机整体，从对象本身所固有的各个方面、各种联系上去考察对象，从系统与要素、整体与部分、结构与功能的辩证关系上去把握对象，从而能够把微观和宏观、还原论和整体论结合起来，以适应复杂性问题的解决。由于审美经验不是一种简单的、纯一的心理现象，而是一种包含着许多异质要素的多方面的复合过程，是多种异质要素共同整合的结果，它的特性和规律只有在各种异质要素的整合中才能体现出来。因此，应用系统方法论这种新的思维方式或哲学方法论，可以纠正历来对于审美经验的一些片面理解，为全面地、整体地认识审美经验的性质、特性和规律，开辟一条新的途径。这方面完形心理学美学已经做了一些尝试，并取得积极成果，充分证明运用现代科学方法论于审美经验研究是推动审美学创新的有效手段。

章辉：你以现代系统科学方法论为基础，通过分析审美心理的特殊结构方式，构建了独特的审美经验的理论体系，受到同行专家的高度评价。请介绍一下你在审美经验的理论体系建构上所取得的新的研究成果。

彭立勋：我在《审美经验论》和《审美学现代建构论》等著作中，以系统科学方法论为基础，以分析审美心理特殊结构方式为中心，从审美经验特别是艺术创作和欣赏的经验出发，提出了审美心理有机整体论、审美认识结构方式论、审美情感结构方式论、美感发生中介机制论以及审美生成主客体互动论等新的理论观点，形成了一个较为完整的、独特的审美经验的理论体系。

首先，提出并阐明了审美心理有机整体论。运用系统方法对审美经验进行宏观研究，首先要着眼于对审美经验的整体特性的总体分析和把握。一般系统论创立者贝塔朗菲认为，系统论是关于"整体性"的一般科学。系统方法包括要素分析，但不限于要素分析，它特别强调整体性，强调综合对于分析的统摄性。以往的许多审美经验理论的一大弊病，就在于脱离整体去孤立地分析其要素，乃至把其构成要素的某种特性当作整体的功能特性。西方一些很有影响的审美理论在解释审美经验的特性时，往往只注意到其构成要素的特殊性，却忽视了其要素构成方式的特殊性，所以在规定美感的特性时缺乏整体观念。它们或者强调美感即直觉（即低级的感觉活动），与理智无关（克罗齐）；或者认为美感只涉及情感，不能容纳认识（康德）；或者主张美感根源于无意识的欲望，不受意识支配（弗洛伊德），等等。实际上，直觉、情感、欲望乃至无意识的深层心理因素都不过是审美心理、审美经验的构成要素，它们各自孤立的性质或孤立性质相加的总和，都不能构成美感的整体特性和功能。按照系统论观点，系统整体水平上的性质和功能，不是由其构成要素孤立状态时的性质和功能或它们的叠加所形成的，而是由系统内各个要素相互联系和作用的内部方式即结构所决定的。审美经验和认知、道德及其他日常经验的区别主要不在于其构成要素的多寡，它的整体特性也不能由它的构成要素的孤立的特性或其相加的总和来解释，而是要由它的全部心理构成要素相互联系、相互作用所形成的特殊结构方式来说明。我们要科学地认识和把握审美经验的特性和功能，就必须把审美经验作为一个有机整体，深入研究在审美经验中各种异质要素是以何种特殊方式相互联系和作用的，从感性与理性、认识与情感、愉悦与陶冶的辩证统一中去把握审美经验的整体性。

其次，提出并论证了审美心理特殊结构方式论。系统论认为，要把握系统的整体特性，必须分析和了解系统内各要素相互联系和作用的内部方式，即结构。因为"系统的性质和这种整体性（非加和性）是由其结构决定的，即由系统要素的相互作用方式和联系方式决定的"（茹科夫）。这就要求在研究审美经验性质和特性时，必须把分析和掌握审美经验的特殊心理结构方式作为核心。审美心理结构是审美经验中各种心理要素之间形成的一种稳定的内部联系和互相作用的方式。审美经验的整体性质和特点就是由它的特殊心理结构方式所决定的。按照系统论的结构层次性、等级性原理，我们将审美心理结构分为审美认识结构和审美情感结构，分别考察它们的特殊结构方式和层次性。然后再将审美认识结构和审美情感结构结合起来，综合考察它们相互间的特殊结构方式和层次性。审美认识活动包括感知、表象、联想、想象、理解等不同认识层次，各种感性认识因素和理性认识因素以特殊方式相互联系、相互作用，形成感性与理性相统一的审美认识结构——形象观念和形象思维，具有"思与境偕"、"寓理于情"、"可解不可解之会"等审美特点。审美情感活动包括审美主体与对象互动中产生的各种情绪、激情和情感，它们与不同认识层次相联系，从浅层次、简单的情感发展到深层次、较复杂的情感，并形成不同的情感活动形式。较常见的审美情感活动形式有触景生情、移情作用、人物内心体验、同情共鸣等，它们互相结合构成多层次审美情感结构。审美认识结构和审美情感结构以特殊方式交互作用、相互协调，导致合规律性与合目的性相统一的自由和谐的心理活动，最终形成以情感愉悦和心灵感动为特点的审美总体体验。审美愉快的总体体验，不是某一种心理因素引起的，也不同于审美活动中伴随不同认识因素的各种情感因素。它是审美心理整体特殊结构方式的产物，具有复杂、丰富的心理内涵和心理原因。

最后，提出并探讨了审美发生中介机制论。审美经验不是审美主体对审美客体的简单反映，而是主体与客体相互作用的能动过程。客体对主体的影响，需要通过主体美的观念的中介作用，才能形成美感心理效应。美感发生往往是对于审美对象一见倾心，具有直觉性。这种现象只有通过美的观念的中介作用才能得到合理解释。在美感发生机制中，美的观念的中介作用非常关键。美的观念是审美心理特殊结构方式的产物和体现，是感性与理性、认识与情感、特殊与普遍、主观与客观、合规律性与合目的性的统一，集中表现出审美经验的系统整体性。康德在《判断力批判》中阐明的"美的理想"、"审美理念"也就是一种美的观念。美的观念的中介作用，可以从现代控制论信息论和心理学的新成果中得到更科学的说明。现代控制论提出，人的意识具有"信息—调节性质"，人的心理过程表现为双重决定作用：一方面，它受到从外部世界获得的非约束性信息的制约；另一方面，它又是受种族发生和个体发育中所积累的大脑的一切约束性信息影响的。这两种决定因素——外部的和内部的，外来的和内源的——总是处于密切的联系和交互作用之中。现代心理学对知觉的研究表明，知觉结构一方面是外部信号作用的结果，另一方面又来自主体，是主体贡献的结果。主体在实践和认识活动过程中形成的各种解释模型的系统，为认识客体对象提供了"观察点"、"视角"和"解码系统"，因而在主体反映客体中起着中介因素的作用。这都有助于从微观上去揭示审美经验发生的中介因素和内在机制，使审美经验研究取得新突破。

推进审美学学科建设

章辉：你在《审美学现代建构论》中将审美经验研究提升到学科建设层面，提出把审美学作为一门独立的综合性的学科来建设。你认为审美学和美学是什么关系？怎样界定审美学的研究对象？

彭立勋：关于审美学存在多种理解。有的著作取名《审美学》，实际研究内容和美学几乎完全一样。这就是把审美学等同于美学，只是用了不同的名称来称呼同一学科。按照这种理解，"Aesthetics"本来含义就是审美学，美学应该称作审美学。另一种理解是把审美学看作美学中的一个组成部分，如认为美学是由美的哲学、审美心理学、艺术社会学三个部分组成的。这种看法在我国当代美学研究中较有影响。还有一种理解，就是把审美学看作美学中相对独立的一门学科，或者说与美学密切联系的一门交叉学科。西方当代美学家多持这种看法。如《走向科学的美学》的作者、美国著名美学家托马斯·门罗认为，包括审美心理学、审美形态学、审美价值学在内的审美学，是一种经验科学和美学的分支学科。西方心理学美学家几乎都将心理学美学或审美心理学作为一门独立学科来看待，有的甚至将它看成心理学的分支学科。随着西方当代美学的研究重点从美的本体、美的本质向审美主体、审美经验转移，从哲学、心理学、艺术学各种不同角度研究审美经验的学说和派别层出不穷，审美学发展成一门独立的交叉学科已是大势所趋。

审美学作为美学的一门相对独立的分支学科，以人的审美活动和审美经验作为特定的研究对象。审美活动是人的社会实践活动之一，主要包括两种形式：一是对艺术和一切具有审美价值的对象的欣赏；二是对艺术和一切审美对象的创造。审美活动是在审美主体和审美客体互相作用中发生的，具有不同于认识、道德等活动的特点。所以，审美学必须研究审美主、客体的特殊关系（审美关系），阐明审美活动的来源、性质和特点。审美经验是审美主体在审美欣赏和美的创造活动中产生的感受和体验以及在感受、体验的基础上形成的判断和评价。它包括审美心理活动、审美评价活动以及在此基础上形成的审美趣味、审美理想、审美标准等各种审美意识。审美心理、审美评价和其他各种审美意识的性质、特点和规律，是审美学研究的主要内容。

就研究对象说，审美学和美学是部分与整体的关系。按照传统理解，美学应当包括美、美感和艺术的研究，也就是包括审美学的研究内容。但审美学和美学在研究对象的重点上是不一样的。审美学的研究对象重点集中在审美经验上。它对美和艺术的研究也是从审美经验出发的，并且是密切结合着审美经验的。就研究范式和方法上看，审美学又是超越了美学的学科界限的。比如，审美心理研究需要美学和心理学、艺术学等学科的交叉；审美评价研究需要美学和价值学、艺术批评学等学科的交叉；审美趣味、审美标准和审美理想研究需要美学和文化人类学、社会学等学科的交叉，等等。所以，审美学在美学中具有相对独立性。认为有了美学，审美学就不能作为独立的学科存在，是没有根据的。

章辉：你对审美学的研究对象、学科体系、研究方法、学术资源等都做了全面探讨和论述，从我国美学研究情况看，你认为推进审美学学科建设要解决哪些问题？

彭立勋：首先，需要推进审美学的多学科交叉和融合。从审美学研究对象审美经验本身来看，其性质所具有的复杂性、特殊性、多样性和深刻性，不是仅仅依靠某一种学科就能够全面、深入地加以揭示和探明的。我们不能将审美经验的研究仅仅归结成一种心理学的研究，将审美学等同于审美心理学。审美经验研究固然需要依靠心理学，但又不能局限于心理学。审美经验的多方面的复杂性质，它与主、客观方面的多种关系，需要比心理学更为广泛的研究。比如，审美经验作为人的一种特殊意识活动，它是如何反映和评价客观世界的，如何认识它的本质和特点，把握它与人的其他诸种意识活动的联系和区别等，这更需要哲学的思考和回答。又比如，审美经验作为社会意识之一，同整个人类社会生活的联系，它的起源和发展，它的社会历史制约性以及在人类文化中的地位和作用，等等，这需要借助于社会历史的研究方法，需要从社会学、文化人类学、历史学、艺术史等学科的角度共同进行研究。还有，关于审美经验的类型和审美范畴的研究，关于创造和欣赏中审美经验的差异性和一致性的研究，关于审美经验的多样性和变化性的研究等，又与艺术形态学、艺术创造和鉴赏的一般理论等相联系。总之，要全面地分析和解释审美经验，需要借助于哲学和多种人文科学、自然科学的成果来做综合思考。审美学应是一个包括多种形态的、由多种学科交叉构成的综合性学科。其中，既有从不同哲学体系和观点出发探讨审美意识本质、规律和特点的审美哲学，又有从各种心理学体系和观点出发，阐明审美心理构成、过程和特点的审美心理学；既有用社会历史观点和方法研究审美意识的社会性质和历史变化的审美社会学，也有主要从艺术实践出发，探索艺术创作、艺术作品和艺术欣赏的审美特点和规律的审美艺术学。正是多种形态的存在和多种学科的交叉，为审美学的现代构建开辟了广阔的创新空间。

其次，需要拓展和深化审美经验研究领域和问题。审美心理是审美经验产生的出发点，是一切审美意识形成的基础。研究审美经验自然应以审美心理为主要对象，但这部分研究也需要进一步拓展研究领域和问题，不能局限于心理学的既有研究内容和一般结论，而是要紧密结合审美心理特点和复杂性以及实际提出的新问题并进行开创性探索。审美的意识活动表现为心理活动，但又不限于心理活动。它具有复杂的结构和不同的水平、不同的层次，包括不同的形式。它既包括审美心理，也包括审美心理之外的其他各种审美意识形式。审美心理包括审美感觉、知觉、联想、想象、理解、情感、意志等心理活动和过程，是审美意识的不够自觉的、不够定型的形式。除此之外，包括审美观念、审美趣味、审美理想、审美标准等在内的审美意识形式是审美意识中自觉的、定型化的形式。审美心理和其他审美意识形式是互相关联、互相作用的。审美观念、审美理想、审美标准等意识形式是在审美心理活动的基础上形成的，但它是对于审美心理的提炼和升华，是通过自觉活动而形成的定型化的思想观念。审美心理活动总在一定审美观念、审美理想、审美标准影响下发生，是受这些审美意识形式制约的。此外，在审美心理活动的基础上，在审美观念和审美标准制约下，审美主体对于审美对象的审美价值所产生的审美判断和审美评价，也是审美意识的一种重要形式。从当前情况看，审美心理部分的研究比较受到重视，成果也比较丰富。相对而言，对于审美意识的起源、本质和特点的研究，对于审美理想、审美趣味、审美标准、审美价值、审美判断、审美评价等问题的研究，则显得较为不足。如何在正确的哲学观点和方法指导下，将美学和价值论、心理学、思维科学、社会学、艺术史和艺术批评等学科结合起来，对上述方面的问题做出深入的研究和科学地阐明，是完善和创新审美学学科体系的一项重要任务。

最后，需要推进经验研究和思辨研究互相结合。从美学史发展看，对审美经验的研究主要有两种途径和方法：一种是思辨的、哲学的途径和方法；另一种是经验的、科学的途径和方法。这两种研究方法各具特点，对于揭示审美经验的性质和特性具有不同的作用。一般来说，对于审美经验进行的经验的、科学的研究，是以经验的材料为基础的，它需要对反复产生的现象进行观察和实验，需要把思想见解作为能被测试和验证的假设，需要客观的数据和定量的分析，需要把理论放在有效的事实的基础上。这一切，使它对审美经验的性质和特点的把握往往具有具体的、微观的、部分的、精确的特点。另一种是对于审美经验进行的思辨的、哲学的研究，则是从形而上学假说和某种哲学架构出发，它需要并非经验的逻辑分析，需要纯粹的理性思考，需要最高的科学抽象，需要构造出概念、范畴和理论的体系。这一切，使它对审美经验的把握往往具有概括的、宏观的、整体的、系统的特点。审美学研究的实践和进展说明，采用单独一种方法研究和揭示审美经验，都较难全面、深入地认识和揭示审美经验的性质、特点和各个方面的问题，只有将经验的、科学的方法和思辨的、哲学的方法两者有机结合起来，才有助于深化审美经验的研究。无论是经验的、科学的方法，还是思辨的、哲学的方法，它们本身都处在不断发展和更新之中，要将审美学的研究提高到新的水平，进一步推进审美学的现代建构，研究方法的丰富和更新是不可缺少的。

推动中西审美学融合创新发展

章辉：你对百年中国现代审美学的发展进行了系统分析和全面总结，并指出建设中国特色现代审美学必须走健康的中西结合之路。那么，你认为中国现代审美学建设在中西结合探索方面有哪些经验和问题，如何进一步推进中西审美学融合发展？

彭立勋：中国古代虽有丰富的审美学思想，但无现代意义上的审美学。因此，建设中国特色现代审美学，推进审美学研究的现代化，不能单靠中国传统美学，必须引进外国、西方新的美学理论、观念和方法，吸取和借鉴其中科学的、合理的东西，作为构建我们自己的新的审美学理论和体系的参照。否则，我们的审美学研究就会因缺乏新鲜的思想营养而停滞不前，就无法同世界各国的美学进行对话和交流。但是，引进和吸收外国、西方的美学理论、观念和方法，又不能盲目照搬，全盘西化，不能脱离中国文艺实际和中国美学传统，否则，我们的审美学将会失去创造性和民族特色，使建设有中国特色的现代审美学成为泡影。所以，建设和发展中国现代审美学的正确道路，只能是将西方新的、科学的美学理论和方法与中国传统的、优秀的美学思想以及中国文艺实践结合起来。

20世纪以来的中国现代审美学是在不断探索西方美学和中国美学及文艺传统相结合中发展的。如何接受西方美学的影响并使之与中国传统美学相交融，是中国现代审美学建设需要解决的一个主要问题。由于中、西美学在理论形态和范畴、话语及表达方式上都存在明显的差异，因此，在两者的结合中，如何使双方互相沟通，在观点、概念、范畴上产生彼此关联，同时又保持各自特色和优点，在融合、互补中进行新的理论创造，成为实践中一个难题。在解决这个难题中，20世纪前期在审美学研究中进行的中西结合的探索，有过多种多样的尝试，提供了许多好的经验。从王国维、朱光潜到宗白华，都发挥了个人的独创性，采用了各自不同的方式，"移西方文化之花接中国文化传统之木"。既能准确地把握中西美学的融通之点，又能充分展示中西美学各自的特色，做到异中有同，同中有异，在比较、融合、互补中实现观点和理论的创新。这一成功经验对于我们推进中国特色现代审美学建设具有重要意义。

虽然百年来中国审美学建设沿着中西结合之路获得了丰硕成果，但仍然存在一些问题。由于盲目崇拜，自觉或不自觉地把形成于西方文化土壤、哲学基础及文艺传统之中的西方美学理论、概念、范畴，无限扩大为一种普泛性的范式和标准，试图用它去套中国文艺创作实践和传统美学思想，结果就出现了"以西格中"、生搬硬套的现象。这就使中国现代审美学建设在民族化、本土化方面存在严重不足。改革开放以来，我们在引进西方现当代美学成果上迈出了更大步伐，但盲目崇拜、生吞活剥的现象却愈演愈烈，以致产生中国美学和文论的所谓"失语"。这个问题如不解决，势必影响中国特色现代审美学的建设。鉴于此，必须调整中西美学结合研究的思维方式和方法，改变以西方美学为本位和普遍原则，简单接受移植的研究模式，倡导中西美学之间的文化对话，把中西美学的结合看作是对话式的、多声道的，而不是单向的或单声道的，使中西美学结合真正成为一种跨文化的互动，在真正平等而有效对话基础上，达到中西美学的互识、互鉴、互补。只有构建中西美学融合创新发展的新模式，中国特色现代审美学建设才能取得更大成效。

章辉：你对西方现代美学素有研究，对西方现当代各种审美经验研究学派和学说做了系统考察。你认为应当如何科学评价现当代西方审美学思想并正确借鉴其思想资源。

彭立勋：20世纪以来的西方现当代美学，学派林立，思潮纷繁。在这种学术背景中发展的审美学，逐渐形成了多种多样的形式或形态。其中，在审美哲学和审美心理学两大方面，研究成果最为集中，流派、学说最为繁多。前者的代表主要有唯意志主义审美学、表现主义审美学、实用主义审美学、现象学审美学等；后者的主要代表是审美移情说、心理距离说、精神分析心理学美学、格式塔心理学美学等。此外，结合审美经验探讨具体艺术问题的审美艺术学也有丰富成果。面对如此丰富、复杂的研究成果，我们首先要通过系统梳理，弄清其各自的发展脉络和学术地位，并以科学的批判态度和方法，对各种流派和学说进行具体分析，肯定其学术贡献，指出其思想局限，从中发现真正值得借鉴的有价值的思想资源，这样才能达到科学评价、外为中用的目的。

在众多西方现当代审美学研究成果中，现象学审美经验理论和格式塔心理学美学是特别值得深入分析和研究的。这两种审美学学说可以说是当代西方在审美哲学和审美心理学两方面最具有代表性的成果。前者主要应用现象学的哲学理论和方法，对审美经验的性质和特点、审美经验与审美对象、审美经验与审美价值的关系等问题，从宏观上作了较深入的探讨和阐述，强调审美经验与审美对象的相互作用和相互制约；后者主要应用格式塔心理学的原理和实验结果，对审美和艺术知觉的特点和形成的心理机制，从微观上作了较细致的分析和解释，提出了审美知觉的整体性和表现性理论。这两种审美学理论都紧密结合着艺术创作和欣赏的实践，许多观点颇具科学性和说服力，应当将它们吸收和融入现代审美学的科学体系中来。

　　不过，西方现代审美学对审美经验的研究和解释主要是建立在某种特定的哲学体系、心理学学说或艺术学观点的基础之上的。这些体系、学说、观点多是强调研究对象的某个部分、某个侧面、某种特征，而忽视了对象各个部分、各个侧面、各种特征之间的紧密联系和互相作用，甚至将它们互相对立起来，这就免不了带有一定片面性、主观性，如果单独用它们来研究和解释审美经验必然会存在不足和局限。特别是唯意志主义的"审美静观"说（叔本华）、表现主义的"审美直觉"说（克罗齐）、精神分析心理学的"审美无意识"说等，都具有强烈的非理性主义特点，其消极作用不可忽视。这就需要我们用正确的观点和方法去进行批判分析和鉴别取舍。

　　章辉：你将实现中国传统审美学思想创造性转化作为建设中国特色现代审美学的一个关键问题。同时又提出深入研究中国传统审美学思想特点是实现此目标的一个前提。你认为应该如何认识中国传统审美学思想的特点？

　　彭立勋：中国传统审美学思想不仅有其独特观念、命题和概念、范畴，而且有其独特的思维方式，而这些又是同中国传统文化和艺术的独特语境相联系的。从中国哲学特有的思维方式和传统文化的独特语境出发，准确、科学地揭示和把握其内涵和特点，是推进中国传统审美学思想的体系建构和创造性转化的前提。

　　中西审美学思想是建基于中西两种具有不同背景和特色文化基础之上的。中西文化思想存在很大差别，而最根本的差别在于思维方式的不同。中西文化在思维方式上的差别，从根本的哲学层面看，可以说是辩证思维方式与形而上学思维方式的差别。西方的形而上学思维方式，注重分析，着眼于事物的各个部分及孤立存在；中国的辩证思维方式，注重综合，着眼于事物整体及普遍联系。国学大师季羡林说："东方的思维方式，东方文化的特点是综合；西方的思维方式，西方文化的特点是分析……用哲学家的语言说即是西方是一分为二，东方是合二为一。"这对中西审美学思想的形成和特点产生着直接影响。

　　首先，中国传统审美学思想强调审美中主客体的相互作用和辩证统一。在中国哲学史上，主张主客分离、对立的思想不占主导地位，主要是强调两者的统一性。与此相联系，在中国传统审美学思想中，强调审美心理活动是由外物引起的，强调审美经验中主客体互相联系、互相作用、互相交融，共同形成审美感受和成果，构成对审美主客体关系的基本认识。强调审美心理起源于人心（主体）外感于物（客体）的"心物感应"说，是中国传统审美学思想中既古老而又以一以贯之的一种朴素的唯物主义观点。这与西方较多片面强调审美主体对审美心理发生具有决定作用的观点形成明显差别。更为难得的是，在"心物感应"说的基础上，中国审美学思想进一步形成了"心物相取"说，强调审美经验中主客、心物之间的互相联系、不可分割和互相作用、融为一体。《文心雕龙》论述文艺创作心理活动说："思理为妙，神与物游"，"物以貌求，心以理应"，"情以物兴，物以情观"，认为创作构思整个过程中，神物、心物、情物两者之间都是彼此渗透、融为一体的。这是对审美心理中主客体相互作用的辩证关系的凝练而生动的概括。王夫之的"情景交融"说进一步发展了《文心雕龙》的思想，揭示出审美心理中情景、主客、心物内在统一的规律，将对审美主客体辩证关系的认识推进到一个新的高度。它是以辩证思维方式研究审美经验的成果，与西方审美学中多将审美主客体分离、对立起来的观点是完全不同的。

其次，中国传统审美学思想强调审美心理的有机整体性。中国古代心理学思想中没有知、情、意的截然分割。朱熹认为意、情、志统一于心，是互相联系的整体。与这些思想相一致，中国传统审美学思想也十分注重审美心理过程的整体性和统一性。《文心雕龙·神思》以艺术想象活动为中心，全面论述了文艺创作构思的心理活动，认为感知与想象、情感与理解各种要素形成有机联系的统一整体，既不是互相分割的，也不是相互对立的，而是互相依存和作用的整体性审美心理构成和过程。许多西方美学家对于审美心理过程中情感与认识或情与理两者的关系存在片面理解，单纯强调情感在审美中的作用，而忽视认识和理性作用，甚至将两者对立起来。而中国传统审美学思想则十分强调审美中感情与认识、情感与理性的相互统一和融合，形成了占据主导地位的"情志一体"、"情理交至"、"以理导情"、"寓理于情"等审美学思想。《文心雕龙》在总结文艺创作和审美经验基础上，更为自觉地意识到文艺创作中"志"和"情"不可分割的关系，并在理论上使二者形成一个有机统一的整体，明确提出了"情志"这一具有特殊内涵的美学范畴，使"情志"说成为中国传统美学阐明艺术和审美中感情与认识、情与理相统一规律的重要理论。叶燮在《原诗》中发展了《文心雕龙》的思想，提出"情理交至"说，认为文艺创作"情必依乎理，情得然后理真"。他还深刻揭示了文艺创作和审美心理活动的具体特点，提出："惟不可名言之理，不可施见之事，不可径达之情，则幽渺以为理，想象以为事，惝恍以为情，方为理至事至情至之语。"可以说，"情志一体"、"情理交至"之说，和"心物相取"、"情景交融"之说，两者一起共同形成中国审美学思想体系两大支柱，成为中国美学特有的范畴——意境的两个主要内涵，充分体现出中国审美学思想的特点。

最后，中国传统审美学思想强调审美活动和审美经验的社会伦理道德价值和意义。突出强调美与善高度统一，是中国传统美学一个极为显著的特征。在中国古代早期美学思想中，美和善往往被看作密不可分，美也就是善。孔子开始将美与善明确加以区别，论述了美与善既有区别又相统一的关系。他高度称赞《韶》乐既"尽美"又"尽善"，将美与善的统一作为追求的审美理想标准。儒家美学的美善统一观，长期影响着中国传统美学思想的形成和发展，使中国传统美学和文论极为重视文艺对于真、善、美价值的追求，十分强调文艺感动人心、陶冶情性、塑造心灵、引人向上、醇化风俗的重要社会作用，特别重视审美活动和审美经验所具有的社会伦理道德意义和价值。孔子关于"兴于诗，立于礼，成于乐"和"诗可以兴，可以观，可以群，可以怨"的论述，就是强调文艺产生的审美经验在思想道德教育和完善人性上的特殊作用。《乐记》和《诗大序》又进一步发挥了这种观点，使其发展成为中国美学史上关于艺术的审美教化作用的传统。《乐记》提出，"反情以和其志，广乐以成其教"，《诗大序》提出，诗歌"厚人伦，美教化，移风俗"，《文心雕龙》提出，"诗者，持也，持人性情"，《颜氏家训》提出，文章"陶冶性灵"，黄遵宪提出，"诗以言志为体，以感人为用"，真到梁启超提出，"情感教育最大的利器，就是艺术"，凡此种种，都是倡导审美和艺术具有引人向真向善向美的感化教育功能。这与西方美学中提倡的"审美不涉社会功利"、"为艺术而艺术"等思想主张是完全相反的，充分表现出中华传统美学思想积极向上的人生进取精神。

（原载《美与时代》2016年第1期）

后　记

我于1996年出版过一本论文集《美学的现代思考》，其中选收了此前10多年间发表的27篇论文。本论文集所选收的是此后近20年发表的33篇论文，分别发表于《中国社会科学》、《哲学研究》、《哲学动态》、《文艺研究》、《光明日报》、《文艺报》、《学术研究》、《广东社会科学》、《学术界》、《艺术百家》、《开放时代》、《云南社会科学》、《华中师范大学学报》（人文社会科学版）等报刊，或载入《美学》、《中国美学》等文集。这些论文涉及内容较广泛，但主要研究中国美学和西方美学，且其中多篇都谈到美学思想发展中的范式和转型问题，所以就取了《中西美学范式与转型》这个书名。

"范式"（paradigm）是美国著名科学哲学家库恩提出的用于说明科学发展模式的核心概念。他认为，科学发展是常规时期和革命时期相互交替的过程。常规时期，科学共同体在既定范式支配下进行研究；革命时期，旧范式为新范式所取代，也就是范式转型，导致科学发展出现重大转折。所谓范式，库恩将它解释为科学共同体围绕某一学科或专业所具有的共同信念，即共同遵循的基本理论、观点和方法，它提供了一种共同的理论模型和框架。科学发展就是在范式与转型不断往复中前进的动态发展模式。尽管库恩对范式的解释具有主观约定主义的缺陷，但他认为范式规定了一种特有的基本理论和方法，并且将范式之间的竞争和交替提到科学发展的关键地位，却有可取之处。我在考察和研究中西美学思想发展时借鉴了这一观点和方法。但我把范式看作那些体现时代特征、反映对审美和艺术规律的新认识、对学科具有基本理论和方法意义的美学观点、学说及研究方式。这些范式在美学思想发展史上起着支配作用，而范式的转型则标志着美学思想发展发生了新的转折。所以，研究美学思想发展，应当以范式和转型作为重点。只有这样，才能厘清美学思想相续相禅的发展脉络和不断创新过程，才能把握美学思想发展的阶段特征和时代特色，建构美学思想发展的动态模式。

科学认识和厘清中西美学思想的发展变化，不仅是研究美学史的要求，也是为了更好地借鉴和传承中西美学思想，推动当代美学建设。我始终认为，当代中国美学建设，必须从马克思主义美学思想、中国传统美学思想、西方美学思想三者之中汲取资源和营养，并以当代中国审美和艺术实践为基础，推动三者之间的交汇和整合，才能得到创新和发展。

本文集按照论文内容大致分为三篇。

第一篇主要包括马克思美学思想、审美学、中国美学方面的研究文章。我从 20 世纪 80 年代开始研究马克思《1844 年经济学哲学手稿》（以下简称《手稿》）美学思想，写了几篇论文。现在重读《手稿》，又受到许多新的启发。《论〈1844 年经济学哲学手稿〉三大美学命题》表达了我对《手稿》的一些新认识。审美学一直是我从事美学研究的重点方向。在我看来，审美学虽然属于美学，但从研究重点、角度和研究方法看，审美学还是具有自身的特点的，可以而且应该作为一门综合性交叉性的独立学科来建设。《现代审美学建设的若干思考》和《审美学的学科定位与现代建构》两文，就是集中了我对审美学学科建设、体系建构、观点创新、方法更新、资源整合等方面的一些探索和看法，并提出"推进审美学学科建设和体系创新"和"构建中国特色现代审美学"等主张，也算是一家之言。中国传统美学和现代美学的两组文章，也都主要是从审美学角度进行研究的。《中华美学精神与传统美学的创造性转化》对中华美学精神在传统美学中的主要表现及其内涵、特点，以及实现中国传统美学创造性转化的路径和方式，进行了系统阐述，提出了一些较有新意的看法，曾被《高等学校文科学术文摘》和《红旗文摘》转载和转摘。《文化视域下中西审美学思想之比较》用比较方法说明中西审美学思想形成的不同文化语境和哲学基础，详细分析了两者在解决审美基本问题上的不同进路，是我在认真考察两种审美学思想体系后形成的一些认识。《20 世纪中国审美心理学建设的回顾与展望》对百年来中国审美心理学的发展过程、主要成就、理论探讨、学科建设等做了全面、系统梳理和总结，提出了建设中国特色现代审美心理学的构想和思路，可以看作是对于中国现代审美学学科建设和理论探讨的历史反思。这篇论文在《中国社会科学》发表后，又被译成英语在该刊英文版转载，并获得广东省人民政府颁发的社会科学优秀成果二等奖。

第二篇集中收录西方美学史、西方近现代美学思潮、流派和代表性美学家思想方面的研究文章。《西方美学史学科建设的若干问题》与《范式与转型：西方美学史发展的阶段特征和动态分析》两文，是我在承担汝信先生主持的国家社会科学基金课题项目"西方美学史研究"中，对如何研究和编写西方美学史所作的一些探索，主要对西方美学史的研究对象、研究方法、学术创新，以及如何认识西方美学史的发展脉络和阶段性特征等问题有针对性地发表了一些见解。其中后一文的观点曾被《光明日报》学术版转摘。《西方近代美学思潮的主导精神和基本倾向》和《论英国经验主义美学特点和原创性理论贡献》等，旨在对近代西方代表性美学思潮和流派进行综合和比较研究，以西方近代社会和文化转型为背景，分析和概括它们的主导精神、基本倾向、主要特点、理论体系和历史贡献等，在国内西方美学史研究中是较为宏观和别具一格的。《从笛卡尔到胡塞尔：现象学美学方法论转型》运用比较方法研究了胡塞尔现象学和笛卡尔理性主义哲学的联系和区别，进而从宏观上探讨了现象学美学在思维方式上对笛卡尔和近代西方美学的超越，观点较为独特。《后现代主义与美学的范式转换》一文也是运用宏观视野和综合方法对后现代主义美学在反传统中倡导的美学研究理论范式进行概括和辨析，从而阐明后现代主义美学思潮的主要倾向和基本特征，明显不同于较为普遍地对于后现代主义美学人物和观点的分别研究。

第三篇主要包括审美文化、文艺美学和环境美学方面的研究文章。这些文章试图将美学理论和审美及艺术实践结合起来，应当属于美学的应用研究。在当代社会转型、文化变迁和新媒体兴起等影响下，审美和文艺实践中产生了许多新变化和新问题，也为美学研究提供了许多新课题。我在《后现代性与中国当代审美文化》和《美学的批评与批评的美学》等文中，对当代审美文化和文艺理论批评中的某些新问题做了一些理论分析。我从20世纪90年代初便开始研究城市美学和环境美学问题，这在国内算是较早的。1995年我在《文艺研究》上发表的《城市空间环境美与环境艺术的创造》，是将环境美学与艺术美学结合起来进行研究的尝试。这篇论文被杰出科学家钱学森发现并推荐收入《钱学森论城市学与山水城市》一书。收入本编的两篇研究建筑艺术和园林艺术的文章，也是按照同样研究思路撰写的。《从中西比较看中国园林艺术的审美特点及生态美学价值》，不但用比较研究方法全面考察了中国园林艺术在自然美与意境美相统一上的特点，而且从人工与自然、艺术与环境结合上深入揭示了中国园林艺术的生态美学内涵及其当代价值。

附录中收入了两篇对我的学术访谈，通过对话，我比较系统而概括地阐述了我在美学研究上的一些独特观点和个人看法，也算是对自己长期美学探究成果做的一个小结。

我从 1959 年发表第一篇学术论文，到编完这本论文集，时间已过去整整 57 年。57 年来，我做过大学教学工作，做过社会科学院的行政工作，但主要精力和时间还是用在学术研究上。学术研究是我的人生追求，也是我的生活乐趣。埋头学术研究，让我付出了许多心血和辛劳，也让我得到无比满足和快乐。回顾在学术追求中度过的一生大部分岁月和得到的收获，我感到年华没有虚度。在此，我要感谢在学术研究上给我以指导和帮助的许多学术前辈和学术同人，以及对我的研究成果发表和出版给予大力支持并付出辛劳的编辑朋友，他们是我学术道路上艰难跋涉的助力者。我以最大的感激，怀念我逝世的母亲，她用慈爱和奉献精神，长期为我们照料着子女和家庭，免去了我工作的后顾之忧。我还要感谢我的妻子，她担负着和我同样忙碌的大学教学工作，却用比我多得多的时间和精力承担着家庭责任，使我能集中更多时间和精力于学术研究。这一切都将深藏于我的心底，化为永恒的美好记忆。

这本文集的构想、编辑和出版，得到了中国社会科学出版社的大力支持，卢小生编审作为本书责任编辑，给予了热情帮助并付出许多辛劳。在此，特表示衷心感谢。

作者

2016 年 1 月 22 日